普通高等教育"十二五"计算机类规划教材

计算机网络技术

曾 宇 曾兰玲 杨 治 主编

机械工业出版社

本书分为 8 章, 采用自底向上的方法系统地介绍了计算机网络体系结构中的物理层、数据链路层、网络层、传输层、应用层以及网络安全与管理, 常用网络设备实例等内容。各章附有小结与习题, 在小结中, 编者把在教学过程中学生经常会遇到的问题给予了详细解答。

本书内容丰富, 概念准确, 通过大量的应用实例, 将计算机网络理论知识与实际应用相结合, 有助于提高学生动手能力。

本书可作为计算机与电子信息类专业本科生以及研究生的教材, 也可作为从事计算机网络技术应用人员的参考书。

本书配有免费电子课件, 欢迎选用本书作教材的老师发邮件到 jinacmp@163.com 索取, 或登录 www.cmpedu.com 注册下载。

图书在版编目 (CIP) 数据

计算机网络技术/曾宇, 曾兰玲, 杨治主编. —北京:机械工业出版社, 2013.8
普通高等教育"十二五"计算机类规划教材
ISBN 978-7-111-43643-0

Ⅰ. ①计… Ⅱ. ①曾… ②曾… ③杨… Ⅲ. ①计算机网络-高等学校-教材 Ⅳ. ①TP393

中国版本图书馆 CIP 数据核字 (2013) 第 185278 号

机械工业出版社 (北京市百万庄大街 22 号 邮政编码 100037)
策划编辑: 吉 玲 责任编辑: 吉 玲 罗子超 刘丽敏
版式设计: 霍永明 责任校对: 张玉琴
封面设计: 张 静 责任印制: 张 楠
北京玥实印刷有限公司印刷
2013 年 9 月第 1 版第 1 次印刷
184mm×260mm · 19.25 印张 · 473 千字
标准书号: ISBN 978-7-111-43643-0
定价: 39.00 元

前　　言

随着信息技术的飞速发展，我国急需大量掌握计算机网络基础知识和实际应用技术的专业人才，而计算机网络技术涉及计算机与通信两大领域的相关知识，不仅是工科院校的一门重要的专业基础课程，也是相关学科应用科技人员必备的基本技术。

在参考众多国内外计算机网络教材的基础上，我们对内容进行了合理增减，和计算机网络的发展保持同步。本书主要涵盖了计算机网络概论、数据通信技术、计算机网络体系结构以及计算机网络安全等方面的内容。为了让读者更好地理解网络协议模型，本书给出了大量实例，并对各层的实际硬件设备进行了介绍，并在第8章介绍了网络硬件设备交换机与路由器的配置命令和配套实验，让读者在学习理论知识的同时注重动手和实际应用能力的培养。另外，本书在每一章的小结部分增加了"学生的疑惑"与"授课体会"部分，不仅把章节的重难点梳理出来，也让学生对理论知识的理解更加深刻。

全书共分8章。第1章介绍了计算机网络的相关概念以及计算机网络的形成与发展，并详细介绍网络体系结构的划分，从整体上给出本书的主线。第2章物理层，介绍了与计算机网络相关的通信基础知识，讨论了数据传输、交换、编码、检验、信道复用等常用技术，并对传输介质与数字传输系统做了详细阐述，同时给出物理层工作设备中继器与集线器工作方式。第3章数据链路层，主要讨论数据链路层的可靠传输原理、链路层基本功能、封装成帧、透明传输、差错检验、面向比特的数据链路层协议HDLC、点对点协议PPP、各类局域网技术、无线网络、广域网等。第4章网络层，主要讨论网络层的相关内容，包括IP地址、IP及其辅助协议、路由算法与路由选择协议、多播的概念与原理、移动IP以及IPv6等。第5章传输层，主要讨论TCP/IP体系中的传输协议UDP和TCP、端口的概念，以及可靠传输涉及的服务、序号、确认、窗口、流量控制、拥塞控制等问题。第6章应用层，主要讨论网络的具体应用，包括DNS、FTP、WWW、E-mail等。第7章网络安全与管理，主要介绍了网络管理与网络安全的基本概念、原理和技术，涵盖了SNMP网络管理协议、密码技术、报文认证、数字签名、身份认证、防火墙、入侵检测、网络病毒、网络安全协议、虚拟专用网等理论和技术。第8章常用网络设备实例，以思科交换机和路由器为例，给出主要配置命令与相关实例。

本书第1章由曾兰玲编写；第2章由李峰、杨治编写；第3章由熊书明编写；第4、8章由曾宇编写；第5章由赵俊杰编写；第6章由袁晓云编写；第7章由陈向益编写。另外，本书的撰写得到了物联网工程专业综合改革试点项目、江苏大学教改重点项目（2011JGZD012）及江苏大学教改项目（2011JGYB023）的支持，在此表示衷心感谢！

由于编者水平有限，编写中出现的不足和不当之处，敬请读者批评指正，并可与作者联系（E-mail：lanling73@126.com）。

编　者

目　　录

第 1 章 计算机网络概述

【本章提要】

本章主要讲解计算机网络的基本概念、计算机网络的结构组成、计算机网络的分类、计算机网络的体系结构、标准化组织与机构、计算机网络性能指标以及计算机网络技术的发展趋势等。

【学习目标】

- 了解计算机网络的发展过程与发展趋势。
- 熟悉计算机网络的功能、定义、分类以及性能指标等。
- 掌握计算机网络的拓扑结构、逻辑结构、组成结构以及网络体系结构。

1.1 计算机网络

1.1.1 计算机网络的形成与发展

计算机网络从 20 世纪 50 年代中期诞生发展至今，经历了从简单到复杂、从单机到多机、从地区到全球的发展过程。其发展速度惊人，同时也改变了人们的生活方式。纵观计算机网络的形成与发展，主要经历了 4 个阶段：面向终端的计算机网络、多机互联网络、标准化网络、互联与高速网络。

1. 面向终端的计算机网络

这个阶段是从 20 世纪 50 年代中期至 20 世纪 60 年代中期。人们将彼此独立发展的计算机技术与通信技术相结合，进行计算机通信网络的研究。为了共享主机资源和信息采集以及综合处理，用一台计算机与多台用户终端相连，用户通过终端命令以交互方式使用计算机，人们把它称为面向终端的远程联机系统。

该网络的结构如图 1-1 所示。由于该系统中除了中心计算机之外，其余的终端设备没有自主处理能力，所以还不是严格意义上的计算机网络。随着终端数目的增多，会加重中心计算机的负载，为此在通信线路和中心计算机之间增加一个端处理机（Front-End Processor，FEP）专门用来负责通信工作，实现数据处理和通信控制的分工，发挥了中心计算机的数据处理能力。由于计算机和远程终端发出的信号都是数字信号，而公用电话线路只能传输模拟

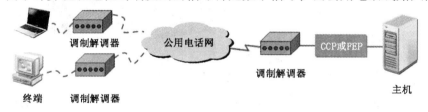

图 1-1 远程连接的结构示意图

1

信号，所以在传输前必须把计算机或远程终端发出的数字信号转换成可在电话线上传送的模拟信号，传输后再将模拟信号转换成数字信号，这就需要调制解调器（Modem）。

2. 多机互联网络

这个阶段主要从 20 世纪 60 年代中期至 20 世纪 70 年代末。计算机网络要完成数据处理与数据通信两大基本功能，因此在逻辑结构上可以将其分成两部分：资源子网和通信子网，如图 1-2 所示。资源子网是计算机网络的外层，它由提供资源的主机和请求资源的终端组成。资源子网的任务是负责全网的信息处理。通信子网是计算机网络的内层，它的主要任务是将各种计算机互连起来完成数据传输、交换和通信处理。其典型代表是 ARPANET（Advanced Research Projects Agency Network），它的研究成果对促进计算机网络的发展起到了重要的推动作用。

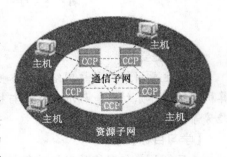

图 1-2　多机互联网络的结构示意图

3. 标准化网络

这个阶段主要是从 20 世纪 80 年代至 20 世纪 90 年代初期。20 世纪 70 年代的计算机网络大都采用直接通信方式。1972 年以后，以太网 LAN、MAN、WAN 迅速发展，各个计算机生产商纷纷发展各自的网络系统，制定自己的网络技术标准。

1974 年，IBM 公司公布了它研制的系统网络体系结构。随后 DGE 公司宣布了自己的数字网络体系结构，1976 年 UNIVAC 宣布了该公司的分布式通信体系结构。

国际标准化组织（International Standard Organization，ISO）于 1977 年成立了专门的机构来研究该问题，并且在 1984 年正式颁布了"开放系统互联基本参考模型（Open System Interconnection Reference Model，OSI/RM）"的国际标准 OSI/RM，这就产生了第三代计算机网络。

4. 互联与高速网络

这一阶段主要从 20 世纪 90 年代中期至今。在这一阶段，计算机技术、通信技术、宽带网络技术以及无线网络与网络安全技术得到了迅猛的发展。特别是 1993 年美国宣布建立国家信息基础设施（National Information Infrastructure，NII）后，全世界许多国家纷纷制定和建立本国的 NII，其核心是构建国家信息高速公路。此计划极大地推动了计算机网络技术的发展，使计算机网络进入一个崭新的阶段，这就是计算机网络互联与高速网络阶段。

目前，全球以 Internet 为核心的高速计算机互联网络已经形成，Internet 已经成为人类最重要的、最大的知识宝库。网络互联和高速计算机网络就成为第四代计算机网络。现代计算机网络的逻辑结构示意图如图 1-3 所示。

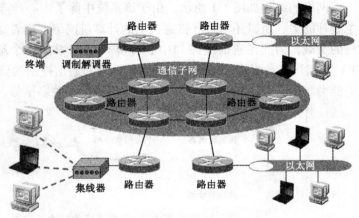

图 1-3　现代计算机网络的逻辑结构示意图

1.1.2 计算机网络的定义与分类

1. 定义

计算机网络是指将地理位置不同的具有独立功能的多台计算机及其外部设备，通过通信线路连接起来，在网络操作系统、网络管理软件及网络通信协议的管理和协调下，实现资源共享和信息传递的计算机系统。

关于计算机网络的最简单定义是：一些相互连接的、以共享资源为目的的、自治的计算机的集合。

2. 功能

计算机网络的功能主要表现在资源共享、网络通信、分布处理、集中管理和均衡负载 5 个方面。

（1）资源共享

资源共享包括硬件资源、软件资源以及通信信道共享三部分。硬件资源包括在全网范围内提供的存储资源、输入/输出资源等昂贵的硬件设备，既可以节省用户投资，也便于网络的集中管理和均衡分担负荷；软件资源包括互联网上的用户远程访问各类大型数据库、网络文件传送服务、远地进程管理服务和远程文件访问服务等；通信信道可以理解为电信号的传输介质，通信信道的共享是计算机网络中最重要的共享资源之一。

（2）网络通信

计算机网络通信通道不仅可以传输传统的文字数据信息，还包括图形、图像、声音、视频流等各种多媒体信息。

（3）分布处理

对于大型任务的处理，不是集中在一台大型计算机上，而是通过计算机网络将待处理任务进行合理分配，分散到各个计算机上运行。这样，在降低软件设计的复杂性的同时，可以大大提高工作效率和降低成本。

（4）集中管理

和分布处理相反，对地理位置相对分散的组织和部门，可通过计算机网络来实现集中管理，如数据库情报检索系统、交通运输部门的订票系统、军事指挥系统等。

（5）均衡负荷

当网络中某台计算机的任务负荷太重时，通过网络和应用程序的控制和管理，将作业分散到网络中的其他计算机中，由多台计算机共同完成。

3. 分类

说到计算机网络，大家通常会听到很多名词，如局域网、广域网、ATM 网络、IP 网络等。上述这些名词都是计算机网络按照不同的分类标准分类之后得到的一种具体的称呼。一般情况下，计算机网络可以按照网络覆盖范围、传输技术、网络拓扑结构以及传输介质等来分类。

（1）按网络覆盖范围分类

虽然计算机网络类型的划分标准不同，但是从网络覆盖的地理范围划分是一种大家都认可的通用网络划分标准。根据该标准可以将各种不同网络类型划分为局域网、城域网、广域网和互联网 4 种。需要说明的是，这里的网络划分并没有严格意义上地理范围的区分，只能是一个定性的概念。

1）局域网（Local Area Network，LAN）是我们最常见、应用最广的一种网络。早期的局域网就在一个房间内，后来扩展到一栋楼甚至几栋楼里面。现在随着整个计算机网络技术的发展和提高，局域网可以扩大到一个企业、一个学校及一个社区等。但不管局域网如何扩展，它所覆盖的地区范围还是较小。局域网在计算机数量配置上没有太多的限制，少的可以只有两台，多的可达几百台。一般来说在企业局域网中，工作站的数量在几十到两百台。在网络所涉及的地理距离上一般是几米至10km以内。

局域网的特点是连接范围小、用户数少、配置容易、连接速率高。目前局域网最快的以太网速率可以达到10Gbit/s。为了适应局域网的快速发展，IEEE 的802 标准委员会定义了多种主要局域网标准，如以太网（Ethernet）、令牌环网（Token Ring）、光纤分布式接口网络（Fiber Distributed Data Interface，FDDI）、异步传输模式网（Asynchronous Transfer Model，ATM）以及最新的无线局域网（Wireless Local Area Network，WLAN）。这些内容都将在后面章节中详细介绍。局域网可以在全网范围内提供对处理资源、存储资源、输入/输出资源等昂贵设备的共享，使用户节省投资，也便于集中管理和均衡分担负荷。局域网示意图如图 1-4 所示。

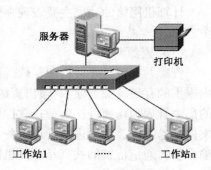

图 1-4　局域网示意图

2）城域网（Metropolitan Area Network，MAN）的规模比局域网大，一般来说是在一个城市范围内计算机互联，其用户可以不在同一地理小区范围内。这种网络的连接距离可以在 10 ～ 100km，采用的是 IEEE 802.6 标准。城域网比局域网扩展的距离更长，连接的计算机数量更多，从地理范围上是对局域网络的延伸。一般情况下，在一个大型城市或都市地区中，一个城域网网络通常连接着多个局域网。例如：连接政府机构的局域网、医院的局域网、公司企业的局域网等。由于光纤技术的发展和引入，使城域网中高速的局域网互联成为可能。

城域网一般采用 ATM 技术做骨干网。ATM 是一个用于数据、语音、视频以及多媒体应用程序的高速网络传输方法。它包括一个接口和一个协议，该协议能够在一个常规的传输信道上，在比特率不变及变化的通信量之间进行切换。ATM 包括硬件、软件以及与 ATM 协议标准一致的介质。ATM 提供一个可伸缩的主干基础设施，以便能够适应不同规模、速度以及寻址技术的网络。ATM 的最大缺点就是成本太高，所以一般在政府城域网中应用，如邮政、银行、医院等。允许互联网上的用户远程访问各类大型数据库，可以得到网络文件传送服务、远地进程管理服务和远程文件访问服务，从而避免软件研制上的重复劳动以及数据资源的重复存储，也便于集中管理。城域网示意图如图 1-5 所示。

3）广域网（Wide Area Network，WAN）也称为远程网，所覆盖的范围比城域网广，它一般是在不同城市或者不同省份之间的局域网或者城域网网络互联，地理范围可从几百公里到几千公里。因为距离较远，信息衰减比较严重，所以这种网络一般是要租用专线，通过接口信息处理协议和线路连接起来，构成网状结构，解决寻径问题。由于城域网的出口带宽有限，且连接的用户多，所以用户的终端连接速率一般较低，通常为 9.6kbit/s ～ 45Mbit/s，如我国的第一个广域网——CHINAPAC 网。广域网示意图如图 1-6 所示。

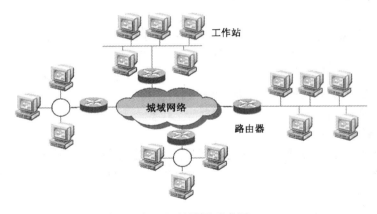

图 1-5　城域网示意图

　　广域网使用的主要技术为存储—转发技术。城域网与局域网之间的连接是通过接入网来实现的。接入网又称为本地接入网或居民接入网，它是近年来由于用户对高速上网需求的增加而出现的一种网络技术，是局域网与城域网之间的桥接区，广域网、城域网与局域网的连接关系示意图如图 1-7 所示。

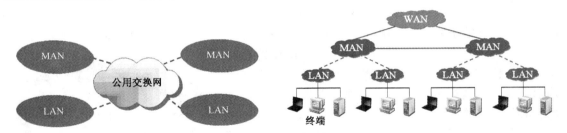

图 1-6　广域网示意图　　　　　　　　图 1-7　广域网、城域网与局域网的连接关系示意图

　　4）因特网（Internet）是英文单词 Internet 的谐音，又称为互联网，是规模最大的网络，就是常说的 Web、WWW 和万维网等。Internet 发展至今，已经逐步改变了人们的生活和生产方式，我们可以足不出户购买商品、可以在虚拟社区建立自己的人际关系、可以在网络中找到自己合适的工作等。我们都是 Internet 的消费者，同时也是 Internet 信息的生产者。整个网络的计算机每时每刻随着人们网络的接入和撤销在不断地发生变化，其网络实现技术也是最复杂的。

　　上述网络的几种分类，在现实生活中应用最多的还是局域网。因为它灵活，无论在工作单位还是在家庭实现起来都比较容易，应用也最广泛，所以在第 3.8 节中我们会对局域网及局域网中的接入设备作进一步的讲解。

　　广域网和因特网的区别：广域网在全网范围内采用的传输技术是相同的，比如：CHINAPAC 采用的传输技术就是 X.25 标准；而 Internet 可以将大大小小的局域网、广域网、城域网等连接起来，其中每一种网络采用的传输技术标准可以不相同，所以 Internet 的实现手段要远远复杂于城域网。

　　（2）按传输技术分类

　　按照传输技术分类就是根据网络中信息传递的方式，可将其分为广播式网络和点对点

5

网络。

1）广播式网络，即在整个网络中有一个设备传递信息，其他所有设备都能收到该信息。其特点是应用的范围较小。所以广播式网络的规模不能太大，一般应用在局域网技术当中。

2）点对点网络，即信息的传递是一点一点地交换下去。类似接力比赛，接力棒依次传递。该方式可以应用于大规模的网络信息传递。

在第 3 章中会详细介绍。

（3）按网络拓扑结构分类

把计算机网络按照计算机与计算机之间的连接方式来划分，可分为星形网络、环形网络、总线型网络、树形网络和网状网络。将在第 3.8 节中详细介绍。

（4）按传输介质分类

1）有线网络，即计算机与计算机之间连接的媒体是看得见的，如双绞线、光纤等传输介质。

2）无线网络，即计算机与计算机之间连接的媒体是看不见的，是利用空中的无线电波来传递信息的，如手机和笔记本可以利用 Wi-Fi 上网。将在第 3.9 节中详细介绍。

1.1.3 计算机网络的组成与结构

一般而言，可以将计算机网络分成三个主要组成部分：若干个**主机**，功能是为用户提供服务；一个**通信子网**，主要由节点交换机和连接这些节点的通信链路所组成，功能是为不同节点之间传递信息；一系列的**协议**，这些协议的功能是为在主机和主机之间、主机和子网中各节点之间的通信提供信息传递的标准，它是通信双方事先约定好的和必须遵守的规则。

为了便于分析与理解，根据数据通信和数据处理的功能，一般从逻辑结构上将网络划分为**通信子网与资源子网**两个部分（有的书籍将其划分为：核心部分与边缘部分）。图 1-8 给出了典型的计算机网络逻辑结构。

图 1-8　计算机网络逻辑结构

1. 通信子网

通信子网由通信控制处理机（Communication Control Processor，CCP）、通信线路与其他通信设备构成，负责完成网络数据传输、转发等通信处理任务。

CCP 在网络拓扑结构中被称为网络节点，具体的设备就是路由器。它有两方面功能：一是与资源子网中的主机、终端连接的接口，将主机和终端连入网内；二是作为通信子网中的信息存储—转发节点，完成信息的接收、校验、存储、转发等功能，实现将源主机信息准确发送到目的主机的作用。路由器之间的连接方式一般采用点对点的连接方式；路由器之间的信息交换方式采用的就是分组交换技术。而"计算机网络技术"课程讲解的**主要内容就是网络中的一台主机发送了一个应用请求，该请求如何到达一台服务器（路由器），该服务器如何理解这个请求，并将这个请求发送到另一个中间转接服务器或者是目的主机**。

通信线路为通信控制处理机与通信控制处理机、通信控制处理机与主机之间提供通信信道。计算机网络采用了多种通信线路，如电话线、双绞线、同轴电缆、光缆、无线通信信道、微波与卫星通信信道等。

2. 资源子网

资源子网由主机系统、终端、终端控制器、联网外设、各种软件资源与信息资源组成。资源子网实现全网的面向应用的数据处理和网络资源共享，它由各种硬件和软件组成。

1）主机系统。它是资源子网的主要组成单元，安装有本地操作系统、网络操作系统、数据库、用户应用系统等软件。它通过传输介质与通信子网的通信控制处理机（路由器）相连接。普通用户终端通过主机系统连入网内。早期的主机系统主要是指大型机、中型机与小型机。

2）终端。它是用户访问网络的界面。终端可以是简单的输入、输出终端，也可以是带有微处理器的智能终端。智能终端除具有输入、输出信息的功能外，本身还具有存储与处理信息的能力。终端既可以通过主机系统连入网内，也可以通过终端设备控制器、报文分组组装与拆卸装置或通信控制处理机连入网内。现在常用的个人计算机、平板电脑、手机等都是终端设备。

3）网络操作系统。它是建立在各主机操作系统之上的一个操作系统，用于实现不同主机之间的用户通信，以及全网硬件和软件资源的共享，并向用户提供统一的、方便的网络接口，便于用户使用网络。

4）网络数据库。它是建立在网络操作系统之上的一种数据库系统，既可以集中驻留在一台主机上（集中式网络数据库系统），也可以分布在每台主机上（分布式网络数据库系统）。它向网络用户提供存取、修改网络数据库的服务，以实现网络数据库的共享。

5）应用系统。它是建立在上述部件基础的具体应用，以实现用户的需求。图 1-9 所示为主机操作系统、网络操作系统、网络数据库系统和应用系统之间的层次关系。在图 1-9 中，UNIX、Windows 为主机操作系统，其余为网络操作系统（Network Operating System，NOS）、网络数据库系统（Network DataBase System，NDBS）和应用系统（Application System，AS）。

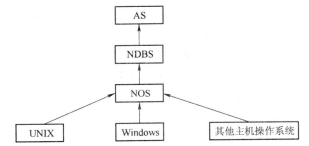

图 1-9　主机操作系统、网络操作系统、网络数据库系统和应用系统之间的关系

1.1.4　因特网

1969 年，为了能在爆发核战争时保障通信联络，美国国防部高级研究计划署（Advanced Research Projects Agency，ARPA）资助建立了世界上第一个分组交换试验网 ARPANET，连接美国 4 所大学。ARPANET 的建立和不断发展标志着计算机网络发展的新纪元，是因特网的雏形。

20 世纪 70 年代末到 80 年代初，计算机网络蓬勃发展，各种各样的计算机网络应运而生，如 MILNET、USENET、BITNET、CSNET 等，在网络的规模和数量上都得到了很大的发展。一系列网络的建设，产生了不同网络之间互联的需求，并最终导致了 TCP/IP（Transmission Control Protocol/Internet Protocol）协议的诞生。

1980 年，TCP/IP 研制成功。1982 年，ARPANET 开始采用 IP。

1986 年美国国家科学基金会（National Science Foundation，NSF）资助建立了基于 TCP/IP 技术的主干网 NSFNET（National Science Foundation Net），连接美国的若干个超级计算中心、主要大学和研究机构，世界上第一个互联网产生，并迅速连接到世界各地。20 世纪 90 年代，随着 Web 技术和相应浏览器的出现，互联网的发展和应用出现了新的飞跃。1995 年，NSFNET 开始商业化运行。

1994 年 4 月 20 日，中国国家计算机与网络设施（The National Computing and Networking Facility of China，NCFC）工程通过美国 Sprint 公司联入 Internet 的 64K 国际专线开通，实现了与 Internet 的全功能连接。从此中国被国际上正式承认为真正拥有全功能 Internet 的国家。

Internet 是我们生存和发展的基础设施，它直接影响着人们的生活方式。随着世界各国信息高速公路计划的实施，Internet 主干网的通信速度将大幅度提高；有线、无线等多种通信方式将更加广泛、有效地融为一体；Internet 的商业化应用将大量增加，商业应用的范围也将不断扩大；Internet 的覆盖范围、用户入网数以令人难以置信的速度发展；Internet 的管理与技术将进一步规范化，其使用规范和相应的法律规范正逐步健全和完善；网络技术不断发展，用户界面更加友好；各种令人耳目一新的使用方法不断推出，最新的发展包括实时图像和语音的传输；网络资源急剧膨胀。

1.2　计算机网络体系结构

前面主要讲解的是计算机网络的硬件构成（通信子网），以及硬件之间是如何互联的（网络的拓扑结构）。但要实现两台主机之间的通信，除了**硬件上的连接**（有线或无线方式）之外，还需要**软件上的支持**，这就是计算机网络的体系结构，其功能是实现计算机的远程访问和资源共享，即解决异地独立工作的计算机之间如何实现正确、可靠的通信。计算机网络分层体系结构模型就是为了解决计算机网络的这一关键问题而设计的，是从软件角度考虑的。对于计算机网络而言，硬件的连接并不难，主要是软件上如何实现互联，本书就是通过分层模型讲解计算机网络是如何工作的。

1.2.1　计算机网络分层结构

1. 分层

计算机网络的基本功能是网络通信。根据网络通信中节点的不同可分为两种基本方式：第一种为相邻节点之间的通信；第二种为不相邻节点之间的通信。相邻节点之间的通信可以通过直达通路通信，称为点对点通信；不相邻节点之间的通信需要中间节点链接起来形成间接可达通路，完成通信，称为端到端通信。所以说，点对点通信是端到端通信的基础，端到端通信是对点对点通信的延伸。

1）点对点通信：需要在通信的两台计算机上有相应的通信软件。该通信软件需要有与两台主机操作管理系统的接口，还需具备两个接口界面，即向用户应用的界面与通信的界面。因此通信软件的设计就自然划分为两个相对独立的模块，形成**用户服务层**和**通信服务层**两个基本层次体系。

2）端到端通信：该通信是通过链路把若干点对点的通信线路通过中间节点（路由器）链接起来而形成的，因此，端到端的通信要依靠各节点间点对点通信连接的正确和可靠。此外，必须要解决两个问题。第一，中间节点要具有路由转接功能，即源节点的信息可通过中间节点的路由转发，形成一条到达目的节点的端到端的可达链路；第二，端节点上应具有启动、建立和维护该条端到端链路的功能。启动和建立链路是指发送方节点与接收方节点在正式通信前双方进行的通信，以建立端到端链路的过程。维护链路是指在端到端链路通信过程中对差错或流量控制等问题的处理。

因此在端到端通信的过程，两个层次已经不能满足要求，需要在通信服务层与应用服务层之间增加一个新的层次，该层次用来负责处理网络端到端的正确可靠的通信问题，称为**网络服务层**。

通信服务层：其基本功能是实现相邻计算机节点之间的点对点通信，主要由两个步骤构成。第一步，发送方把一定大小的数据块从内存发送到网卡上；第二步，网卡将数据以串行通信方式将数据发送到物理通信线路上。在接收方则执行相反的过程。由于两个步骤对数据的处理方式不同，可进一步将通信服务层划分为**物理层**和**数据链路层**。

网络服务层：其基本功能是保证数据通过端到端方式正确传递。它由两部分组成，第一，建立、维护和管理端到端链路的功能；第二，进行路由选择的功能。而端到端通信链路的建立、维护和管理功能又可分为两个方面，一方面是与其下面网络层有关的链路建立管理功能；另一方面是与其上面端用户启动链路，并建立与使用链路通信的有关管理功能。因此根据这三部分功能，将网络服务层又划分为 3 个层次，即**会话层**、**传输层**和**网络层**。**会话层**处理端到端链路中与高层用户有关的问题；传输层处理端到端链路通信中错误的确认和恢复，以确保信息的可靠传递；网络层主要处理与实际链路连接过程有关的问题，以及路由选择的问题。

用户服务层：其基本功能主要是处理网络用户接口的应用请求和服务。由于高层用户接口要求支持多用户、多任务、多种应用功能，甚至用户是由不同机型、不同的操作系统组成的。由于应用环境的复杂性，因此，将用户服务层划分为两个层次，即**应用层**和**表示层**。应用层用来支持不同网络的具体应用服务；表示层用来实现为所有应用或多种应用都需要解决的某些共同的用户服务要求。

综上所述，将计算机网络体系结构划分为相对独立的 7 个层次：应用层、表示层、会话层、传输层、网络层、链路层和物理层。

2. 连接方式

网络层所提供的服务可分为两类：面向连接的网络服务（Connection Oriented Network Service，CONS）和无连接网络服务（Connection Less Network Service，CLNS）。

面向连接的网络服务又称为虚电路（Virtual Circuit，VC）服务，它是由网络连接的建立、数据传输和网络连接的释放 3 个阶段组成，是可靠的数据传输，其报文分组按顺序传输的方式进行传递，适用于长报文、会话型的传输要求。虚电路方式在数据发送前，需要在发送方和接收方之间建立一条逻辑连接的虚电路，如图 1-10 所示，它是将电路交换方式与报文交换方式（第 2 章将详细介绍）结合起来的一种连接方式。

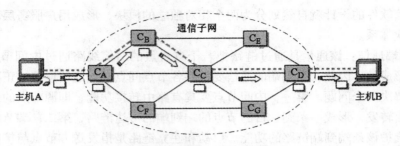

图 1-10　面向连接的网络服务

面向连接的网络服务的主要特点如下：

1）在数据传输之前，需要在源节点和目的节点之间建立一条逻辑连接。由于源节点和目的节点之间的物理连接是存在的（即从源节点到目的节点总可以找到一条或多条的通路，在此通路中至少需要一个或多个中间节点转接），所以并不需要真正建立一条直通的物理链路。

2）在建立虚电路连接的基础上，所有的分组数据通过该链路顺序传递，可以不必携带目的地址和源地址等信息，并且在接收方也不会出现丢失、乱序和重复的问题。

3）不需要路由选择。

4）一个节点可以同时建立多条虚电路。

无连接的网络服务的两节点之间的通信不需要事先建立好一个连接，如图 1-11 所示，数据分组在传输过程中可以根据路由选择通过不同的路径到达接收方，在传输过程中会出现丢失、乱序和重复的现象。无连接的网络服务有 3 种类型：数据报服务（第 5 章中详细介绍）、确认交付服务与请求回答服务。数据报服务不要求接收方应答，这种方法额外开销较小，但可靠性无法保证，主要应用在如视频和音频信息的传递。确认交付服务要求接收方用户每收到一个报文均给发送方用户发送回一个应答报文。确认交付类似于挂号的电子邮件，而请求回答类似于一次事务处理中用户的"一问一答"。

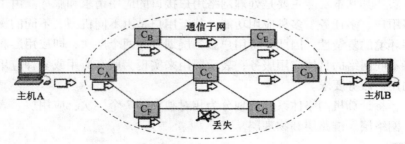

图 1-11　无连接的网络服务

无连接的网络服务的主要特点如下：

1）同一组数据经过分组之后，每一个分组可以通过不同的传输路径到达接收方。

2）分组到达接收方会出现丢失、乱序和重复问题。

3）由于分组不是按序到达，所以在传输过程中每个分组都需要携带目的地址和源地址。

4）在节点之间需要路由选择，根据选择结果决定分组的传输路径。

3. 协议与服务

通俗地讲服务就是用户可以通过它做什么。协议就是让服务可以正常进行。在计算机网络中为了实现各种服务，就必须在计算机之间进行通信和对话。为了能让通信的双方能够正确理解、接受和执行，双方就要遵守相同的规定。

（1）协议的组成要素

如果两个人要进行交谈就采用双方都能听懂的语言以及可以接受的语速。在计算机网络通信中，通信双方在通信内容、如何通信以及何时通信方面要遵守相互可以接受的一组约定和规则，这些达成共识的约定和规则统称为协议。所以，协议是指通信双方必须遵守的控制信息交换的规则集合，其作用是控制并指导通信双方的对话过程，发现对话过程中出现的差错并确定对差错的处理策略。一般来说，协议由语法、语义、同步 3 个要素组成。

1）语法：确定通信双方之间"如何讲"，由逻辑说明构成，即确定通信时双方采用的数据格式、编码、信号电平以及应答方式等。

2）语义：确定通信双方之间"讲什么"，由通信过程的说明构成，即要对发布请求、执行动作以及返回应答给予解释，并确定用于协调和差错处理的控制信息。

3）同步：确定事件的顺序以及速度匹配。

所以说，网络协议是计算机网络的不可缺少的组成部分。

（2）服务

协议是控制两个对等双方（如双方的网络层）进行通信规则的集合。在协议的控制下，两个对等双方间（如双方的网络层）的通信使得本层能够向上一层（如双方的传输层）提供服务，而要实现本层协议，还需要使用下面一层（如双方的数据链路层）提供服务。

协议和服务在概念上的区分如下：

1）协议的实现保证了能够向上一层提供服务。本层的服务用户只能看见服务而无法看见下面的协议。下面的协议对上面的服务用户是透明的。

2）协议是"水平的"，即协议是控制两个对等实体进行通信的规则。但服务是"垂直的"，即服务是由下层通过层间接口向上层提供的。

1.2.2 ISO/OSI 参考模型

自 20 世纪 70 年代起，国外主要计算机生产厂家陆续推出了各自的网络产品及自身的网络体系结构，互不兼容，属于专用的。为了使不同计算机厂家生产的计算机能够互相通信，以便在更大的范围内建立计算机网络，有必要建立一个国际范围的网络体系结构标准。

ISO 于 1981 年正式推荐了一个网络系统结构——七层参考模型，叫做开放系统互连参考模型（Open System Interconnection Reference Model，OSI/RM）。该标准模型的建立，使得各种计算机网络按其标准进行划分，进而极大地推动了计算机网络通信的发展。

OSI 参考模型将整个网络通信的功能划分为 7 个层次，又称为七层协议，如图 1-12 所示。它们由低到高分别是物理层、数据链路层、网络层、传输层、会话层、表示层和应用层。每层根据自身特点完成一定的功能，并直接为其上一层提供服务，所有 7 个层次都互相支持。其中，第四层到第七层主要面对用户，负责互操作性；第一层到第三层面对通信，负责两个网络设备间的物理连接。

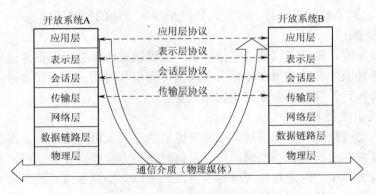

图 1-12　OSI/RM 结构示意图

OSI 参考模型对各个层次的划分遵循下列原则：

1）网络中各节点都有相同的层次，相同的层次具有相同的功能。

2）同一节点中，其相邻两层之间通过接口进行通信，接口通常既可以是软件接口，如传输层与网络层之间，也可以是硬件接口，如数据链路层与物理层之间。

3）每一层使用下一层提供的服务，并向其上一层提供服务，比如，网络层使用数据链路层提供的链路通信服务，使自己的信息在各节点间传递，同时网络层也为传输层提供服务，传输层的信息通过网络层的路由转接，传递到目的点。

4）不同节点的同等层根据协议实现同等层之间的通信，屏蔽数据流动方向，对用户来说好像数据在相同层之间流动。

注意，这里讲解的分层模型是从软件的角度出发，即两台主机之间要想进行通信必须在硬件上首先是连接的，且在此基础上讨论每一层次要解决的问题。

1. 物理层

由于网络中传递的信息不论是文字、声音还是图像等都要转换成二进制比特流才能进行传递，因此物理层负责如何在计算机之间传递二进制比特流。

物理层的主要任务如下：

1）建立规则，以便在物理媒体上传输二进制比特流。

2）定义电缆连接到网卡上的方式。

3）规定在电缆上发送数据的传送技术。

4）定义位同步及检查。

物理层是 OSI 参考模型七层协议的最底层，向下直接与物理传输介质相连接，向上对数据链路层提供服务。物理层协议是各种网络设备进行互联时必须遵守的低层协议。设立物理层的目的是实现两个网络物理设备之间的二进制比特流的透明传输，对数据链路层屏蔽物理传输介质的特性，以便对高层协议有最大的透明性。

2. 数据链路层

数据链路层是 OSI 参考模型的第二层，它介于物理层与网络层之间。物理层已经解决了二进制比特流在两点间的传递问题，但是物理层数据的传递会受周围环境的影响而使数据出现差错。设立数据链路层的主要任务是将一条原始的、有差错的物理线路变为对网络层而言是一条无差错的数据链路。

数据链路层的主要任务如下：

1）数据链路层必须执行链路管理。

2）帧传输。

3）差错检验等功能。

物理连接与数据链路连接的区别：数据链路连接是建立在物理层提供比特流传输服务的基础上；物理层传输的单位是二进制比特流，数据链路层使用物理层的服务来传输数据链路层协议数据单元——帧。帧类型可以分为两种，一种是控制帧，另一种是信息帧。控制帧用于数据链路的建立、数据链路维护与数据链路释放，以及信息帧发送过程中的流量控制与差错控制功能，进而保证信息帧在数据链路上的正确传输，从而完成 OSI 参考模型规定数据链路层基本功能的实现，为网络层提供可靠的节点-节点间帧传输服务。

3. 网络层

物理层协议与数据链路层协议都是相邻两个直接相连接节点间的通信协议，它不能解决数据经过通信子网中多个转接节点的通信问题。所以网络层的主要目的就是要为其传输单位-数据报，选择最佳路径通过通信子网到达目的主机，在此同时网络用户不必关心网络的拓扑结构类型以及传输中所使用的通信介质。

网络层的主要任务如下：

1）定义网络操作系统通信过程中应用的协议。

2）确定信息的地址。

3）把逻辑地址和名字翻译成物理地址。

4）确定从源主机沿着网络到目的主机的路由选择。

5）处理交换、路由以及对数据包阻塞的控制问题。

路由器的功能在这一层。路由器可以将子网连接在一起，它依赖于网络层将子网之间的流量进行路由。

4. 传输层

在上述三层中主要解决信息的传递问题，数据链路层虽然可以发现传输过程中出现的错误，但它并不进行处理，只是将错误的帧丢弃；网络层在数据报的路由转接过程中，也会发生丢失和来不及处理而丢弃的问题，因此要实现不可靠线路上的可靠传输，这一问题必须解决。传输层就是负责错误的确认和恢复，以确保信息的可靠传递。在必要时，它对信息重新打包，把过长信息分成小包发送；而在接收方，把这些小包重构成初始的信息。

传输层是 OSI 参考模型中比较特殊的一层，同时也是整个网络体系结构中十分关键的一层。设置传输层的主要目的是在源主机进程之间提供可靠的端—端通信（与第 1.2.1 节中的端到端有所区别）。

传输层的主要任务如下：

1）为高层数据传输建立、维护和拆除传输连接，实现透明的端到端数据传送。

2）提供端到端的错误恢复和流量控制。

3）信息分段与合并，将高层传递的大段数据分段形成传输层报文。

4）考虑复用多条网络连接，提高数据传输的吞吐量。

传输层主要关心的问题是建立、维护和中断虚电路，传输差错校验和恢复以及信息流量控制等。它提供**面向连接**和**无连接**两种服务。

5. 会话层

会话层是建立在传输层的基础之上，利用传输层提供的服务，使得两个会话层之间不考虑它们之间相隔多远、使用了什么样的通信子网等网络通信细节，进行透明的、可靠的数据传输。当两个应用进程进行相互通信时，希望有个作为第三者的进程能组织它们的通话，协调它们之间的数据流，以便应用进程专注于信息交互。设立会话层就是为了达到这个目的。从 OSI 参考模型来看，在会话层之上的各层是面向应用的，会话层之下的各层是面向网络通信的。会话层在两者之间起到连接的作用。

会话层的主要任务如下：

1）提供进行会话的两个应用进程之间的会话组织和同步服务。

2）对数据的传送提供控制和管理，以达到协调会话过程的目的。

3）为上一层表示层提供更好的服务。

会话层与传输层有明显的区别。传输层协议负责建立和维护端—端之间的逻辑连接。传输服务比较简单，目的是提供一个可靠的传输服务。但是由于传输层所使用的通信子网类型很多，并且网络通信质量差异很大，这就造成了传输协议的复杂性。而会话层在发出一个会话协议数据单元时，传输层可以保证将它正确地传送到对等的会话实体，从这点看会话协议得到了简化。但是为了达到为各种进程服务的目的，会话层定义的为数据交换用的各种服务是非常丰富和复杂的。

6. 表示层

表示层之下的五层是将数据从源主机传送到目的主机，而表示层则要保证这五层所传输的数据经传送后其表达意义不改变。

表示层的主要任务如下：

1）给出数据结构的描述，使之与机器无关。

2）相互通信的应用进程间交换信息的表示方法与表示连接服务。

在计算机网络中，互相通信的应用进程需要传输的是信息的语义，它对通信过程中信息的传送语法并不关心。表示层的主要功能是通过一些编码规则定义在通信中传送这些信息所需要的语法。从 OSI 开展工作以来，表示层取得了一定的进展，ISO/IEC 8882 与 8883 分别对面向连接的表示层服务和表示层协议规范进行了定义。

7. 应用层

应用层是最终用户应用程序访问网络服务的地方。它负责协调整个网络应用程序的运行工作。是最有含义的信息传送的一层。应用程序如电子邮件、数据库等都利用应用层传送信息。

应用层是 OSI 参考模型的最高层，它为用户的应用进程访问 OSI 环境提供服务。OSI 关心的主要是进程之间的通信行为，因而对应用进程所进行的抽象只保留了应用进程与应用进程间交互行为的有关部分。在 OSI 应用层体系结构概念的支持下，目前 OSI 标准的应用层协议有以下几个：

1）文件传送、访问与管理（File Transfer、Access and Management，FTAM）协议。

2）公共管理信息协议（Common Management Information Protocol，CMIP）。

3）虚拟终端协议（Virtual Terminal Protocol，VTP）。

4）事务处理（Transaction Processing，TP）协议。

5）远程数据库访问（Remote Database Access，RDA）协议。

6）制造业报文规范（Manufacturing Message Specification，MMS）协议。

7）目录服务（Directory Service，DS）协议。

8）报文处理系统（Message Handling System，MHS）协议。

当两台计算机通过网络通信时，一台机器上的任何一层的软件都假定是在和另一机器上的同一层进行通信。例如，一台机器上的应用层和另一台的应用层通信。第一台机器上的应用层并不关心数据是如何通过该机器的较低层，然后通过物理媒体，最后到达第二台机器的应用层的。

在 OSI 中，数据传输的源点和终点要具备 OSI 参考模型中的 7 层功能。图 1-13 表示系统（主机）A 与系统（主机）B 通信时数据传输的过程。OSI 参考模型是网络的理想模型，很少有系统完全遵循它。

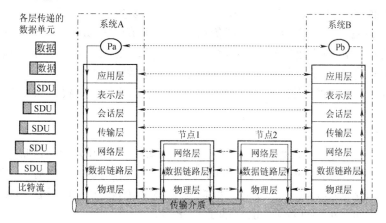

图 1-13　OSI 模型的数据传输过程

1.2.3　TCP/IP 参考模型

TCP/IP（Transmission Control Protocol/Internet Protocol）是 ARPANET 和其后继因特网使用的参考模型。TCP/IP 参考模型分为 4 个层次：应用层、传输层、网络互连层和主机到网络层。如图 1-14 所示。

在 TCP/IP 参考模型中，去掉了 OSI 参考模型中的会话层和表示层（这两层的功能被合并到传输层和应用层中实现）。同时将 OSI 参考模型中的数据链路层和物理层合并为主机到网络层。下面分别介绍各层的主要功能。

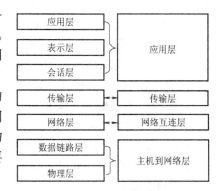

图 1-14　OSI 模型与 TCP/IP 模型对照

（1）主机到网络层

实际上 TCP/IP 参考模型没有真正描述这一层的实现，只是要求能够提供给网络互连层一个访问接口，以便在其上传递网络协议分组。由于这一层次未被定义，所以其具体的实现方法将随着网络类型的不同而各有不同。

（2）网络互连层

网络互连层是整个 TCP/IP 的核心。它的功能是把分组发往目的网络或主机。同时，为了尽快地发送分组，可能需要沿不同的路径同时进行分组传递。因此，分组到达的顺序和发送的顺序可能不同，这就需要上层必须对分组进行排序。

网络互连层定义了分组格式和协议，即 IP。

网络互连层除了需要完成路由的功能外，也可以完成将不同类型的网络（异构网）互连的任务。除此之外，网络互连层还具有拥塞控制的功能。

（3）传输层

在 TCP/IP 模型中，传输层的功能是使源主机和目的端主机上的对等层可以进行会话。在传输层定义了两种服务质量不同的协议。即传输控制协议（TCP）和用户数据报协议（User Datagram Protocol，UDP）。

TCP 是一个面向连接的、可靠的协议。它将一台主机发出的字节流无差错地发往互联网上的其他主机。在发送方，它负责把上层传送下来的字节流分成报文段并传递给下层。在接收方，它负责把收到的报文进行重组后递交给上层。TCP 还要处理端到端的流量控制，以避免缓慢接收的接收方没有足够的缓冲区接收发送方发送的大量数据。

UDP 是一个不可靠的、无连接的协议，主要适用于不需要对报文进行排序和流量控制的场合。

（4）应用层

TCP/IP 模型将 OSI 参考模型中的一部分会话层和表示层的功能合并到应用层中实现。

应用层面向不同的网络应用引入了不同的应用层协议。其中，有基于 TCP 的，如文件传输协议（File Transfer Protocol，FTP）、虚拟终端协议（TELNET）、超文本链接协议（Hyper Text Transfer Protocol，HTTP），也有基于 UDP 的。

1.2.4 OSI 参考模型与 TCP/IP 参考模型的比较

1. 两种参考模型的相同点

OSI 参考模型与 TCP/IP 参考模型都是用来解决不同计算机之间数据传输的问题。这两种模型都是基于独立的协议的概念，采用分层的方法，每层都建立在它的下一层之上，并为它的上一层提供服务。例如：在两种参考模型中，传输层及其以下的各层都为需要通信的进程提供端到端、与网络无关的传输服务，这些层成了传输服务的提供者；同样，在传输层以上的各层都是传输服务的用户。

2. 两种参考模型的不同点

1）OSI 参考模型的协议比 TCP/IP 参考模型的协议更具有面向对象的特性。

OSI 参考模型明确了 3 个主要概念：服务、接口和协议。这些思想和现代的面向对象的编程技术非常吻合。一个对象有一组方法，该对象外部的进程可以使用它们，这些方法的语义定义该对象提供的服务，方法的参数和结果就是对象的接口，对象内部的代码实现它的协议。当然，这些代码在该对象外部是不可见的。而 TCP/IP 参考模型最初没有明确区分服务、接口和协议，人们也试图改进它，使其更加接近 OSI 参考模型。

所以，OSI 参考模型中的协议比 TCP/IP 参考模型中的协议具有更好的面向对象的特性，在技术发生变化时，由于它的封装性和隐藏性，能够比较容易地进行替换和更新。而 TCP/

IP 参考模型由于没有明确区分服务、接口和协议的概念，对于使用新技术设计、新网络来说，这种参考模型就会遇到许多不利的因素。另外，TCP/IP 参考模型完全不是通用的，不适合描述该模型以外的其他协议。

2）TCP/IP 参考模型中对异构网（Heterogeneous Network）互连的处理比 OSI 参考模型更合理。

TCP/IP 首先考虑的是多种异构网的互连问题，并将网际协议 IP 作为 TCP/IP 的重要组成部分。但 ISO 和国际电报电话咨询委员会（Consultative Committee，International Telegraph and Telephone，CCITT）最初只考虑到使用一种标准的公用数据网将各种不同的系统互连在一起。后来，ISO 认识到了网际协议 IP 的重要性，但为时已晚，只好在网络层中划分出一个子层来完成类似 TCP/IP 中 IP 的作用。

3）TCP/IP 参考模型比 OSI 参考模型更注重面向无连接的服务。

TCP/IP 一开始就对面向连接服务和无连接服务并重，而 OSI 在开始时只强调面向连接服务。经过相当长的一段时间，OSI 才开始制定无连接服务的有关标准。例如：OSI 参考模型在传输层仅支持面向连接的通信方式，而 TCP/IP 参考模型在该层支持面向连接和无连接两种通信方式，提供给用户选择的余地，这对简单的请求—应答协议是十分重要的。

1.2.5 标准化组织与管理机构

1. 网络与 Internet 标准化组织

随着计算机通信、计算机网络和分布式处理系统的激增，协议和接口的不断进化，迫切要求不同公司制造的计算机之间以及计算机与通信设备之间方便地互连和相互通信。因此，接口、协议、计算机网络体系结构都应有共同遵守的标准。

目前，世界范围内的标准化组织与机构有以下几个。

（1）国际标准化组织

国际标准化组织（ISO）是世界上最大的非政府性标准化专门机构，是国际标准化领域中一个十分重要的组织。ISO 的任务是促进全球范围内的标准化及其有关活动，以利于国际间产品与服务的交流，以及在知识、科学、技术和经济活动中发展国际间的相互合作。**ISO 负责制定大型网络标准，OSI 参考模型就是由该组织制定的。**

（2）国际电信联盟

国际电信联盟（International Telegraph Union，ITU）是联合国机构中历史最长的一个国际组织，简称"国际电联"或"电联"。国际电联是主管信息通信技术事务的联合国机构。作为世界范围内联系各国政府和私营部门的纽带，国际电联通过其麾下的无线电通信、标准化和发展电信展览活动。**ITU 定义了广义网连接的电信网络标准，X.25 协议就是由该组织制定的。**

（3）电气和电子工程师协会

电气和电子工程师协会（Institute of Electrical and Electronics Engineers，IEEE）定位在科学和教育，并直接面向电子电气工程、通信、计算机工程、计算机科学理论和原理研究的组织，以及相关工程分支的艺术和科学。为了实现这一目标，IEEE 承担着多个科学期刊和会议组织者的角色。它也是一个广泛的工业标准开发者，主要领域包括电能、能源、生物技术和保健、信息技术、信息安全、通信、消费电子、运输、航天技术和纳米技术。在教育领域 IEEE 积极发展和参与，例如在高等院校推行"电子工程"课程的学校授权体制。**IEEE 制定了网络硬件的标准，802.X 协议族就是该机构制定的。**

（4）因特网体系结构委员会

Internet 体系结构委员会（Internet Architecture Board，IAB）创建于 1992 年 6 月，是 Internet 协会 ISOC（Internet Society，ISOC）的技术咨询机构。

IAB 监督 Internet 协议体系结构和发展，提供创建 Internet 标准的步骤，管理 Internet 标准化请求评价草案（Request For Comments，RFC）文档系列，管理各种已分配的 Internet 地址号码。

2. Internet 管理机构

实际上没有任何组织、企业或政府能够拥有 Internet，但是它也受一些独立的管理机构管理，每个机构都有自己特定的职责。

（1）国家科学基金会（NSF）

尽管 NSF 并不是一个官方的 Internet 组织，并且也不能参与 Internet 的管理，但对 Internet 的过去和未来都有非常重要的作用。

（2）Internet 协会

Internet 协会（ISOC）创建于 1992 年，是一个最权威的 Internet 全球协调与使用的国际化组织。它由 Internet 专业人员和专家组成，其重要任务是与其他组织合作，共同完成 Internet 标准与协议的制定。

（3）Internet 体系结构委员会

Internet 体系结构委员会（IAB）创建于 1992 年 6 月，是 ISOC 的技术咨询机构。

IAB 监督 Internet 协议体系结构和发展，提供创建 Internet 标准的步骤，管理 Internet 标准化（草案）RFC 文档系列，管理各种已分配的 Internet 地址号码。

（4）Internet 工程任务组（Internet Engineering Task Force，IETF）

IETF 的任务是为 Internet 工作和发展提供技术及其他支持。它的任务之一是简化现在的标准并开发一些新的标准，并向 Internet 工程指导小组推荐标准。

IETF 主要工作领域包括应用程序、Internet 服务、网络管理、运行要求、路由、安全性、传输、用户服务与服务应用程序。

工作组的目标是创建信息文档、创建协议细则，解决 Internet 与工程和标准制订有关的各种问题等。

（5）Internet 研究部（Internet Research Task Force，IRTF）

IRTF 是 ISOC 的执行机构。它致力于与 Internet 有关的长期项目的研究，主要在 Internet 协议、体系结构、应用程序及相关技术领域开展工作。

（6）Internet 网络信息中心（Internet Network Information Center，InterNIC）

Internet 网络信息中心负责 Internet 域名注册和域名数据库的管理。

（7）Internet 赋号管理局（Internet Assigned Numbers Authority，IANA）

Internet 赋号管理局的工作是按照 IP，组织监督 IP 地址的分配，确保每一个域都是唯一的。

（8）WWW 联盟

WWW 联盟是独立于其他 Internet 组织而存在的，是一个国际性的工业联盟。它和其他组织共同致力于与 Web 有关的协议的制定。

它由以下这些组织联合组成：美国麻省理工学院计算机科学实验室、欧洲国家信息与自动化学院和日本的庆应义塾大学藤泽校区。

1.3 计算机网络的主要性能指标

影响网络性能的因素有很多，如传输的距离、使用的线路、传输技术、带宽等。对于最终用户来说，响应时间是用于判断网络性能质量高低的一个基本手段。对于网络管理员来说，他们所关心的就不只是响应时间，还有网络的资源利用率。总体说来，网络性能的主要指标如表 1-1 所示，本书选取其中常用的指标进行说明。

表 1-1 网络性能的主要指标

指 标 项	指 标 描 述
连通性	网络组件间的互连通性
吞吐量	单位时间内传送通过网络中给定点的数据量
带宽	单位时间内所能传送的比特数
时延	数据分组在网络传输中的延时时间
包转发率	单位时间内转发的数据包的数量
信道利用率	一段时间内信道为占用状态的时间与总时间的比值
信道容量	信道的极限带宽
带宽利用率	实际使用的带宽与信道容量的比率
包损失	在一段时间内网络传输及处理中丢失或出错数据包的数量
包损失率	包损失与总包数的比率

1. 带宽

带宽包含两种含义：在通信中，带宽（Bandwidth）是指信号具有的频带宽度，单位是赫兹（Hz）；现在计算机网络中带宽是数字信道所能传送的"最高数据率"的同义语，单位是比特每秒（bit/s）。当数据率较高时，可以使用 kbit/s（k = 10^3，千）、Mbit/s（M = 10^6，兆）、Gbit/s（G = 10^9，吉）、Tbit/s（T = 10^{12}，太）。现在一般常用更简单并不是很严格的记法来描述网络的速率，如 100M 以太网，而省略了 bit/s，意思为数据率为 100Mbit/s 的以太网。

2. 吞吐量

吞吐量（Throughput）是指在规定时间、空间及数据在网络中所走的路径（网络路径）的前提下，下载文件时实际获得的带宽值。由于多方面的原因，实际上吞吐量往往比传输介质所标称的最大带宽要小得多。例如，对于一个 100Mbit/s 的以太网，其额定速率为 100Mbit/s，那么这个数值也是该以太网的吞吐量的绝对上限值。因此，对 100Mbit/s 的以太网，其典型的吞吐量可能只有 70Mbit/s。

3. 时延

时延（Delay 或者 Latency）是指数据（一个报文或者分组）从网络（或链路）的一端

传送到另一端所需的时间。网络延时包括发送时延、传播时延、排队时延与处理时延。

1）发送时延。发送时延是指主机或路由器发送数据帧所需要的时间，也就是从发送数据帧的第一个比特算起，到该帧的最后一个比特发送完毕所需的时间。发送时延也可以称为传输时延。

$$发送的时延 = 数据帧长度(bit)/发送速率(bit/s)$$

对于一定的网络，发送时延并非固定不变，而是与发送的帧长成正比，与发送速率成反比。

2）传播时延。传播时延是指电磁波在信道中传播一定的距离需要花费的时间。

$$传播时延 = 信道长度(m)/电磁波在信道上的传播速率(m/s)$$

电磁波在自由空间的传播速率是光速，即 $3.0 \times 10^5 \mathrm{km/s}$。电磁波在网络传输媒体中的传播速率比在自由空间低一些，在铜线电缆中的传播速率约为 $2.3 \times 10^5 \mathrm{km/s}$，在光纤中的传播速率约为 $2.0 \times 10^5 \mathrm{km/s}$。

信号传输速率（发送速率）和信号在信道上的传播速率是完全不同的概念。

3）处理时延。主机与路由器收到一个分组后，需要分析该分组的首部与数据部分，要检查源地址与目的地址，要检查校验和，确定分组传输是否出错，这些处理需要的时间叫做处理时延。

4）排队时延。路由器需要在每个输入、输出端口都设置一些缓冲区，用来存储输入等待处理的分组排队队列，以及处理、等待转发的分组队列。当分组从一个端口进入路由器等待处理，以及在输出队列中等待转发所需要的时间叫做排队时延。

这样数据在网络中的总时延就是

$$总时延 = 发送时延 + 传播时延 + 处理时延 + 排队时延$$

对于高速网络链路，提高的仅仅是数据的发送数率，而不是比特在链路上的传播速率。荷载信息的电磁波在通信线路上的传播速率与数据的发送速率并无关系。提高数据的发送速率只是减小了数据的发送时延。

1.4 计算机网络发展趋势

随着网络技术的不断发展，现阶段已经步入 Web 2.0 的网络时代。这个阶段网络的发展更加复杂，人们与网络的联系更加紧密，除了通过计算机接入网络，还能从移动设备（如 iPhone）和电视机（如 Xbox Live 360）上感受到更多登录网络的愉悦。结合网络现状，我们总结未来计算机网络的发展趋势。

1. 基于云技术

互联网将出现更多基于云技术的服务项目。据最近 Telecom Trends International 的研究报告表明，2015 年前云计算服务带来的营业收入将达到 455 亿美元。国家科学基金会也在鼓励科学家们研制出更多有利于实现云计算服务的网络新技术，同时从资金上大力支持科学家们研发关于如何缩短云计算服务的延迟，以及提高云计算服务的计算性能等技术。

2. 移动网络

移动网络是未来另一个发展前景巨大的网络应用。它已经在亚洲和欧洲的部分城市发展迅猛。苹果 iPhone 是美国市场移动网络的一个标志事件。这仅仅是个开始。在未来的 10 年里将有更多的定位感知服务可通过移动设备来实现。例如，当你逛当地商场时，会收到很多你定制的购物优惠信息；或者当你在驾驶车的时候，收到地图信息。而大型的互联网公司，如 YAHOO 等，以及移动电话运营商都将成为主要的移动门户网站。

3. 物联网

物联网是在计算机互联网的基础上，利用射频自动识别（Radio Frequency Identification，RFID，也称为电子标签）、无线数据通信等技术，构造一个覆盖世界上万事万物的"Internet of Things"。在这个网络中，物品（商品）能够彼此进行"交流"，而无需人的干预。物联网的发展，也是以移动技术为代表的普适计算和泛在网络发展的结果，带动的不仅仅是技术进步，而是通过应用创新进一步带动经济社会形态、创新形态的变革，塑造了知识社会的流体特性，推动面向知识社会的下一代创新形态的形成。移动及无线技术、物联网的发展，使得创新更加关注用户体验。用户体验成为下一代创新的核心。开放创新、共同创新、大众创新、用户创新成为知识社会环境下的创新新特征，技术更加展现其以人为本的一面，以人为本的创新随着物联网技术的发展成为现实。

4. 本地化门户

随着互联网的快速发展以及互联网应用的日益丰富，人们的生活已变得越来越依赖互联网，从网上来获取各种关于本地生活信息也已经成为人们的习惯。作为人们获取本地生活信息的主要渠道，本地化门户网站在近几年的时间里得到了快速的发展。本地化门户是指整合本土信息的网络资源，更好地为当地网民服务的互联网门户网站。由于本地门户网站涉及的内容都是与人们生活息息相关的信息，这为其快速发展提供了巨大的用户市场和良好的发展环境，使得本地化门户行业保持着较快的速度发展。

5. RTT

RTT（Round-Trip Time）即往返时间。它是衡量网络性能的又一个重要指标。往返时间具体是指从发送方发送数据开始，到收到来自接收方的确认回应（接收方收到数据后立即发出确认）所经历的时间。通过后面章节内容的学习，我们将会了解往返时间对网络性能，尤其是对可靠通信中网络性能的影响。

小结

1. 知识梳理

本章主要介绍了网络的形成与发展，以及标准化的出现；在标准化的前提下介绍了按照不同方式的网络分类，在分类中重点内容是按照数据交换方式的分类；网络是一个复杂的体系结构，如何完成异地间的数据准确交换，就需要将复杂的问题进行解析，将问题简单化和抽象化，这就是分层的原因；OSI 参考模型是理论上的结构，而在实际应用中，工程师们采用的是 TCP/IP 参考模型；在具体实现的过程中要求通信双方一定要划分层次，且遵循相同的规则，即协议，不同的层次划分和其在传输过程中的不同功能产生不同的协议，在以后的各章中会给大家介绍每一层中为了完成其功能需要什么协议；衡量一个网络的好坏需要标准，于是就出现了网络性能指标。

2. 学生的疑惑

疑惑：网络的分层管理很抽象，有没有具体的例子可以把分层的原理用通俗的方法解释一下。

解答: 作为原理我们讲计算机网络,是将 OSI 参考模型(七层)与 TCP/IP 模型(四层)做个综合,以五层来分章讲解,依次是物理层、数据链路层、网络层、传输层和应用层。为了便于理解,下面以邮政通信系统为例,以此引出计算机网络分层的原理,以及数据传递的过程中,相同层次间是如何工作的。如图 1-15 所示,由下自上,最底层对应五层模型中的物理层和数据链路层;上面三层依次对应网络层、传输层和应用层。数据的传递就是封装成包—传输—拆包的过程。

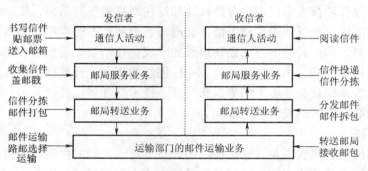

图 1-15　邮政系统的信件发送与接收过程

3. 授课体会

本章的主要内容虽不是本书的重点,但对学生的引导很关键,要让学生从大的方向上了解计算机网络到底是什么?我们现在每天都在应用,但其内部的工作原理是什么?在看似理所当然的情况下,计算机都为我们做了哪些事情?为了说清这些问题,在授课时要尽量多举例子,让学生初步了解。

比如在讲七层协议的时候,我们以两个人交流的过程描述让学生理解每一层都做什么。**物理层**解决的问题就是甲说话乙听到了,但我们知道这个过程会出现问题,比如在雷雨天,数据的传递有可能出现错误,把 0 当做 1,这样的数据是无效的。比作人与人之间的交流可以说:我没听清,你再说一遍。所以就需要对接收过来的数据进行检查看是否正确,这就是**数据链路层**要解决的问题。由于通信两端的距离远,数据传输量大,没办法一次性传过来,就把数据拆分成大小相同的包,在包上标记号码,然后送到网络上,每个包会根据网络情况通过不同路径到达目的地,接收方再根据标记重新组合成原始数据,这就是**网络层**要解决的问题。在传输的过程中很有可能包丢了,或者在数据链路层阶段发现数据有错误,需要将这些数据重传,这就是**传输层**要解决的问题。有的时候两个人在交流的时候会因为意见不同发生争吵,这个时候需要有人来协调问题,这就是**会话层**要解决的问题。当两个应用进程进行相互通信时,希望有个作为第三者的进程能组织它们的通话,协调它们之间的数据流,以便使应用进程专注于信息交互。**表示层**要解决的问题是双方一定要使用共同理解的语言,如果两个人交流,一个用英语,一个用中文,双方不懂对方的语言,可以相信即使大家都听得到对方的声音,即使双方说的话都没错误,也是没法交流的,这就是表示层的任务,它让用双方都会的同一种语言交流。最后是**应用层**,如果交流的甲是学数学的,乙是学医学的,那么双方各说各的,虽然每个字都知道,但双方还是不理解对方的内容,这就是应用层要解决的问题,大家是专业相同或相近的,是可以交流的。

通过上面的讲解相信学生会有个初步的意识，就是网络通信的过程可以和我们的生活中某些事件相似，便于后续课程的讲解。

习题与思考

1. 计算机网络功能有哪些？

2. 按照覆盖范围划分，计算机网络可分为哪几种？

3. 试从多个方面比较电路交换、报文交换和分组交换的主要优缺点。

4. 按照网络拓扑结构划分，计算机网络可分为哪几种？

5. 从逻辑上将网络分为哪两大组成部分？它们的工作方式各有什么特点？

6. 网络体系结构为什么要采用分层次的结构？

7. OSI/RM 参考模型将整个网络通信的功能划分几个层次？分别是什么，完成什么功能？

8. TCP/IP 参考模型分几个层次？与 OSI/RM 参考模型的区别是什么？

9. 什么是协议？协议的三要素是什么？与服务有何区别？

10. 计算机网络有哪些常用的性能指标？

第 2 章　物　理　层

【本章提要】

本章以数据传输基础作为切入点，详细介绍在设备间实现数据传输的基本技术，在此基础上讲解物理层的主要功能、传输介质、接口与标准以及相关的物理层设备。

【学习目标】

- 掌握设备间实现数据传输的基本技术，包括通信系统的构成、数字调制方法、数据编码方法、差错控制技术、信道复用技术以及数据交换技术等。
- 了解信道特征、数字传输系统以及常见的传输介质。
- 了解物理层的基本功能、接口和标准以及常见的物理层设备。

2.1　物理层概述

数据在网络上的传输是一个比较复杂的过程，为此，人们通过分层的方法将这个复杂问题简单化，进而引入基于分层的网络体系结构。而物理层是整个分层模型的最底层，它向上服务于数据链路层，向下直接与传输介质相连，负责解决如何为网络上传输的信息提供传输通路，将数据链路层需要传送的数据信息变换为适合网络传输的电流脉冲或其他信号，或者把所传输的信号变换成终端设备可以接受的形式。由分层的网络体系结构不难知道，物理层是唯一直接提供原始比特流传输的层，因此，它必须解决好与比特流传输有关的一系列问题，包括传输介质、信道类型、数据与信号之间的转换、信号传输中的衰减和噪声及设备之间的物理接口等。

然而，物理层并非是指连接计算机的具体物理设备，也不是指负责信号传输的具体物理设备，而是指在连接开放系统的传输介质上，为数据链路层提供传输比特流的一个物理连接，即构造一个各种数据比特流的透明通信信道。目前，由于计算机网络可以利用的通信设备和传输设备种类繁多，而且特性各异，物理层的一个重要作用就是要屏蔽这些差异，使数据链路层不必考虑具体的通信设备和传输介质。

2.1.1　物理层的基本概念

ISO/OSI-RM 对物理层的定义是：物理信道实体之间合理安排的中间系统，为比特流传输所需物理连接的建立、维持和释放提供机械性的、电气性的、功能性的和规程性的手段。对应于传输介质与数据链路层的物理层位置如图 2-1 所示。信号的传输离不开传输介质，而传输介质两端必然有接口用于发送和接收信号。因此，物理层的主要任务就是规定各种传输介质和接口与传输信号相关的一些特性。

（1）机械特性

用于规定通信实体间硬件连接接口的机械特点，如接口所用接线器的形状和尺寸、引线数目和排列、固定和锁定装置等。

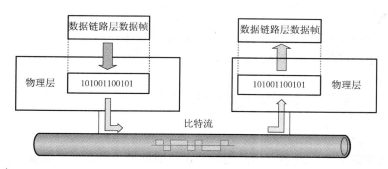

图 2-1　物理层功能示意图

（2）电气特性

规定了在物理连接上，导线的电气连接及有关电路的特性，一般包括接收器和发送器电路特性的说明、信号的识别、最大传输速率的说明、与互连电缆相关的规则、发送器的输出阻抗、接收器的输入阻抗等电气参数。

（3）功能特性

用于规定物理接口各条信号线的用途，包括接口线功能的规定方法，接口信号线的功能可分为数据信号线、控制信号线、定时信号线和接地线四类。

（4）规程特性

用于规定利用接口传输比特流的全过程及各项用于传输的事件发生的合法顺序，包括事件的执行顺序和数据传输方式，即在物理连接建立、维持和交换信息时，DTE 和 DCE 双方在各自电路上的动作序列等。

2.1.2　物理层解决的主要问题

要实现物理层的服务，需要解决以下问题。

1. 传输介质与接口的物理特性

物理层定义了设备与传输介质之间的接口特性，也定义了传输介质的类型。但实际上，它不仅仅是导线，因为与数据通信相关的传输介质，包括有线和无线环境，都由物理层协议定义。因此还包括了所用连接器类型、插脚引线或引线引脚分配，以及将比特值转换为电信号的方式。例如，在局域网中，物理层在定义其他协议的同时，还定义了允许使用的电缆类型、将网络电缆连接到硬件设备的连接器类型、电缆长度限制以及终端类型等。

2. 比特的表示

物理层提供的是没有任何含义的比特流的传输。为了传输，比特数据必须编码成为电信号或光信号。因此，物理层要定义如何将 0 和 1 转换成信号。例如，EIA RS-232 标准规定了串行通信中的电气和物理特性。

3. 数据速率

数据速率也在物理层定义。换言之，物理层定义了传输一个比特所要持续的时间。

4. 位同步

为了保证接收方能够正确收到发送方发送过来的比特数据，发送方与接收方必须位同步，即发送方的时钟与接收方的时钟必须同步。

5. 线路配置

物理层涉及设备与传输介质的连接。在点到点配置中，两个设备通过一条专用链路连接。在多点配置中，许多设备共享一条链路。

6. 物理拓扑

物理拓扑定义如何将物理设备连接成网络。节点的连接方式可以分为网状拓扑、星形拓扑、树形拓扑、环形拓扑和总线型拓扑。

7. 传输方式

物理层还需要定义两台设备之间的传输方式，即单工、半双工或全双工。

2.2 数据传输基础

2.2.1 信息、数据与信号

信息是人对现实世界事物存在方式或运动状态的某种认识，即人脑对客观事物的反映，既可以是对物质的形态、大小、结构、性能等部分或全部特征的描述，也可以是事物或外部联系。

数据是一种承载信息的实体，是表征事物的具体形式，例如文字、声音和图像等。数据可分为模拟数据和数字数据两种形式。模拟数据是指在某个区间连续变化的物理量，例如声音的大小和温度的变化等。数字数据是指离散的不连续的量，例如文本信息和整数。

信号是数据的具体的物理表现，是数据的电磁或电子编码。信号在通信系统中可分为模拟信号和数字信号。其中，模拟信号是指一种连续变化的电信号，例如，电话线上传送的按照语音强弱幅度连续变化的电波信号，如图 2-2a 所示；数字信号是指一种离散变化的电信号，例如，计算机产生的电信号就是 0 和 1 的电压脉冲序列串，如图 2-2b 所示。

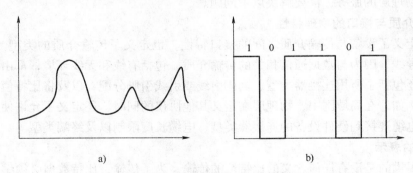

a) b)

图 2-2 模拟信号与数字信号示意图
a）模拟信号 b）数字信号

码元是数字信号中每一位的通称。在使用时间域的波形表示数字信号时，代表不同离散数值的基本波形就称为码元。它既可以用二进制表示，也可以用其他进制的数表示。

2.2.2 通信系统

利用任何一种传输介质将信息从一地传送到另一地称为**通信**。如图 2-3 所示，通信系统包括信源、发信终端、传输介质、收信终端和信宿。

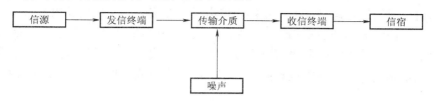

图 2-3　通信系统构成

- 信源就是信息的发送方，是发出待传送信息的设备。
- 信宿是信息的接收方，是接收所传送信息的设备。
- 信道是信源和信宿之间的信息传送通道。信道既可以是模拟的，也可以是数字的。用于传送模拟信号的信道称为模拟信道，用于传送数字信号的信道称为数字信道。
- 噪声源。信息在信道上传输过程中必要会受到各种干扰，即噪声，其主要分为两种：高斯噪声和脉冲噪声。高斯噪声最普遍的来源是电子元器件的热噪声，而脉冲噪声一般来源于通信系统的外部，如雷电、电火花引起的噪声，其能量较为集中，易引起较多的误码。

信源中待传递信息由发信终端变换成适合于在介质上传送的通信信号发送到传输介质上传输。该信号利用传输介质进行传输的过程中，可能会受到外界各种干扰，因此，原通信信号通常会被叠加上各种噪声干扰，而收信终端负责将收到的信号经解调等逆变换，恢复成信宿适用的信息形式转交给信宿。当然，通信系统根据传送信号的不同类型，可以进一步分为模拟通信系统和数字通信系统。

1. 模拟通信系统

以模拟信号来传送信息的通信方式称为模拟通信，模拟通信系统如图 2-4 所示。在模拟通信中，信源输出的模拟信号经调制器进行信号调制，使其适合传输介质的特性，再送入传输信道进行传输；在接收方，解调器对收到的信号进行解调，使其恢复成调制前的信号形式，传送给信宿。

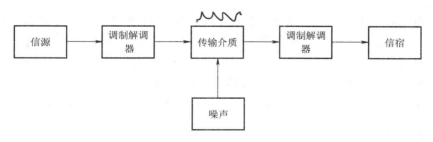

图 2-4　模拟通信系统

模拟通信所需的频带比较窄，信道的利用率较高。但是模拟通信抗干扰能力差、保密性差、设备不易大规模集成，不适应计算机通信的需要。

2. 数字通信系统

以数字信号来传送信息的通信方式称为数字通信，数字通信系统如图 2-5 所示。其中信源编码器的作用是将信源发出的模拟信号通过模/数（A/D）转换变换为数字信号，该信号也称为信源码，而信源编码器的另一个作用是实现压缩编码，使信源码占用的信道带宽尽量小。由于信源码不适合于在信道中直接传输，为了提高传输的有效性及可靠性，通常要对信源码经过信道编码器进行码型变换，变换为信道码。在接收方，信道译码器对收到的信号进行纠错，再由信源译码器通过数/模（D/A）转换把得到的数字信号还原为原始的模拟信号，提供给信宿。当然数字信号也可以采取频带传输方式，这时需用调制器对数字信号进行调制，将其频带调制到光波或微波频段，利用光纤、微波或卫星等信道进行传输。

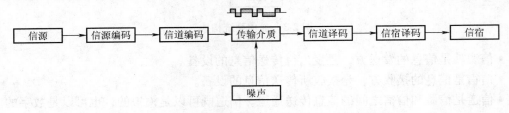

图 2-5　数字通信系统

数据通信系统相对模拟通信系统具有以下特点：

●抗干扰能力强、无噪声积累。在模拟通信中，为了提高信噪比，需要在信号传输过程中及时对衰减的传输信号进行放大，因此，信号在传输过程中叠加上的噪声也不可避免地被同时放大，随着传输距离的增加，噪声累积越来越多，以致传输质量严重恶化。

●对于数字通信，由于数字信号的幅值为有限个离散值（通常取两个幅值代表 0 和 1），在传输过程中虽然也受到噪声的干扰，但可以采取适当的措施将叠加了的噪声和干扰的信道码再生成没有噪声干扰的、和原发送方一样的数字信号，因此可实现高质量的传输。

●便于存储、处理和交换。数字通信的信号形式和计算机所用信号一致，都是二进制代码，因此便于与计算机联网，也便于用计算机对数字信号进行存储、处理和交换，可使通信网的管理和维护实现自动化、智能化。

●设备便于集成化、微型化。数字通信采用时分多路复用，不需要体积较大的滤波器。设备中的大部分电路是数字电路，可用大规模和超大规模集成电路实现，因此体积小、重量轻、功耗低。

●便于构成综合数字网和综合业务数字网。采用数字传输方式，可以通过程控数字交换设备进行数字交换，以实现传输和交换的综合。另外，电话业务和各种非话业务都可以实现数字化，构成综合业务数字网。

●数字通信占用信道频带较宽，信道利用率低。但随着宽频带信道（如光缆、数字微波）的大量使用，以及数字信号处理技术的发展，带宽问题已不是主要问题了。

2.2.3　信道特征

信道是信号从发送方到接收方之间进行传输的路径。但这里信道并不特指具体的某种电缆或电线等，而是指数据流过的由介质提供的路径。因此，信道是一个泛指的概念。一般可以由带宽、信道容量和误码率等指标来表征该信道的特性。

不同的介质有不同的带宽。带宽越宽，该介质所能承载的数据传输速率就越高。虽然也可以在窄带的信道上传输高速数据，但这样将会产生较大的误码率。

1. 信道带宽

模拟信道的带宽如图 2-6 所示，如果取信道衰减阈值为 $1/\sqrt{2}$，即 f_1 是信道能通过的最低频率，f_2是信道能通过的最高频率，那么，该信道的带宽 $W = f_2 - f_1$，f_1 和 f_2 都是由信道的物理特性决定的。如果某个信号的主要频谱分量落在 f_1 和 f_2 之间时，这个信号就可以通过该信道进行传送；否则，无法通过该信道传送。

数字信道是一种离散信道，它只能传送取离散值的数字信号。数字信道的带宽决定了该信道中能不失真地传输数字信号的最高速率。

描述通信系统传输速率的参量主要包括波特率和比特率。

波特率是一种调制速率，也称为波形速率或码元速率，表示模拟信号在传输过程中，从调制解调器输出的调制信号每秒钟载波调制状态改变的次数；或者，在数据传输过程中，线路上每秒钟传送的波形个数，表示为 B

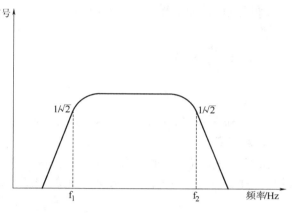

图 2-6　模拟信道的带宽

$= 1/T$，单位为波特（Baud），而 T 为信号码元宽度，单位为秒（s）。

比特率是一种数字信号的传输速率，表示单位时间内所传送的二进制的有效位数，通常用每秒比特数（bit/s）来表示，其计算公式为 $S = \dfrac{1}{T}\log_2 N$，T 为信号码元宽度；N 为一个波形代表的有效状态数，或称码元的离散值个数，是 2 的整数倍。

因此，比特率和波特率的关系可描述为 $S = B\log_2 N$。

早在 1924 年，AT&T 的工程师奈奎斯特就认识到，即使一条理想的信道，它的传输能力也是有限的。他推导出**奈奎斯特定律**，用来表示一个有限带宽、无噪声信道的最大数据传输速率。该定律指出：如果信道的带宽为 W，则该信道中所能传输的最大码元速率为 $B = 2W$。

那么，对于 N 进制的数字信号，由于每个码元所包含的信息量为 $\log_2 N$。所以信息传输速率（单位为比特每秒，bit/s）为

$$S = B\log_2 N = 2W\log_2 N$$

1948 年，香农进一步把奈奎斯特定律扩展到具有随机噪声的信道的情形，并给出了著名的香农公式。由于信道中总是会存在噪声，所以，香农公式更符合实际通信系统的情况。**香农公式**的内容如下：

$$C = W\log_2(1 + PS/PN)$$

其中，C 是该信道的最大信息传输速率，又称为信道容量；W 为信道带宽；PS 为信号的平均功率；PN 为噪声的平均功率，而 PS/PN 称为信噪比。

因此，信道容量虽然反映了信道的极限能力，然而，它只是具有理论意义，信道的实际传输速率要远远低于信道容量。

【**例 2-1**】采用八相调制方式，即 $N = 8$，且 $T = 8.33 \times 10^{-4}$，则

$$B = \frac{1}{T} = 1/(8.33 \times 10^{-4})\text{Baud} = 1\ 200\text{Baud}$$

$$S = \frac{1}{T}\log_2 N = \frac{1}{8.33 \times 10^{-4}} \times \log_2 8\text{bit/s} = 3\ 600\text{bit/s}$$

【例2-2】普通电话线路带宽约为3kHz，则波特率极限值 $B = 2W = 2 \times 3kBaud = 6kBaud$。若码元的离散值个数 $N = 16$，则最大数据传输速率（比特率）$S = 2 \times 3k \times \log_2 16 bit/s = 24kbit/s$。

【例2-3】已知信噪比为30dB，带宽为3kHz，求信道的最大数据传输速率。

解

$\because 10\log_{10} \dfrac{PS}{PN} = 30$

$\therefore \dfrac{PS}{PN} = 10^{\frac{30}{10}} = 1\,000$

$\therefore S = 3k \times \log_2(1 + 1000) bit/s \approx 30kbit/s$

2. 误码率

在信道中传输信号时，会受到噪声或瞬时中断等干扰，使接收方收到的信号出现概率性错误，一般使用误码率来表示出现错码的程度。误码率 P_e 的计算公式如下：

$$P_e = \dfrac{错误接收的码元数}{接收的码元数}$$

在计算机通信网中，通常要求误码率 P_e 要低于 10^{-6}。

3. 频带利用率

在比较不同的通信系统的效率时，只看它们的传输速率是不够的，还要看传输这样的信息所占用的带宽。通信系统占用的频带越宽，传输信息的能力应该越大。在通常情况下，可以认为两者成比例。所以真正用来衡量数字通信系统信息传输效率的指标应该是单位频带内的传输速率，即

$$\eta = \dfrac{传输速率}{占用频带}$$

单位为比特/秒·赫兹(bit/(s·Hz))或波特/赫兹(B/Hz)。

2.2.4 数据传输技术

数据在传输通道中是以电信号的形式传输的，其基本传输形式有两种：模拟传输方式和数字传输方式。在模拟传输方式中，主要关心的是保真，即保持波形不变，如电话、部分电视节目、音频传输设备等，其优点是带宽较窄，只占用了部分带宽，适合于多路频分复用；缺点是信号容易失真，不失真恢复信号困难。在数字传输方式中，传输的是电平编码，各电平之间的电位差较大，容易识别，也容易保持其性质不变，其优点是信号抗干扰能力强，比模拟传输更容易保真；缺点是带宽大，占用了整个通道，不适合频分复用。

1. 模拟数据的传输

模拟数据的传输可以进一步分为模拟数据在模拟信道上的传输和模拟数据在数字信道上的传输两种形式。

（1）模拟数据在模拟信道上的传输

它是指模拟信号通过载波调制后，直接利用模拟信道传送出去，接收方收到载波信号后，进行解调，得到原模拟信号。这是一种比较简单的通信系统。它的实现成本低、操作方便，但系统抗干扰性能、安全性都较差。早期的通信系统（如早期的电话系统、无线电广播）都使用过这种通信方式，但现在这种通信系统已逐渐被淘汰。

（2）模拟数据在数字信道上的传输

用数字信道传输模拟数据时，需要对模拟数据进行相应的编码，使其变成可以在数字信道上传输的数字数据，即需要在发送方引入模/数（A/D）转换将模拟数据数字化，而在接收方则需要将数字信号转换为模拟数据，即要进行数/模（D/A）转换。

将模拟数据转换为数字信号的过程称为脉冲编码调制（Pulse Code Modulation，PCM）。PCM 以采样定理为基础，即利用大于或等于有效信号最高频率或其带宽两倍的采样频率对连续变化的模拟信号进行周期采样。采样定理表达公式为

$$f_s = \frac{1}{T_s} \geq 2F_{max}$$

或

$$f_s \geq B_s$$

其中，f_s 为采样频率；T_s 为采样周期；F_{max} 为原始信号的最高频率；B_s 为原始信号的带宽。

PCM 将模拟信号转换为数字信号的步骤包括 3 个阶段：采样、量化和编码。

• 采样。每隔一段时间对模拟信号取样，取样所得到的数值代表原始信号值。

• 量化。将采样所得到的信号幅度按 A/D 转换器的量级分级并取整，使连续模拟信号变为时间上和幅度上离散的离散值。

• 编码。用若干位二进制组合表示已取整得到的信号幅值，将离散值变为一定位数的二进制编码。

PCM 的工作原理如图 2-7 所示，如果其中的采样频率为 50Hz，而采用 8 级量化，因此该 PCM 的传输数据率为 $50 \times \log_2 8 = 150 bit/s$。

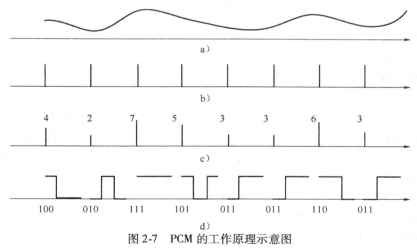

图 2-7　PCM 的工作原理示意图

a）模拟信号　b）采样脉冲　c）采样样本　d）PCM 码

【例 2-4】已知语音数据的频率限制在 4 000Hz 以下，现以 8 000Hz 的采样频率对其进行采样，使用 256 级量化电平对采样值进行量化，试计算传输一路语音信号所需的传输速率。

解　所需传输速率 = $8\ 000 \times \log_2 256 = 64 kbit/s$。

2. 数字数据的传输

与模拟数据的传输类似，数字数据的传输可以进一步分为数字数据在模拟信道上的传输

和数字数据在数字信道上的传输两种形式。

（1）数字数据在数字信道上的传输

这是一种从终端到信道都是数字的传输系统，数据在传输之前不需要进行任何调制和解调等工作，在信道中直接传输用高低电压来表示 0 和 1 的基带信号，因此这种传输方式也称为**基带传输**。基带是指原始信号所占的基本频带。在基带传输中，传输信号的频率可以从零到几兆赫兹，要求信道有较高的频率特性。

然而在基带传输中，并不意味着终端中的数据就可以直接通过数字信道传输，有时还需要对数字终端的数字数据进行码型变换，变换之后的数据才适合于在数字信道中传输。常用的数字数据的数字信号编码方法将在第 2.2.5 节中进行详细介绍。

（2）数字数据在模拟信道上的传输

通过本地电话线上网是人们采用的上网方式之一，而电话线往往只能传输模拟信号，计算机则是数字设备，因此这些数字数据要进入到模拟信道之前，首先要进行数/模（D/A）转换，将其转换为模拟信号，该变换过程叫做调制，当然调制过程并不改变数据的内容，仅是把数据的表示形式进行改变。当调制后的模拟信号传到接收方以后，在接收方则需要借助解调器完成模/数（A/D）转换，将模拟信号还原为数字信号，即对信号进行**解调**，并以数字信号形式传给接收终端，如图 2-8 所示。通常，调制和解调功能集成在一种称为**调制解调器**的设备上，因此，借助电话线上网往往需要调制解调器。

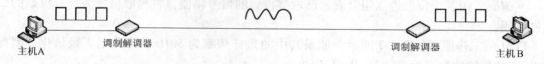

主机A　　　　调制解调器　　　　　　　　　　　　　　　　调制解调器　　　　主机B

图 2-8　数字数据在模拟信道上的传输

调制解调器对数字数据的调制通常是一种正弦载波调制，以适合在模拟信道上传输，这种将数字数据调制成模拟信号的技术称为**数字调制技术**。数字调制实际上是用基带信号对载波波形的某些参数进行控制，而模拟信号传输的基础就是载波，因此这种传输方式也称为频带传输。

在频带传输中，高频载波信号 $S(t) = A\sin(2\pi ft + \phi)$ 有幅度 A、频率 f 和相位 ϕ 三大参数，数字数据可以针对载波的不同参数或它们的组合进行调制，因此，形成了移幅键控（Amplitude-Shift Keying，ASK）、移频键控（Frequency-Shift Keying，FSK）和移相键控（Phase-Shift Keying，PSK）3 种基本数字信号调制方式。如图 2-9 所示，分别采用 ASK、FSK 和 PSK 方式对二进制数据"101101"的调制波形。

如图 2-9a 所示，ASK 通过改变载波信号的振幅 A 来表示数字信号 1 和 0。例如，用载波幅度 1 表示数字 1，用载波幅度 0 表示数字 0。因此，ASK 系统的解调只需要在指定时间间隔中判断正弦信号的有或无。ASK 实现容易，技术简单，但抗干扰能力差。

如图 2-9b 所示，FSK 通过改变载波信号角频率来表示数字信号 1 和 0。例如，用角频率 ω_1 表示数字 1，用角频率 ω_2 表示数字 0。因此，FSK 的解调必须在指定时刻内判定这两种频率。FSK 实现容易，技术简单，抗干扰能力强，是目前最常见的调制方法之一。

如图 2-9c 所示，PSK 是通过改变载波信号的相位值来表示数字信号 1 和 0。如果用相位的绝对值表示数字 1 和 0，例如相位 0° 表示 0，相位 180° 表示 1，这种调制方式通常也称为绝对调相；如果用相位的相对偏移值表示数字信号 1 和 0，例如载波不产生相移表示 0，产生 180°相移表示 1，则称为相对调相。PSK 在解调时必须能够根据某个参考相位判断出接收正弦信号的相位。PSK 较 FSK 有更强的抗干扰能力和更高的效率。

　　在实际的调制解调器中，一般将这些基本的调制技术组合起来使用，以增强抗干扰能力和编码效率。常见的组合是 PSK 和 FSK 方式的组合或者 PSK 和 ASK 方式的组合。

　　总之，基带传输和频带传输相比较而言，基带传输实现比较简单，设备成本小，但信号抗噪声能力弱，传输距离短，信道无法多路复用；频带传输实现复杂，但信道传输速率高，信道可以多路复用。

　　【例 2-5】 在图 2-9b 中，假设表示 1 的角频率为 3ω，试问表示 0 的角频率是多少？

　　解　从图 2-9b 中不难看出，表示 0 的角频率为 2ω。

　　【例 2-6】 在图 2-9c 中，假设表示 1 时载波不产生相移，试问表示 0 的载波相移是多少？

　　解　从图 2-9c 中不难看出，表示 0 的载波相移是 180°。

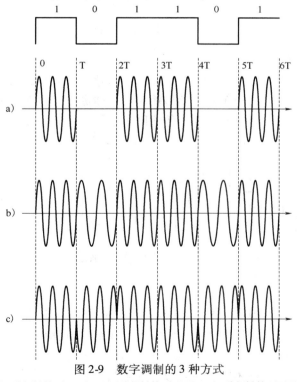

图 2-9　数字调制的 3 种方式

a）移幅键控（ASK）　b）移频键控（FSK）　c）移相键控（PSK）

2.2.5　数据编码技术

　　在基带传输中，如果数据仅在通信设备内部传输，由于各电路功能模块之间的距离短，工作环境可以控制，在传输过程中一般采用简单、高效的数据信号传输方式，例如可以直接将二进制信号送上传输通道进行传输等，计算机中的内部总线往往会采用这种通信方式。而如果数据在通信设备之间的远距离传输，由于线路较长，数据信号在传输介质中将会产生损耗和干扰，为减少在特定的介质中的损耗和干扰，需要将传输的信号进行转换，使之成为适用于在该介质上传输的信号，这一过程称为**数据编码**。下面介绍几种常用的数据编码方法。

1. 归零码

归零码是指每个码元在结束前都会回到零电平，因此，任意两个相邻的码元都有零电平隔开。归零码能比较方便地对电平进行识别，有较好的抗噪声性能。根据代表"0"和"1"的电平不同，又可以将其细分为单极性归零码和双极性归零码。

（1）单极性归零码

编码规则：数据代码中的每一个"1"都对应一个脉冲，既可能是正脉冲也可能是负脉冲，脉冲宽度比每位的传输周期短，即脉冲提前回到零电位；数据"0"仍然为零电平。其波形如图2-10所示。

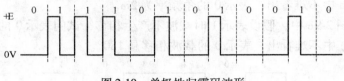

图2-10　单极性归零码波形

（2）双极性归零码

编码规则：对于数据中的"1"用一个正或负的脉冲来表示，数据"0"用相反的脉冲来表示，这两种脉冲的宽度都小于一位的传输时间，即提前回到零电平。对于任意组合的数据位之间都有零电平间隔。这种码有利于传输同步信号。其波形如图2-11所示。

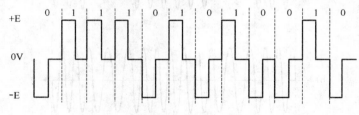

图2-11　双极性归零码波形

2. 不归零码

不归零码，是指使用负电压（低）表示"0"，使用正电压（高）表示"1"的一种编码，且每个码元占满一个时钟周期。由于每个码元在结束前没有自动回到零电平的功能，因此这种技术称为不归零制（Non-Return to Zero，NRZ）。根据代表"0"和"1"的电平不同，又可以将其细分为单极性不归零码和双极性不归零码。

（1）单极性不归零码

编码规则：对于数据传输代码中的"1"用＋E电平表示，"0"用零电平表示，其波形如图2-12所示。该编码方式通常用在近距离传输上，接口电路十分简单。然而其主要不足

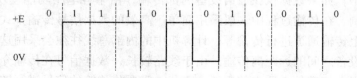

图2-12　单极性不归零码波形

是容易出现连续"1"和连续"0",进而不利于接收方同步信号的提取;因为电平不归零和电平的单极性造成这种码型有直流分量,抗噪声性能不强。

（2）双极性不归零码

编码规则:对于数据中的"1"用正电平 + E 或负电平 − E 表示,对数据"0"用相反的电平表示,其波形如图 2-13 所示。

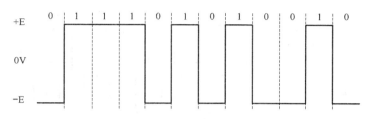

图 2-13　双极性不归零码波形

使用不归零码点的主要缺点是,难以确定一位的结束和另一位的开始,并且出现一长串连续的"1"或连续的"0"时,接收方无法从收到的比特流中提取位同步信号。

3. 曼彻斯特码

针对归零码和不归零码存在的不足,人们又引入了曼彻斯特码和差分曼彻斯特码。曼彻斯特码的编码规则:在每个码元的 1/2 周期处产生一个跳变,通常是从高电平跳变到低电平表示"1",而从低电平跳变到高电平表示"0",反之也可,其波形如图 2-14 所示。这种码型由于每传输一位电压都存在一次跳变,有利于同步信号的提取,同时,每一位正电平或负电平存在的时间相同,如果采用双极型码,可抵消直流分量。但是,由于每位都存在跳变,编码后的脉冲频率为传输频率的两倍,多占用信道带宽。

4. 差分曼彻斯特码

编码规则:在每一个码元的正中间进行一次电平的变换,在表示"1"时,其前半个码元的电平与上一个码元的后半个码元的电平一样;在表示"0"时,则其前半个码元的电平与上一码元的后半个码元的电平相反,即用每位开始时有无电平的跳变来表示"1"或"0",但不论码元是"1"或"0",在每个码元的正中间的时刻,一定要有一次电平的跳变,如图 2-14 所示。相对于曼彻斯特码,差分曼彻斯特码可以获得较好的抗干扰性能。

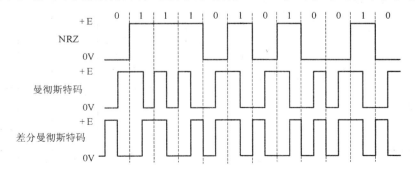

图 2-14　曼彻斯特码和差分曼彻斯特码波形

曼彻斯特码和差分曼彻斯特码是数据通信中最常用的数字数据信号编码方式，信号内部均含有定时时钟，且不含直流分量；其缺点是编码效率较低，编码的时钟信号频率是发送信号频率的两倍。

【例 2-7】试画出表示二进制"10101011001"的单极性不归零码、曼彻斯特码和差分曼彻斯特码的波形。

解 二进制"10101011001"的 3 种编码波形如图 2-15 所示。

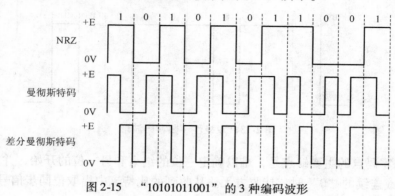

图 2-15 "10101011001"的 3 种编码波形

2.2.6 数据通信方式

在数据通信中，根据组成字符的各个二进制位是否同时传输，字符编码在信源和信宿之间的传输可以分为串行传输和并行传输两种方式。

1. 并行传输

字符编码的各二进制位同时传输，如图 2-16 所示。其特点如下：

- 传输速度快。
- 通信成本高，每位传输要求一个单独的信道支持。
- 不支持长距离传输。由于信道之间的电容感应，远距离传输时，可靠性较低。

2. 串行传输

将组成字符的各二进制位依次串行地发放到线路，如图 2-17 所示。其特点如下：

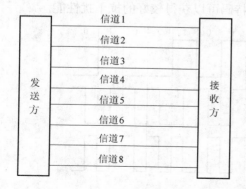

图 2-16 并行传输示意图

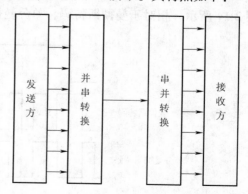

图 2-17 串行传输示意图

- 传输速度较低，一次一位。

- 通信成本较低，只需要一个信道。
- 支持长距离传输，目前计算机网络中所用的传输方式均为串行传输。

根据数据信号在信道上的传输方向与时间的关系，可将数据通信方式分为单工、半双工和全双工传输方式，如图 2-18 所示。

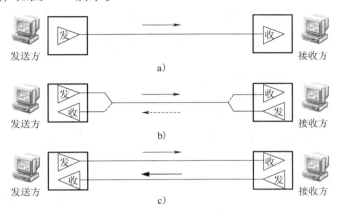

图 2-18　单工、半双工和全双工通信
a）单工传输　b）半双工传输　c）全双工传输

其中，在单工传输方式中，信号只能沿着一个方向传输，任何时候都不能改变信号的传播方向，例如无线电广播等；在半双工传输方式中，信号可以双向传输，但必须交替进行，在任意给定时间，传输只能沿一个方向进行，例如对讲机就是这种工作方式；全双工传输方式是指信号可以同时双向传输，相当于把两个不同传输方向的单工传输结合起来，这样可以更好地提高传输速度。当然，通常情况下，一条物理链路上只能进行单工或半双工通信，要进行全双工通信通常需要两条物理链路。

2.2.7　数据同步方式

数据同步是数据通信中必须要解决的另一个重要问题，即要求通信的收发双方在时间基准上保持一致，接收方必须知道它所接收的数据每一位的开始时间和持续时间，以保证正确接收发送方所发送过来的数据。通常，接收方在每个数据位的中心进行采样，如果发送方和接收方的时钟不同步，即使只有较小的误差，随着时间的增加，误差不断积累，也终会使收发之间失步。然而，由于收发双方难于做到时钟绝对一致，因此必须采取一定的同步手段。

1. 位同步

在数据通信中，为了解决收发双方的时钟频率一致性的问题，一般要求接收方根据发送方发送数据的起止时间和时钟频率，来校正自己的时间基准和时钟频率，这个过程叫**位同步**。可见，位同步的目的是使接收方接收的每一位信息都与发送方保持同步。目前实现位同步的方法主要有外同步法和自同步法两种。

外同步法：发送方发送数据之前先发送同步时钟信号，接收方用这一同步信号来锁定自己的时钟脉冲频率，以此来达到收发双方位同步的目的。非归零码就是一种外同步，其用正电压表示 1，用负电压表示 0，在一个二进制位的宽度内电压保持不变，即每一位中间没有改变。

自同步法：接收方利用包含有同步信号的特殊编码从信号自身提取同步信号来锁定自己的时钟脉冲频率，达到同步目的。曼彻斯特编码和差分曼彻斯特编码就是一种自同步。在曼彻斯特编码中，每一位的中间有一个跳变，位中间的跳变既作时钟信号，又作数据信号。

2. 异步传输

异步传输也称为字符同步。在异步传输中，数据被划分成字符分组独立进行传输。每个字符分组包含起始位、数据位、校验位（可选项）和停止位。

- 1 位起始位：表示字符的开始。
- 5~8 位数据位：表示要传输的字符内容。
- 1 位校验位：用于进行奇校验或偶校验。
- 1~2 位终止位：表示接收字符结束。

工作原理：无数据传输时，传输线处于停止状态，即高电平；当检测到传输线状态从高电平变为低电平时，即检测到起始位时，接收方启动定时机构，按收、发双方约定的时钟频率对约定的字符比特数（5~8bit）进行接收，并以约定的校验算法（如果有校验位）进行差错控制；待传输线状态从低电平变为高电平时，即检测到终止位，接收结束。如图 2-19 所示，收发双方约定的字符比特数为 7。

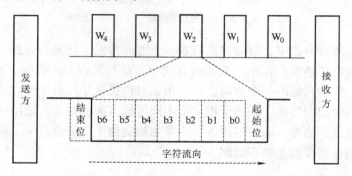

图 2-19　异步传输方式示意图

在异步传输方式中，各字符分组所含比特数相同，因此传输每一字符所用的时间相同。起始位的作用是使每一字符内的各比特收发同步。然而，发送各字符的间隔可以不相同，即不需要同步。因此，在异步方式中，各字符分组作为独立的单位被传输，其中的每个比特位都同步，但是传输的字符分组间并不要求同步。

3. 同步传输

异步传输是对每个字节单独进行同步，而同步传输是对一组字符组成的数据块（数据帧）进行同步，也称为帧同步。其同步方式是指在数据帧之前加入同步字符，同步字符之后可以连续发送任意多个字符，即同步字符表示一组字符的开始。

同步方式数据帧的典型组成包括以下内容。

- 同步字符（SYN）：表示数据帧的开始。
- 地址字段：包括源地址（发送方地址）和目的地址（接收方地址）。
- 控制字段：用于控制信息（不同数据帧可能变化较大）。
- 数据字段：用户数据（既可以是字符组合，也可以是比特组合）。
- 检验字段：用于检错，可省略。

● 帧结束字段：表示数据帧的结束。

帧的组成如图 2-20 所示。

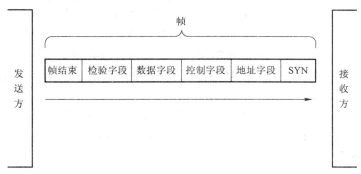

图 2-20 同步传输方式中数据帧的组成

工作原理：发送前，收发双方先约定同步字符的个数及相应的代码，以实现接收与发送的同步；接收方一旦检测到同步字符，即可按双方约定的时钟频率来接收数据，并以约定的算法进行差错校验，直至帧结束字段的出现。

在同步传输方式中，整个数据帧在发送方和接收方被同步后，才作为一个单元传输，不需要对每个字符添加表示起始和停止的控制位。因此数据传输额外开销小，传输效率高。但是同步传输方式实现复杂，传输中的一个错误将影响整个字符组，而在异步传输方式中，同样错误只影响一个字符的正确接收。因此，这种方式主要用于需高速数据传输的设备。

2.2.8 差错控制技术

在实际的数据传输系统中，由于信道中总存在着一定的噪声或电磁干扰，数据到达接收方后，可能已经与发送方的原始数据产生了区别。接收方的信号实际上是数据信号和外界干扰信号的叠加，一般接收方会根据阈值判断接收信号的电平，以消除轻微的干扰。但如果噪声对信号的影响非常大时，就会造成数据的误判。为了检测这种错误，可以在发送前按照某种差错编码规则给有效数据加上校验码（冗余码），当信息到达接收方后，再按照相应的校验规则检验收到的数据是否正确。这种技术就称为差错控制，所加的校验码称为差错控制码。

根据检错能力的不同，差错控制码可分为检错码和纠错码两种。检错码接收方仅能检测出收到的数据是否有错，而无法定位错误码元，也就无法纠正错误，而纠错码接收方不仅能检测错误，还能定位出接收数据中的错误码元，并实现纠错。虽然纠错码比检错码利于差错控制，但其是以增加校验码的长度为代价的，从而使信道的有效传输率下降。在计算机网络中，采用的往往是检错码，因此这里主要就其中的典型检错码进行介绍。

1. 奇偶校验码

奇偶检验码（Parity Check Code）是一种简单的检错码，其编码规则是先将要发送的数据块分组，且在每一组数据码元后面附加一个冗余位，使得该组连冗余位在内的码字中的"1"的个数为偶数（偶校验）或奇数（奇校验）。在接收方按同样的规则检查，如果不符，就说明传输有误。

在发送方奇偶检验码的编码规则如下：

偶校验 $a_0 = a_{n-1} \oplus a_{n-2} \oplus \cdots \oplus a_1$

奇校验　　$a_0 = a_{n-1} \oplus a_{n-2} \oplus \cdots \oplus a_1 \oplus 1$

其中，$\oplus$ 表示模 2 加，则 a_0 是校验码元。

而在接收方偶校验可以用等式 $a_{n-1} \oplus a_{n-2} \oplus \cdots \oplus a_1 \oplus a_0 = 0$ 来校验，如果该等式成立，则表示传输没有错误，否则表示传输有错；同样，奇校验可用等式 $a_{n-1} \oplus a_{n-2} \oplus \cdots \oplus a_1 \oplus a_0 = 1$ 来校验，如果该等式成立，则传输没有错误，否则表示传输有错。

这种奇偶校验码虽然实现简单，但只能发现奇数个码元错误，而不能发现偶数个码元错误，所以它的检错能力不高。

【例 2-8】 发送方要发送 "1101000"，按偶校验编码后其传送时的二进制序列为 "11010001"，按奇校验编码后其传送时的二进制序列为 "11010000"。

2. 循环冗余码

循环冗余码（Cyclic Redundancy Code，CRC），又称为多项式码，因为每一个二进制码都可以用一个多项式表示。循环冗余码有很好的检错能力，且易于用硬件实现，被广泛使用在局域网编码中。CRC 的多项式原则是：以要发送的数据比特（k 位）为系数，编排成一个数据多项式 $K(x)$，其最高幂次为 $k-1$ 次。如在此数据比特后加上 r 位的冗余比特用于校验，则相当于构造了一个新的多项式：$K(x) \cdot x^r + R(x)$，其中，$R(x)$ 是由冗余比特构成的冗余多项式，其最高幂次为 $r-1$ 次。

由数据比特产生冗余比特的编码过程，就是已知 $K(x)$ 求 $R(x)$ 的过程，在 CRC 编码中，可以通过一个特定的 r 次多项式 $G(x)$ 来实现，用 $G(x)$ 去除 $K(x) \cdot x^r$ 得到的余式也正好是 $R(x)$。这个特定多项式 $G(x)$ 就称为**生成多项式**。事实上，$G(x)$ 并不是可以随意选取的，它还应该包括以下数学特性：

- $G(x)$ 是一个常数项为 1 的 r 次多项式。
- $G(x)$ 是 x^{k+r+1} 的一个因式。

该循环码中其他码多项式都是 $G(x)$ 的倍式。

CRC 校验的能力与 $G(x)$ 的构成有密切关系，$G(x)$ 的幂次越高，CRC 检错的能力就越好，但寻找合适的 $G(x)$ 很不容易，目前，常用的高幂次生成多项式有以下几种。

$CRC - 12 = x^{12} + x^{11} + x^3 + x^2 + x + 1$

$CRC - 16 = x^{16} + x^{15} + x^2 + 1$

$CRC - CCITT = x^{16} + x^{12} + x^5 + 1$

而当已知 $G(x)$ 时，可以使用下面的方法来进行 CRC 校验：

1）在发送方用 $K(x) \cdot x^r$ 除以 $G(x)$，得到的余式即为冗余多项式 $R(x)$。

2）把冗余多项式 $R(x)$ 加到数据多项式 $K(x)$ 之后，即构成多项式 $K(x) \cdot x^r + R(x)$，发送到接收方。

3）接收方用收到的多项式除以生成多项式 $G(x)$，得到余式 $R'(x)$ 应为 0。如果 $R'(x) \neq 0$，说明传输有误，则由发送方重新发送此数据，直至 $R'(x) = 0$。

【例 2-9】 已知信息码为 "110011"，则信息多项式 $K(x) = x^5 + x^4 + x^1 + 1$。如果生成多项式为 $G(x) = x^4 + x^2 + 1$，即 $r = 4$，求循环冗余码和编码后的码字。

解

1）$(x^5 + x^4 + x^1 + 1) \times x^4 = x^9 + x^8 + x^5 + x^4$，对应的码是 "1100110000"，即被除数。

2）$G(x) = x^4 + x^3 + 1$，即除数是 "11001"。

3）求 $(x^9 + x^8 + x^5 + x^4)/G(x)$，可得冗余码是"1001"，因此码字是"1100111001"。

```
              10001
        11001)1100110000
              11001
              10000
              11001
               1001
```

【例2-10】已知信息码为"1101011011"，如果生成多项式为 $G(x) = x^4 + x^2 + 1$，求循环冗余码和编码后的码字；如果接收方收到的码字是"11010110101111"，请判断传输过程中是否出现了差错？

解

1）由于 $G(x) = x^4 + x^2 + 1$，因此 $r = 4$，$K(x) \cdot x^r$ 对应的码是"11010110110000"。

2）$G(x) = x^4 + x^2 + 1$，即除数是"10101"。

3）$K(x) \cdot x^r$ 除以 $G(x)$ 可得冗余码是"1111"，因此码字是"11010110111111"。

```
             1110000011
      10101)11010110110000
            10101
            11111
            10101
            10101
            10101
             011000
             10101
              11010
              10101
               1111
```

4）如果接收方收到的码字是"11010110101111"，则 $R'(x)$ 应为"101"，$R'(x) \neq 0$，说明传输有误。

```
             1110000010
      10101)11010110101111
            10101
            11111
            10101
            10101
            10101
             010111
             10101
               101
```

说明：CRC 校验在发送方和接收方执行的除法运算都是模 2 除法，而模 2 除法与算术除法类似，但每一位除的结果不影响其他位，即不向上一位借位，所以实际上就是对应位之间执行异或操作。

3. Internet 校验和

在 Internet 中，有些协议（例如 IP、TCP 和 UDP 等）使用校验和来检测错误。校验和使用了较少的比特数来检测任意长度的报文中的错误，虽然其在差错检测能力上，强壮性不如 CRC，但是其在软件上容易实现，因此得到了广泛使用。其在发送方产生校验和的算法流程如下：

1）要检测的报文划分为 L 个 16 位的字：w_0，w_1，w_2，$\cdots$，w_{L-1}。

2）检验和 Sum 初始化为 0。

3）$Sum = w_0 + w_1 + w_2 + \cdots + w_{L-1}$。

4）$Sum = Left(Sum) + Right(Sum)$。其中，Left(Sum) 表示获取 Sum 的高 16 位，而 Right(Sum) 表示获取 Sum 的低 16 位。

5）$w_L = Sum = -Sum$，即 Sum 取反。

6）校验和和原数据报组成的新的数据报 $w_0w_1w_2\cdots w_{L-1}w_L$ 一起发送。

而在接收方差错检测的算法流程如下：

1）要检测的报文划分为 L 个 16 位的字：w_0，w_1，w_2，$\cdots$，w_{L-1}，w_L。

2）$Sum = w_0 + w_1 + w_2 + \cdots + w_{L-1} + w_L$。

3）$Sum = -Sum$。即 Sum 取反。

4）如果 Sum 的值为 0，表示所接收报文没有错误，否则所接收报文存在差错。

【例 2-11】 已知十六进制数序列 0x0405280104170112141512060709，求其 Internet 检验和。

解

1）该十六进制序列可以划分为 0x0405、0x2801、0x0417、0x0112、0x1415、0x1206、0x0709 共 7 段 16 位数据段。

2）按图 2-21 进行计算，可得校验和是 0x5E53，即"10100001，10101100"。

```
0x0405  ──→  00000100,00000101
0x2801  ──→  00101000,00000001
0x0417  ──→  00000100,00010111
0x0112  ──→  00000001,00010010
0x1415  ──→  00010100,00010101
0x1206  ──→  00010010,00000110
0x0709  ──→  00000111,00001001
sum     ──→  01011110,01010011
校验和   ──→  10100001,10101100
```

图 2-21 校验和计算过程

2.3 传输介质

传输介质也称为传输媒体或传输媒介，是数据通信系统中的发送方和接收方之间的物理通路，也是通信中实际传送信息的载体。传输介质的特性对信道，甚至整个通信系统设计有决定性的影响，因此，了解传输介质的特性有助于设计一个良好的数据通信系统或计算机网络系统。传输介质分为导向传输介质（有线传输介质）和非导向传输介质（无线传输介质）两大类。导向传输介质主要包括同轴电缆、双绞线和光纤等；非导向传输介质主要包括无线电波、微波、红外线和激光等通信介质。

2.3.1　导向传输介质

1. 同轴电缆

同轴电缆（Coaxial Cable）是局域网中最早使用的一种传输介质，它由绕在同一轴线的内外两个导体所组成。同轴电缆的内导体为圆形的金属芯线，外导体是一个由金属丝编成的圆形空管，起到屏蔽的作用。内导体和外导体一般都采用铜质材料，内导体和外导体之间由绝缘介质隔离，外导体还有外部保护层，如图 2-22 所示。同轴电缆的结构使得它具有高宽带和极好的抗干扰性能。为保持同轴电缆的正确电气特性，使用中必须接地，同时两端要有端接收器来削弱信号反射作用。图 2-22 列出了同轴电缆主要的接头类型。

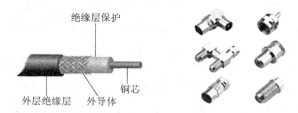

绝缘层保护　铜芯　外层绝缘层　外导体

图 2-22　同轴电缆结构及其接头类型

一般按照同轴电缆的直径，可分为粗缆和细缆。粗缆传输距离较远，而细缆由于功率损耗较大，一般用在 500m 距离内的数据传输。按照同轴电缆的传输特性，又可分为基带同轴电缆和宽带同轴电缆。基带同轴电缆阻抗为 50Ω，如 RG-8（粗缆）、RG-58（细缆）等，仅用于数字信号的传输，通常数据传输速率为 10Mbit/s，常用在局域网中的设备之间。宽带同轴电缆阻抗为 75Ω，常用的 CATV 有线电视电缆就是宽带同轴电缆，可使用的频带高达 500MHz，因此，宽带系统中可以使用频分多路复用技术传输信号，将同轴电缆的频带分为多个信道，进而实现电视信号和数据信号在同一条电缆上混合传输。

2. 双绞线

作为在广域网和局域网中最常用的传输介质，双绞线是一种由两根具有绝缘保护层的铜导线按一定密度互相交缠在一起形成的线对构成。一般由 2 根、4 根或 8 根 22～26 号绝缘铜导线相互缠绕而成，如图 2-23 所示。其线对在每厘米长度上相互缠绕的次数决定了其抗干扰的能力和通信质量。一对线可以作为一条通信线路，每个线对螺旋扭合的目的是为了使一根导线在传输中辐射的电磁波被另一根导线上发出的电磁波抵消，从而使各线对之间的电磁干扰达到最小。线对的扭合程度越高，抗干扰能力越强。局域网中所使用的双绞线分为两

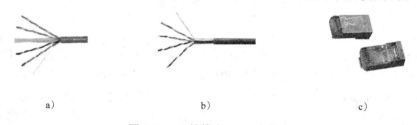

a)　　　　　　　　　　b)　　　　　　　　　　c)

图 2-23　双绞线和 RJ45 水晶头

a）非屏蔽双绞线　b）屏蔽双绞线　c）RJ45 水晶头

类：屏蔽双绞线（Shielded Twisted-Pair，STP）与非屏蔽双绞线（Unshield Twisted-Pair，UTP）。

非屏蔽双绞线由外部保护层与多对双绞线组成，如图 2-23a 所示。非屏蔽双绞线分为 3 类、4 类、5 类和增强型 5 类、6 类等形式，通常简称为 3 类线、5 类线等。在典型的以太网中，3 类线的最大带宽为 1MHz，适用于语音及 10Mbit/s 以下的数据传输；5 类线的最大带宽为 100MHz，适用于语音及 100Mbit/s 以上的高速数据传输，并支持 155Mbit/s 的 ATM 数据传输。非屏蔽双绞线由于无屏蔽外套，所以具有价廉、安装简单和节省空间等优点。

屏蔽双绞线由外部保护层、屏蔽层与多对双绞线组成，如图 2-23b 所示。其中外层护套和导线束之间由铝箔包裹，受外界干扰较小，能有效地防止电磁干扰。屏蔽双绞线可分为 3 类和 5 类。理论上屏蔽双绞线在 100m 内的数据传输速率可达到 500Mbit/s。实际中使用的传输速率在 155Mbit/s 内，屏蔽双绞线比非屏蔽双绞线贵，且使用不太方便，其安装类似于同轴电缆，需要带屏蔽功能的特殊连接器及相关的安装技术。

不管是 UTP 还是 STP，其线芯一般是铜质的，能提供良好的传导率，既可用于传输模拟信号，也可用于传输数字信号，常用于语音的模拟传输，采用频分复用技术可实现多路语音信号的传输。双绞线常用于点对点的连接。双绞线在远距离传输时受到限制，一般作为楼宇内或建筑物之间的传输介质使用。

在网络上应用的双绞线的接头类型是 RJ45 水晶头，如图 2-23c 所示。

3. 光纤

光纤，即光导纤维，是一种新型的光导波，一般是双层或多层的同心圆柱体，主要包括纤芯、包层和护套，如图 2-24a 所示。为了提高机械强度，通常将光纤做成很结实的光缆。光缆的结构是在折射率较高的单根光纤外面，用折射率较低的包层包裹起来，形成一条光纤信道。一根光纤只能单向传送信号，如果要进行双向通信，光缆中至少要有两根独立的芯线，分别用于发送和接收。一根光缆可以含有两根至数百根光纤，同时还要加上缓冲保护层和加强件保护，并在最外围加上光缆护套。光缆的结构如图 2-24b 所示。

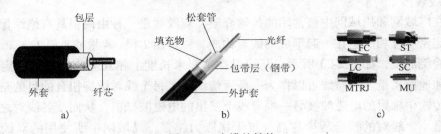

图 2-24　光缆的结构
a）光纤结构　b）光缆结构　c）光纤接头

用光纤传输电信号时，在发送方先将电信号转换为光信号并发送到光纤上传输，在接收方再由光检测器将所接收到的光信号还原成电信号。而在光纤中，光波是通过其内部的全反射来传播一束束经过编码的光信号，如图 2-25 所示。在光纤中传输的光信号的 3 个典型频段的中心波长分别为 0.85μm、1.30μm 与 1.55μm，所有 3 个频段的带宽都在 25 000～30 000GHz，因此光纤的通信量很大。

根据传输类型，光纤分为单模光纤和多模光纤。其中单模光纤（Single Mode Fibre，

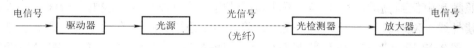

图 2-25　电信号在光纤中的传送过程

SMF）是指光纤中的光信号仅与光纤轴成单个可分辨角度的单光线传输，而多模光纤
（Multi Mode Fibre，MMF）是指光纤中的光信号与光纤轴成多个可分辨角度的多光线传输，
如图 2-26 所示。多模光纤的纤芯较粗，可传多种模式的光，但其模间色散较大，这就限制
了传输数字信号的频率，而且随距离的增加会更加严重，因此多模光纤传输的距离就比较
近，一般只有几公里；单模光纤的纤芯较细，只能传一种模式的光，其模间色散很小，适用
于远程通信，且传输速率较高，单模光纤的性能优于多模光纤。

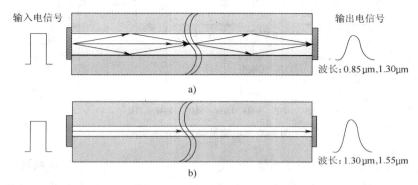

图 2-26　单模光纤与多模光纤的传输示意图
a）MMF：多束光线以不同的反射角传播　b）SMF：单束光线沿直线传播

与其他的传输介质相比，光纤不受外界电磁干扰与噪声的影响，能在长距离、高速率的
传输中保持低误码率，而且具有很好的安全性与保密性。因此，光纤具有低损耗、宽频带、
高数据传输速率、低误码率、小体积、耐腐蚀与安全保密性好等特点，是一种应用范围广泛
的传输介质。与双绞线和同轴电缆相比，光纤主要用于路由器、交换机、集线器之间的连
接，其在长途干线、市区干线和军事等应用领域中的优势越来越明显。随着宽带网络的普及
和光纤产品价格的不断下降，光纤连接到桌面系统成为网络发展的新趋势。当然，光纤也存
在一些缺点，在光纤的接续中操作工艺和设备精度的要求都很高，很难从中间随意抽头，只
能实现点到点的连接，且光纤接口比较昂贵。

2.3.2　非导向传输介质

非导向传输介质，即无线传输介质，是指利用大气和外层空间作为传播电磁波的通路，
但由于信号频谱和传输介质技术的不同，主要包括无线电波、微波和红外线等类型。

1. 电磁波频谱

无线传输是指利用在自由空间中传播的电磁波进行数据传输的架设或铺设电缆或光缆。
在自由空间中，电磁波的传播速率是恒定的光速 c。电磁波的波长和频率满足关系式

$$c = f\lambda$$

其中，f 和 λ 分别是频率和波长，数据传输速率越高意味着波长越短。在电磁波频谱

中，按照频率由低到高的次序排列，不同频率的电磁波可以分为无线电、微波、红外线、可见光、紫外线、X 射线与 λ 射线等形式。目前，用于通信的主要有无线电、微波、红外线与可见光。图 2-27 所示为国际电信联盟 ITU 对波段取的正式名称，其中 LF、MF 和 HF 分别是低频、中频和高频，更高频段中的 VHF、UHF、SHF、EHF 和 THF 分别对应于甚高频、特高频、超高频、极高频和至高频。

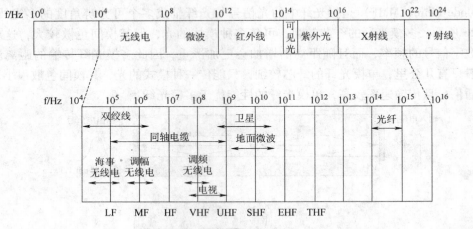

图 2-27　电磁波频谱及其应用

对于无线传输，电磁波的发送和接收都是通过天线来实现的，且无线传输有定向和全向两种基本类型。在定向传输中，发送天线将电磁波聚集成波束后发射出去，因此发、收天线必须定向校准；在全向传输中，发送的电磁波信号是全方位转播的。通常，低频信号是全向性的，而频率越高，信号被聚集成有向波束的可能性就越大，定向性也越好。

2. 无线电波

无线电波是电磁波的一部分，其频率为 0 ~ 1GHz，易于产生，容易穿过建筑物，传输距离可以很远。无线电波的发送和接收通过天线进行，作为传输介质的网络，不需要在计算机系统之间有直接的物理连接，而是给每台计算机配置一个进行发送和接收无线数据信号的天线，实现无线通信，因此得到广泛应用。

3. 微波传输

在电磁波中，微波主要是指以下 4 个频带的电磁波。

- 特高频（UHF）：300 ~ 3 000MHz，即分米波，波长为 100 ~ 10cm。
- 超高频（SHF）：3 ~ 30GHz，即厘米波，波长为 10 ~ 1cm。
- 极高频（EHF）：30 ~ 300GHz，即毫米波，波长为 10 ~ 1mm。
- 至高频（THF）：300 ~ 3 000GHz，即丝米波，波长为 1 ~ 0.1dmm。

微波信号只能进行直线传播，所以两个微波信号必须在可视距离的情况下才能正常通信。微波信号的波长短，采用尺寸较小的抛物面天线就可将微波信能量集中在一个很小的波束内发送，进行远距离通信。微波通信可以分为地面微波通信系统和卫星通信系统两种形式。

地面微波通信是指在地面的两个微波站之间的微波传输方式。由于地球表面是一个曲面，所以地面微波信号的传输距离受到限制，一般为 50km 左右，当然利用天线可提高传输距离，天线越高则传输距离越远。地面微波传输有 3 个主要特点：

- 频率高，频段范围宽，通信信道容量较大。
- 微波传输受到的干扰影响小，主要是由于工业干扰和天线干扰的主要频率比微波频率低。
- 直线传播，没有绕射功能，传输中间不能有障碍物。

卫星通信则是以射频传输为基础，利用位于 36 000km 高空、相对地球静止的人造地球卫星作为太空无人值守的微波中继站的一种特殊形式的微波中继通信。卫星通信可以克服地面微波通信的距离限制，应用于远程通信干线。卫星通信通常是由一个大型的地面卫星基站收发信号，然后通过地面有线或无线网络到达用户的通信终端设备。

4. 红外线和激光传输

红外线的发射源可采用红外二极管，以光敏二极管作为接收设备。在调制不相干的红外光后，直接在视线距离的范围内传输，不需要通过天线。红外线传输具有轻巧便携、保密性好、价格低廉等优势，因此成为国际统一标准，在手机、掌上电脑、笔记本电脑中广泛使用。

激光一般用于室外连接两个楼宇间的局域网。它具有良好的方向性，相邻系统之间不会产生相互干扰，因此数据传输的可靠性很高。

2.4 信道复用技术

在长途通信中，常常用到一些带宽很大的传输介质，例如光纤等。为了有效利用这些通信资源，通常使用复用技术，使得多路信号可以共同使用同一条线路，如图 2-28 所示。信道复用技术主要包括频分复用、时分复用、波分复用和码分复用。

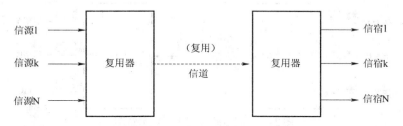

图 2-28　信道复用技术示意图

2.4.1 频分复用

在频带传输系统中，如果信道的频谱宽度远大于信号的频谱宽度，就可以将信道的频宽划分成多个频谱"通路"，就像高速公路被划分为多个车道一样。利用频率变换或调制的方法，将不同路的信号搬移到不同的信道频谱"通路"上，相邻的频谱"通路"之间留有一定的频率间隔。这样，不同路的信号就不会发生干扰，可以共同在这个信道中传送。而在接收方，利用不同的带通滤波器就可以把不同路的信号"选取"出来。在频分复用中，如果被分配了"通路"的用户没有数据传输，那么该"通路"就保持空闲状态，其他用户不能使用。

图 2-29 描述了一个三路频分复用的示意图，其中传输信道频宽划分为 3 个频谱"通路"，即 f_1、f_2 和 f_3，分别用来传输三路信号。

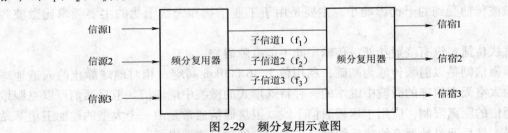

图 2-29　频分复用示意图

2.4.2　时分复用

频分复用适用于传输模拟信号，而时分复用（Time Division Multiple，TDM）适用于传输数字信号。时分复用是将一条物理信道的传输时间分成若干个时间片轮流分配给多个信号源使用，每个时间片被复用的一路信号占用。这样，当有多路信号准备传输时，一个信道就能在不同的时间片传输多路信号。当然，时分多路复用实现的条件是信道的最大数据传输速率超过各路信号源所要求的数据传输速率。

时分复用根据时间片是否被固定分配可分为同步时分复用（Synchronous Time Division Multiple，STDM）和统计时分复用（Statistical Time Division Multiple）。

同步时分复用是指每个用户总是固定地使用被分配给自己的时间片，即每个时间片与一个信号源对应，不管信号源是否要传送数据，其对应的时间片都不能被其他终端占用，如图 2-30 所示。因此，如果某个用户数据要发送，而其对应的时隙又正忙，那么该用户必须等待，哪怕其他时间片正处于空闲。

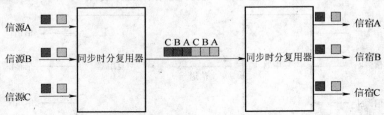

图 2-30　同步时分复用原理示意图

统计时分复用也称为异步时分复用。统计时分复用中，把时间片动态地分配给各个终端，即当终端有数据要传送时，才会分配到时间片，而且每次被分配的时间片也不固定，如图 2-31 所示。显然，统计时分复用可以为更多用户服务，信道利用率高。然而，统计时分

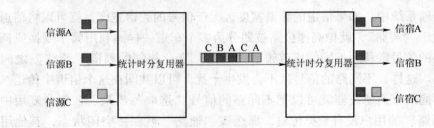

图 2-31　统计时分复用原理示意图

复用较同步时分复用具有较复杂的寻址和控制能力，使得接收方能"选取"属于自己的信号，并且当所有时间片全部被占用而仍有新终端用户需要分配时间片时，还需要采取排队或竞争的方法，因此，需要有保存输入排队信息的缓冲区，设备费用较高。

2.4.3　波分复用

在光纤信道上使用的波分复用系统可以看成是频分复用的一个特例。波分复用将多路光信号通过一个棱柱或衍射光栅合到一根共享的光纤上，由于每路光信号处于不同的光波波段上，这样它们并不会相互干扰，到达目的地后，再通过棱柱或衍射光栅将多束光分解开来。

波分复用技术与频分复用的区别就是：在波分复用中使用的衍射光栅是无源的，因此可靠性非常高。例如，采用波分复用技术，在一根光纤上可以发送 8 个波长的光波，假设每个波长可以支持 10Gbit/s 的数据传输速率，则一根光纤所能支持的最大数据传输速率将达到 80Gbit/s。波分复用原理如图 2-32 所示。

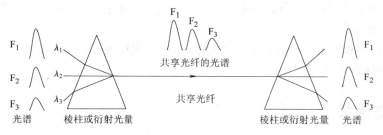

图 2-32　波分复用原理示意图

2.4.4　码分复用

码分复用（Code Division Multiple Access，CDMA）也称为码分多址，是一种按照码型结构的差别来分割信道的一种技术。在 CDMA 中，系统为每个用户分配唯一的地址码（也称为码片序列或标记序列），地址码一般是由伪随机噪声或正交码构成，并且表示为双极型（即由 +1 和 −1 组成的序列），发送方用地址码对用户要发送的信号进行调制或扩频，而在接收方，通过求接收信号与用户地址码的相关性分离出各用户信号。由于各用户使用经过特殊挑选的地址码，因此各用户之间不会干扰。

在 CDMA 中，任何一个发送方都把自己要发送的 0 和 1 二进制串中的每一位，按照其地址码变换为唯一的扩频码，然后把这些扩频码表示成由 +1 和 −1 组成的双极型序列发送出去；在接收方，通过求接收信号与用户地址码的内对称积来分离出各用户信号。

由于在 CDMA 中，给每个用户分配的地址码不仅各不相同，而且互相正交，因此使用内对称积可以将叠加在一起的不同用户信号分离出来，进而实现了信道复用。

这里，正交的含义如下：

1）设 S 和 T 是两个不同的地址码，其内对称积必须为 0，而所谓内对称积就是对双极型地址码中的 m 位的各对称位相乘之和，再除于 m，如下所示：

$$S \times T = \frac{1}{m} \sum_{i=0}^{m-1} S_i T_i = 0$$

2）任一地址码本身的内对称积，即各位自乘之和再除以 m 其结果必为 1，如下所示：

$$S \times S = \frac{1}{m} \sum_{i=0}^{m-1} S_i S_i = 1$$

【例 2-12】 如果用户 A 的地址码为 0000，表示为 CA = (−1, −1, −1, −1)，用户 B 的地址码为 1010，表示为 CB = (+1, −1, +1, −1)，则有

CA × CA = (−1, −1, −1, −1) × (−1, −1, −1, −1) = 1

CA × −CA = (−1, −1, −1, −1) × (+1, +1, +1, +1) = −1

CA × CB = (−1, −1, −1, −1) × (+1, −1, +1, −1) = 0

CA × −CB = (−1, −1, −1, −1) × (−1, +1, −1, +1) = 0

CA × (CA + CB) = (−1, −1, −1, −1) × (0, −2, 0, −2) = +1

CA × (−CA + (−CB)) = (−1, −1, −1, −1) × (0, 2, 0, 2) = −1

CB × (CA + CB) = (+1, −1, +1, −1) × (0, −2, 0, −2) = +1

CB × (−CA + (−CB)) = (+1, −1, +1, −1) × (0, 2, 0, 2) = −1

可见，每个扩频码与本身内对称积得 +1，与反码内对称积得 −1；一个扩频码与不同的扩频码内对称积得 0。

采用 CDMA 可提高通信的质量和可靠性，减少干扰对通信的影响，增大了通信系统的容量，在无线局域网中应用很广泛。

2.5 数据交换技术

数据在通信线路上传输，最简单而最容易想到的通信形式是用传输介质将两个收发双方直接连接起来，如图 2-33a 所示。然而当终端数目很多时，这种方式实施成本很高，甚至难

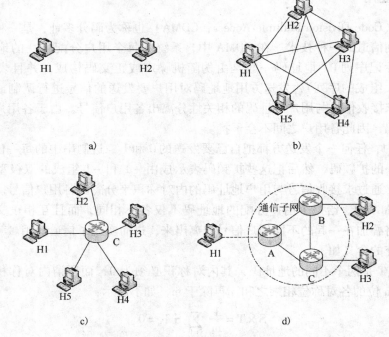

图 2-33 数据交换

于实施，如图 2-33b 所示。因此，实际中往往是通过网络的中间节点把数据从发送方发送到接收方，即通过中间节点的转发以实现通信，如图 2-33c 和图 2-33d 所示。

而这些中间节点并不关心数据内容，只是为数据通信提供交换与转发能力。用这些中间节点的交换与转发功能把数据从一个节点传到另一个节点，直到到达接收方，因此将这些中间节点构成的系统也称为通信子网，如图 2-33d 所示。

为了节省网络资源，提高传输线路的利用率，往往将这些中间节点看成是一种共享资源，而不是任意两个通信终端之间的独占资源。当有两个终端需要通信时，并不是为它们去建立一条有若干中间节点组成的直达的线路，而是动态地为其分配传输线路资源，例如在图 2-33d 中，H1 和 H3 通信时，可以选择 H1→A→C→H3，也可以选择 H1→A→B→C→H3 等。因此，在通信网络中，完成这种寻找动态线路资源的技术就叫做交换（Switching），而负责交换功能的网络设备就称为交换机。

交换技术也是随着网络的发展而不断发展的，从传统的电信网交换技术发展到包括软交换在内的现代交换技术，其发展大致经历了人工交换、机电交换和电子交换等阶段。目前，主要的交换方式有电路交换、报文交换和分组交换。

2.5.1 电路交换

电路交换（Circuit Switching），也称为线路交换，是一种直接的交换方式，为一对需要进行通信的节点之间提供一条临时的专用传输通道，该传输通道既可以是物理通道，也可以是逻辑通道（使用时分或频分复用技术）。每个交换节点经过适当选择、连接，最终形成一条由多个节点组成的链路。因此，所有电路交换的基本处理过程都包括电路建立、数据传输和电路释放 3 个阶段，如图 2-34 所示。

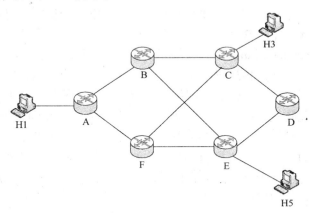

图 2-34　电路交换

● 电路建立。在数据传输之前，需要经过呼叫过程建立一条端到端的电路。在图 2-34 中，若主机 H1 要与主机 H3 建立连接，首先是主机 H1 先向与其直接连接的节点 A 提出请求，然后节点 A 在通向节点 C 的路径中找到下一个路由。根据选择规程，节点 A 选择到节点 B 的电路，并在此电路上分配一个未用的通道（可使用复用技术），并告诉节点 B 它要连接节点 C；节点 B 再呼叫节点 C，并建立电路 B→C；然后节点 C 完成到主机 H3 的连接。这样，在节点 A 与节点 C 之间就有了一条专用电路 A→B→C，用于主机 H1 与主机 H3 之间的数据传输。

●数据传输。电路 A→B→C 建立以后，数据就可以从节点 A 发送到节点 B，再由节点 B 发送到节点 C；同样，节点 C 也可以经节点 B 向节点 A 发送数据。在整个数据传输过程中，所建立的电路必须始终保持连接状态。

●电路释放。数据传输结束后，有某一方（节点 A 或节点 C）发出拆除请求，然后逐点拆除到对方的节点。

在电路交换中，通信之前，必须由通信网中的交换节点为通信的双方建立一条专用的传输电路，通信双方的通信内容不受交换节点的约束，即传输信息的编码、大小以及通信控制规程等均由用户决定。通信线路建立后，通信双方便独占这条电路，此时通信双方无法再与其他用户通信，直至通信结束，该专用电路才被拆除。

1）电路交换的优点如下：

电路一旦建立，即为通信双方专用，因此不会出现终端用户因争用信道而发生冲突的情况。

2）电路交换的缺点如下：

●电路交换需要较长的建立电路时间。

●通信电路具有专用性，正在通信的双方无法再与其他终端用户通信，电路的利用率低。

●信息传送速率恒定，不具备差错控制的能力，不适宜于突发性、大数据量的数据传输业务。

2.5.2 报文交换

当站点间交换的数据具有随机性和突发性时，采用电路交换方式将浪费信道容量和有效时间，为此，人们引入了报文交换方式。

报文交换（Message Switching）不需在两个站点之间建立一条专用电路，其数据传输单位是报文，长度不限且可变。传送过程采用**存储转发**方式。当发送方要发送报文时，它将接收方的目的地址附加到报文上，途经的网络节点根据报文上的目的地址，把报文发送到下一跳节点，这样逐节点地转送到接收方，其间，每个中间节点在收到整个报文并检查无误后，就暂存这个报文，然后利用路由信息找出下一跳节点的地址，再把整个报文转发给下一跳节点。图 2-35 描述了从主机 H1 向主机 H3 传输报文的过程。因此，在报文交换中，发送方与接收方之间无需先通过呼叫建立连接；在同一时间内，报文的传输只占用两个节点之间的一段线路，而在两个通信用户间的其他线路段，可传输其他用户的报文，不像电路交换那样必须端到端信道全部占用。

因此，使用报文交换方式传送报文时，一个时刻仅占用一段信道；但报文在交换节点中需要缓冲存储，报文需要排队，故报文交换不能满足实时通信的要求。

1）报文交换的优点如下：

●信道利用率较高。由于许多报文可以分时共享两个节点之间的信道，所以对于同样的通信量来说，对信道传输能力要求较低。

●在报文交换中，由于采用存储转发技术，通信量大时仍可以接受报文，不过传送延时会增加，而在电路交换中则不能。

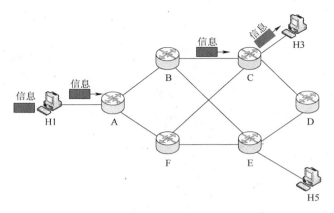

图 2-35　报文交换

- 报文交换可以把一个报文发送到多个目的地，而电路交换难于实现；

2）报文交换的缺点如下：

- 不能满足实时或交互式的通信要求，报文经过网络的延迟时间长而不定。
- 有时节点收到过多的数据而无空间存储或不能及时转发时，就不得不丢弃报文。

2.5.3　分组交换

由于在报文交换方式中，数据以报文为单位进行存储转发，而报文的长度不限并且可变，这使得网络传输延时大，占用大量的交换节点内存，难于满足实时性要求较高的情况，为此，在"存储转发"的基础上，一种按有限长度的分组交换方式被提出来了。分组交换（Packet Switching）是报文分组交换的简称，又称为包交换。它是报文交换的一种改进方式，将报文分成若干个分组，每个分组的长度有一个上限，有限长度的分组使得每个节点所需的存储能力降低了，分组可以存储到内存中，提高了交换速度。每个分组中包括数据和目的地址，其传输过程与报文交换类似，但由于限制了每个分组的长度，因此大大改善了网络传输性能。分组交换又可以分为虚电路分组交换和数据报分组交换两种形式。目前，它是计算机网络中使用最广泛的一种交换方式。

1. 数据报方式

在数据报（Datagram）方式中，每个分组的传送是被单独处理的，就像报文交换中的报文一样，通常将分组称为数据报，且每个数据报自身携带足够的地址信息。中间节点接收到一个数据报后，根据该数据报中的地址信息和该节点所存储的路由信息，找出一个合适的出路，把该数据报原样地发送到下一个节点，与报文交换一样，逐跳地将数据报转发到目的节点。因此，当某一个站点要发送一个报文时，先把报文拆成若干个带有分组序号和地址信息的数据报，依次发送到网络中，但之后各个数据报所走的路径可能不同，也不能保证各个数据报是按顺序到达的，甚至有的数据报会丢失在整个过程中，如图 2-36 所示。因此，在接收方需要对所接收到的分组重新进行排序重组。

2. 虚电路方式

虚电路（Virtual Circuit）又称为虚连接或虚通道，是分组交换方式中的一种，是指在两个节点之间首先建立起一个逻辑上的连接或虚电路后，则就可以在两个节点之间依次发送每

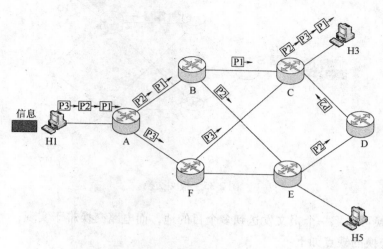

图 2-36　数据报交换

一个分组，接收方收到分组的顺序必然与发送方的发送顺序一致，因此接收方无须负责在收集分组后重新进行排序。因此，虚电路方式要经历以下 3 个过程。

（1）建立虚电路

如图 2-37 所示，假设主机 H1 有一个或多个报文要利用虚电路方式发送到 H3 去，那么首先需要在这两个节点之间建立一条逻辑通路，即 H1 首先要发送一个呼叫请求分组到节点 A 请求建立一条到节点 B 的连接，节点 A 确定到节点 B 的路径，节点 B 再确定到节点 C 的路径，节点 C 最终把呼叫请求分组传送到主机 H3。如果主机 H3 准备接收这个连接，就发送一个呼叫接收分组到节点 C，这个分组通过节点 B 和节点 A 返回到主机 H1。这样主机 H1 与主机 H3 建立了一条逻辑通路 VC1。

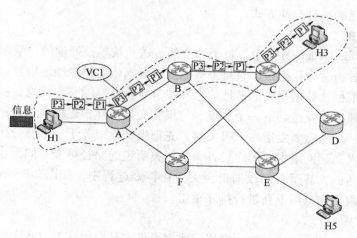

图 2-37　虚电路交换

（2）交换数据

逻辑通路建立后，即可在虚电路上交换数据。每个分组除了包含数据之外还得包含一个虚电路标识符（虚电路号）。根据预先建立好的路径，路径上的每个节点都知道把这些分组传送到哪里去，不需要再进行路由选择判断。

（3）拆除虚电路

数据交换结束后，其中任意一个主机节点均可发送拆除虚电路的请求来结束这次连接。

一个主机既能和任何一个主机建立多个虚电路，也能与多个主机建立虚电路。其逻辑通路之所以是"虚"的，是因为该电路不是专用的而是时分复用的。每条虚电路支持特定的两个端点之间的数据传输，两个端点之间也可以有多条虚电路为不同的通信进程服务，这些虚电路的实际路由可能相同，也可能不同。

1）虚电路技术的主要特点如下：

●在数据传送之前先建立站与站之间的一条逻辑通路，但虚电路不像电路交换那样有一条专用通路。

●分组在每个节点上需要缓冲，并在输出线路上排队等待输出。

2）虚电路方式与数据报方式相比，有以下不同点：

●虚电路方式是面向连接的交换方式，常用于两端点之间数据交换量大的情况，能提供可靠的通信功能，保证每个分组正确到达，且保持原来的顺序；但当某个节点或某条链路出故障而彻底失效时，则所有经过故障点的虚电路将立即破坏，导致本次通信失败。

●数据报方式是面向无连接的交换方式，适用于交互式会话中每次传送的数据报很短的情况。其无需连接建立，因此当要传输的分组较少时，要比虚电路方式快速、灵活。而且分组可以绕开故障区而到达目的地，因此故障的影响要比虚电路方式小得多。但数据报方式不保证分组按序到达。

2.5.4　3种交换技术的比较

图2-38描述了3种交换技术的通信过程，其中A表示信源，D表示信宿，B和C表示中间节点。从中不难看出，分组交换具有较好的优势，考虑到接收方的工作，其中虚电路方式和数据报方式又各有优缺点。表2-1对3种交换技术的相关性能进行了比较。

表2-1　3种交换技术性能比较

交换方式 / 项目	电 路 交 换	报 文 交 换	分 组 交 换	
			数据报方式	虚电路方式
持续时间	较长	较短	较短	较短
传输延时	短	长	短	短
传输可靠性	高	较高	较高	高
传输带宽	固定带宽	动态	动态	动态
线路利用率	低	高	高	高
实时性	高	低	较高	高

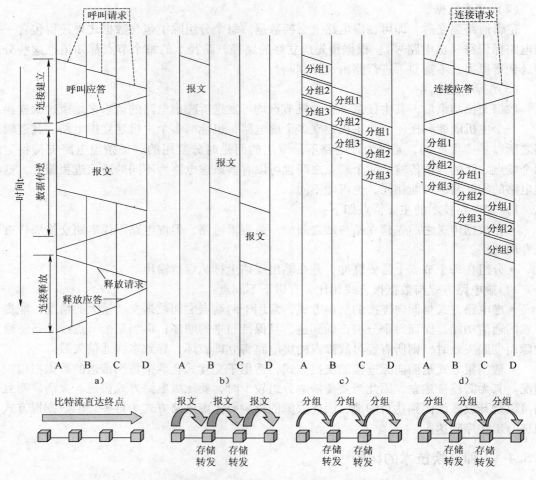

图 2-38　3 种交换技术的通信过程对比示意图

a）电路交换　b）报文交换　c）数据报交换　d）虚电路交换

2.6　数字传输系统

　　在数字通信系统中，传送的信号都是数字化的脉冲序列，而时分复用技术提供了数字信号实现复用的技术手段，即可以通过时分复用将多路低速的数字信号复用到高速信道上传输。但在时分复用中并没有规定多少路低速数字信号合成一路高速数字信号，也没有规定这个复用过程分为多少个级别等具体实现中的相关技术方案。为此，人们提出了不同解决方案，其中一种叫准同步数字系列（Plesiochronous Digital Hierarchy，PDH），另一种叫同步数字系列（Synchronous Digital Hierarchy，SDH）。

　　准同步数字系列的系统，是在数字通信网的每个节点上分别设置高精度的时钟，这些时钟的信号都具有统一的标准速率。尽管每个时钟的精度都很高，但总还是有一些微小的差别。为了保证通信的质量，要求这些时钟的差别不能超过规定的范围。因此，这种同步方式严格来说不是真正的同步，所以叫做准同步。PDH 主要存在两种传输制式：西欧体制和北美体制，而在高次群，日本又提出一种标准，且这三者互不兼容，国际互通困难。因此，虽然 PDH 系列对传统的点到点通信有较好的适应性，也在以往的电信网中得到了广泛的使用，但随着电信业务要求的提高，开始暴露出了一些固有缺点，具体如下：

- 不存在世界性标准。

- 没有统一的光接口规范。由于光纤通信廉价、宽带的特性，使之成为了电信传输网的主要传输媒质，但是没有世界性的光接口规范造成了互联互通的困难，也使得运营商被迫增加了大量非标准的转换设备，增加了运营成本。

- 低次群/高次群之间的复用过程复杂。一般只有部分低速率等级的信号采用同步复用；其他高速率等级的信号由于同步调整的代价较大，多采用异步复用，即加入额外的开销比特使低速支路信号与高速信号同步。这样，从高速信号中提取低速信号就十分复杂，唯一的解决办法就是将整个高速信号一步步的解复用到所需的低速支路信号等级，交换支路信号后，再重新复用到高速信号，这样既缺乏灵活性，又增加了设备的成本。

- 缺乏运行、管理、维护（Operation，Administer，Maintenance，OAM）能力。

- 网络基于点对点结构，设备利用率低：建立在点对点传输基础上的复用结构缺乏灵活性，使得数字传输设备的利用率较低。

随着数字通信的迅速发展，点到点的直接传输越来越少，而大部分数字传输都要经过转接，因而 PDH 便不能适应现代电信业务开发以及现代化电信网管理的需要。SDH 就是适应这种新的需要而出现的传输体系。

同步光纤网络（Synchronous Optical NETwork，SONET）是高速、大容量光纤传输技术和高度灵活，又便于管理控制的智能网技术的有机结合，而最早提出 SDH 概念的是美国贝尔通信研究所。最初的目的是在光路上实现标准化，便于不同厂家的产品能在光路上互通，从而提高网络的灵活性。1988 年，国际电报电话咨询委员会（CCITT）接受了 SONET 的概念，重新命名为 SDH（同步数字系列），使它不仅适用于光纤，也适用于微波和卫星传输的技术体制，并且使其网络管理功能大大增强。

SDH 的基本速率为 155.52Mbit/s，采用的信息结构等级称为同步传送模块 STM-N（N = 1,4,16,64），最基本的模块为 STM-1，4 个 STM-1 同步复用构成 STM-4，而 4 个 STM-4 同步复用构成 STM-16，而 4 个 STM-16 同步复用构成 STM-64。SDH 采用块状的帧结构来承载信息，每帧由纵向 9 行和横向 270 × N 列字节组成。

STM-N 的帧结构由 3 部分组成：段开销、管理单元指针和信息净负荷。

- 信息净负荷：是在 STM-N 帧结构中存放将由 STM-N 传送的各种信息码块的地方。信息净负荷区相当于 STM-N 这辆运货车的车箱，车箱内装载的货物就是经过打包的低速信号。

- 段开销：是为了保证信息净负荷正常灵活传送所必须附加的供网络运行管理和维护使用的字节。例如段开销可进行对 STM-N 这辆运货车中的所有货物在运输中是否有损坏进行监控。段开销又分为再生段开销和复用段开销，分别对相应的段层进行监控。

- 管理单元指针：用于指示信息净负荷区内的信息首字节在 STM-N 帧内的准确位置，以便接收时能正确分离信息净负荷。

STM-N 信号在线路上传输时也遵循按比特的传输方式，即帧结构中的字节从左到右，从上到下一个字节一个字节地传输，传完一行再传下一行，传完一帧再传下一帧。每帧的传输时间为 125μs，即每秒传输 1/125 × 1 000 000 帧。对于 STM-1 而言，每帧字节为 8 ×（9 ×

270×1）＝19 440bit，因此 STM-1 的传输速率为 19 440 × (1/125) × 1 000 000 = 155. 520Mbit/s。

　　SDH 复用技术的目的是将异步、不同速率、不同格式的支路信号复用在 SDH 帧内。SDH 复用采用的关键技术是净负荷指针技术。通过利用指针指示支路信号在 SDH 帧中的位置，既可以避免准同步数字体系中异步转同步过程中需要的大量缓存器，以及信号在复用设备中的滑动；又可以简单地接入同步净负荷。由于净负荷指针指示了净负荷在 STM-1 帧中的位置，净负荷在 STM-1 帧内是浮动的，对于相位变化或较小的频率变化，仅需增加或减小指针值即可。

　　SDH 复用的一般过程是由一些包容支路数据的基本复用单元组成若干中间复用单元。这些基本复用单元将不同速率的支路数据调整到 STM-1 帧的速率，并加入一些必要的开销比特，最终作为 STM-1 帧的净荷。

　　SDH 传输业务信号时，各种业务信号要进入 SDH 的帧都要经过映射、定位和复用 3 个步骤。

　　● 映射：将各种速率的信号先经过码速调整装入相应的标准容器，再加入通道开销形成虚容器的过程，帧相位发生偏差称为帧偏移。

　　● 定位：将帧偏移信息收进支路单元或管理单元的过程，它通过支路单元指针或管理单元指针的功能来实现；

　　● 复用：将多个低阶通道层的信号通过码速调整使之进入高阶通道，或将多个高阶通道层信号通过码速调整使之进入复用层的过程。

　　SDH 技术主要有以下特点：

　　（1）世界统一的数字传输体制

　　SDH 实际上是在原有的 PDH 体系的链路层和物理层（光纤）之间又插入一层协议，它将原有的 PCM 技术中的 3 个地区性标准（美、日、欧）的 1. 544Mbit/s 和 2. 048Mbit/s 两种速率以 STM-1 帧的帧净荷的形式，在 STM-1 的等级上获得了统一，这样数字信号在跨国界通信时，不再需要进行额外的转换。

　　（2）标准化的信息结构

　　速率为 155. 520Mbit/s 的同步传输帧模块 STM-1 作为基本的帧模块，而高速率的 STM-4、STM-16、STM-64 传输模块是将 STM-1 进行字节间复用得到的，大大简化了骨干网和城域网级别的复用和解复用处理过程。

　　（3）丰富的开销比特，强大的网管能力

　　SDH 帧结构中的开销比特较丰富，约占全部比特数量的 5% 左右，大大增强了 SDH 网的 OAM 能力。例如，SDH 可实现按需动态分配带宽，这种特性非常适合于支持移动通信中的数据传输。

　　（4）同步复用

　　在 SDH 的复用体制中，各种不同等级的低速支流的码流通过标准容器进行打包，再置入 STM-1 帧结构的净负荷中。这样这些码流在帧结构中的排列，就是规则的，而净负荷本身的比特位与网络时钟同步，只需很简单的操作就可以从高速信号中一次直接分插出低速支路信号。由此，SDH 的接口处理就可以用硬件实现，例如：现有的单片 SDH 接口芯片仅通过工作方式的设置，就可以从高速信号中解出任意低速支路的信号。

　　（5）统一的网络单元

SDH 定义了终端复接器、分插复用器、再生中继器、数字支叉连接设备等遵从世界统一标准的设备，同时，SDH 还定义了网络节点接口的概念。网络节点接口是传输网中的重要概念，是传输设备与网络节点间的接口。具体包括接口速率、帧结构、网络节点功能等多个方面。规范的网络节点接口，可以使传输设备与网络节点间相互独立，既有利于设备制造商的研发，也有利于运营商的灵活组网。

（6）标准的光接口

由于上述网络单元均具有标准的光接口，因此可以简化系统设计，各个设备厂商不必自行开发光接口与线路码型。光接口成为了标准的开放型接口，不同厂商的设备可以直接在光路上互通，降低了网络成本。SDH 中的光接口按传输距离和所用的技术可分为 3 种，即局内连接、短距离局间连接和长距离局间连接。相应地对应有 3 套光接口参数。

（7）规范的网管接口

根据 TMN 的要求，SDH 对设备网管能力进行了规范，支持了不同厂间设备的互连，使运营商可以更加灵活地组网，避免了由一个设备商供应全网的所有设备。

（8）与现有信号完全兼容

除兼容各登记的 PCM 信号外，还兼容 FDDI、ATM 信元等。目前，以 POS（Packet Over SDH）形式提供对 IP 包的传输日益成为构造数据通信网的主流技术。

当然，SDH 也存在一些不足，如频带利用率不如传统的 PDH 系统，因为开销比特大约占 5%，而且为调整相位即速率匹配使用指针指示净荷的相位差，这样在指针所指示的插入位置之前的字节就浪费了。

作为新一代的理想传输系统，SDH 具有路由自动选择，上下电路方便，维护、控制，好管理，功能强，标准统一，便于传输更高速率的业务信息等优点，已得到空前的应用与发展。随着网络的发展，SDH 将进一步为终端用户提供宽带服务。

2.7 物理层接口、标准与设备

物理层的作用是提供在物理传输介质上传送和接收比特流的能力，同时向上对数据链路层屏蔽掉因为物理组件以及传输介质的多样性所产生的物理传输上的差异，因此，物理层必须解决好物理组件或设备之间的接口问题。

2.7.1 物理层的接口

物理层的接口协议规定了建立、维持以及断开物理信道所需的机械、电气、功能和规程的特性，其作用是确保比特流能在物理传输介质上传输。物理层就是通过这 4 个特性，在数据终端设备（Data Terminal Equipment，DTE，指数据通信的信源，如计算机）和数据通信设备（Data Circuit-terminal Equipment，DCE，指数据通信中面向用户的设备，如调制解调器）之间，实现物理通路的连接。DTE-DCE 的接口框图如图 2-39 所示，物理层接口协议实际上是 DTE 和 DCE 或其他通信设备之间的一组约定，用于解决网络节点与物理信道之间的连接问题，也便于不同的制造厂家的产品都能够相互兼容。

（1）机械特性

机械特性规定了物理连接时插头和插座的几何尺寸、插针或插孔芯数及排列方式、锁定装置形式等。例如，图 2-40 列出了一类已被 ISO 标准化了的 DCE 连接器的几何尺寸、插孔芯数和排列方式，以及连接器实物图片。一般 DTE 的连接器常用插针形式、几何尺寸与 DCE 连接器相配合，而插针芯数和排列方式与 DCE 连接器成镜像对称。

图 2-39　DTE-DCE 接口示意图

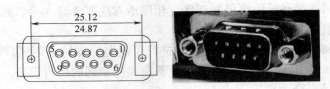

图 2-40　常用连接机械特性

（2）电气特性

电气特性规定了在物理连接上导线的电气连接及有关的电回路的特性，包括接收器和发送器电路特性的规定、表示信号状态的电压/电流电平的识别、最大传输速率的规定，以及与互连电缆相关的规则等。同时还规定了 DTE/DCE 接口线的信号电平、发送器的输出阻抗、接收器的输入阻抗等电气参数。

通常，DTE/DCE 接口的各导线的电气连接方式有非平衡方式、采用差动接收器的非平衡方式和平衡方式 3 种。

1）**非平衡方式**是指采用分立元件技术设计非平衡接口，每个电路使用一根导线，收发两个方向共用一根信号地线，信号速率≤20kbit/s，传输距离≤15m。CCITT V.28 建议采用这种电气连接方式。由于使用共用信号地线，该方式会产生比较大的串扰。

2）**差动接收器的非平衡方式**是指采用集成电路技术的非平衡接口，与前一种方式相比，发送器仍使用非平衡式，但接收器使用差动接收器，每个电路使用一根导线，但每个方向都使用独立的信号地线，串扰信号较小。其信号速率可达 300kbit/s，传输距离为 10（300kbit/s 时）～1 000m（≤3kbit/s 时）。CCITT V.10/X.26 建议采用这种电气连接方式。

3）**平衡方式**是指采用集成电路技术设计的平衡接口，使用平衡式发送器和差动式接收器，每个电路采用两根导线，构成各自完全独立的信号回路，使串扰信号减至最小。其信号速率≤10Mbit/s，传输距离为 10（10Mbit/s 时）～1000m（≤100kbit/s 时）。CCITT V.11/X.27 建议采用这种电气连接方式。

（3）功能特性

功能特性规定了接口信号的来源、作用以及其他信号之间的关系。DTE/DCE 标准接口的功能特性主要是对各接口信号线作出确切的功能定义，并确定相互间的操作关系。例如，接口信号线按其功能一般可分为接地线、数据线、控制线和定时线等类型。

（4）规程特性

规程特性规定了使用交换电路进行数据交换的控制步骤，使得比特流传输得以完成。

DTE/DCE 标准接口的规程特性规定了 DTE/DCE 接口各信号线之间的相互关系、动作顺序以及维护测试操作等内容。

物理层中较重要的新规程是 EIA RS－449 及 X.21，然而经典的 EIA RS-232C 仍是目前最常用的计算机异步通信接口。

2.7.2　EIA RS-232C 标准

EIA RS-232C 是由美国电子工业协会 EIA 制定的串行通信物理接口标准。最初是远程数据通信时，为连接 DTE 和 DCE 而制定的。它规定以 25 芯（DB-25）或 9 芯（DB-9）的 D 形插针连接器与外部相连，如图2-41 所示。

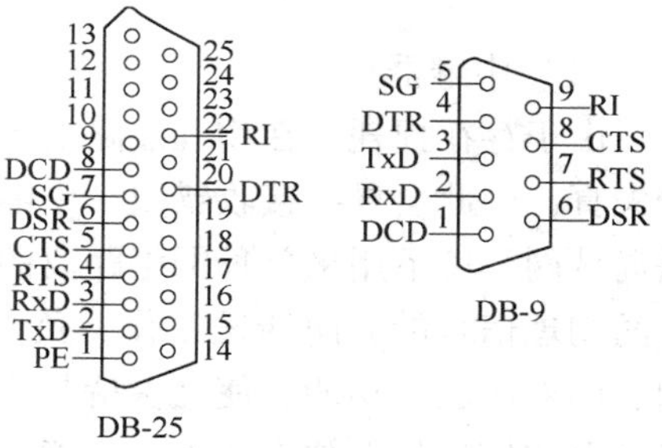

其中信号线中的 RTS、CTS、DSR 和 DTR 为控制信号，其含义如下。

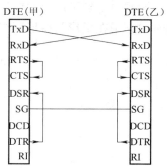

图 2-41　DB-25 和 DB-9 连接器接口

• RTS（请求传送）：当 DTE 需向 DCE 发送数据时，该信号有效，请求数据通信装置接收数据。

• CTS（允许传送）：如果 DCE 处于可接收数据的状态，此信号有效，允许 DTE 发送数据。反之，如果 DCE 处于不可接收数据的状态，此信号无效，不允许 DTE 发送数据。

• DSR（数据设备就绪）：当 DCE 需向 DTE 发送数据时，该信号有效，请求 DTE 接收数据。

• DTR（数据终端就绪）：如果 DTE 处于可接收数据的状态，此信号有效，允许 DCE 发送数据。反之，如果 DTE 处于不可接收数据的状态，此信号无效，不允许 DCE 发送数据。

因而采用 RS-232C 标准的通信，除了连接发送和接收的数据线外，还需连接控制信号。图 2-42 为采用 RS-232 标准进行通信常用的简化连接方法。

在这种连接方法中，请求传送（RTS）信号的输出连接到本机的允许传送（CTS）端，数据终端设备就绪（DTR）的输出连接到本机的数据通信装置就绪（DSR）、数据载波检测端（DCD）。当需发送数据时，控制 RTS 信号有效，此信号直接连接到 CTS，此时由于 RTS 信号有效，因而可将数据送出。同样应控制 DTR 信号有效，此信号直接连接到 DSR、DCD，在需接收数据时，由于所需的 DSR 信号有效，可接收数据。采用这样的方法可减少通信两端的连线，但必须协调收发双方的通信软件，避免在数据发送时，接收方未能及时地接收数据。

图 2-42　RS-232 简化连接方法

采用 RS-232 标准除了规定信号与连接器外，还规定了信号的电气特性。其发送方与接收方的电气特性规定如下。

• 发送方：输出最大电压小于 25V（绝对值），最大短路输出电流为 500mA，输出阻抗大于 300Ω，逻辑 1 为 −25 ～ −3V，逻辑 0 为 +3 ～ +25V。

● 接收方：输入阻抗为 3～7kΩ，最大负载电容 2 500PF，当信号小于 −3V 时为逻辑 1，信号大于 +3V 时为逻辑 0。

为此在进行信号传输时，必须将信号的 TTL 电平与 RS-232 电平进行转换。在发送时，将 TTL 电平转换为 RS-232 电平，而在接收时将 RS-232 电平转换为 TTL 电平。

2.7.3　物理层相关的物理设备

（1）中继器

由于存在损耗，在物理线路上传输的信号功率会逐渐衰减，衰减到一定程度时将造成信号失真，因此会导致接收错误。中继器（Repeater）就是为解决这一问题而设计的。中继器是局域网环境下用来延长网络距离的最简单、最廉价的网络互联设备，常用于两个网络节点之间物理信号的双向转发工作，负责在两个节点的物理层上按位传递信息，完成信号的复制、调整和放大功能，使之保持与原数据相同，以此来延长网络的长度。因此，中继器对在线路上的信号具有放大再生的功能，用于扩展局域网网段的长度，但仅用于连接相同的局域网网段。从理论上讲中继器的使用是无限的，网络也因此可以无限延长。然而事实上不可能，因为网络标准中都对信号的延迟范围作了具体的规定，中继器只能在此规定范围内进行有效的工作，否则会引起网络故障。例如，以太网标准规定单段信号传输电缆的最大长度为500m，但利用中继器连接 4 段电缆后，以太网中信号传输电缆最长可达 2 000m。

中继器按其接口个数可分为双口中继器和多口中继器，按连接的传输介质又可分为电缆中继器和光纤中继器。

（2）集线器

集线器（Hub）是一种特殊的中继器，即多端口的中继器。其主要功能是对接收到的信号进行再生整形放大，以扩大网络的传输距离。集线器是一个纯硬件多端口的转发器，当以集线器为中心设备时，网络中某条线路产生了故障，并不影响其他线路的工作。所以集线器在局域网中得到了广泛的应用，一度成为局域网组网的主要设备，如图 2-43 所示。大多数的时候它用在星形与树形网络的组网中，以 RJ45 接口与各主机相连（也有 BNC 接口）。

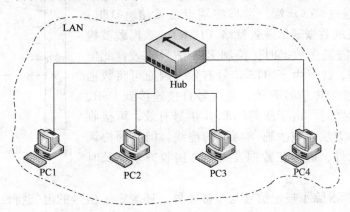

图 2-43　集线器应用

集线器属于数据通信系统中的基础设备，与双绞线等传输介质一样，是一种不需任何软件支持或只需很少管理软件管理的硬件设备，工作在局域网环境中，像网卡一样，应用于 OSI 参考模型第一层，因此又被称为物理层设备。

（3）调制解调器

调制解调器（Modem）是一个将数字信号调制到模拟载波信号上进行传输，并解调收到的模拟信号以得到数字信号的设备。其目标是产生能够方便传输的模拟信号，并且能够通过解码还原原来的数字数据。根据不同的应用场合，调制解调器可以使用不同的手段来传送模拟信号，比如使用光纤、射频无线电或电话线等。

使用普通电话线音频波段进行数据通信的电话调制解调器是最常见的调制解调器。通常将电话调制解调器称为"猫"。其他常见的调制解调器还包括用于宽带数据接入的有线电视电缆调制解调器、DSL 调制解调器等。现代电信传输设备是为了在不同的介质上远距离地传输大量信息，因此也都以调制解调器的功能为核心。其中，微波调制解调器速率可以达上百万比特每秒；而使用光纤作为传输介质的光调制解调器可以达到每秒几十吉位以上，是现在电信传输手段的骨干。

小结

1. 知识梳理

本章以数据传输基础作为切入点，首先介绍通信系统的概念，在此基础上讲解数字数据、模拟数据的传输方法，包括频道传输中的调制方法，基带传输中的数据编码方法，其中涉及采样定理、奈奎斯特定律和香农公式，进而讲解传输过程中的差错控制技术、同步技术、信道复用技术和数据交换技术，以及数字传输系统的概念。并以此为基础，引入了物理层的概念、功能，物理层的接口标准，常用的传输介质和常见的物理层设备。

本章的主要知识点结构如图 2-44 所示。

2. 学生疑惑

疑惑：物理层是否就是相关的物理设备和传输介质的集合？

解答：物理层位于 OSI 参考模型的最底层，它直接面向实际承担数据传输的物理媒体（即通信通道），物理层的传输单位为比特，即一个二进制位。实际的比特传输必须依赖于传输设备和物理媒体，但是，物理层既不是指具体的物理设备，也不是指信号传输的传输介质，而是指在物理媒体之上为数据链路层提供一个传输原始比特流的物理连接。物理层虽然处于最底层，却是整个开放系统的基础。物理层的作用在于提供 DTE 和 DCE 之间比特传输的条件。为此，通信线路要有建立、保持和断开物理连接 3 个过程，要有为实现这些过程所需的机械的、电气的、功能的和过程的特性的规定。换句话说，物理层是对实际的通信线路及其工作过程的描述，例如，在物理层中要描述实际通信线路的插口尺寸、几何形状、各个插脚的功能、信号电压的方向和幅度、信号传输速度和持续时间、信号的序列及各位的含义等。

3. 授课体会

由于不少专业的学生在接触"计算机网络"这门课程时，对数据通信和通信系统方面的知识了解的不多，进而导致对网络底层是如何传输数据的理解不深。物理层作为 OSI 参考模型的最底层，也是学生理解计算机网络体系结构的基础，因此在授课过程中需要突出以下

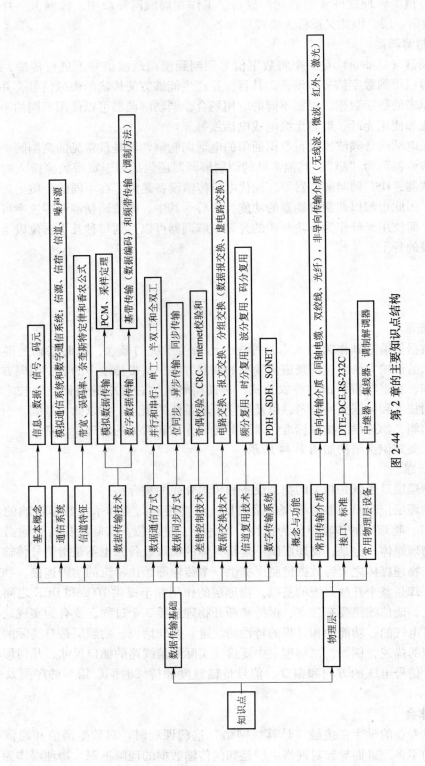

图 2-44 第 2 章的主要知识点结构

两点：（1）数据在传输介质上是如何传输的，或者说数据在信道上是如何传输的？让学生了解数据传输的基本原理，这有利于学生理解本章内容以及后续章节的内容；（2）物理层不是指具体物理设备，而是提供一个传输原始比特流的物理连接，它是一个开发系统，为实现这个物理连接可以通过不同的传输信道和信号形式。本章只是介绍其中的主要传输介质和相关设备。当然，也希望学生能够了解这些传输介质和相关设备，以便更好地理解计算机网络和后续章节的内容。

习题与思考

1. 简述物理层的概念和基本功能。

2. 简述信息、数据和信号的基本概念以及通信系统的构成。

3. 简述采样定理以及脉冲编码调制的基本步骤。

4. 什么是基带传输和频带传输，频带传输的调制方法有哪些？

5. 简述不归零编码（NRZ）、曼彻斯特码和差分曼彻斯特码的区别。

6. 异步传输和同步传输的异同点是什么？

7. 简述单模光纤和多模光纤的区别。

8. 常用的信道复用技术有哪些？

9. 如果有 4 个站进行码分多址通信，且这 4 个站的码片序列分别为

A：（ -1 -1 -1 +1 +1 -1 +1 +1)　　　B：（ -1 -1 +1 -1 +1 +1 +1 -1)

C：（ -1 +1 -1 +1 +1 +1 -1 -1)　　　D：（ -1 +1 -1 -1 -1 -1 +1 -1)

试问这 4 个站的码片序列设置是否合理？如果收到的码片序列为（ -1 +1 -3 +1 -1 -3 +1 +1)，试问是哪个站点发送的数据？发送的是 1 还是 0？

10. 设单路语音信号的最高频率是 4kHz，采样频率为 8kHz，采用 PCM 编码传输，试问采样后按 256 级量化，则传输系统的最小带宽是多少？

11. 已知模拟话路信道的带宽为 3.4kHz，如果接收方信噪比 PS/PN = 30dB，此时信道容量是多少？如果要求该信道的传输速率为 4 800bit/s，则接收方要求的最小信噪比 PS/PN 为多少？

12. 实现差错控制的基本思路是什么？目前数据通信中主要的差错控制方式有哪些？

13. 写出 1001110 和 1100101 两个二进制数据的奇校验码和偶校验码。

14. 如果有一个数据比特序列为 1001101110010，CRC 校验中的生成多项式为 $G(x) = X^4 + X^2 + 1$，试计算 CRC 校验码比特序列。

15. 一个完整的 DTE-DCE 标准接口应该包括哪些方面的特性？

第3章 数据链路层

【本章提要】

物理层仅关注单个比特如何传输，那么，相邻两台机器如何实现可靠、有效的多个比特（完整信息）的传输呢？因此，针对该问题本章主要讲解数据链路层的可靠传输、封装成帧、透明传输、差错检验；具体的链路层协议，包括面向比特的数据链路层协议（HDLC）、点对点协议（PPP）；并进一步讲解各类局域网、无线网络和广域网技术。

【学习目标】

- 理解链路层的可靠传输原理。
- 了解链路层的基本功能。
- 掌握封装成帧、透明传输、差错检验的原理和实现方法。
- 了解面向比特的数据链路层协议（HDLC）和点对点协议（PPP）。
- 了解局域网的基本概念和体系结构。
- 掌握以太网的工作原理和扩展技术。
- 掌握常用链路层设备的工作原理。
- 了解无线局域网和广域网的基本概念。

数据链路层位于 OSI 参考模型/五层模型的第二层，负责在相邻节点之间传送一组数据信息，数据链路层和前述的物理层通常构成网络通信中必不可少的底层服务，其协议功能在节点的网络接口（俗称网卡）中实现。本章首先介绍可靠传输原理，然后从数据链路层的基本功能讲起，介绍数据链路层的一些重要机制，包括封装成帧、透明传输和差错检验。然后介绍几个在实际网络中的数据链路层相关协议以及应用。在详细介绍完局域网后，简单介绍了无线网络和广域网。

通常情况下，传输线路是由传输介质与传输设备组成的，原始的物理传输线路是指没有采用相关协议的物理传输介质，在这种情况下数据信号的传输可能会发生差错。经常用来描述物理传输线路上传输数据信号出现多少差错的参数是误码率。误码率是指二进制比特在数据传输过程中传输错误的概率，它在数值上等于传错的比特数和传输的总比特数的比值。设计数据链路层的主要目的就是在原始的、有差错的物理传输线路上，采取差错检测、差错控制与流量控制等方法，将有差错的物理线路改进成逻辑上无差错的数据链路，向网络层提供高质量的服务。

物理线路（即链路）与数据链路是网络中常用的术语，它们之间含义是不同的。在通信技术中，人们常用链路（Link）这个术语描述一条点对点的线路段（Circuit Segment），中间没有任何交换节点。因此从这种意义上说，链路一般是指物理线路。而数据链路概念则有更深层次的意义。当需要在一条链路上传送数据时，除了必须具有一条物理线路之外，还必须有一些规程或协议来控制这些数据的传输，以保证被传输数据的正确性。实现这些规程或协议的硬件和软件加到物理线路，这样就构成了数据链路。图 3-1 描述了两者的区别。当采用复用技术时，一条（物理）链路上可以有多条数据链路。此外，还有两个概念，即物理链路和逻辑链路，物理链路就是物理线路，而逻辑链路就是数据链路。

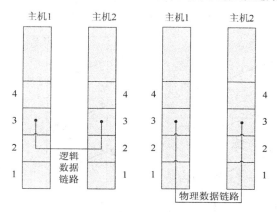

图 3-1　逻辑链路和物理链路

3.1　可靠传输原理

网络数据传输过程中，理想的传输条件有两个特点：一是传输信道不产生差错，二是不管发送方以多快的速度发送数据，接收方总是来得及处理收到的数据。而事实上，实际的网络都不具备以上两种理想条件。通过使用一些可靠传输协议，当传送发生错误时，可让发送方重新发送错误的数据。同时，当接收方来不及接收数据时，告诉发送方适当降低发送数据的速率。

数据可靠传输可在网络体系结构协议栈的多个层上实现。在数据链路层中，以帧为数据传输单位，可采用停止等待、连续 ARQ 及选择重传 ARQ 等协议实现可靠传输。

1. 停止等待

停止等待协议就是每发送一个数据帧就要等待接收方的一个确认帧，只有收到确认帧后，发送方才发送下一帧，如果超时还没收到确认帧，或收到否认帧时重发该帧。停止等待协议工作过程分以下两种情况。

（1）无差错情况和超时重传情况

图 3-2a 给出无差错情况下的停止等待协议工作过程。站点 A 发送数据帧 F1，发送完以后暂停，等待接收站点 B 的确认。站点 B 收到了数据帧 F1 后就向站点 A 发送确认，站点 A 收到站点 B 对数据帧 F1 的确认后，知道站点 B 已经收到了数据帧 F1，此时，站点 A 才开始发送下一个数据帧 F2。同样，站点 B 确认数据帧 F2 以后，站点 A 继续发送后续的数据帧 F3。

图 3-2b 是数据帧在传输过程中出现超时情况下的停止等待协议工作过程。站点 B 接收数据帧 F1 时，经校验检查出该帧出现差错，就丢弃数据帧 F1，其他什么也不做（不通知站点 A 收到差错的数据帧）。还有一种可能，数据帧 F1 在传输过程中丢失，此时站点 B 不知道。在这两种情况下，站点 B 都不会发送任何确认信息。为了实现可靠传输，站点 A 只要有一段时间（预设）没有收到对方的确认就重新发送已经发送过的帧，这就叫超时重传。

要实现超时重传，发送方每发送完一个数据帧需要设置一个超时计时器，而且还要把已发送的数据帧暂存在链路层的缓冲区中。如果超时计时器到期之前，发送方收到对方的确认，就撤销设置的超时计时器。

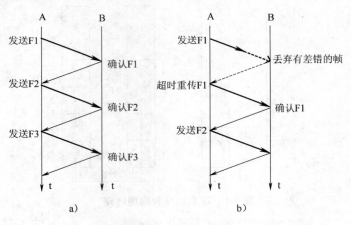

图3-2　停止等待协议

a）无差错情况　b）超时重传

发送方在实现停止等待协议时，有以下3点注意事项：

1）在发送完一个数据帧后，必须暂时保留已发送的数据帧在缓冲区中，直到该帧发送成功。

2）为了区分，数据帧和确认帧都必须进行编号。

3）超时计时器的重传时间应当比数据在链路上的平均往返时间要更长一些。

（2）确认丢失情况和确认迟到情况

图3-3a说明了确认丢失情况。站点B所发送的对数据帧F1的确认丢失了，发送站点A在设定的超时重传时间内没有收到该确认，但并不知道是自己发送的数据帧错误丢失还是站点B发送的确认帧丢失。因此，站点A在超时计时器到期时就要重传数据帧F1。此时，接收站点B在收到重传数据帧F1的情况下，应采取两个行动。

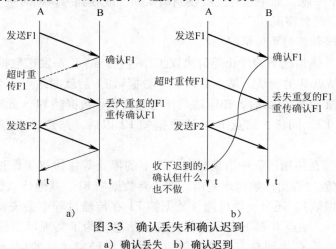

图3-3　确认丢失和确认迟到

a）确认丢失　b）确认迟到

第一，丢弃这个重复的数据帧 F1，不向上层交付。

第二，向发送站点 A 再次发送确认帧，因为站点 B 不能认为已经发送过确认帧，就不需要发送确认，否则，站点 A 还是没有收到确认会继续重传数据帧 F1。

图 3-3b 说明了确认迟到的情况。在传输过程中没有出现差错或者丢失，但是站点 B 对数据帧 F1 的确认迟到了，导致站点 A 超时重传数据帧 F1，然后发送站点 A 会收到站点 B 重新发送的、对数据帧 F1 的重复确认。此时，站点 A 可以发送下一帧，而站点 A 在收到滞后的确认时，只做简单的丢弃，其他什么也不会做。如上所述，站点 B 在收到来自站点 A 的重复帧 F1 时，在丢弃该重复帧的同时，会重新发送确认帧给站点 A。

停止等待协议的优点是简单，但缺点是信道利用率太低。图 3-4 给出了停止等待协议的信道利用率模型。

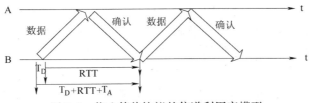

图 3-4 停止等待协议的信道利用率模型

根据图 3-4 中所示，可以算出停止等待协议的信道利用率 U，其表达式如下：

$$U = \frac{T_D}{T_D + RTT + T_A}$$

其中，T_D 为数据帧的传输时间，T_A 是确认帧的传输时间（可以忽略不计），往返时间 RTT 取决于所使用的信道。作为示例，假定 100km 的信道往返时间 RTT = 2ms，帧的长度是 1 200bit，数据发送速率是 10Mbit/s，忽略处理时间 T_A（T_A 的值一般远小于 T_D 的值），可以计算出信道利用率 U = 5.7%。可见信道在绝大数时间内都是空闲的。

从图 3-4 中可以看出，当往返时间 RTT 远大于帧的发送时间 T_D 时，信道利用就会非常低，如果考虑出现差错后的数据重传，则信道利用率还要降低。

2. 连续 ARQ

上述使用确认和重传的机制，可以在不可靠的传输网络上实现可靠通信，这种可靠传输机制常称为自动重传请求（Automatic Repeat reQuest，ARQ），重传请求自动进行，接收方不需要请求发送方重传某个出错的数据帧。

为了在可靠传输的前提下，提高信道利用率，可以采用连续 ARQ 协议。所谓连续就是指在发送完一个数据帧后，不是停下来等待确认帧，而是可以连续再发送若干帧，边发送边等待对方的确认帧。如果收到了确认帧，又可以继续发送数据帧。由于减少了等待时间，信道利用率可以大大提高。信道上一直有数据在不间断地传送，这种传输方式可以获得很高的信道利用率，如图 3-5 所示。

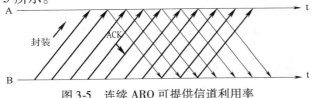

图 3-5 连续 ARQ 可提供信道利用率

为了实现连续 ARQ 协议，发送方需要维持一个发送窗口，如图 3-6a 所示。发送窗口的意义在于发送窗口内的 4 个数据帧都可以连续发送出去，而不需要等待接收方的确认，从而提高了信道的利用率。连续 ARQ 协议规定，发送方每收到一个确认，就把发送窗口向前滑动一个帧的位置。图 3-6b 表示发送方收到了对第一个数据帧的确认后，就把发送窗口向前滑动一个帧的位置。如果原来已经发送了前 4 个数据帧，那么，现在发送方就可以发送窗口内的第 5 个数据帧。

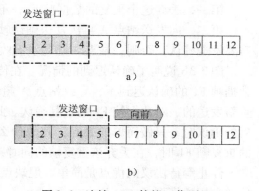

图 3-6 连续 ARQ 协议工作原理
a）发送方维持发送窗口（发送窗口是 4）
b）收到一个确认后发送窗口向前滑动

为了提高效率，接收方一般采用累积确认的方式，即不必对收到的数据帧逐个发送确认，而是对按序到达的最后一个帧发送确认，这就表示到这个帧为止的所有帧都已正确收到。累积确认的优点是容易实现，即使确认丢失也不必重传；其缺点是不能向发送方反映出接收方已经正确收到的所有数据帧的信息。如果发送方发送了前 10 个数据帧，而第 7 个数据帧丢失了（其他帧都收到了），这时接收方只能对前 6 个数据帧发出确认。发送方无法知道后面 4 个数据帧的下落，而只好把后面的 4 个数据帧都再重传一次（7、8 和 9 这 3 个帧本来是没有必要重传的），这叫做 Go-back-N（回退 N），表示需要再退回来重传已发送过的 N 个数据帧。可见当通信线路质量不好时，连续 ARQ 协议将会带来一定的负面影响。

3.2 数据链路层的基本功能

数据链路层在物理层提供服务的基础上向网络层提供服务，即将源主机 S 中来自网络层的数据传输给目的主机 D 中的网络层协议模块。数据链路层可以提供 3 种基本服务，即无确认的无连接服务、有确认的无连接服务、有确认的面向连接的服务。

1. 无确认的无连接服务

无确认的无连接服务是源主机 S 向目的主机 D 发送独立的帧，而目的主机 D 对收到的帧不作确认。如果由于线路上的噪声而造成帧丢失，数据链路层不作努力去恢复它，恢复工作留给上层去完成。这类服务既适用于误码率很低的情况，也适用于像语音之类的实时传输。在实时传输情况下，有时数据延误比数据损坏影响更严重。大多数局域网在数据链路层都使用无确认的无连接服务。

2. 有确认的无连接服务

这种服务仍然不建立连接，但是所发送的每一帧都进行单独确认。以这种方式，发送方就会知道帧是否正确地到达。如果在某个确定的时间间隔内，帧没有到达，就必须重新发送此帧。

3. 有确认的面向连接的服务

采用这种服务，源主机 S 和目的主机 D 在传递任何数据之前，先建立一条连接。在这条连接上所发送的每一帧都被编上号，数据链路层保证所发送的每一帧都确实收到。而且，它保证每帧只收到一次，所有的帧都是按正确顺序收到的。面向连接的服务为网络进程间提供了可靠的传送比特流服务。

为实现上述服务，数据链路层的基本功能包括帧同步、差错控制、流量控制、链路管理和寻址等。

（1）帧同步

在数据链路层，数据以帧为单位进行传送。物理层的比特流按照数据链路层协议的规定被封装在数据帧中传送。帧同步是指接收方应当能从收到的比特流中准确地区分出一帧的开始和结束位置。

（2）差错控制

在计算机通信中，往往要求有极低的误码率。为此，必须采用差错控制技术。差错控制技术要使接收方能够发现传输错误，并能纠正传输错误。数据链路层实体将对帧的传输过程进行检查，发现差错可以用重传方式解决。这样做的目的是为了能检查出传输错误，并能用反馈重发纠错等方法纠正传输错误。

（3）流量控制

发送方发送的数据必须使接收方来得及接收。当接收方来不及接收时，就必须控制发送方发送数据的速率。

（4）链路管理

当两个节点开始通信时，发送方必须确知接收方是处在准备接收数据的状态。为此，双方必须交换一些必要的信息，建立数据链路连接；同时在传输数据时要维持数据链路；当通信完毕时要释放数据链路。数据链路的建立、维持和释放就叫做链路管理。

（5）寻址

在多点连接的情况下，要保证每一帧能传送到正确的目的节点，接收方也应当知道发送方是哪一个节点。

目前，许多实际的链路层协议并不需要全部实现这些功能，比如，可以把流量控制放到传输层中实现，这样在许多情况下往往会提高网络的整体效率。因此，在 3.3 节和 3.5 节将帧同步中的封装成帧技术和差错控制中的差错检验技术展开详细论述。

3.3 封装成帧

数据链路层采用了被称为帧（Frame）的协议数据单元作为数据链路层的数据传输单位。数据链路层协议的基本任务之一就是根据所要实现的数据链路层功能来规定帧的格式。

1. 帧的基本格式

尽管不同的数据链路层协议定义的帧格式存在一定的差异，但它们的基本格式类似。图 3-7 给出了帧的基本格式，帧中具有特定意义的部分称为域或字段（Field）。

帧开始	地址	长度/类型/控制	数据	FCS	帧结束

图 3-7　帧的基本格式

在图 3-7 中，帧开始字段和帧结束字段分别用来指示帧的开始和结束，地址字段给出节点的物理地址信息，用于设备或机器的物理寻址。第 3 个字段是帧长或类型，也可能是其他一些控制信息。数据字段通常承载的是来自高层（即网络层）的数据分组（Packet）。帧检验序列（Frame Check Sequence，FCS）字段提供与差错检测有关的信息。数据字段之前的所有字段可统称为帧头，而数据字段之后的所有字段统称为帧尾。

2. 成帧与拆帧

引入帧机制不仅可以实现相邻节点之间的可靠传输，还有助于提高数据传输的效率。例如，若发现接收到的某一个（或几个）比特出错时，可以只对相应的帧进行特殊处理（如请求重发等），而不需要对其他未出错的帧进行错误处理；如果发现某一帧丢失，也只需要请求发送方重新传送丢失的帧，因此大大提高了数据传输的效率。在数据链路层引入帧机制后，发送方必须提供将从网络层接收的分组封装成帧的功能，即为来自上层的分组加上必要的帧头和帧尾，进行成帧（Framing）操作；而接收方数据链路层必须提供将帧拆分，还原出分组的拆帧功能，即去掉发送方数据链路层添加的帧头和帧尾部分，从中分离出网络层所需的分组。在成帧过程中，如果上层的分组大小超出下层帧的大小限制，则上层分组要被拆分成若干个数据块，然后再组帧。

综上所述，数据链路层完成帧发送和帧接收的过程可描述如下：

1）发送方的数据链路层接收到来自网络层的发送请求后，便从网络层与数据链路层的层间接口得到待发送的分组，并封装成帧，然后递交到物理层再送入传输信道，这样不断将帧送入传输信道形成连续的比特流。

2）接收方的数据链路层从其物理层接收到的比特流中，根据帧定界符识别出一个个的独立帧，然后利用帧中的 FCS 字段对每一个帧进行校验，判断是否有错误。如果有错误，就采取事先选定的差错控制方法进行处理；如果没有错误，就进行拆帧，并将其中的数据部分即分组通过数据链路层与网络层的层间接口上交给网络层。

3.4 透明传输

在数据链路层通过特殊字符的定界将网络层的分组封装成帧，需要处理透明传输的问题，即由于帧开始和帧结束标志是使用专门指明的控制字符，如果所传输的数据中，任何 8 比特的组合与用做帧定界控制字符的比特编码一样，此时应该不能将该比特组合误判为帧定界符，而是应仍然作为数据实现正确传输。

透明传输是指包括帧定界符在内的任何字符都可以传输。假设帧开始和帧结束标志分别用 SOH 和 EOT 两个控制字符表示，注意，SOH 这个字符串是帧开始控制字符的名字，例如，可以用 ASCII 码值为 01H 的字符来表示帧开始标志，而用 ASCII 码值为 04H 的字符表示帧结束标志。如果在帧中传送的数据块中出现了一个控制字符 EOT，那么接收方在收到该数据后，就会将原来的 SOH 与数据中的 EOT 错误地解释为一个帧，但对后面剩下的数据块将无法解释，认为其是一个无效的帧，如图 3-8 所示。这种传输显然不是透明传输，因为当遇到数据块中包含字符 EOT 时就不能成功传输，因为它被接收方解释为控制字符，而事实上此处的字符 EOT 并不是控制字符，而是一般的数据信息。

解决透明传输问题的常用方法包括字符计数法、字符填充方法、比特填充方法和物理层编码违例法。下面主要讲解后面 3 种方法。

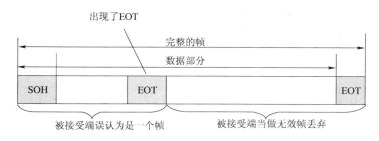

图 3-8　数据部分恰好出现 EOT（非透明传输）

3.4.1　字符填充方法

字符填充方法是为了解决错误发生之后的重新同步问题，它用一些特定的字符来定界一帧的起始与终止。

在这种方法中，为了不使数据信息位中与特定字符相同的字符被误判为帧的首尾定界符，可以在这种数据帧的帧头填充一个转义控制字符（DLE），开头是 DLE 和 SOT（Start of Text）两个字符，在帧的结尾则以额外填充的 DLE 和 ETX（End of Text）两个字符结束，从而达到数据的透明性。

若帧的数据中出现 DLE 字符，发送方则插入一个 DLE 字符，接收方会删除这个 DLE 字符。

下面举例说明，假设要发送一个如图 3-9a 所示的字符帧，在帧中间有一个 DLE 字符数据，发送时需要在其前面插入一个 DLE 字符，如图 3-9b 所示。在接收方收到数据后会自己删除这个插入的 DLE 字符，结果仍得到原来的数据，但帧头和帧尾的 DLE 字符仍在实现定界功能，如图 3-9c 所示。

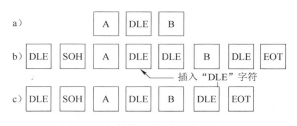

图 3-9　字符填充的首尾定界原理

在这种同步方式中，帧的起始符和结束符不相同，后来，绝大多数协议倾向于使用相同的字符来标识帧的起始和结束位置。按照这种做法，在接收方丢失同步后，只需要搜索一下标识符就能够找到当前帧的结束位置。但是，当标识符也出现在数据中时，将发生不同步问题，这种位模式往往会干扰正常的帧分界。为解决这一问题，发送方在传输的数据中，碰到与分界标识符位模式一样的字符时，将在其前面插入一个转义字符（如 ESC，其 ASCII 码为 1BH）。接收方的数据链路层在将数据交给网络层前删除这个转义字符。因此，成帧用的标识符与数据中出现的相同位模式字符就可以分开，只要看它前面有没有转义字符即可。如果转义字符出现在数据中间，同样需要用转义字符来填充。因此，任何单个转义字符一定是转义序列的一部分，而两个转义字节则代表数据中自然出现的一个转义字符。

具体的方法是发送方的数据链路层在数据中出现控制字符 SOH 或 EOT 时，在其前面插入一个转义字符 ESC（其十六进制编码是 1BH），而接收方的数据链路层在将数据送往网络层之前删除这个插入的转义字符，这种方法称为字节填充（Byte Stuffing）或字符填充（Character Stuffing）。图 3-10 表示用字符填充方法解决透明传输的问题。

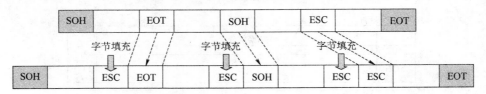

图 3-10　用字符填充方法解决透明传输的问题

3.4.2　比特填充方法

前述的字符填充法实现透明传输存在一个很大的不足，就是它仅依靠 8 比特编码的字符，但是，并不是所有的字符编码都使用 8 位模式，例如 Unicode 编码就使用 16 位编码方式。而且随着网络技术的不断发展，在成帧机制中内含字符编码长度的缺点越来越明显，所以有必要开发一种新的透明传输方法，同时可以有效实现收发双方的同步，以便允许任意长度的字符编码方式。本节介绍的比特填充方法就是这样一种新型透明传输方法。

在比特填充方法中，用一个特殊的位模式作为帧开始和帧结束标志，在进行数据填充时，每次只填充一个比特 0 而不是像字符填充方法每次填入一个特殊的转义字符 ESC，这种透明传输方法允许帧中每个字符含有任意长度的位。它的工作原理是在每一帧的开始和结束位置都加上一个特殊的位模式，例如，用 01111110 表示。当发送方的数据链路层的数据载荷比特序列中出现连续 5 个 "1"（注意：特定位模式中含有 6 个连续 "1"）时，自动在输出的位序列中填充一个 "0"。在接收方，当收到连续 5 个 "1" 时，并且后面的比特是 "0"时，自动删除该比特 "0"，该过程类似于字符填充方法，对收发双方计算机中的网络层来说都是完全透明的。图 3-11 给出了一个具体示例。图 3-11a 给出了要传输数据帧中的数据载荷为 01001111111011111001，采用比特填充后，在传输介质上传送时应为 01111110 01001111101101111110001　01111110，如图 3-11b 所示。

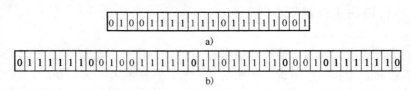

图 3-11　比特填充实现透明传输
a）传输的数据载荷　b）比特填充后的数据载荷

上述结果是在原信息 01001111111011111001 的基础上，两端各加一个特定位模式 01111110 来标识数据帧的起始与终止。因为在原信息中，有一段比特流与特定模式类似，为了与用于标识帧头和帧尾的特定位模式区分，在有 5 个连续 "1" 的比特位后面插入一个比特 "0"。接收方在收到上述最终数据后进行发送方的逆操作，首先去掉两端的特定位模式 01111110，然后在每收到连续 5 个 "1" 的比特位后自动删去其后所跟的 "0"（当然，收到 1 时表示该帧将要结束），以此恢复原始数据信息，实现数据链路层数据的透明传输。

数据链路层比特填充的透明传输方法很容易由硬件来实现，性能优于字符填充方式。在数据链路层，经常把面向比特的链路层数据传输称为同步传输，所有面向比特的同步控制协议均采用统一的帧格式，不论是数据信息，还是单独的控制信息均以帧为单位传送，典型代表协议是 ISO 提出的 HDLC 协议。在 HDLC 的帧格式中，采用了比特填充的透明传输方法，同时也实现了帧同步，在帧的首尾均有一个标志字段 Flag，其位模式是 01111110，如图 3-12 所示。其他字段将在 3.6 节中详细介绍。

1	1-2	1	可变	2	1Byte
标志	地址	控制	信息	帧校验序列	标志

图 3-12　HDLC 协议帧格式

3.4.3 物理编码违例法

物理层编码违例方法是指利用物理层信息编码中未用的电信号来作为帧的边界。在物理层采用特定的比特编码方法时可以采用该方法。例如，在局域网中，物理层采用的曼彻斯特编码方法是将数据比特"1"编码成"高—低"电平对，而将数据比特"0"编码成"低—高"电平对。其他两种编码方法中"高—高"电平对和"低—低"电平对在数据比特中是违法的，因此，可以借用这些违法的编码序列来界定帧的起始与终止，从而容易实现数据的透明传输。IEEE 802.3 标准局域网就采用了物理编码违例法，实现帧定界和数据透明传输。违法编码法不需要任何填充技术，便能实现数据的透明性，但是它仅适用于采用冗余编码的特殊编码环境。

由于字符填充透明传输实现上的复杂性和不兼容性，目前较普遍使用的透明传输是比特填充法和违法编码法，这两种方法也同时高效地实现了收发双方的同步。

3.5 差错检验

3.5.1 差错控制

差错是指由于某种原因，在数据链路上的接收方收到的数据与发送方发送的数据出现不一致的现象，例如，发送方发送了比特 1，而接收方接收的是比特 0。产生差错的原因主要是在通信线路上存在噪声干扰，比如热噪声、电磁干扰等。根据噪声类型的不同，可将差错划分为随机差错和突发差错两种类型。

差错的严重程度由数据链路的误码率来衡量，误码率 Pe 等于单位时间内错误接收的比特个数与所接收的总比特数之比。显然，误码率越低，信道的传输质量越高。但是由于信道中噪声是客观存在的，所以传输质量总是会受到不同程度的影响。为了有效地提高数据链路的传输质量，一种方法是改善通信系统的物理性能，使误码的概率降低到满足要求的程度，但这种方法受经济和技术上的限制。另一种方法是采用差错控制技术，利用编码的手段将传输中产生的错误检测出来，并加以纠正。所以说不管信道质量有多高，都要进行差错控制来提高数据传输的准确性。

在 2.2.8 节中已经详细介绍了常用的差错检验方法，这里不再赘述。

3.5.2 差错纠正

海明码（Hamming Code）是一种常用的差错纠正方法，可以有多个校验位，具有检测并纠正一位错误代码的功能，主要用于信道特性比较好的环境中，如以太网。海明码纠错的基本思想是将有效信息按某种规律分成若干组，每组安排一个校验位进行奇偶测试，然后产生多位检测信息，从而得出具体的出错位置，最后通过对错误位取反（该位原来是1的变成0，原来是0的就变成1）来纠正。

海明码纠错的基本步骤如下：

计算校验位数→确定校验码位置→确定校验码→实现校验和纠错。

（1）计算校验位数

要使用海明码纠错，首先就要确定发送数据所需要的校验码（也就是海明码）的位数（也称为校验码长度）。它是这样规定的：假设用 N 表示添加了校验码信息后整个信息的二进制位数，用 K 代表其中有效信息位数，r 表示添加的校验码位数，它们之间的关系应满足：$N = K + r \leqslant 2^r - 1$。

如果 $K = 5$，则要求 $2^r - r \geqslant 5 + 1 = 6$，根据计算可以得知 r 的最小值为 4，也就是要校验 5 位信息码，则要插入 4 位校验码。如果信息码是 8 位，则要求 $2^r - r \geqslant 8 + 1 = 9$，根据计算可以得知 r 的最小值也为 4。表 3-1 给出了信息码位数和校验码位数之间的关系。

表 3-1　信息码位数与校验码位数之间的关系

信息码位数	2～4	5～11	12～26	27～57	58～120	121～247
校验码位数	3	4	5	6	7	8

（2）确定校验码位置

第一步确定了对应信息中要插入的校验码位数，第二步主要是确定校验码插入的位置。校验码的位置比较容易确定，即校验码必须是在 2 幂次方的位置，如第 1、2、4、8、16、…位（对应 2^0、2^1、2^2、2^3、2^4、…，从最左边的位数开始），而信息码的分布位置是非 2 幂次方的位置，如第 3、5、6、7、9、10、11、12、13、…位（从最左边的位数开始）。

下面通过一个例子来说明，假设现在有一个 8 位的信息码，即 b1、b2、b3、b4、b5、b6、b7、b8，由表 3-1 得知，它需要插入 4 位校验码，即 p1、p2、p3、p4，也就是经过编码后的数据码（称为码字）共有 12 位。根据以上给出的校验码位置分布规则可以得出，这 12 位编码后的数据如表 3-2 所示。

表 3-2　插入校验码后的码字

1	2	3	4	5	6	7	8	9	10	11	12
p1	p2	b1	p3	b2	b3	b4	p4	b5	b6	b7	b8
校验码	校验码		校验码				校验码				

现在假设原来的 8 位信息码为 10011101，因为还没有求出各位校验码值，所以这些校验码位都用"#"表示，最终的码字为##1#001#1101。

（3）确定校验码

　　前面两步确定了所需的校验码位数和这些校验码的插入位置，第三步需要确定各个校验码的值。这些校验码的值代表了码字中部分数据位的奇偶性（最终要根据是采用奇校验还是偶校验来确定），其所在位置决定了要校验的比特位序列。总的原则是第 i 位校验码从当前位开始，每次连续校验 i（这里 i 是数值，不是第 i 位，下同）位后再跳过 i 位，然后再连续校验 i 位，再跳过 i 位，依此类推。最后，根据所采用的是奇校验，还是偶校验即可得出第 i 位校验码的值。

　　1）计算方法。校验码的具体计算方法如下：

　　p1（第 1 个校验位，也是整个码字的第 1 位）的校验规则是：从当前位数起，校验 1 位，然后跳过 1 位，再校验 1 位，再跳过 1 位，…。这样就可得出 p1 校验码可以校验的码字位包括第 1 位（也就是 p1 本身）、第 3 位、第 5 位、第 7 位、第 9 位、第 11 位、第 13 位、第 15 位、…。然后，根据所采用的是奇校验还是偶校验，最终可以确定该校验位的值。

　　p2（第 2 个校验位，也是整个码字的第 2 位）的校验规则是：从当前位数起，连续校验两位，然后跳过两位，再连续校验两位，再跳过两位，…。这样就可得出 p2 校验码可以校验的码字位包括第 2 位（也就是 p2 本身）、第 3 位、第 6 位、第 7 位、第 10 位、第 11 位、第 14 位、第 15 位…。同样，根据所采用的是奇校验还是偶校验，最终可以确定该校验位的值。

　　p3（第 3 个校验位，也是整个码字的第 4 位）的校验规则是：从当前位数起，连续校验 4 位，然后跳过 4 位，再连续校验 4 位，再跳过 4 位，…。这样就可得出 p4 校验码可以校验的码字位包括第 4 位（也就是 p4 本身）、第 5 位、第 6 位、第 7 位、第 12 位、第 13 位、第 14 位、第 15 位、第 20 位、第 21 位、第 22 位、第 23 位、…。同样，根据所采用的是奇校验还是偶校验，最终可以确定该校验位的值。

　　p4（第 4 个校验位，也是整个码字的第 8 位）的校验规则是：从当前位数起，连续校验 8 位，然后跳过 8 位，再连续校验 8 位，再跳过 8 位，…。这样就可得出 p4 校验码可以校验的码字位包括第 8 位（也就是 p4 本身）、第 9 位、第 10 位、第 11 位、第 12 位、第 13 位、第 14 位、第 15 位、第 24 位、第 25 位、第 26 位、第 27 位、第 28 位、第 29 位、第 30 位、第 31 位、…。同样，根据所采用的是奇校验还是偶校验，最终可以确定该校验位的值。

　　把以上这些校验码所校验的位分成对应的组，它们在接收方的校验结果（通过对各校验位进行异或运算）对应表示为 G1、G2、G3、G4、…，正常情况下均为 0。

　　2）校验码计算示例。按照上面的例子，码字为##1#001#1101，分别求出对应的校验码。

　　先求第 1 个"#"（也就是 p1，第 1 位）的值，因为整个码字长度为 12（包括信息码长和校验码长），所以可以得出本示例中 p1 校验码校验的位数是 1、3、5、7、9、11 共 6 位。这 6 位中除了第 1 位（也就是 p1 位）不能确定外，其余 5 位的值都是已知的，分别为 1、0、1、1、0。现在假设采用的是偶校验（也就是要求整个被校验的位中的"1"的个数为偶数），从已知的 5 位码值可知，已有 3 个"1"，所以，此时 p1 校验码的值必须为"1"，得出 p1 = 1。

　　再求第 2 个"#"（也就是 p2，第 2 位）的值，根据以上规则可以很快得出本示例中 p2 校验码校验的位数是 2、3、6、7、10、11，共 6 位。这 6 位中除了第 2 位（也就是 p2 位）不能确定外，其余 5 位的值都是已知的，分别为 1、0、1、1、0。因为是如上所述的偶校验，从已知的 5 位码值可知，也已有 3 个"1"，所以，此时 p2 校验码的值必须为"1"，得

出 $p2 = 1$。

再求第 3 个 "#"（也就是 p3，第 4 位）的值，根据以上规则可以很快得出本示例中 p3 校验码校验的位数是 4、5、6、7、12，共 5 位。这 5 位中除了第 4 位（也就是 p3 位）不能确定外，其余 4 位的值都是已知的，分别为 0、0、1、1。仍然采用偶校验，从已知的 4 位码值可知，也已有两个 "1"，所以，此时 p3 校验码的值必须为 "0"，得出 $p3 = 0$。

最后求第 4 个 "#"（也就是 p4，第 8 位）的值，根据以上规则可以很快得出本示例中 p4 校验码校验的位数是 8、9、10、11、12（本来是可以连续校验 8 位，但本示例的码字后面的长度没有这么多位，所以只校验到第 12 位为止），共 5 位。这 5 位中除了第 8 位（也就是 p4 位）不能确定外，其余 4 位的值都是已知的，分别为 1、1、0、1。仍然是偶校验，从已知的 4 位码值可知，已有 3 个 "1"，所以，此时 p4 校验码的值必须为 "1"，得出 $p4 = 1$。

最后，可以得出整个码字的二进制序列为 **111000111101**（粗体的 4 位就是校验码）。

（4）实现校验和纠错

前面已经求出各位校验码，但是，如何检测出哪一位在传输过程中出了差错？（海明码只能检测并纠正一位错误），它是如何实现对错误位进行纠正的呢？海明码是一个多重校验码，即码字中的信息码同时被多个校验码校验，通过这些信息位对不同校验码的联动影响最终可以找出是哪一位出错。

1）海明码的差错检测。假设整个码字一共有 18 位，其中有 5 位是校验码，根据前面介绍的校验码校验规则，得出各校验码所校验的码字位，如表 3-3 所示。

表 3-3　各校验码校验的码位对照表

码字中的位	1	2	3	4	5	6	7	8	9	10	11	12	13	14	15	16	17	18
对应的位	p1	p2	b1	p3	b2	b3	b4	p4	b5	b6	b7	b8	b9	b10	b11	p5	b12	b13
p1 校验的位	√		√		√		√		√		√		√		√		√	
p2 校验的位		√	√			√	√			√	√			√	√			√
p3 校验的位				√	√	√	√					√	√	√	√			
p4 校验的位								√	√	√	√	√	√	√	√			
p5 校验的位																√	√	√

从表 3-3 中可以得出以下两个规律。

所有校验码所在的位只由对应的校验码进行校验，如第 1 位（只由 p1 校验）、第 2 位（只由 p2 校验）、第 4 位（只由 p3 校验）、第 8 位（只由 p4 校验）、第 16 位（只由 p5 校验）、…。也就是说，如果这些位发生差错，影响的只是对应的校验码的校验结果，不会影响其他校验码的校验结果。如果最终发现只是一个校验组中的校验结果不符，则直接可以知道是对应校验组中的校验码在传输过程中出现了差错。

所有信息码位均被至少两个校验码进行了校验，也就是至少校验了两次。查看对应的是哪两组校验结果不符，然后根据表 3-3 就可以确定是哪位信息码在传输过程中出现了差错。

海明码校验的方式就是各校验码对它所校验的位组进行异或运算，即

$G1 = p1 \oplus b1 \oplus b2 \oplus b4 \oplus b5 \oplus \cdots$

$G2 = p2 \oplus b1 \oplus b3 \oplus b4 \oplus b6 \oplus b7 \oplus b10 \oplus b11 \oplus \cdots$

$G3 = p3 \oplus b2 \oplus b3 \oplus b4 \oplus b8 \oplus b9 \oplus b10 \oplus b11 \oplus \cdots$

G4 = p4 ⊕ b5 ⊕ b6 ⊕ b7 ⊕ b8 ⊕ b9 ⊕ b10 ⊕ b11 ⊕…

G5 = p5 ⊕ b12 ⊕ b13 ⊕ b14 ⊕ b15 ⊕ b16 ⊕ b17 ⊕ b18 ⊕ b19 ⊕ b20 ⊕ b21 ⊕ b22 ⊕ b23 ⊕ b24 ⊕ b25 ⊕ b26 ⊕…

在整个码字不发生差错的情况下，采用偶校验时，各校验组通过异或运算后的校验结果均应该是为 0，即 G1、G2、G3、G4、…均为 0。因为此时 1 为偶数个，进行异或运算后就是 0；而采用奇校验时，各组校验结果均应为 1。

按照上面的例子，传输的海明码为 111000111101。假设在传输过程中第 8 位（p4）发生错误，接收到的海明码为 11100010 1101（黑体为出错的位），接收方通过校验得到 4 个校验组：G1 = 0、G2 = 0、G3 = 0、G4 = 1。根据前面介绍的校验规律，通过表 3-3 比较 G4 校验组，可以发现 p4 位出错（整个码字中的第 8 位错了）。再假设第 12 位（b8）出现差错，接收到的海明码为 11100011110 1（黑体为出错的位），接收方通过校验得到 4 个校验组：G1 = 0、G2 = 0、G3 = 1、G4 = 1，通过表 3-3 比较 G3、G4 两个校验组中共同校验的码位，就可以发现是 b8 出错，也就是第 12 位出现了差错。

2）海明码的差错纠正。检测出是哪位差错还不够，因为海明码具有纠正一位错误的能力，所以还需要完成纠错过程。这个过程的原理比较简单，就是直接对错误的位进行取反，使它的值由原来的"1"变成"0"，由原来的"0"变成"1"。

3.5.3 数据链路层常用的差错检验方法

目前，在数据链路层传输数据帧的过程中，差错检测广泛使用循环冗余检验（Cyclic Redundancy Check，CRC）技术，其实现原理已经在 2.2.8 节中做了详细描述，本节通过一个示例详细讲述在数据链路层常用的 CRC 循环冗余校验实现方法。

假设待传送的一组数据 M = 101001（即 k = 6），冗余信息的位数 n 值为 3，收发双方约定的除数 P 为 1101，那么按以下几步进行差错检测。

1）用二进制模 2 运算（即加法时不进位，减法与加法一样，按加法规则计算）进行 2^n 乘以 M 的运算，这相当于在 M 后面添加 n 个 0，得到 k + n 位二进制序列 101001000。

2）用得到的（k + n）位的数除以事先约定好的、长度为（n + 1）位的除数 P（值为 1101），得到商 Q 和余数 R，余数 R 比除数 P 少 1 位，即 R 是 n 位。

3）模 2 运算的结果商 Q = 110101，商在校验过程中没有用，则丢弃。余数 R = 001。计算过程如图 3-13 所示。

4）把余数 R 作为冗余码添加到数据 M 的后面发送出去，即发送的数据是 $2^n \cdot M + R$，即 101001001，共（k + n）位。

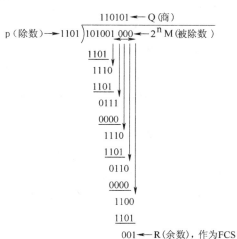

图 3-13　循环冗余校验原理的示例

5）接收方对收到的每一帧进行 CRC 检验。

① 如果得出的余数 R = 0，则判定这个帧没有差错，就无差错接受。

② 如果余数 R！=0，则判定这个帧有差错，就丢弃。

在循环冗余检验方法中，除数 P 只要经过严格的挑选，并使用足够多的位数，那么出现检测不到差错的概率将非常小。但是，该方法在发现错误时，并不能确定究竟是哪一个或哪几个比特出现了差错。因此，使用循环冗余检验差错检测技术只能做到无差错接受。无差错接受是指凡是接收方接受的帧（不包括丢弃的帧），都能以非常接近于 1 的概率认为这些帧在传输过程中并没有产生差错，即凡是接收方数据链路层接受的帧都没有传输差错。

3.6　面向比特型数据链路层协议——HDLC 协议

20 世纪 70 年代初，IBM 公司率先提出面向比特的同步数据链路控制规程（Synchronous Data Link Control，SDLC）。随后，ISO 采纳并发展了 SDLC 规程，提出了自己的高级数据链路控制规程（High-level Data Link Control，HDLC），也称为 HDLC 协议。HDLC 规程是面向比特的数据链路层协议，是 SDLC 同步数据链路控制规程的一个超集，HDLC 支持全双工通信，采用位填充的成帧技术，以滑动窗口协议进行流量控制。

HDLC 协议在组帧时，每个帧的帧头和帧尾均有一个 8 比特模式 01111110 标志，用做帧的起始、终止符以及实现帧同步。该比特模式不允许出现在帧的内部，以免引起歧义。为保证该 8 比特标志的唯一性同时又兼顾帧内数据的透明传输，HDLC 协议采用 “0 比特插入法” 来解决。该方法在发送方监视除 01111110 比特模式以外的所有字段，当发现有连续 5 个 “1” 出现时，便在其后插入一个比特 “0”，然后继续发送后续的比特流。在接收方，同样监视除起始 8 位比特模式以外的所有字段。当连续发现 5 个 “1” 后，若其后的一个比特为 “0” 则自动删除它，以恢复原来的比特流；若发现连续 6 个 “1”，则可能是插入的 “0” 发生差错而变成 “1”，但也可能是收到了帧的终止标志。在这两种情况下，可以进一步通过帧中的帧检验序列来加以区分。“0 比特插入法” 原理简单，便于硬件实现。

作为面向比特的数据链路控制协议的典型示例，HDLC 具有如下特点：

1）协议不依赖于任何一种字符编码集。

2）数据信息可透明传输，用于实现透明传输的 “0 比特插入法” 易于用硬件实现。

3）全双工通信，不必等待确认便可连续发送数据，有较高的数据链路传输效率。

4）所有的帧均采用 CRC 校验，对信息帧进行编号，可防止帧的漏收和重复发送，传输可靠性高。

5）传输控制功能与处理功能分离，具有较大灵活性和较完善的控制功能。

HDLC 协议在开始建立数据链路时，需要确定某站点是以主站方式操作，还是以从站方式操作，或者是两者兼备。在链路上用于控制的站称为主站，其他受主站控制的站称为从站。主站负责对数据流进行组织，并且对链路上的差错进行恢复操作。在 HDLC 协议涉及的不同帧类型中，命令帧由主站发往从站，而响应帧是由从站发回给主站的。在共享链路的情况下，链路上的多个站点通常使用轮询技术来实现站间通信，轮询其他站的称为主站，而在点对点链路中每个站均可为主站，主站需要比从站具有更多的逻辑功能。有些兼具主站和从站功能的站，称为组合站。在组合站之间信息传输协议如果是对称的，即在链路上主、从站具有同样的传输控制功能，则称为平衡操作。如果操作时有主、从站之分，且各自功能不同，则称为非平衡操作。

HDLC 协议的功能主要集中体现在 HDLC 的帧格式中。在 HDLC 中，数据和控制信息均以帧格式传输。完整的帧格式由起始标志字段（F）、地址字段（A）、控制字段（C）、数据字段（Data）、帧校验序列字段（FCS）和结束标志字段（F）组成，其帧格式如图 3-14 所示。

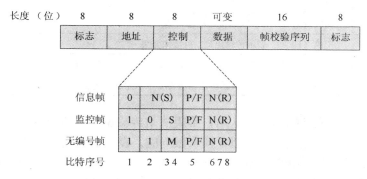

图 3-14　HDLC 帧格式及控制字段的结构

由图 3-14 可见，HDLC 帧根据控制字段（C）的不同可以分为信息帧（I 帧）、监控帧（S 帧）和无编号帧（U 帧）3 种不同的类型。在该帧结构中：

●标志字段 F（Flag）：采用位模式串"01111110"作为帧的开始和结束。通常，在不进行帧传送的时刻，信道仍处于激活状态，标志字段可以作为帧与帧之间的填充字符，发送方不断发送标志字段，而接收方则检测每一个收到的标志字段，一旦发现某个标志字段后面不再是一个标志字段，便认为一个新的帧传送已经开始。采用"0 比特插入法"可以实现数据的透明传输。该方法在发送方检测除标志字段以外的所有字段，若发现连续 5 个"1"，便在其后添插 1 个"0"，然后继续发送后面的比特流；在接收方同样检测除标志字段以外的所有字段，若发现连续 5 个"1"后面是"0"，则将其删除以恢复比特流的原貌。

●地址字段 A（Address）：由 8 位组成。对于命令帧，存放接收站的地址；对于响应帧，存放发送响应帧的站点地址。

●控制字段 C（Control）：由 8 位组成，该字段是 HDLC 协议工作的关键部分，由它区分出 HDLC 3 种类型的帧。

控制字段中的第 1 位或第 1 位、第 2 位表示帧的类型。第 5 位是 P/F 位，即轮询/终止（Poll/Final）位，用于询问对方是否有数据要发送或告诉对方数据传输结束。当 P/F 位用于命令帧（由主站发出）时，起轮询作用，即当该位为 1 时，要求被轮询的从站给出响应，所以，此时 P/F 位可称轮询位（P 位）。当 P/F 位用于响应帧（由从站发出）时，称为终止位（F 位），当其为 1 时，表示接收方确认的结束。为实现连续传输，需要对帧进行编号，所以控制字段中包括了帧的序号。

如果控制字段（C）的第 1 个比特为 0，则表示这是一个用于传输数据的信息帧，通常简称 I 帧，其第 2~4 比特 N（S）代表当前发送的信息帧的序号，可以使发送方不必等待确认而连续发送多帧。而第 6~8 比特 N（R）则代表接收方希望要接收的下一个帧序号，如 N（R）=2，即表示接收方下一帧要接收 2 号帧，换言之，2 号帧之前的各帧接收方都已正确接收。N（S）和 N（R）均为 3 位二进制编码，可取值 0~7。

如果控制字段的第 1 和第 2 比特为"10"，则表示这是一个协调双方通信状态的监控

81

帧,用于差错控制和流量控制,通常简称 S 帧,监控帧中不包含 Data 数据信息。控制字段的第 3 和第 4 比特 S 用以代表 4 种不同含义的监控帧,其比特组合及含义如表 3-4 所示。

表 3-4 控制字段第 3、4 位比特组合及含义

比 特 组 合	含 义
00	接收就绪(RR),表示接收准备就绪
01	拒绝(REJ),表示传输出错,并要求重发
10	接收未就绪(RNR),表示接收准备尚未就绪,要求发送方暂停发送
11	选择拒绝(SREJ),表示传输出错并要求采用选择重发

主站可以使用 RR 型 S 帧来轮询从站,希望从站传输编号为 N(R)的 I 帧,若存在这样的帧,便进行传输。从站也可用 RR 型 S 帧来做响应,表示从站期望接收的下一帧编号是 N(S)。主站或从站可以发送拒绝(REJ),用以要求发送方对从编号为 N(R)开始的帧及以后所有的帧进行重发,其对应着 Go-back-N 策略,这也暗示 N(R)以前的 I 帧已被正确接收。接收未就绪(RNR)表示编号小于 N(R)的 I 帧已被收到,但目前正处于忙状态,尚未准备好接收编号为 N(R)的 I 帧,这可用来对链路流量进行控制。选择拒绝(SREJ)要求发送方发送编号为 N(R)的单个 I 帧,其对应选择重发策略,暗示其他编号的 I 帧已全部确认。

如果帧格式中第 1 和第 2 比特为"11",则代表用于数据链路控制的无编号帧,简称 U 帧,用于提供对链路的建立、拆除以及多种控制功能,其控制字段中不包含编号 N(S)和 N(R)。第 3、4、6、7 和 8 比特用 M(Modifier)表示,M 的取值不同表示不同功能的无序号帧,可以定义 32 种附加的命令或应答功能。

● 数据字段(Data):可以包含任意信息且是变长的,其长度受多种条件的制约,例如,受制于站点的缓冲区容量大小,帧校验效率会随着数据长度的增加而下降。监控帧(S 帧)中规定不可有信息字段。

● 校验序列字段(FCS):采用 16 位的 CRC 校验,其生成多项式为 CRC – 16($G(x) = x^{16} + x^{12} + x^5 + 1$),校验的内容包括 A 字段、C 字段和 Data 字段。

图 3-15 给出了有确认、面向连接的 HDLC 连接建立和拆除、数据传输服务的过程。该

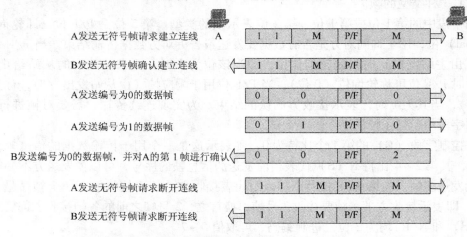

图 3-15 有确认、面向连接的 HDLC 连接建立和拆除、数据传输

过程为正常传输，其中将无编号帧用于链路连接的建立、维护与拆除，而信息帧用于发送数据并实现捎带的帧确认。

图 3-16 表示出现差错后的处理过程，省略了关于连接建立的过程。由于站点 B 没有数据帧要发送给站点 A，所以不能利用信息帧的捎带来反馈帧出错信息，只有专门发送一个监控帧用于告诉站点 A 数据帧传输出错并同时给出建议的差错控制方式，显然在该例子中差错控制采用了选择重发方式。

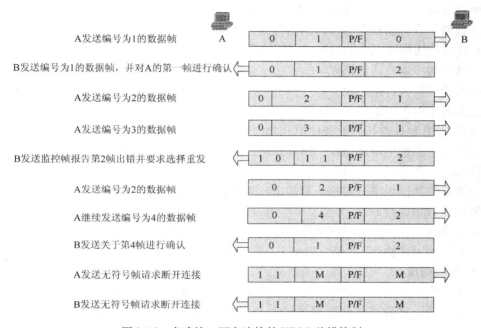

图 3-16　有确认、面向连接的 HDLC 差错控制

3.7　点对点协议

现在全世界使用最多的数据链路层协议是点对点协议（Point-to-Point Protocol，PPP）。PPP 由 IETF 开发，目前已成为国际标准。用户使用拨号电话线接入因特网时，一般都使用 PPP。无论是同步电路还是异步电路，PPP 都能够建立路由器之间或者主机到网络之间的连接。如图 3-17 所示，主机 A 利用 Modem 进行拨号上网就是使用 PPP 实现主机到网络的连接。

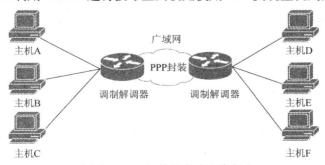

图 3-17　PPP 提供的多种连接方式

1. PPP 的特点

用户接入 Internet 网络时，传送数据需要有数据链路层协议，其中最广泛使用的是串行线路网际协议（SLIP）和点对点协议（PPP）。由于协议 SLIP 仅支持网络层的协议 IP，主要用于低速（不超过 19.2kbit/s）交互性业务，它最终并没有成为 Internet 的标准协议。而 PPP 是在 SLIP 基础上逐步发展起来的，它克服了 SLIP 只支持异步传输方式、无协商过程和仅支持协议 IP 等缺点，从而获得了广泛的应用。PPP 作为一种在点到点链路上封装、传输网络层数据包的数据链路层协议，处于 OSI 参考模型的第二层，主要用来支持在全双工的同、异步链路上进行点到点之间的数据传输。

PPP 是目前使用最广泛的数据链路层协议，它具有以下特性：
- 一种点对点串行通信协议。
- 能够控制数据链路的建立。
- 是面向字符类型的协议。
- 能够对 IP 地址进行分配和使用、允许在连接时刻协商 IP 地址。
- 允许采用多种网络层协议，例如，IP、IPX 协议等。
- 能够配置和测试数据链路。
- 物理层支持同步串行连接、异步串行连接和 ISDN 连接等。
- 能够进行错误检测。
- 具有协商选项，能够对网络层的地址和数据压缩等进行协商。
- 具有鉴别验证协议（PAP/CHAP），更好地保证了网络的安全性。

2. PPP 的组成

PPP 作为第 2 层协议，在物理线路上可使用多种不同的传输介质，包括双绞线、光纤及无线传输介质等，在数据链路层提供了一套解决链路建立、维护、拆除以及与上层协议协商、认证等问题的方案，在帧的封装格式上，PPP 与 HDLC 的格式类似。PPP 对网络层协议的支持包括多种不同的主流协议，如 IP、IPX 协议等。图 3-18 给出了 PPP 的体系结构，其中，链路控制协议（Link Control Protocol，LCP）用于数据链路连接的建立、配置与测试，网络控制协议（Network Control Protocol，NCP）则是一组用来建立和配置不同网络参数的规则。

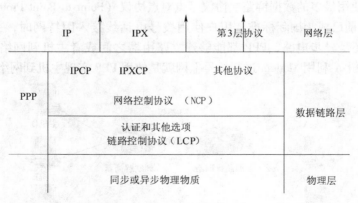

图 3-18 PPP 结构

PPP 有 3 个组成部分。

1）一个将 IP 数据报封到串行链路的方法。PPP 既支持异步链路（无奇偶校验的 8 比特数据），也支持面向比特的同步链路。

2）一个用来建立、配置和测试数据链路的链路控制协议（Link Control Protocol，LCP）。通信的双方可协商一些选项。在 RFC 1661 中定义了 11 种类型的 LCP 分组。链路控制协议（LCP）建立点对点链路，是 PPP 中实际工作的部分。LCP 位于物理层的上方，负责建立、配置和测试数据链路连接。LCP 还负责协商和设置 WAN 数据链路上的控制选项，这些选项由 NCP 处理。

3）一套网络控制协议（Network Control Protocol，NCP），支持不同的网络层协议，如 IP、OSI 的网络层、DECnet、AppleTalk 等。PPP 允许多个网络协议共用一个链路，网络控制协议（NCP）负责连接 PPP（第 2 层）和网络协议（第 3 层）。对于所使用的每个网络层协议，PPP 都分别使用独立的 NCP 来连接。例如，IP 使用 IP 控制协议（IPCP），IPX 使用 Novell IPX 控制协议（IPXCP）。

3. PPP 的帧格式

图 3-19 给出了 PPP 的帧格式，可以看出，PPP 帧格式和 HDLC 帧格式相似，两者的主要区别是 PPP 是面向字符的，而 HDLC 是面向比特的。PPP 帧的前 3 个字段和最后两个字段与 HDLC 的格式一样。首部的标志字段（F）和尾部的标志字段（F）为 0x7E（符号 0x 表示后面的字符是用十六进制表示，十六进制 7E 的二进制表示是 01111110），地址字段（A）和控制字段（C）都是固定不变的，其值分别为 0xFF 和 0x03。地址字段实际上并不起作用。PPP 协议不是面向比特，因此所有的 PPP 帧长度都是整数个字节。

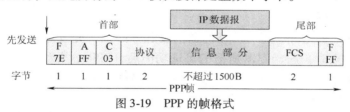

图 3-19 PPP 的帧格式

PPP 不提供使用序号和确认的可靠传输机制，其原因是在数据链路层出现差错的概率很小情况下，使用比较简单的 PPP 较为合理。在因特网环境下，PPP 的信息字段放入的数据是 IP 数据报，鉴于 IP 层提供的是不可靠服务，数据链路层的可靠传输并不能保证网络层的传输也是可靠的，在数据链路层，PPP 是通过帧检验序列（FCS）字段来保证无差错接受。

与 HDLC 不同的是，PPP 帧多了一个两字节的协议字段。协议字段的值不同，帧内部信息字段的类型就不同。协议字段部分取值和含义如表 3-5 所示。

表 3-5 协议字段取值及含义

协议字段	信息字段的数据类型
0x0021	IP 数据报
0xC021	链路控制数据 LCP
0x8021	网络控制数据 NCP
0xC023	安全性认证 PAP
0xC025	LQR
0xC223	安全性认证 CHAP

为实现透明传输，当 PPP 工作在同步传输链路上时，协议规定采用硬件来完成 0 比特填

充（和 HDLC 的做法一样）。当 PPP 工作在异步传输链路时，就使用特殊字符填充法。

（1）字符填充法

在异步传输（逐个字符传送）中，PPP 将信息字段中出现的每一个 0x7E 标志字节通过转义字节 0x7D，转变成 2 个字节的序列（0x7D，0x5E）。如果信息字段中出现一个转义字节 0x7D，则将其转变成为 2 字节的序列（0x7D，0x5D）。如果信息字段中出现 ASCII 码的控制字符（即 ASCII 码值小于 0x20 的字符），则在该字符前面要加入一个 0x7D 转义字节，同时，将该字符的编码加上 0x20，目的是防止这些 ASCII 码控制符被错误地解释为相关控制信息。

例如：以下 PPP 帧为哪种类型的协议服务？

PPP 帧：7E FF 7D 23 C0 21 7D 21 7D 21 7D 20 7D 36 7D 21 7D 24 7D 25 DC 7D 22 7D 26 7D 20 7D 20 7D 20 7D 20 7D 27 7D 22 7D 28 7D 22 7D 23 7D 24 C0 23 26 B4 7E

还原后：7E FF 03 **C0 21** 01 01 00 16 01 04 05 DC 02 06 00 00 00 00 07 02 08 02 03 04 C0 23 26 B4 7E

7D 23 – >03；7D 21 – >01；7D 36 – >16；依次类推……

因此，该帧为 PPP 链路控制协议 LCP 服务。

（2）0 比特填充法

在同步传输（一连串的比特连续传送）中，当信息字段出现和标志字段 0x7E 一样的比特流（01111110）时，就必须采取一些措施。发送方扫描信息部分，每发现 5 个连续的 "1" 就在后面添加一个 "0"，这样信息部分就不会有 6 个连续的 "1"。接收方同样扫描信息部分，发现 5 个连续的 "1"，就把紧接着的 "0" 删除。而如果发现是比特 1，则在 FCS 检验正确的情况下接收方能判断出已经收到了帧结束标志，实现了帧定界。

4. PPP 的工作过程

为了建立点对点的链路，PPP 链路的通信发起方必须首先发送 LCP 包以设定和测试数据链路。在链路建立时，选定 LCP 所需的可选功能后，PPP 必须发送 NCP 包以便选择和设定一个或更多的网络层协议。一旦 PPP 设定好了每个被选择的网络层协议，来自每个网络层协议的数据报就能在链路上发送了。

PPP 提供了建立、配置、维护和终止点到点连接的方法，经过 4 个阶段最终在一个点到点的链路上建立通信连接。图 3-20 给出了 PPP 工作过程中的状态变化，其会话建立的具体

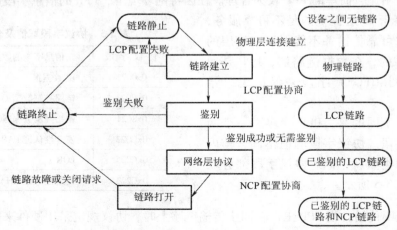

图 3-20　PPP 工作过程中的状态变化

过程如下。

1）链路的建立和配置协调：当用户拨号接入 ISP 时，路由器的调制解调器对拨号作出确认，并建立一条物理连接。通信的发起方向路由器发送 LCP 分组（封装成多个 PPP 帧）来配置数据链路。通过发送 LCP 帧及对方给予的响应，通信双方对链路进行相关的配置，包括数据的最大传输单元、是否采用 PPP 压缩、PPP 的认证方式等。

2）链路质量检测：在链路建立、协调之后进行，这一阶段是可选的，主要用于对链路质量进行测试，以确定其能否为上层所选定的网络协议提供足够的支持。另外，若连接双方已经要求采用安全认证，则在该阶段还要按所选定的认证方式进行身份认证。

3）网络层协议配置协调：通信的发起方发送 NCP 帧以选择并配置网络层协议。配置完成后，通信双方可以发送各自的网络层协议数据报。PPP 通过发送 NCP 帧来选择网络层协议并进行相应的配置，不同的网络层协议要分别进行配置。例如，在 Inernet 上，NCP 给新接入的 PC 分配一个临时的 IP 地址，使 PC 成为因特网上的一个主机。此时，一条完整的 PPP 链路就建立起来，可在所建立的 PPP 链路上进行数据传输。

4）关闭链路：通信链路将一直保持到 LCP 或 NCP 帧关闭链路，或者是发生一些外部事件（如空闲时间超长、用户干预等）。关闭链路时，NCP 释放网络层连接，收回原来分配出去的 IP 地址，接着，LCP 释放数据链路层连接，最后释放的是物理层连接。

尽管 PPP 的验证是一个可选项，但一旦采用身份验证，则必须在网络层协议工作参数确定之前进行。PPP 支持两种类型的验证，即 PAP（Password Authentication Protocol）方式与 CHAP（Challenge Handshake Authentication Protocol）方式。PAP 采用的是两次握手方式，远程节点提供用户名与密码，由本地节点提供身份验证的确认或拒绝。用户名和密码由远程网络节点不断地在链路上发送，直到验证被确认或被终结。PAP 验证过程中，密码在传输时采用明文方式，而且发送登录请求的时间和频率完全由远程节点控制，所以，PAP 验证方式虽然实现简单，但容易受到攻击。与 PAP 验证方式不同的是，CHAP 验证使用的是 3 次握手方式，本地节点提供一个用于身份验证的挑战值，由远程节点根据所收到的挑战值计算出一个回应值，再发送回本地节点，若该值与本地节点的计算结果一致，则远程节点被验证通过。显然，没有获得挑战值的远程节点是不可能尝试登录并建立连接的，也就是说，CHAP 验证方式是由本地节点来控制登录时间与频率，并且由于每次发送的挑战值是一个不可预测的随机变量，所以，CHAP 验证比 PAP 更加安全有效。在通常情况下，PPP 采用的是 CHAP 验证方式。

3.8　局域网

局域网是计算机网络的重要组成部分，是当今计算机网络技术应用与发展非常活跃的一个领域。公司、企业、政府部门及住宅小区内的计算机都可以通过局域网连接起来，以达到资源共享、信息传递的目的。

局域网的发展开始于 20 世纪 70 年代，至今仍是网络发展中的一个重要方面，其应用范围非常广泛。到了 20 世纪 90 年代，局域网在速度、带宽等性能指标方面有了更大的进展，并且在局域网的访问、服务、管理、安全和保密等方面都有了进一步改善。例如，Ethernet 以太网作为一类主流局域网技术，其从传输速率为 10Mbit/s 的以太网发展到 100Mbit/s 的高速以太网，再继续提高至千兆位（1000Mbit/s）以太网、万兆位以太网，这种迅猛发展奠定了以太网技术在局域网领域的核心地位。

局域网通常为一个单位所拥有，且地理范围和站点数目均有限。局域网具有如下特点：

1）局域网覆盖的地理范围比较小，通常不超过几十千米，甚至只在一个园区、一幢建筑或一个房间内。

2）数据的传输速率比较高，从最初的 1Mbit/s 到后来的 10Mbit/s、100Mbit/s，近年来已达到 1 000Mbit/s 和 10 000Mbit/s。

3）具有较低的时间延迟和误码率，其误码率一般在 $10^{-8} \sim 10^{-11}$。

4）局域网络的经营权和管理权属于某个单位所有，与广域网通常由服务提供商所拥有形成鲜明的对照。

5）局域网便于安装、维护和扩充，建设成本低、周期短。

尽管局域网地理覆盖范围小，但这并不意味着它们必定是小型的或简单的网络。通过扩展技术，局域网可以变得相当大或者非常复杂，甚至配有成千上万的用户。局域网具有以下一些主要优点：

1）具有广播功能，一个站点信息可以很方便地在全网中被访问；能方便地共享昂贵的外部设备、主机以及软件、数据，从一个站点可访问全网。

2）便于系统的扩展和逐渐的演变，各设备的位置可灵活调整和改变。

3）提高了系统的可靠性、可用性和可生存性。

3.8.1　局域网的基本概念与体系结构

在计算机网络中，可以把计算机、终端、通信处理机等设备抽象成点，把连接这些设备的通信线路抽象成线，这些点和线所构成的结构称为网络拓扑。网络拓扑反映了网络的结构关系，它对于网络的性能、可靠性以及建设管理成本等都有着重要的影响，因此，网络拓扑结构的设计在整个网络设计中占有十分重要的地位，在构建网络时，拓扑结构往往是首先要考虑的因素之一。

局域网与广域网的一个重要区别在于它们覆盖的地理范围不同。局域网设计的主要目标是覆盖一个公司、一所大学或一幢大楼的有限地理范围，因而它在通信机制上选择的是"共享介质"和"交换"方式。局域网在传输介质的物理连接方式、介质访问控制方式上具有自己的特点，在网络拓扑上主要有以下几种结构。

1. 星形拓扑

星形拓扑（Star Topology）是由中央节点、通过点对点链路连接到中央节点的各站点（网络工作站等）组成，如图 3-21 所示。星形拓扑以中央节点为中心，执行集中式通信控制策略，因此，中央节点相当复杂，而各个站的通信处理负载都很小，该结构的网络又称为集中式网络。中央节点中有一个核心模块叫中央控制器，它是一个具有信号分离功能的隔离装置，能放大和改善网络信号，且外部有一定数量的端口，每个端口可连接一个站点。采用

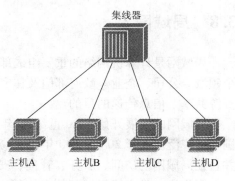

图 3-21　星形拓扑结构

星形拓扑的网络结构，交换方式包括线路交换和报文交换，其中，尤以线路交换更为普遍，现有的数据处理和声音通信网络大多采用这种拓扑结构。

图 3-22 是使用配线架的星形拓扑网络结构，配线架相当于中间集中点。在实际使用时，例如，为一栋大楼安装、布置网络可以在每个楼层配置一个集中点，它们拥有足够数量的连接点，从而供该楼层的站点使用，楼层站点的位置可根据需要灵活选择。

星形拓扑的优点是结构简单、管理方便、扩充性强和组网容易。利用中央节点可方便地提供网络连接和重新配置，且单个连接点的故障只影响一个设备，不会影

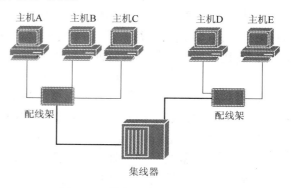

图 3-22　带有配线架的星形拓扑

响全网，容易检测和隔离故障，便于维护。星形拓扑的缺点是每个站点直接与中央节点相连，需要大量电缆，因此费用较高；如果中央节点产生故障，则全网不能工作，所以对中央节点的可靠性和冗余度要求很高。

2. 总线拓扑

总线拓扑（Bus Topology）采用单根传输线作为传输介质，所有的站点都通过相应的硬件接口直接连接到传输介质或总线上。任何一个站点发送的信息都可以沿着介质传播，而且能被所有其他的站点接收，这是一种广播通信方式。图 3-23 给出了典型的总线拓扑结构。

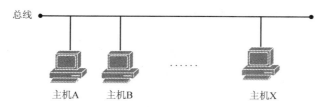

图 3-23　典型的总线拓扑结构

由于所有的站点共享一条公用传输链路，所以一次只能有一个设备传输数据，通常采用分布式控制策略来决定下一次哪一个站点可以发送信息。为在这种共享式总线拓扑结构中实现点对点通信，发送时，发送站点将待发送的数据分成若干个分组，再由分组组织成数据帧，然后一个一个地依次发送数据帧。在这种广播信道上，有时需要与其他站点发送的数据帧交替地在介质上传输。当数据帧到达各站点时，目的站点将识别数据帧中携带的目的地址，然后解析出帧中的分组内容，而非目的节点将丢弃这些数据帧。这种拓扑结构减轻了网络通信数据处理的负担，总线仅仅是一个无源的传输介质，而通信处理在各站点分布式进行，后面章节中将详细讲述这种共享式传输介质的介质访问原理。

总线拓扑的优点是结构简单、实现容易、易于安装和维护、价格低廉和用户站点入网灵活。总线拓扑结构的缺点是传输介质故障难以排除，并且由于所有节点都直接连接在总线上，因此任何一个节点的故障都会导致整个网络的瘫痪。但是，对于站点不多（10 个站点以下）的网络或各个站点相距较近的网络，采用总线拓扑还是比较适合的。

3. 环形拓扑

环形拓扑（Ring Topology）由环上各站点的环接口和连接环接口的点到点链路首尾相连形成一个闭合的环，如图 3-24 所示。每个站点的环接口与两条链路相连，它接收一条链路上的数据，并以同样的速度串行地把该数据发送到另一条链路上，而不在环接口中缓冲。这种链路是单向的，只能在一个方向上传输数据，而且所有的链路都按同一方向传输，数据就在一个方向上围绕着环进行循环。

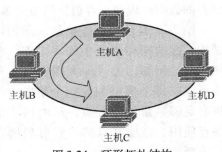

图 3-24　环形拓扑结构

由于多个设备共享一个环，因此需要对此进行控制，以便决定每个站在什么时候可以把分组放在环上，该功能是用分布式控制方式完成，每个站都有控制发送和接收的访问逻辑。由于数据信息在封闭的环中必须沿每个节点单向传输，因此，环中任何一个站点或链路的故障都会使各站之间的通信受阻。为了增加环形拓扑的可靠性，可以采用双环拓扑结构。所谓双环拓扑就是在单环的基础上，各站点之间再连接一个备用环，当主环发生故障时，由备用环继续工作。

环形拓扑结构的优点是能够较有效地避免冲突，缺点是环形结构中的网卡等通信部件比较昂贵且管理复杂。

4. 树形拓扑

树形拓扑（Tree Topology）是从总线拓扑演变而来的，它把星形和总线型两种拓扑结构结合起来，形状像一棵倒置的树，顶端有一个带分支的根节点，每个分支还可以延伸出下一级子分支，树形拓扑网络结构如图 3-25 所示。

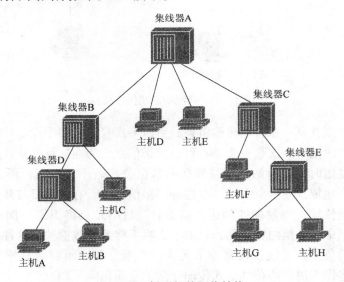

图 3-25　树形拓扑网络结构

这种拓扑结构和带有几个段的总线拓扑结构的主要区别在于根的存在，当节点发送数据时，需要根节点接收该数据信号，然后再重新广播发送到全网其他节点。树形拓扑的优点是易于扩展和故障隔离，缺点是对根的依赖性太大，如果根发生故障，则全网不能正常工作，因此，对根节点的可靠性要求很高。

网络拓扑结构的选择往往和传输介质的选择、介质访问控制方法的确定紧密相关，应该考虑的主要因素包括经济性、灵活性、可扩充性和可靠性等，这些因素同时影响到网络的运行速度和网络软硬件接口的复杂程度。

5. 局域网体系结构

局域网使用的是共享广播信道，其传输介质种类繁多，可以是同轴电缆、双绞线、光纤和无线信道。局域网的物理层负责物理连接和在介质上传输比特流，其主要任务是描述传输媒体接口的一些特性。局域网可以采用多种传输媒体，而各种媒体的特征存在很大差异，因此，局域网中的数据链路层处理过程更加复杂。由于各站点共享局域网广播信道，数据链路层必须解决信道如何分配、如何解决信道争用的问题，即数据链路层必须具有介质访问控制功能。同时，考虑到局域网采用的拓扑结构和传输介质形式多样，介质访问控制方法也有多种（静态划分信道、动态介质接入控制），在数据链路的功能中应该将与传输介质有关的部分和无关的部分分开。

20 世纪 80 年代初期，IEEE 802 局域网标准委员会结合局域网自身的特点，参考 OSI/RM 模型，提出了局域网参考模型（LAN/RM），制定出局域网体系结构。由于 IEEE 802 标准诞生于 1980 年 2 月，故称其为 802 标准。按照 IEEE 802 标准，局域网的体系结构如图 3-26 所示，它是一个三层协议结构，包括物理层（Physical，PHY）、介质访问控制子层（Media Access Control，MAC）和逻辑链路控制子层（Logical Link Control，LLC）。其中，MAC 子层和 LLC 子层相当于 OSI 参考模型的数据链路层。

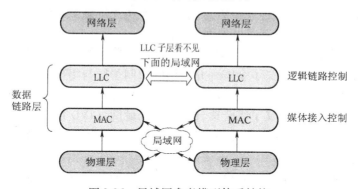

图 3-26　局域网参考模型体系结构

在 IEEE 802 标准中，与接入到传输媒体有关的内容都放在 MAC 子层中，而 LLC 子层则与传输媒体无关，不管采用何种局域网，它的物理实现细节对 LLC 子层来说都是透明的，即 LLC 子层看不到底层网络的具体实现技术，而只有下面的 MAC 子层才能看见连接采用的是什么标准的局域网。

对于不同传输介质的不同局域网，IEEE 802 局域网标准委员会制定了不同的标准，以适用于不同的网络环境和需求，IEEE 802 各标准之间的关系如图 3-27 所示。由图 3-27 可见，所有高层协议要与各局域网的 MAC 层交换信息，必须通过 IEEE 802.2 规定的 LLC 子层进行信息交互。

IEEE 802 标准主要包括以下几项，这些标准在物理层和 MAC 子层有较大区别，而在逻辑链路子层是兼容的。

图 3-27　IEEE 802 局域网标准

1）IEEE 802.1 标准，定义了局域网的体系结构、网络互联，以及网络管理与性能测试。

2）IEEE 802.2 标准，定义了逻辑链路控制子层（LLC）的功能与服务。

3）IEEE 802.3 标准，定义了 CSMA/CD 总线介质访问控制子层和物理层规范。IEEE 802.3 在物理层定义了 4 种不同介质的 10Mbit/s 以太网规范，包括 10Base-5（粗同轴电缆）、10Base-2（细同轴电缆）、10Base-F（多模光纤）和 10Base-T（无屏蔽双绞线 UTP）。另外，IEEE 802.3 工作组还不断开发了一系列总线介质访问控制标准和物理层规范，具体如下：

- IEEE 802.3u 标准，是百兆快速以太网标准，现已合并到 IEEE 802.3 中。
- IEEE 802.3z 标准，是光纤介质千兆以太网标准。
- IEEE 802.3ab 标准，是传输距离为 100m 的 5 类无屏蔽双绞线千兆以太网标准。
- IEEE 802.3ae 标准，是万兆以太网标准。

4）IEEE 802.4 标准，定义了令牌总线介质访问控制子层与物理层规范。

5）IEEE 802.5 标准，定义了令牌环介质访问控制子层与物理层规范。

6）IEEE 802.6 标准，定义了城域网（MAN）介质访问控制子层与物理层规范。

7）IEEE 802.9 标准，定义了综合语音与数据局域网（IVD LAN）技术。

8）IEEE 802.11 标准，定义了无线局域网介质访问控制方法和物理层规范，主要包括以下几项：

- IEEE 802.11a，工作在 5GHz 频段，传输速率为 54Mbit/s 的无线局域网标准。
- IEEE 802.11b，工作在 2.4GHz 频段，传输速率为 11Mbit/s 的无线局域网标准。
- IEEE 802.11g，工作在 2.4GHz 频段，传输速率为 54Mbit/s 的无线局域网标准。

9）IEEE 802.15 标准，定义了无线个人局域网（WPAN）标准。

随着局域网技术的不断发展，竞争激烈的局域网市场逐渐明朗，IEEE 802.3 系列的局域网占据了垄断地位。另一方面，由于因特网核心协议 TCP/IP 体系经常使用的局域网标准是 DIX Ethernet V2（与 802.3 类似，下一节讲述），而不是 802.x 标准中的几种局域网。因此，现在 802 委员会制定的逻辑链路控制子层 LLC（即 802.2 标准）的作用已经逐渐弱化，很多厂商生产的适配器上就仅仅装有 MAC 协议（802.3 系列）而没有 LLC 协议。

3.8.2　Ethernet 基本工作原理

以太网（Ethernet）是一种产生较早且使用相当广泛的局域网，由美国施乐（Xerox）公司在 1975 年推出，并于 1980 年，由 DEC、Intel 和 Xerox 三家公司联合开发成为以太网规约的第一个版本 DIX v1，1982 年修改为第二版规约 DIX Ethernet v2，这是世界上第一个局域网产品（以太网）的技术标准。随后，以太网作为事实的局域网标准，包括标准以太网（10Mbit/s）、快速以太网（100Mbit/s）、高速以太网（1000Mbit/s）和 10G（10Gbit/s）以太网，它采用的是 CSMA/CD 介质访问控制方法。由于以太网具有结构简单、工作可靠、易于扩展等优点，因而得到了广泛应用。

IEEE 802.3 标准就是参照以太网的技术标准 DIX Ethernet v2 建立的，两者基本兼容。为了与后来提出的快速以太网相区别，通常也将这种按 IEEE 802.3 标准生产的局域网产品简称为以太网（本书将 DIX Ethernet v2 以太网和 IEEE 802.3 局域网都称为以太网，不做严格区分）。

1. 以太网的帧结构

在局域网上，用户站点是通过网络适配器（即网卡）连接到网络上的。下面首先介绍网络适配器的作用。

网络适配器（Adapter）又称为网络接口板或网络接口卡（Network Interface Card，NIC），或网卡。网卡工作在数据链路层，是局域网中连接计算机和传输介质的接口，不仅能实现与局域网传输介质之间的物理连接和电信号匹配，还涉及帧的封装与拆封、介质访问控制、数据的编码与解码、帧的发送与接收和数据缓存等功能。在安装网卡时，用户必须将管理网卡的设备驱动程序安装在操作系统内，该驱动程序将控制网卡把接收的数据暂存在缓冲区中。

作为网络通信控制模块，网卡上面也装有处理器和存储器（包括 RAM 和 ROM）。网卡和局域网之间的通信是通过电缆或双绞线以串行传输方式进行的，而网卡和计算机之间的通信则是通过计算机主板上的 I/O 总线以并行方式进行的，其工作示意如图 3-28 所示。计算机通过适配器和局域网进行通信。因此，网卡的一个重要功能就是要进行串行/并行转换。由于网络上的数据速率和计算机内部总线上的数据速率并不相同，因此在网卡中的存储器还具有数据缓存功能。随着集成电路技术的不断发展，网卡上芯片的个数也不断减少，各个厂家生产的网卡虽然种类繁多，但其功能基本相似。

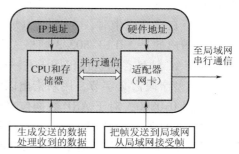

图 3-28　计算机通过网卡与局域网相连

常用的以太网 MAC 帧格式有两种标准，即 DIX Ethernet v2 标准和 IEEE 802.3 标准，其中，最常用的 MAC 帧是以太网 DIX Ethernet v2 格式。图 3-29 给出了以太网 DIX Ethernet v2 格式的帧结构，各字段的功能如下：

1）前导同步码字段由 7 个字节组成，用于收发双方之间的同步。该同步码是 7 个"1"、"0"交替的字节（10101010）用来同步接收站。

2）"101010011"是帧起始定界符，该字节指出帧的开始位置，从而可以提供接收双方的帧定界服务。

3）目的地址字段是帧发往目的站点的地址，占 6B。

4）源地址字段是帧发送方源站点的地址，占 6B。

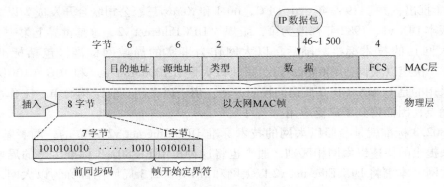

图 3-29   以太网 DIX Ethernet v2 帧结构

为了标识以太网上的每台主机,需要给每台主机的网络适配器(网卡)分配一个唯一的地址,该地址称为硬件地址或物理地址,也叫 MAC 地址,长度占 48 位。为便于管理和使用,IEEE 的注册管理机构(Registration Authority,RA)负责为网络适配器厂商分配局域网地址块,这个地址块长度占 24 位。各个网络适配器厂商再为自己生产的每块网络适配器分配一个唯一的局域网地址,这个地址长度也占 24 位,各个厂家必须保证自己生产出的网卡适配器没有重复地址出现。因此,在一个局域网地址块内可以包括 2^{24} 个不同的地址,这种 48 位的地址也表示成 MAC-48,通用名称是 EUI-48。

主机的网络适配器从网络上每收到一个 MAC 帧,首先用硬件检查 MAC 帧中的目的 MAC 地址字段,如果发现与自己的 MAC 地址一致(单播),就知道该帧是发往本站的帧则接收,然后再进行其他处理。否则就将此帧丢弃,不再进行其他后续处理。另外,对于网络上的广播帧(地址为全 1,即 0xFF FF FF FF),站点将无条件地接收;而对于多播帧,则只有当该站点在多播组中时,才接收该帧。

值得指出的是,IEEE 802.3 帧格式中,不但可以使用 6 字节的 MAC 地址,也可以使用 2 字节的 MAC 地址,但这仅仅用于在一个局域网内部来标识主机。

5)类型字段占 2 字节,用来指出以太网帧中包含的上层协议数据。对于 IP 分组来说,该字段值是 0x0800;对于 ARP 数据包来说,以太类型字段的值是 0x0806。

在 IEEE 802.3 帧格式中,该字段称为长度/类型字段。如果该字段值大于 1 500(0x05DC),说明是以太网类型字段,此时与 Ethernet v2 帧格式完全一样。而当该值小于等于 1 500 时,则是长度字段,表示 MAC 帧的数据部分的长度。

6)数据载荷字段,由上层协议的协议数据单元(PDU)构成,可以承载的最大有效载荷是 1 500 字节。由于以太网的冲突检测特性,有效载荷至少包括 46 字节,如果上层协议数据单元长度少于 46 字节,必须填充到 46 字节。

有效的 MAC 帧长度为 64 ~ 1 518 字节,如果检查出无效的 MAC 帧,以太网链路层协议就简单地将其丢弃,不负责重传丢弃的帧。

7)帧校验字段,占 4 字节,采用 CRC 校验方法,用于检验帧传输过程中可能发生的比特差错。当传输介质的误码率为 1×10^{-8} 时,MAC 子层未检测到差错的概率小于 1×10^{-14}。

2. 10Mbit/s 以太网

以太网最早由施乐公司创建,在 1980 年,由 DEC、Intel 和施乐三家公司联合开发了

10Mbit/s 的以太网规约，后来将其称为标准以太网。10Mbit/s 以太网在物理层可以使用粗同轴电缆、细同轴电缆、非屏蔽双绞线、屏蔽双绞线、光缆等多种传输介质，在 IEEE 802.3 标准中，为不同传输介质制定了不同的物理层标准，它们的介质访问机制采用的是 CSMA/CD 访问控制方法。这些标准如下所示：

1）10Base-5，最初的粗同轴电缆以太网标准。

2）10Base-2，细同轴电缆以太网标准。

3）10Base-T，双绞线以太网标准。

4）10Base-F，光缆以太网标准。

在这些标准中，10Base-T 以太网的出现是局域网发展史上非常重要的里程碑事件，奠定了以太网在局域网领域中的统治地位。10Base-T 标准中的"10"表示数据的传输速率为 10Mbit/s；"Base"表示信道上传输的是基带信号，"T"是英文 Twisted-pair（双绞线电缆）的缩写，说明该标准是使用双绞线电缆作为传输介质。10Base-T 在网络拓扑结构上采用以 10Mbit/s 集线器或 10Mbit/s 交换机为中心的星形拓扑结构，其网络组织涉及网卡、集线器、交换机和双绞线等设备。图 3-30 给出了一个以集线器（Hub）为中心的星形拓扑结构的 10Base-T 网络，所有的工作站都通过双绞线连接到 Hub 上，工作站与 Hub 之间的双绞线最大距离为 100m，网络扩展可以采用多个 Hub 来级联实现。

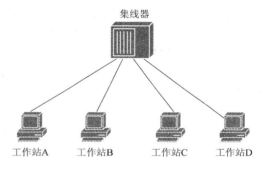

图 3-30　10Base-T 网络示意图

10Base-T 以太网一经出现就得到了广泛的认可和应用，与 10Base-5 和 10Base-2 两种标准相比，10Base-T 以太网具有如下特点。

● 安装简单、扩展方便，网络的建立灵活、方便，可以根据网络的大小，选择不同规格的 Hub 或交换机连接在一起，形成所需要的网络拓扑结构。

● 网络的可扩展性强，因为扩充与减少工作站不会影响或中断整个网络的工作。

● 集线器或交换机具有很好的故障隔离作用。当某个工作站与中央节点之间的连接出现故障时，也不会影响其他节点的正常运行。例如，当网络上某个站点的网络适配器出现故障，不断向集线器发送以太网帧，集线器可以监测到这个问题，在其内部断开与出故障站点的连接，从而该故障只会影响到与集线器直接相连的节点。

10Base-T 标准的出现对于以太网技术的发展具有重要意义，该技术首次将星形拓扑引入以太网，同时突破了双绞线不能进行 10Mbit/s 以上速度传输的技术限制，在后期发展中，又引入第二层交换机取代第一层集线器作为星形拓扑的核心，从而使以太网从共享以太网时代进入到交换以太网阶段。

表 3-6 给出了常见 10Mbit/s 以太网标准之间的比较。尽管不同以太网在物理层存在较大差异，但它们在数据链路层都是采用 CSMA/CD 机制作为介质访问控制协议，并且在 MAC 子层使用统一的 IEEE 802.3 帧格式，所以 10Base-T 网络与 10Base-2、10Base-5 是相互兼容的。事实上，在以太网技术后来的不断发展中，从 10Mbit/s 到 10Gbit/s 以太网技术也都保留了这种标准的帧格式，使得所有以太网技术之间能够相互兼容。

表 3-6　10Mbit/s 以太网标准的特性比较

特性	10Base-5	10Base-2	10Base-T	10Base-F
速率/Mbit/s	10	10	10	10
传输方法	基带	基带	基带	基带
最大网段长度/m	500	185	100	2 000
站间最小距离/m	2.5	0.5		
传输介质	50Ω 粗同轴电缆	50Ω 细同轴电缆	UTP	多模光缆
网络拓扑	总线型	总线型	星形	点对点

3. 以太网的介质访问机制

最初的以太网是将许多计算机都连接到一根总线上，因为总线上没有有源器件，所以这样的连接方法在当时看来既简单又可靠，这种总线连接是共享介质的，所以站点都可以根据需要而使用总线。为了在这样的广播信道上实现一对一通信，通信发起方 A 首先在共享总线上传输一个数据帧，该帧中包含了目的主机的地址 B。总线上的每一台计算机都能检测到 A 发送的数据信号，由于只有计算机 B 的地址与数据帧首部写入的地址一致，因此只有 B 才接受这个数据帧，其他所有的计算机都检测到不是发送给它们的数据帧，因此就全部丢弃这个数据帧而不接受。为了通信的简便，以太网采取了两种重要的措施。

1）采用较为灵活的无连接工作方式，不必先建立连接就可以直接发送数据。

随着电子技术的不断发展，以太网的信道质量得到很大改善，因信道质量产生差错的概率非常小，所以以太网对发送的数据帧不进行编号，也不要求对方发回确认。因此，以太网提供的服务是不可靠交付，即尽最大努力的交付；当目的站收到有差错的数据帧时就丢弃此帧，其他什么也不做，差错的纠正由高层来决定。如果高层发现丢失了一些数据而进行重传，实际上以太网并不知道这是一个重传的帧，而是当做一个新的数据帧来进行发送。

2）以太网采用曼彻斯特（Manchester）编码来传输数据。

在计算机内部，未经编码的二进制基带数字信号就是高、低电平不断交替变化的信号，经常用"1"表示高电平，"0"表示低电平。使用这种简单基带信号的最大问题是当出现一长串连续的"1"或"0"时，接收方可能无法在收到的比特流中提取位同步信号，导致数据接收错误，采用曼彻斯特编码可以解决这一问题。曼彻斯特编码（Manchester Encoding）是一个同步时钟编码技术，它将时钟和数据包含在数据流中，在传输数据信息的同时，也将时钟同步信号一起传输到对方。在曼彻斯特编码中，每一位的中间有一个跳变，位中间的跳变既作为时钟信号，又作为数据信号；从高到低跳变表示"1"，从低到高跳变表示"0"，如图 3-31 所示。由于每位编码中有一个跳变，不存在直流分量，因此曼彻斯特编码具有自

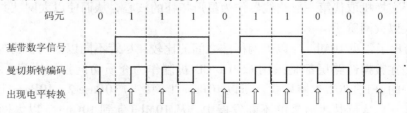

图 3-31　曼彻斯特编码

同步能力和良好的抗干扰性能，但每一个码元都被调成两个电平，所以数据传输速率只有调制速率的一半。

作为共享介质的以太网，一个重要的问题是如何协调网络上众多需要发送数据的站点，使得发送数据的站点之间秩序不要混乱，而且能保持一定的数据传输效率，IEEE 802.3 以太网使用载波监听多路访问/冲突检测（CSMA/CD）协议来解决这个问题。

多路访问表示许多计算机以多点接入的方式连接在一根总线上，可能存在多个站点需要或同时访问传输介质。

载波监听是指每一个站点在发送数据之前先要检测一下总线上是否有其他计算机在发送数据，如果有则暂时不要发送数据，以免发生碰撞；如果介质是空闲的，则可以立即发送数据。事实上，总线上并没有什么载波，而是通过相关电子技术检测总线上有没有其他计算机发送的数据信号。在传输介质非空闲情况下，根据站点所采用的随机重发延迟时间确定算法，可以把 CSMA 划分为非坚持算法、1－坚持算法和 P－坚持算法。

碰撞检测是指计算机边发送数据边检测信道上的信号电压大小。当几个站同时在总线上发送数据时，总线上的信号电压摆动值将会因信号互相叠加而增大或抵消。当一个站检测到的信号电压摆动值超过一定的门限值时，就认为总线上至少有两个站同时在发送数据，表明此时产生了碰撞。所谓碰撞也就是发生了两个站或多个站之间的冲突，因此，碰撞检测也称为冲突检测。在发生碰撞时，总线上传输的信号就产生了严重的失真，无法从中恢复出有用的信息来。每一个正在发送数据的站点，一旦发现总线上出现碰撞，所有的帧将变得无用，此时就要立即停止发送数据，以免继续发送而浪费网络资源，随后，按某种规则等待一段随机时间后再次启动发送过程。

如上所述，每个站点在检测到信道空闲后，才开始发送数据，那么为什么还会发生数据帧在传输介质上的冲突呢？这是由于信道传播时延的存在，即使总线上两个站点没有监听到载波信号而发送帧，仍可能发生冲突，图 3-32 的示例说明了这种情况。电磁波在总线上的

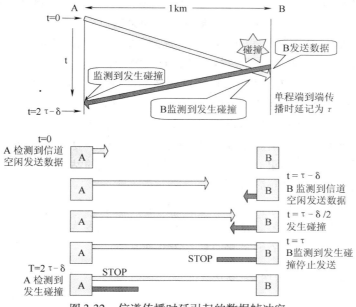

图 3-32　信道传播时延引起的数据帧冲突

有限传播速率使得当某个站监听到总线是空闲时，也可能总线并非真正是空闲的。A 向 B 发出的信息，要经过一定的时间后才能传送到 B。B 若在 A 发送的信息到达 B 之前发送自己的帧（因为这时 B 的载波监听检测不到 A 所发送的信息），则必然要在某个时间点上与 A 发送的帧发生碰撞，碰撞的结果是两个帧都不能使用。

对于共享总线信道而言，最坏情况下检测到冲突的时间等于最远距离的两个站点之间传播时延的两倍。从一个站点开始发送数据到另一个站点开始接收数据，即载波信号从一端传播到另一端所需的时间，称为单程端到端信号传播时延 τ，该值等于两站点的距离除以电磁信号在介质上的传播速度。如图 3-32 所示，假定两个站点 A、B 位于总线两端，当站点 A 发送数据后，经过接近于最大传播时延 τ 时，站点 B 正好也发送数据（此时站点 A 的信号尚未到达站点 B，所以 B 监测的结果是信道空闲），那么冲突便发生了。发生冲突后，站点 B 立即可检测到该冲突，但是站点 A 需再经过一个近似最大传播时延 τ 后，才能检测到冲突。即最坏情况下，对于 CSMA/CD 协议来说，检测出一个冲突的最长时间等于单端信号传播时延的两倍（2τ）。由于在介质上传播电磁信号时，其信号强度会逐步衰减，为确保能检测出冲突信号，CSMA/CD 总线网络限制一段电缆的最大长度为 500m，而电磁波在 1 000m 电缆上的传播时延约为 5μs。

由上述分析可知，为了确保发送数据站点在传输时能检测到可能存在的冲突，数据帧的传输时延至少要两倍于单端传播时延 τ。换句话说，要求数据帧的长度不短于某个值 L，才能保证数据帧的传输时间不少于 2τ，否则在检测出冲突之前数据帧传输已经结束，但实际上该数据帧已发生冲突而被破坏。那么，CSMA/CD 总线网络中最短帧长 L 应该是多少呢？最短帧长 L 应等于 2τ 乘以网络的数据传输速率，在典型的总线以太网中，单程端到端传播时延 τ 取值为 25.6μs，因此，在 10Mbit/s 以太网中，最短帧长为 512bit，即长度为 64B。

最先发送数据帧的站，在发送数据后至多经过 2τ 的时间（两倍的端到端往返时延）就可知道发送的数据帧是否遭受碰撞。我们把以太网的端到端往返时延 2τ 称为争用期，也叫做碰撞窗口。经过争用期这段时间还没有检测到碰撞，就能够肯定这次发送已经成功。在 CSMA/CD 算法中，一旦检测到冲突，为了降低再次冲突的概率，需要等待一个随机时间，然后再使用 CSMA 方法再次传输，协议采用了一种称为截断二进制指数退避算法，其规则如下：

1）确定基本退避时间为 2τ，即为争用期，时长为 51.2μs。

2）设参数 k 等于 min（重传次数 n，10），从离散的整数集合 [0，1，2，…，(2^k - 1)] 中随机取出一个数 r，则延迟 r 个争用期后，再检测信道。

3）重传次数达到 16 次仍不能成功时，则不再重传，丢弃该帧，并向上层报告出错。

IEEE 802.3 局域网就是采用二进制指数退避和 1 - 坚持算法的 CSMA/CD 介质访问控制方法。该方法在低载荷时，如果介质空闲，则要发送数据帧的站点能立即发送；而在重载荷时，能够保证网络数据传输的稳定性。

另外，CSMA/CD 协议在工作时，一旦检测到冲突，不但立即停止发送数据帧，而且还会向总线上发出一连串阻塞信号，这种人为干扰信号通常长度为 32bit 或 48bit，从而强化冲突信号，用以通知总线上其他各有关站点已经发生冲突。

3.8.3 高速 Ethernet 的研究与发展

速率达到或超过 100Mbit/s 的以太网称为高速以太网。本节将简单介绍几种高速以太网技术。

1. 快速以太网技术

快速以太网技术 100Base-T 是由 10Base-T 标准以太网发展而来的，主要解决网络带宽在局域网应用中的瓶颈问题，其协议标准为 IEEE 802.3u，可支持 100Mbit/s 的数据传输速率，并且与 10Base-T 相同，能够支持共享式与交换式两种使用方式，在交换式以太网中可以实现全双工通信。IEEE 802.3u 在 MAC 子层仍采用 CSMA/CD 协议作为介质访问控制协议，并保留了 IEEE 802.3 的帧格式。为了实现 100Mbit/s 的传输速率，IEEE 802.3u 在物理层做了一些重要改进，在编码上采用了效率更高的编码方式。

IEEE 802.3u 协议的体系结构对应于 OSI 模型的数据链路层和物理层协议，IEEE 802.3u 定义了 3 种不同的物理层协议，表 3-7 给出了这 3 种物理层标准的对比情况。为了屏蔽下层不同的物理细节，为 MAC 子层和高层协议提供一个 100Mbit/s 传输速率的公共透明接口，快速以太网在物理层和 MAC 子层之间还定义了一个独立于介质种类的介质无关接口（Medium Independent Interface，MII），该接口可以支持下面 3 种不同的物理层介质。

表 3-7　快速以太网的 3 种不同的物理层协议

物理层协议	线缆类型	线缆对数	最大分段长度/m	编码方式	优点
100Base-T4	3/4/5 类 UTP	4 对	100	8B/6T	兼容 3 类 UTP
100Base-TX	5 类 UTP/RJ-45 接头 1 类 STP/DB-9 接头	2 对	100	4B/5B	全双工
100Base-FX	62.5μm 单模/125μm 多模光纤，ST 或 SC 光纤连接器	2 根	2 000	4B/5B	全双工距离远

（1）100Base-TX

100Base-TX 站点在两对双绞线上运行，一对用于数据发送，另一对用于数据接收。该技术支持两对 5 类以上非屏蔽双绞线和两对 1 类屏蔽双绞线。

（2）100Base-FX

光缆是 100Base-FX 指定支持的一种介质，安装容易、重量轻、体积小、灵活性好，且不受 EMI 干扰。该标准指定了两条多模光纤，一条用于发送数据，一条用于接收数据，当站点以全双工方式运行时其传输距离超过 2km。

（3）100Base-T4

100Base-T4 标准使用 4 对线，其中 3 对用于一起发送数据，第 4 对用于冲突检测，每对线都是极化的，每对中的一条线传输正信号而另一条线传输负信号。

图 3-33 给出了一个采用 100Mbit/s 交换机进行组网的快速以太网例子。由于快速以太网是从 10Base-T 发展而来，并且保留了 IEEE 802.3 的帧格式，所以 10Mbit/s 以太网可以非常平滑地过渡到 100Mbit/s 的快速以太网。

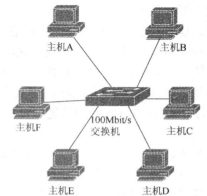

图 3-33　100Base-T 快速以太网组网举例

2. 千兆以太网技术

随着多媒体技术、高性能分布计算和视频应用等的不断发展，用户对局域网的带宽提出了越来越高的要求。同时，100Mbit/s 的快速以太网也要求主干网、服务器一级的设备要有更高的带宽，在这种需求驱动下人们开始酝酿设计速度更高的以太网。1996 年 3 月，IEEE 802 委员会成立了 IEEE 802.3z 工作组，专门负责千兆以太网及其标准的设计，于 1998 年 6 月，正式公布了千兆以太网标准。

千兆以太网标准是对以太网技术的再次扩展，其数据传输率为 1 000Mbit/s，即 1Gbit/s，因此，也称为吉比特以太网。千兆以太网基本保留了原有以太网的帧结构，所以与以太网和快速以太网完全兼容，从而使得原有的 10Mbit/s 以太网和 100Mbit/s 快速以太网可以方便地升级到千兆以太网。千兆以太网标准包括支持光纤传输的 IEEE 802.3z 和支持铜缆传输的 IEEE 802.3ab 两类。

千兆以太网的物理层包括 1000Base-SX、1000Base-LX、1000Base-CX 和 1000Base-T4 个标准。

（1）1000Base-SX 标准

1000Base-SX 采用芯径为 62.5μm 和 50μm 的多模光纤，工作波长为 850nm，传输距离分别为 260m 和 525m，数据编码方法为 8B/10B，适用于作为大楼网络系统的主干通信网络。

（2）1000Base-LX 标准

1000Base-LX 可采用芯径为 50μm 和 62.5μm 的多模光纤，工作波长为 850nm，传输距离为 550m，数据编码方法为 8B/10B，适用于作为大楼网络系统的主干通路。另一方面，1000Base-LX 可采用芯径为 9μm 的单模光纤，工作波长为 1 300nm 或 1 550nm，数据编码方法采用 8B/10B，适用于校园或城域的主干网络。

（3）1000Base-CX 标准

1000Base-CX 标准采用 150Ω 平衡屏蔽双绞线（STP），传输距离为 25m，传输速率为 1.25Gbit/s，数据编码方法采用 8B/10B，适用于集群网络设备的互连，例如，机房内网络服务器之间的连接。

（4）1000Base-T 标准

1000Base-T 标准采用 4 对 5 类 UTP 双绞线，传输距离为 100m，传输速率为 1Gbit/s，主要用于结构化布线中同一层建筑内的通信，从而可以利用以太网或快速以太网已铺设的 UTP 电缆，也可被用做大楼内的主干网络。

在千兆以太网的 MAC 子层，除了支持以往的 CSMA/CD 协议外，还引入了全双工流量控制协议。其中，CSMA/CD 协议用于共享信道的争用问题，即支持以集线器作为星形拓扑中心的共享以太网组网。全双工流量控制协议适用于交换机到交换机或交换机到站点之间的点-点连接，两点间可以同时进行发送与接收，即支持以交换机作为星形拓扑中心的交换式以太网组网。

与快速以太网相比，千兆以太网有其明显的优点。千兆以太网的速度 10 倍于快速以太网，但其价格只有快速以太网的 2～3 倍，从而千兆以太网具有更高的性能价格比。从现有的传统以太网与快速以太网可以平滑地过渡到千兆以太网，并不需要掌握新的配置、管理与排除故障技术。

千兆以太网交换机既可以直接与多个图形工作站相连，也可以作为百兆以太网的主干网，与百兆比特或千兆比特集线器相连，然后再和大型服务器连接在一起。图 3-34 是千兆比特以太网的一种配置举例。

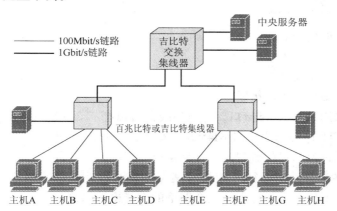

图 3-34 千兆位以太网的应用举例

3. 万兆以太网技术

在以太网技术中，快速以太网是一个里程碑，确立了以太网技术在局域网领域的统治地位。随后，出现的千兆以太网更是加快了以太网技术的发展。然而，虽然以太网在局域网中占有绝对优势，在很长的一段时间中，由于带宽以及传输距离等原因，人们普遍认为以太网不能用于城域网，特别是在汇聚层以及骨干层。1999 年底，成立了 IEEE 802.3ae 工作组进行万兆以太网技术（10Gbit/s）的研究，并于 2002 年正式发布了 IEEE 802.3ae 10GE 标准。因此，万兆以太网不仅再次扩展了以太网的带宽和传输距离，更重要的是，使得以太网技术从局域网领域向城域网领域渗透。

万兆以太网是一种只采用全双工与光纤的局域网技术，其物理层与 OSI 模型的物理层一致，负责建立传输介质（光纤或铜线）和 MAC 层的连接，MAC 层相当于 OSI 模型的数据链路层。万兆以太网技术基本承袭了以太网、快速以太网及千兆以太网技术，因此，在用户普及率、使用方便性、网络互操作性及简易性上皆占有极大的优势。在升级到万兆以太网解决方案时，用户不必担心既有的程序或服务会受到影响，升级的风险非常低，同时在未来升级到 40Gbit/s，甚至 100Gbit/s 时都将有明显的优势。万兆以太网意味着以太网将具有更高的带宽（10Gbit/s）和更远的传输距离（最长传输距离可达 40km），它可以更好地连接企业网骨干路由器，大大简化了网络拓扑结构，提高了网络性能，能更好地满足网络安全、服务质量、链路保护等多个方面需求。随着网络应用的深入，WAN/MAN 与 LAN 融和已经成为大势所趋，各自的应用领域也将获得新的突破。

3.8.4 Ethernet 组网设备与组网方法

本节将介绍 Ethernet 组网所需要的设备，简单描述以太网的组网方法。以太网组网所需要的器件和设备主要包括带有 RJ45 接头的 UTP 电缆、带有 RJ45 接口的以太网网卡、集线器、网桥和交换机等。

（1）以太网集线器

集线器处于星形物理拓扑结构的中心，是以太网中最重要、最关键的设备之一，只有通过集线器，星形拓扑网络中节点之间的通信才能完成。

集线器通常具有如下功能和特性：

- 作为以太网的中心转发节点。
- 放大接收到的信号。
- 无过滤功能。
- 无路径检测或交换功能。
- 不同速率的集线器不能级联。

集线器通常采用 RJ45 标准接口，一般集线器可以拥有 2 ~ 24 个端口，计算机或其他终端设备可以通过 UTP 电缆与集线器 RJ45 端口相连，从而构建网络。集线器的主要功能是对信号放大，但不能过滤通过的数据流，且无路径检测功能。所谓过滤，就是对接收信息进行分析，决定是否将具有一定特征（如具有某一特定源地址或目的地址）的信息转发出去。节点越多，集线器的广播量就越大，整个网络的性能也就越差。

（2）网络接口卡

网络接口卡简称网卡，是构成网络的基本部件。网卡的主要功能包括 3 个方面。首先，需要实现计算机与局域网传输介质之间的物理连接和电信号匹配，接收和执行计算机送来的各种控制命令，完成物理层功能。其次，是按照介质访问控制方法，实现共享网络的介质访问控制、信息帧的发送与接收、差错校验等数据链路层的基本功能。最后，是需要提供数据缓存能力。

在双绞线连接的以太网中，网卡必须带有标准的 RJ45 接口，以便网卡与双绞线相连。网卡主要可分为 10Mbit/s、100Mbit/s、10M/100Mbit/s 等几类。组装 10Mbit/s 的以太网时，通常可以用带有 RJ45 接口的 10M 网卡与符合 10BASE-T 的以太网集线器相连。组装 100Mbit/s 以太网时，方法类似。而对于 10/100M 自适应网卡，则可以根据网络中使用的以太网集线器类别，自动适应网络的速率。

（3）使用多集线器级联结构的以太网组网

该方法适用于网络规模较大、需要联网计算机的位置比较分散的情况下。集线器连接方法如下：

1）通过集线器的上行端口同其他集线器级联。

2）使用两个集线器上的普通端口进行级联，此时必须使用交叉 UTP 电缆。

图 3-35 给出了多集线器树形级联方式示例。利用多集线器级联可以构成规模较大的 10M 或 100M 以太网（但不可能组成 10M、100M 混合型以太网）。尽管 10M 和 100M 网络的连接方法基本相同，但是多集线器结构的 10M 和 100M 网络的配置规则却有很大的不同。下面以多集线器 10M 以太网的配置为例，对其进行介绍。

组建多集线器 10M 以太网所需设备包括 10BASE-T 集线器、10M 网卡（或

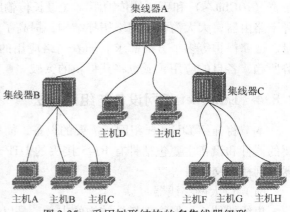

图 3-35　采用树形结构的多集线器级联

10M/100M 自适应网卡）和3类以上非屏蔽双绞线等。组网时，多集线器10M 以太网必须符合一定的配置规则，否则就会出现网络不可靠的情况。多集线器10M 以太网的配置规则如下：

- 每段 UTP 电缆的最大长度为100m。
- 任意两个节点之间最多可以有5个网段，经过4个集线器。
- 整个网络的最大覆盖范围为500m。
- 网络中不能出现环路。

3.8.5 局域网互联

在许多情况下，需要扩展局域网的工作范围，此时需要进行局域网的扩展互联，这种扩展涉及物理层和数据链路层，而扩展以后在网络层看来仍然是一个网络。在扩展互联时，采用的互联方式和互联设备，取决于实际需要和被连接网络的工作层次。在物理层扩展时，涉及的设备是中继器和集线器，而在链路层扩展时涉及网桥和交换机。

1. 物理层扩展

中继器（Repeater）又称为转发器，是最简单的网络互联设备，它在网络的物理层上实现中继互联，完成放大、再生网络物理信号的功能。其主要目的是延长信号在电缆上的传输距离，仅用来延长网络的连接长度或覆盖范围，但延长是有限的，例如，10BASE－5 粗缆可延长为500m，最多可用4个中继器。

中继器不具备查错/纠错功能，而且还会引入延迟，它可以把多个独立的物理网络互联成为一个大的物理网络，但是所互联的局域网必须具有相同的协议和速率。中继器既可以连接相同传输介质的同类局域网，也可以连接不同传输介质的同类局域网。由于中继器在物理层实现互联，所以它对物理层以上各层协议完全透明，也就是说，中继器支持数据链路层及其以上各层的任何协议。

集线器（Hub）是一种特殊的中继器，它是一个多端口中继器，工作在物理层，用于连接双绞线介质或光纤介质以太网系统。集线器由于使用了大规模集成电路芯片，因此这样的硬件设备其可靠性已大大提高。集线器是使用电子器件来模拟实际电缆线的工作，整个系统仍然像一个传统的以太网那样运行，使用集线器的以太网在逻辑上仍是一个总线网，各工作站使用的还是 CS-MA/CD 协议，并共享逻辑上的总线。图 3-36 给出了具有3个接口的集线器。

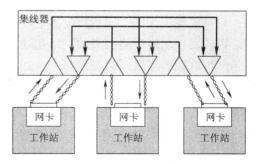

图 3-36　具有 3 个接口的集线器

图 3-37 给出了用集线器（Hub）扩展、组成更大局域网的一个例子。该例子中，某大学的一个学院有3个系，各有一个 10BASE-T 局域网，它们是3个独立的碰撞域。当通过一个主干集线器互相连接起来后，成为一个更大的扩展局域网，从而构成了一个更大的碰撞域。

利用集线器扩展后，可以有以下两个好处。第一，使学院不同系的局域网上计算机能够进行跨系的通信。第二，扩大了局域网覆盖的地理范围。例如，在一个系的 10BASE-T 局域

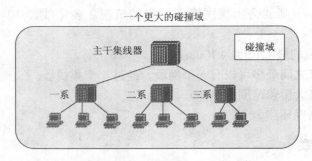

图 3-37　用集线器扩展局域网

网中，主机与集线器的最大距离是 100m，因而两个主机之间的最大距离是 200m。但是，在通过主干集线器相连接后，不同系主机之间的距离就扩大了，因为集线器之间的距离可以是 100m（使用双绞线）或更远（如使用光纤）。

这种多级结构的集线器扩展局域网也有一些缺点。第一，在 3 个系的局域网互连起来之前，每一个系的 10BASE-T 局域网是一个独立的碰撞域，即任一时刻，在每一个系的局域网中只能有一个站在发送数据。每一个系的局域网的最大吞吐量是 10Mbit/s，因此 3 个系总的最大吞吐量是 30Mbit/s。而在 3 个系的局域网通过集线器互连起来后就组成了一个更大的碰撞域，因此，3 个系合起来的最大吞吐量仍然是 10Mbit/s。第二，一个系使用 10Mbit/s 的网卡，而另外两个系使用 10/100Mbit/s 的自适应网卡，那么用集线器连接起来后，大家都只能工作在 10Mbit/s 的速率上，因为集线器不能对帧进行缓存。

2. 数据链路层扩展

网桥（Bridge）又称为桥接器，它是一种存储转发设备，主要用于局域网和局域网的互联（网段之间），它工作在数据链路层。使用网桥连接起来的局域网从逻辑上仍然是一个网络，只是规模更大了。网桥接收整个数据帧后首先进行解析，然后根据帧的相关控制信息决定是否转发，实现链路层级的网络互联。

网桥既能够连接同类型局域网，也可以连接不同类型的网络，且可以是不同的传输介质。例如，可以连接相同 MAC 协议的局域网，如 802.3 以太网；也可以连接不同 MAC 协议的网络，如连接 802.3 以太网、802.5 令牌环网和 FDDI；还可以连接不同介质的网络，比如粗、细同轴电缆和光纤以太网。在概念上，可以将网桥理解为 LAN 上的一个工作站，用来实现 MAC 层的 LAN 互连。

网桥可互连采用不同 MAC 协议的局域网，它通过站表转发数据帧。在工作时，网桥从端口接收网段上传送的各种帧，每当收到一个帧时，就先暂存在缓存中。如果该帧未发生差错，且目的站 MAC 地址属于另一个网段，则通过查找站表，将收到的帧从对应的端口转发。若该帧出现差错，则丢弃此帧。因此，仅在同一个网段中通信的帧，不会被网桥转发到另一个网段，因而不会加重整个网络的负担。图 3-38 给出了网桥的组织结构。从网桥的结构上看，如果从接口 1 收到转发的帧，则在站表中查找对应接口，转发到相应接口 2，实现数据帧的转发。如果从接口 1 收到的帧就是从接口 1 所往的目的，查找站表后就丢弃该帧。网桥主要是通过内部的接口管理软件和网桥协议实体来完成这些操作的。

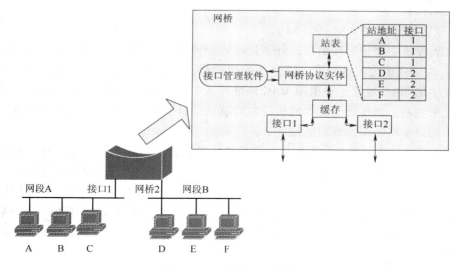

图 3-38　网桥的组织结构

使用网桥能够带来一定的好处。首先，可以过滤通信量，减轻了扩展局域网上的负荷。其次，通过网桥扩大了物理范围，也增加了整个 LAN 上工作站的最大数目。再次，提高了可靠性，网络出现故障时，一般只影响到个别网段。最后，通过网桥可互连不同的物理层、不同的 MAC 子层和不同速率（如 10Mbit/s 和 100Mbit/s 以太网）的局域网。当然，使用网桥也会带来一些缺点。网桥在链路层的存储转发增加了传播时延，具有不同 MAC 子层的网段桥接在一起时时延更大。其在 MAC 子层没有流量控制功能，当网络的负荷较重时，网桥中的缓存空间可能因不够而发生溢出，导致帧丢失。网桥只适合于用户数不是太多（不超过几百个）和通信量不是太大的局域网，否则，有时会因传播过多的广播信息而产生网络拥塞，这就是所谓的广播风暴。

基于不同的路径选择策略，网桥可以分为透明网桥和源路由网桥。

（1）透明网桥

目前，使用得最多的网桥是透明网桥（Transparent Bridge）。透明网桥是即插即用设备，其标准是 IEEE 802.1D。连接到局域网上后，它会自动建立转发表，局域网上的各站点不负责路径选择。这里，所谓的"透明"是指局域网上每个站并不知道自己发送的帧将经过哪几个网桥，而网桥对各站来说是看不见的。

透明网桥按照自学习算法处理收到的帧和建立转发表：

1）从端口 x 收到无差错的帧，在转发表中查找目的站 MAC 地址。

2）如有，则查找出到此 MAC 地址应当走的端口 d，然后进行 3）；否则，转到 5）。

3）如到这个 MAC 地址去的端口 d = x，则丢弃此帧（因为这表示不需要经过网桥进行转发）；否则，从端口 d 转发此帧。

4）转到 6）。

5）向网桥除 x 以外的所有端口转发此帧（这样做可保证找到目的站）。

6）如源站不在转发表中，则将源站 MAC 地址加入到转发表，登记该帧进入网桥的端口号，设置计时器，然后转到 8）。如果源站在转发表中，则执行 7）。

7）更新计时器。

8）等待新数据帧的带来，转到1）。

网桥在转发表中登记三项信息，分别是站地址、端口和时间。站地址登记为收到帧的源MAC 地址，端口登记为收到帧进入该网桥的端口号，而时间登记为收到帧进入该网桥的时间。转发表中的 MAC 地址是根据源 MAC 地址写入的，但在进行转发时是将此 MAC 地址当做目的地址来判断。这是因为如果网桥现在能够从端口 x 收到从源地址 A 发来的帧，那么以后就可以从端口 x 将帧转发到目的地址 A。

局域网的拓扑结构可能会发生变化。为了使转发表能反映出整个网络的最新拓扑，所以，需要将每个帧到达网桥的时间登记下来，以便在转发表中保留网络拓扑的最新状态信息。具体做法是，网桥中的端口管理软件周期性地扫描转发表中的条目，只要在一定时间（例如，3min）以前登记的都要删除，这样就使得网桥中的转发表能反映当前最新的网络拓扑状态。

为避免转发的帧在网络中不断兜圈子，透明网桥使用了生成树（Spanning Tree）算法。

（2）源路由网桥

源路由网桥（SRB）由发送帧的源节点负责路由选择。网桥假定每个节点在发送帧时，都已经清楚地知道发往各个目的节点的路由，源节点在发送帧时，需要将详细的路由信息放在帧的首部。显然，这里网桥对工作站是不透明的。为了发现合适的路由，源站最初以广播方式向欲通信的目的站发送一个发现帧作为探测之用。发现帧的另一个作用是帮助源站确定整个网络可以通过帧的最大长度，这是因为引入源站选路后，每个帧都要加上一定的说明信息。

最后，简单描述网桥与中继器的区别。

1）中继器只是将网络的覆盖距离简单地延长，而且距离有限，具体实现是在物理层；而网桥不仅具有将 LAN 的覆盖距离延长的作用，而且理论上可做到无限延长，具体实现是在 MAC 层。

2）中继器仅具有简单的信号整形和放大的功能；而网桥则属于一种智能互连设备，它主要提供信号存储和转发、数据过滤、路由选择等能力。

3）中继器仅是一种硬设备，而网桥既包括硬件又包括软件。

4）中继器仅只能互连同类局域网，而网桥可支持不同类型的局域网互连。

3.8.6　交换式局域网

以太网交换技术是在多端口网桥的基础上，于 1990 年代初发展起来。交换式局域网的核心是交换机（Switch），其主要特点是所有端口平时都不连通，当站点需要通信时，交换机才同时连通许多对的端口，使每一对相互通信的站点都能像独占通信信道那样，进行无冲突地传输数据，即每个站点都能独享信道速率，通信完成后就断开连接。因此，交换式网络技术是提高网络效率、减少拥塞的有效方案之一。

与共享介质的传统局域网相比，交换式以太网具有以下优点：

1）它保留现有以太网的基础设施，只需将共享式 Hub 改为交换机，大大节省了升级网络的费用。

2）交换式以太网使用大多数或全部现有基础设施，当需要时还可追加更多的性能。

3）在维持现有设备不变的情况下，以太网交换机有着广泛的应用。

4）可在高速与低速网络间转换，实现不同网络的协同。

5）交换式局域网可以工作在全双工模式下，实现无冲突域的通信，大大提高了传统网络的连接速度，可以达到原来的 200%。

6）交换式局域提供多个通道，比传统的共享式集线器提供更多的带宽。传统的共享式 10Mbit/s 或 100Mbit/s 以太网采用广播通信方式，每次只能在一对用户间进行通信，如果发生碰撞还要重试。交换式以太网允许不同用户之间同时进行传送，比如，一个 16 端口的以太网交换机允许 16 个站点在 8 条链路上同时通信。

7）在共享式以太网中，网络性能会因为通信量和用户数的增加而降低。交换式以太网独占通道、无冲突数据传输，网络性能不会因为通信量和用户数的增加而降低。

交换式以太网的核心是交换机，它是工作在数据链路层的设备。目前，交换技术已经延伸到第三层的部分功能，有一些交换机实现了简单的路由选择功能，即所谓的第三层交换机。交换机的交换方式主要包括直通方式和存储-转发方式。

直通方式的交换机可以理解为在各端口之间是纵横交叉的线路矩阵交换设备。它在输入端口检测到一个数据帧时，检查该帧的帧头，获取帧的目的地址，启动内部动态查找表、转换成相应输出端口，在输入与输出交叉处接通，从而把数据帧直通到相应端口，实现交换功能。由于不需要存储，延迟非常小、交换速度非常快；但是因为数据帧的内容并没有被交换机保存下来，所以，无法检查所传送的数据帧是否有误，不能提供错误检测能力。由于没有缓存，不能将具有不同速率的输入/输出端口直接接通，而且，当交换机的端口增加时，交换矩阵变得越来越复杂，实现起来比较困难。

存储转发方式的交换机在计算机网络领域应用最为广泛，它把输入端口的数据帧先存储起来，然后进行 CRC 检查，在对错误帧处理后才取出数据帧的目的地址，通过查找表转换成输出端口送出数据帧。因此，存储转发方式下数据处理时延大，但是它可以对进入交换机的数据帧进行错误检测，尤其重要的是，它可以支持不同速度输入/输出端口间的转换，实现高速端口与低速端口的协同工作。

3.8.7　虚拟局域网

随着以太网技术的普及，其规模也越来越大，从小型办公环境到大型园区网络，网络的管理变得越来越复杂。一个重要的问题是，在传统以太网中，同一个物理网段中的节点就是一个逻辑工作组，不同物理网段中的节点是不能直接相互通信的。这样，当用户由于某种原因在网络中移动但同时还要继续保留在原来逻辑工作组时，就必然会需要进行新的网络连接乃至重新布线。

为了解决上述问题，虚拟局域网（Virtual Local Area Network，VLAN）技术应运而生，它是以局域网交换机为基础，通过交换机软件实现根据功能、部门、应用等因素将设备或用户组成虚拟工作组或逻辑网段的技术。其最大的特点是，在组成逻辑网络时无须考虑用户或设备在网络中的物理位置，VLAN 可以在一个交换机内或者跨交换机实现。

1996 年 3 月，IEEE 802 委员会发布了 IEEE 802.1q VLAN 标准。目前，该标准得到了全世界许多重要网络厂商的支持。在 IEEE 802.1q 标准中，VLAN 虚拟局域网的定义是由一些局域网网段构成的、与物理位置无关的逻辑组，而这些网段具有某些共同的需求。为了便于区分，在每一个 VLAN 的帧中都有一个明确的标识符，指明发送这个帧的工作站是属于哪一个 VLAN。利用以太网交换机可以很方便地实现 VLAN，虚拟局域网其实只是局域网给用户提供的一种服务，而不是一种新型局域网。

图 3-39 给出了一个关于 VLAN 划分的示例。其中使用了 4 个交换机的网络拓扑结构，有 9 个工作站分配在 3 个楼层中，在物理上构成了 3 个局域网，即 LAN1（A1，B1，C1）、LAN2（A2，B2，C2）和 LAN3（A3，B3，C3）。

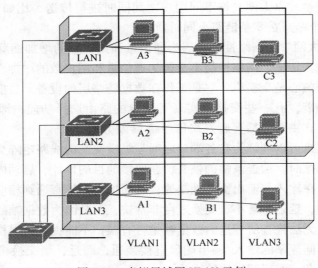

图 3-39　虚拟局域网 VLAN 示例

但这 9 个用户在逻辑上划分为 3 个工作组，也就是说划分为 3 个虚拟局域网 VLAN，即 VLAN1（A1，A2，A3）、VLAN2（B1，B2，B3）和 VLAN3（C1，C2，C3）。在虚拟局域网上的每一个站都可以听到同一虚拟局域网上其他成员发出的广播信息。工作站 A1、A2 和 A3 同属于虚拟局域网 VLAN1，当 A1 向工作组内成员发送数据时，A2 和 A3 将会收到广播信息（尽管它们没有连接在同一交换机上），但 B1 和 C1 不会收到 A1 发出的广播信息（尽管它们连接在同一个交换机上）。

1988 年，IEEE 批准了 802.3ac 标准，这个标准定义了虚拟局域网的以太网帧格式，它是在传统以太网的帧格式中插入一个 4B 的标识符，称为 VLAN 标记，用来指明发送该帧的工作站属于哪一个虚拟局域网，其格式如图 3-40 所示。

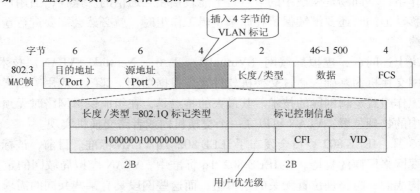

图 3-40　虚拟局域网的以太网帧格式

VLAN 标记字段的长度是 4B，插在以太网 MAC 帧的源地址字段和长度/类型字段之间。前两个字节称为 802.1q 标记类型，它总是设置为 0x8100（这个数值大于 0x0600，因此，不代表长度）。当数据链路层检测到在 MAC 帧源地址字段后面的长度/类型字段值是 0x8100 时，就知道现在插入了 4B 的 VLAN 标记，于是就检查该标记的后两个字节内容。在后面两个字节中，前 3 个比特是用户优先级字段，接着的一个比特是规范格式指示符（Canonical Format Indicator，CFI），最后 12 比特是虚拟局域网的标识符 VID，它唯一地标识这个以太网帧是属于哪一个 VLAN。在 IEEE 801.1q VLAN 标记（4B）后面的两个字节是以太网帧的长度/类型字段。用于 VLAN 的以太网帧首部增加了 4B，所以，以太网帧的最大长度从原来的 1 518B 变为 1 522B。

采用 VLAN 后，在不增加设备投资的前提下，在许多方面提高了网络性能，并简化网络的管理。VLAN 提供了一种控制网络广播的方法。基于交换机组成的网络会将广播包发送到所有互连的交换机、所有的交换机端口和用户，从而可能引起网络中的广播风暴。通过将交换机划分到不同 VLAN，一个 VLAN 的广播不会影响到其他 VLAN 的性能，大大地减少了广播流量，提高了用户的可用带宽。另一方面，VLAN 提高了网络的安全性。VLAN 的数目及每个 VLAN 中的用户和主机数是由网络管理员决定的。网络管理员通过将可以相互通信的网络节点放在一个 VLAN 内，或将受限制的应用和资源放在一个安全的 VLAN 中，并提供不同策略的访问控制表，就能够有效地限制广播组或共享域的大小。使用 VLAN 也简化了网络管理。一方面，可以不受网络用户的物理位置限制而根据用户需求进行网络管理。另一方面，由于 VLAN 可以在单独的交换设备或跨多个交换设备实现，也会大大减少在网络中增加、删除或移动用户时的管理开销。

3.9 无线网络

通常，计算机网络的传输介质主要是铜缆或光缆，利用这些有线介质构成了有线网络。但是，有线网络在某些场合受到布线的限制，如布线、改线工程量大，线路容易损坏，且网络中的节点不可移动等，这些限制影响了局域网的进一步发展和用户之间的联网需求，因此，无线网络技术应运而生。本节主要介绍无线局域网、无线自组织网络和无线个人区域网 3 类无线网络。

1. 无线局域网

（1）概述

无线局域网（Wireless Local Area Network，WLAN）是利用无线技术在空中传输数据、语音和视频信号等，作为传统布线网络的一种替代方案或延伸，无线局域网把个人从办公桌环境中解放出来，使人们可以随时随地获取办公信息，提高了办公效率。目前，支持无线局域网的技术标准主要有 IEEE 802.11 系列。其中，IEEE 802.11 标准（Wireless Fidelity，WiFi）是由 IEEE 802 委员会在 1997 年制订、发布的无线局域网标准，它是在无线局域网领域内第一个国际上被广泛认可的协议；随后，IEEE 802.11a、802.11b、802.11d、802.11e、802.11f 等标准相继出现。

IEEE 802.11 标准定义了物理层和介质访问控制规范。物理层定义了数据传输的信号特征和调制方法，规定了两种射频传输方式和一个红外线传输方式。射频传输方式包括跳频扩频（FHSS）和直接序列扩频（DSSS），工作在 2.400 0～2.483 5GHz 频段。IEEE 802.11 主要用于解决办公室局域网和校园网中用户与用户终端的无线接入，业务主要限于数据访问，最高速率达到 2Mbit/s。由于它在速率和传输距离上都不能满足人们的需要，所以 IEEE 802.11 标准被 IEEE 802.11b 所取代了。

红外线局域网采用波长小于 1μm 的红外线作为传输介质，有较强的方向性，受阳光干扰大。它支持 1～2Mbit/s 的数据速率，适于近距离通信。直接序列式扩频（DSSS）就是使用具有高码率的扩频序列，在发送方扩展信号的频谱，而在接收方用相同的扩频码序列进行解扩，把展开的扩频信号还原成原来的信号。DSSS 局域网可在很宽的频率范围内进行通信，支持 1～2Mbit/s 数据速率，在发送方和接收方都以窄带方式进行，而以宽带方式传输。跳频扩频（FHSS）是另外一种扩频技术。跳频的载频受一个伪随机码控制，发送方在其工作带宽范围内，频率按随机规律不断改变。接收方的频率也按随机规律变化，并保持与发送方的变化规律一致。跳频的高低直接反映跳频系统的性能，跳频越高，抗干扰性能越好。FHSS 局域网支持 1Mbit/s 的数据速率，共有 22 组跳频，包括 79 个信道，输出的同步载波信号经解调后，可得到发送方发送的信息。与红外线方式比较，使用无线电波作为传输介质的 DSSS 和 FHSS 方式，具有覆盖范围大，抗干扰、噪声、衰减、保密性好等优点。

IEEE 802.11 标准在 MAC 子层采用带冲突避免的载波监听多路访问（Carrier Sense Multiple Access/Collision Avoidance，CSMA/CA）协议。该协议与 IEEE 802.3 标准中的 CSMA/CD 协议类似，为了减小无线设备之间在同一时刻、同时发送数据而导致冲突的可能，IEEE 802.11 引入称为请求发送/清除发送（RTS/CTS）的机制。

（2）无线局域网的组成

图 3-41 给出了 IEEE 802.11 无线局域网的基本组织结构，该结构中最小构件是基本服务集（BSS）。一个基本服务集（BSS）包括一个基站和若干个移动站，所有的站在本 BSS 以内都可以直接通信，但在和本 BSS 以外的站通信时，都要通过本 BSS 的基站。IEEE 802.11 标准规定，为了标识同一区域中的基本服务集，每个基本服务集都被分配了一个服务集标识（Service Set Identification，SSID），用于区分不同的基本服务集。基本服务集能够覆盖小型办公室和家庭，即覆盖的范围有限。基本服务集内的基站叫做接入点（Access Point，AP），其作用和网桥相似。当网络管理员安装 AP 时，必须为该 AP 分配一个不超过 32B 的服务集标识符 SSID 和一个信道。

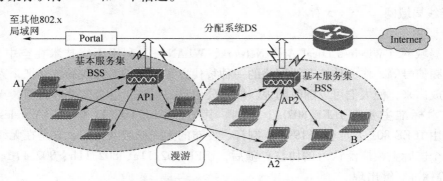

图 3-41　带接入点的无线局域网

为了创建更大覆盖范围和复杂的无线网络，一个基本服务集可以通过接入点（AP）连接到一个主干分配系统（Distribution System，DS），然后再接入到另一个基本服务集，构成扩展的服务集（Extended Service Set，ESS）。扩展服务集（ESS）还可以通过叫做门户（Portal）的设备为无线用户提供到非802.11无线局域网的接入，门户的作用就相当于一个网桥。

一个移动站若要加入到一个基本服务集（BSS），就必须先选择一个接入点（AP），并与此接入点建立关联。建立关联后，就表示这个移动站加入了选定的AP所属子网，并和这个AP之间创建了一个虚拟线路。只有关联的AP才向这个移动站发送数据帧，而这个移动站也只有通过关联的AP才能向其他站点发送数据帧。移动站与AP建立关联的方法包括被动扫描和主动扫描。被动扫描是指移动站等待接收接入点周期性发出的信标帧（Beacon Frame），此信标帧中包含有若干网络系统参数（如服务集标识符、支持的速率等）；主动扫描是指移动站主动发出探测请求帧（Probe Request Frame），然后等待从接入点发回的探测响应帧（Probe Response Frame）。当移动站从某一个基本服务集A漫游到另一个基本服务集B时，仍可保持与服务集B中站点的通信，但此时需要通过服务集B中的接入点进行漫游通信。目前，在诸如办公室、机场、快餐店、旅馆等许多地方都架设了WLAN，能够向公众提供接入无线局域网的服务，这样的地点叫做热点，由许多热点和AP连接起来的区域叫做热区（Hot Zone），目前，也有一些无线因特网服务提供者（Wireless Internet Service Provider，WISP）向用户提供无线信道接入到WISP的服务，然后再接入到因特网。虽然无线局域网具有诸多优势，但与有线网络相比，无线局域网也存在一些不足，例如网速较慢，价格较高，数据传输的安全性有待进一步提高等。因此，无线局域网现在主要还是面向那些有特定需求的用户，作为对有线网络的一种补充，但是，随着无线网络技术的不断发展，它将发挥更广泛的作用。

（3）IEEE 802.11 无线局域网的工作原理

由于无线网络通信介质的广播特性，IEEE 802.11 无线局域网不能简单地照搬 CSMA/CD 协议。一是因为 CSMA/CD 协议要求一个站点在发送数据的同时，必须不间断地检测信道，但是无线局域网的通信接口设备要实现这种功能将代价过高。二是因为无线站点即使能够实现碰撞检测功能，并且当我们在发送数据时检测到信道是空闲的，但是在接收方仍然有可能发生碰撞。在无线环境中，这种未能检测出介质上已存在信号的问题叫做隐藏站问题（Hidden Station Problem），如图3-42a所示。当A和C检测不到无线信号时，都以为B是空闲的，因而都向B发送数据，结果发生碰撞。另一方面，B向A发送数据时，由于D不在B的通信范围内，实际上，并不影响C向D发送数据。但是，当B向A发送数据，同时，C又想和D通信时，此时，由于C检测到介质上有信号，就不敢向D发送数据，这称为暴露站问题（Exposed Station Problem），如图3-42b所示。

无线局域网使用 CSMA/CA 协议进行介质访问。欲发送数据的站首先检测通信信道，IEEE 802.11 标准规定了在空中接口进行物理层的载波监听，通过收到的相对信号强度是否超过一定门限值就能够判定是否有其他移动站在信道上发送数据。若发送站检测到信道空闲，则在等待一段分布协调功能帧间间隔 DIFS 后（因为可能有其他站的高优先级帧要发送），就可以发送 MAC 帧。接收站如果正确收到此帧，则经过短帧间间隔 SIFS 后，向发送站发送确认帧（ACK）。如果接收站在规定时间内没有收到确认帧（ACK），发送站就必须重传此帧，直到收到接收方的确认为止，或者经过若干次的重传失败后放弃发送。

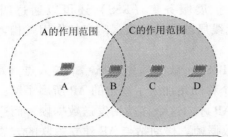

当A和C检测不到天线信号时，都以为B是空闲的，因而都向B发送数据，结果发生碰撞。

这种未能检测出媒体上已存在的信号的问题叫做隐蔽站问题。

a)

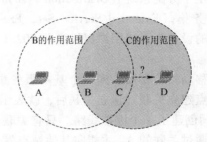

B向A发送数据，而C又想和D通信。C检测到媒体上有信号，于是就不敢向D发送数据。

其实B向A发送数据并不影响C向D发送数据，这就是暴露站问题。

b)

图 3-42　无线环境的隐藏站和暴露站问题

在 CSMA/CA 协议工作过程中，采用虚拟载波监听（Virtual Carrier Sense）机制来实现信道的合理利用。虚拟载波监听是让发送站将它要占用信道的时间（包括接收站发回确认帧所需的时间）通知给附近所有的其他站点，从而使其他站点在这一段时间内都停止发送数据，这样就大大减少了信号碰撞的机会。为了实现虚拟载波监听，发送站在其 MAC 帧的首部中第二个字段"持续时间"中填入本帧结束后还要占用信道多少时间（包括接收站发送确认帧所需的时间，该时间以 μs 为单位）。虚拟载波监听过程中，通过信道预约来解决隐藏站带来的问题。发送站 A 在发送数据帧之前先发送一个短的控制帧，叫做请求发送（Request To Send，RTS）帧，它包括源地址、目的地址和本次通信（包括确认帧）所需的持续时间。如果介质空闲，则接收站 B 就发送一个响应控制帧，叫做允许发送（Clear To Send，CTS）帧，它包括本次通信所需的持续时间。

2. 无线自组织网络

无线自组织网络（Ad Hoc 网络）又称为对等网络，是一种多跳、无中心、自组织的无线网络，没有固定基础设施（即没有 AP），这种网络由一些处于平等状态的移动站之间相互通信而组成的临时网络。图 3-43 给出了这种网络结构。由图 3-43 可见，整个网络中每个节点都是可移动的，并且都能以任意方式动态地保持与其他节点的联系。该网络中，由于移动站无线覆盖范围的有限性，两个无法直接进行通信的移动站需要借助其他节点进行分组转发，因此，每一个节点同时具有路由器的功能，它们能建立、维持到其他节点的路由信息。

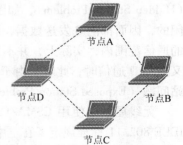

图 3-43　无线自组织网络

由于无线自组织网络的特殊性，它非常适合无法或不便预先铺设网络固定设施的场合、需要快速自动组网的场合等，目前已经在军事应用、紧急和临时场合、个人通信和传感器网络等领域得到广泛应用。与普通无线网络相比，它具有以下特点：

（1）无中心

无线自组织网络没有严格的控制中心，所有的节点地位平等，节点可以随时加入和离开网络，任何节点的故障不会影响整个网络的运行，具有很强的抗毁性。

（2）自组织

无线自组织网络的布设不需要依赖任何预设的固定设施，节点通过分布式算法协调各自的工作行为，自动地组成一个独立网络并能够在出现故障时自我修复。

（3）多跳路由

当节点需要与其覆盖范围之外的节点通信时，必须经过中间节点的多跳转发，网络中的多跳路由是由普通节点完成的，而不是由专用的路由设备来完成。

（4）动态拓扑

无线自组织网络是一个动态网络，节点可能随时、随处移动，使得网络拓扑结构随时会发生变化。

（5）分布式特性

在无线自组织网络中没有中心控制节点，节点通过分布式协议合作、完成网络服务，网络中的某个节点发生故障时，其他节点仍然能够正常工作。

3. 无线个人区域网

无线个人区域网（Wireless Personal Area Network，WPAN）是指在个人工作的地方把属于个人使用的电子设备（如便携式计算机、掌上电脑、通信设备等）用无线技术连接起来的小范围网络，不需要使用接入点（AP），整个网络的工作范围大约为 10m。WPAN 实际上是一个低功率、小范围、低速率和低价格的电缆替代技术，工作在 2.4GHz 的 ISM 频段。

实现无线个人区域网的主要技术有蓝牙（IEEE 802.15.1）、IEEE 802.15.4 和 IEEE 802.15.3。最早使用的 WPAN 是 1994 年爱立信公司推出的蓝牙系统，其标准是 IEEE 802.15.1，蓝牙的数据率为 720kbit/s，通信范围在 10m 左右，使用 TDM 方式和扩频跳频 FHSS 技术组成不用基站的皮可网（Piconet）。IEEE 802.15.4 是低速 WPAN 的标准，低速 WPAN 主要用于工业监控组网、办公自动化与控制等领域，其速率是 2～250kbit/s。在低速 WPAN 中最重要工作协议是 ZigBee，该技术主要用于各种电子设备（固定的、移动的）之间的无线通信，其主要特点是通信距离短（10～80m），传输数据速率低，并且成本比较低。IEEE 802.15.3 是高速 WPAN 的标准，主要用于在便携式多媒体装置之间传送数据，其数据率是 11～55Mbit/s。另外，IEEE 802 工作组还提出了更高数据率的物理层标准，即超高速 WPAN，它使用超宽带 UWB 技术，工作在 3.1～10.6GHz 微波频段，有非常高的信道带宽，能够达到 500MHz 左右。

3.10 广域网

与局域网技术主要目标是实现资源共享不同的是，广域网主要是为了实现广大范围内的远距离数据通信，因此，广域网在网络特性和技术实现上与局域网存在明显的差异。

1. 广域网的基本概念

广域网（WAN）是一个运行地域超过局域网的数据通信网络，通常使用电信运营商提供的数据链路，用户可在广域范围内使用网络。广域网将位于各地的多个部分连接起来，并与其他网络连接、与外部服务（比如数据库）连接以及与远程用户连接。广域网可以传输各种各样的通信类型，比如语音、数据和视频。广域网中的路由器提供诸如局域网互连、广域网接口等多种服务，包括 LAN 和 WAN 的设备连接端口。广域网交换机是多端口的网络设备，通常进行帧中继、X. 25 等流量的交换，而调制解调器包括针对各种语音级（Voice Grade）服务的不同接口。广域网的主要特性包括以下几点：

1）广域网运行在超出局域网地理范围的区域内。

2）使用各种类型的串行连接来接入广域范围内的用户。

3）连接分布在广泛地理范围内的设备。

4）使用电信运营商的服务。

2. 广域网标准

ISO/OSI 开放系统互连参考模型的七层协议结构同样适用于广域网，但广域网只涉及物理层、数据链路层和网络层，它将地理上相隔很远的局域网互连起来。广域网能提供路由器、交换机以及它们所支持的局域网之间的数据分组/帧交换。

（1）物理层协议

物理层协议描述了如何为广域网提供电气、机械、操作和功能的连接，同时也描述了数据终端设备（DTE）和数据通信设备（DCE）之间的接口。WAN 的物理层描述了连接方式，WAN 的连接基本上属于专用或专线连接、电路交换连接、包交换连接等 3 种类型。它们之间的连接无论是包交换或专线还是电路交换，都使用同步或异步串行连接。许多物理层标准定义了 DTE 和 DCE 之间接口的控制规则，表 3-8 列举了广域网物理层标准及其连接器。

表 3-8　广域网物理层标准及其连接器

标　　准	描　　述
EIA/TIA-232	在近距离范围内，允许 25 针 D 连接器上的信号速度最高可达 64kbit/s，以前称 RS-232，Cisco 设备支持此标准，在 ITU-Tv. 24 规范中也是一样（在欧洲使用）
EIA/TIA-449 EIA-530	是 EIA/TIA-232 的高速版本（最高可达 2Mbit/s），它使用 36 针 D 连接器，传输距离更远，也被称为 RS-422 或 RS-423，Cisco 设备支持此标准
EIA/TIA-612/613	高速串行接口（HSSI），使用 50 针 D 连接器，可以提供 T3（45Mbit/s）、E3（34Mbit/s）和同步光纤网（SONFT）STS-1（51.84Mbit/s）速率的接入服务
V. 35	用来在网络接入设备和分组网络之间进行通信的一个同步、物理层协议的 ITU-T 标准。V. 35 普遍用在美国和欧洲，其建议速率为 48kbit/s，Cisco 设备支持此标准
X. 21	用于同步数字线路上的串行通信 TU-T 标准，它使用 15 针 D 连接器，主要用在欧洲和日本

（2）数据链路层协议

在每个 WAN 连接上，数据通过 WAN 链路之前都要被封装到数据帧中，链路层协议的选择主要取决于 WAN 的拓扑和通信设备。WAN 数据链路层定义了传输到远程站点的数据的封装形式，且描述了在单一数据路径上各系统间的帧传输方式。

（3）网络层协议

常用的广域网网络层协议有 CCITT 的 X. 25 和 TCP/IP 体系中的 IP 等。

3. 广域网连接的选择

如图 3-44 所示，广域网一般有两种类型的连接可供选择，即专线连接和交换连接。交换连接可以是电路交换或者是分组交换。

（1）专线连接

专线连接是一种租用线路的方式，提供全天候服务。专线通常用于传输数据资料、语音，同时也可以传输视频图像。在数据网络设计中，专线通常提供主要网站或园区间的核心连接或主干网络连接，以及 LAN 对 LAN 的连接。

专线一般使用同步串行链路。进行专线连接时，每个连接都需要路由器的一个同步串行连接端口，以及来自服务提供商的 CSU/DSU（通道服务单元/数字

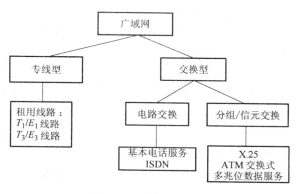

图 3-44　广域网连接

服务单元）和实际电路。通过 CSU/DSU 可用的典型带宽可达 2 Mbit/s（E1），最高能提供高达 45 Mbit/s（T3）和 34 Mbit/s（E3）的带宽。CSU/DSU 是一个数字接口装置，用以适配和连接数据终端设备（DTE）上的物理接口和电信运营商交换网络中的数据电路端接设备（DCE）（如一个电信交换机）上相应的接口，同时，CSU/DSU 也为上述设备间的通信提供信号时钟。图 3-45 显示了 CSU/DSU 在网络中的位置。

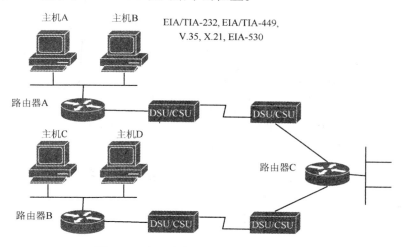

图 3-45　专用串行连接中 CSU/DSU 位置

（2）分组交换连接

分组交换又称为包交换，它不依赖于网络提供的、专用的点对点线路，而是让 WAN 中的多个网络设备共享一条虚拟电路（Virtual Circuit，VC）进行数据传输。实际上，数据报利用包中或帧头的地址进行路由，通过运营商的网络从源站传输到目的站，这种包交换式广域网设备是可以被共享的，允许服务提供商通过一条物理线路、一个交换机来为多个用户提供服务。通常，用户通过一条专线，如 T1 或分时隙的 T1，连接到包交换网络。

在包交换式网络中，提供商通过配置自己的交换设备产生虚拟电路来提供端到端连接，帧中继、X.25 等都属于包交换式的广域网技术。包交换网络可以传输大小不一的帧（数据

报）或大小固定的单元。包交换式网络与点对点线路相比，提供给管理员的管理控制权限要少，而且网络带宽是共享的，但包交换提供了类似于专线的网络服务，并且服务费用的开销一般比专线要低。包交换网络类似于专线网络，通常工作在同步串行线路上，并且速率可以从 56kbit/s 到 45Mbit/s（T3 级）。

（3）电路交换连接

在电路交换式网络中，专用物理电路只是为每一个通信对话临时建立。交换式电路由一个初始建立信号触发所建立，这个呼叫建立过程决定了呼叫 ID、目的 ID 和连接类型，当传输结束时，中断信号负责中断电路连接。

POST（异步串口连接）是最普通的电路交换技术。在使用电话服务的过程中只有呼叫时，电路才建立，但是，一旦建立临时电路，它就专门属于指定的呼叫。尽管电路交换不如其他的广域网服务效益高，但是它比较常用，而且相对比较可靠。

（4）信元交换

信元交换服务（Cell-Switch Service）提供了一种专用连接交换技术，将数字化的数据组织成信元单元，然后用数字信号技术将其在物理介质上传输。

最常用的信元交换服务有两种，即异步传输模式（Asychronous Transfer Mode，ATM）和交换式多兆比特数据服务（Switched Multimegabit Data Service，SMDS），它们的特征描述如表 3-9 所示。

表 3-9　两种信元交换服务

信元交换服务	描　述
ATM	• 与宽带 ISDN 密切相关 • 是一项重要的广域网技术 • 使用长度很短的定长信元（53B）来传输数据 • 带宽可达 622Mbit/s，可以支持更高速率 • 典型的传输介质包括双绞线、对称电缆和光纤，费用高
SMDS	• 与 ATM 密切相关，通常用在城域网（MAN）中 • 带宽可达 44.736Mbit/s • 典型的传输介质包括双绞线、对称电缆和光纤 • 应用不很广，费用相对较高

小结

1. 知识梳理

1）设置数据链路层的目的是将存在传输差错的物理线路变成对网络层无差错的数据链路。数据链路层具有链路管理、帧同步、流量控制、差错控制等功能。

2）误码率是指二进制比特序列在数据传输系统中被传错的概率。

3）自动重传请求（ARQ）纠错是指收发双方在发现帧传输错误时，采用反馈和重发的方法来纠正错误。

4）差错控制是指检验并纠正数据传输差错。最常用的检错方法是循环冗余码（CRC）。

5）互联网数据链路层协议主要是 PPP。PPP 支持异步传输链路（面向字符的链路）、同步传输链路（面向比特的链路），支持 IP 和其他网络层协议。

6）局域网的 MAC 协议用于解决多个节点共享传输介质的随机争用控制，以太网采用带有冲突监测的载波侦听多路访问（CSMA/CD）方法。

7）局域网交换机可以在多个端口之间建立多个并发连接，VLAN 建立在交换技术的基础上。

8）由于 10G 以太网技术的出现，以太网的适用范围已经从校园网、企业网扩大到城域网和广域网。

本章的主要知识点结构如图 3-46 所示。

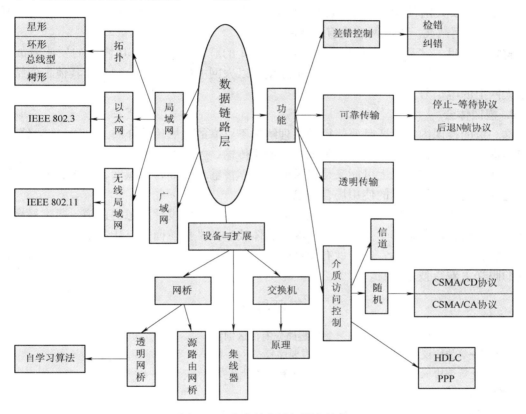

图 3-46　本章的主要知识点结构

2. 学生的疑惑

问题 1：通常来说，数据链路层协议可以把一条有可能出差错的实际链路，转变成为让网络层向下看起来好像是一条不出差错的链路。而事实上，数据链路层（PPP、CAMS/CD）工作机制并不能让网络层向下看起来好像是一条不出差错的链路。如何理解呢？

解析：OSI 体系结构的数据链路层采用的是面向连接的 HDLC，它提供可靠传输的服务。因特网的数据链路层协议使用得最多的就是 PPP 和 CSMA/CD 协议（拨号入网或使用以太网入网），它们都不使用序号和确认机制，因此也就不能"让网络层向下看起来好像是一条不出差错的链路。"，当接收方发现帧发生差错，直接丢弃而不进行任何其他处理；而在 HDLC 工作时，使用重传机制要求发送方重传。

117

问题2：当数据链路层使用 PPP 或 CSMA/CD 协议时，既然不保证可靠传输，那么，为什么对所传输的帧进行差错检验呢？

解析：当数据链路层使用 PPP 或 CSMA/CD 协议时，在接收方对所接收的帧进行差错检验是为了不将已经发现有差错的帧接受下来。如果在接收方不进行差错检测，那么接收方上交给主机的帧就可能包括在传输中出了差错的帧，而这样的帧对接收方主机是没有用处的。接收方进行差错检测的目的是："上交主机的帧都是没有传输差错的，有差错的都已经丢弃了"，或者更加严格地说，是"我们以很接近于 1 的概率认为，凡是上交主机的帧都是没有传输差错的"。

问题3：以太网使用带冲突检测的载波监听多路访问（CSMA/CD）协议，频分复用（FDM）才使用载波。以太网有没有使用频分复用？

解析：这里的"载波"并非指频分复用 FDM 的载波。CSMA/CD 协议的发明者故意使用了大家早已熟悉的旧名词载波，来表示连接在以太网上的工作站检测到了其他工作站发送到以太网上的电信号。

3. 授课体会

这一章的授课内容主要是要使得学生理解在不可靠的底层传输介质上，通过链路层协议如何实现可靠的数据传输，涉及封装成帧、透明传输、差错控制等机制。但是，需要注意的是，实际的网络在链路层上可能又是提供的不可靠传输，比如，局域网，那么就要学生能够区分这种链路层功能实际的使用场合需求。

以以太网为代表的局域网演变过程，证明了当初以太网设计思想的正确，通过局域网的发展历程，需要注意培养学生不必太拘泥于具体技术的掌握，而是要让学生理解技术发展背后的思想，为什么这样做？这样做有什么优点？其他技术方案有什么合理的地方？需要带着批判的眼光去看待技术本身。

习题与思考

1. 数据链路（逻辑链路）与链路（物理链路）有何区别？

2. 在停止等待协议中，应答帧为什么不需要序号？

3. 在停止等待协议中如果不使用编号是否可行？为什么？

4. 简述 ARQ 协议的工作原理。

5. 滑动窗口协议中，发送窗口和接收窗口的含义是什么？

6. 数据链路层中的链路控制包括哪些功能？试讨论数据链路层做成可靠的链路层有哪些优点和缺点。

7. 数据链路层的 3 个基本问题（帧定界、透明传输和差错检测）为什么都必须加以解决？

8. 如果在数据链路层不进行帧定界，会发生什么问题？

9. 解释零比特填充法。

10. 要发送的数据为 1101011011，采用 CRC 的生成多项式是 $P(X) = X^4 + X + 1$。试求应添加在数据后面的余数。数据在传输过程中最后一个 1 变成了 0，问接收方能否发现？若数据在传输过程中最后两个 1 都变成了 0，问接收方能否发现？采用 CRC 检验后，数据链路层的传输是否就变成了可靠的传输？

11. 要发送的数据为 101110，采用 CRC 的生成多项式是 $P(X) = X^3 + 1$。试求应添加在数据后面的余数。

12. 简述 HDLC 帧各字段的意义。

13. PPP 的主要特点是什么？为什么 PPP 不使用帧的编号？PPP 适用于什么情况？为什么 PPP 不能使

数据链路层实现可靠传输？

14. 局域网的主要特点是什么？为什么局域网采用广播通信方式而广域网不采用呢？

15. 常用的局域网的网络拓扑有哪些种类？现在最流行的是哪种结构？为什么早期的以太网选择总线拓扑结构而不是星形拓扑结构，但现在却改为使用星形拓扑结构？

16. 什么叫做传统以太网？以太网有哪两个主要标准？

17. 试说明 10BASE-T 中的"10"、"BASE"和"T"所代表的意思。

18. 以太网使用的 CSMA/CD 协议是以争用方式接入到共享信道。这与传统的时分复用 TDM 相比优缺点如何？

19. 假定 1km 长、使用 CSMA/CD 协议的网络的数据率为 1Gbit/s。设信号在网络上的传播速率为 200 000km/s。求能够使用此协议的最短帧长。

20. 假定在使用 CSMA/CD 协议的 10Mbit/s 以太网中某个站在发送数据时检测到碰撞，执行退避算法时选择了随机数 $r = 100$。试问这个站需要等待多长时间后才能再次发送数据？如果是 100Mbit/s 的以太网呢？

21. 以太网上只有两个站，它们同时发送数据，产生了碰撞。于是按截断二进制指数退避算法进行重传。重传次数记为 i，i = 1，2，3，…。试计算第 1 次重传失败的概率、第 2 次重传的概率、第 3 次重传失败的概率，以及一个站成功发送数据之前的平均重传次数 I。

22. 有 10 个站连接到以太网上。试计算以下 3 种情况下每一个站所能得到的带宽。

（1）10 个站都连接到一个 10Mbit/s 以太网集线器；

（2）10 个站都连接到一个 100Mbit/s 以太网集线器；

（3）10 个站都连接到一个 10Mbit/s 以太网交换机。

23. 以太网交换机有何特点？用它怎样组成虚拟局域网？

24. 网桥的工作原理和特点是什么？网桥与转发器以及以太网交换机有何异同？

25. 网桥中的转发表是用自学习算法建立的。如果有的站点总是不发送数据而仅接收数据，那么在转发表中是否就没有与这样的站点相对应的项目？如果要向这个站点发送数据帧，那么网桥能够把数据帧正确转发到目的地址吗？

第4章 网络层

【本章提要】

本章主要讲解网络层的相关内容,包括 IP 地址、IP 及其辅助协议、路由算法与路由选择协议、多播的概念与原理、移动 IP 以及 IPv6。

【学习目标】

- 了解网络层的基本功能。
- 理解 IPv4 地址的表示方法和性质,掌握无类 IPv4 地址的计算和子网划分方法。
- 理解 ICMP、ARP 的工作方式。
- 理解 IP 地址和硬件地址的关系。
- 理解并掌握常用的路由算法。
- 理解 RIP 和 OSPF 路由协议的特点和工作原理,了解 BGP 的策略性特点。
- 理解 IP 多播的概念和工作原理。
- 了解移动 IP 的概念。
- 理解 IPv6 的特点、地址表示形式以及与 IPv4 的区别。
- 了解常用网络层设备的基本工作、基本结构和工作方式。

数据链路层的主要任务是将帧从某种类型的物理线路的一边传递到另一边。由于连接两个节点的线路可能具有不同的类型,因此数据链路层必须考虑底层介质,这就意味着有必要为每一种新的链路类型设计专门的链路层协议。

网络层需要处理如何跨越多种不同类型的网络环境将分组从源端传递到目的端。由于数据链路层已经解决了异构链路环境下的通信问题,网络层只需使用数据链路层的服务而无需关注底层介质的差异性。在网络层,不论分组经过了多少种不同类型的网络到达目的端,它们都应具有相对固定不变的封装形式。

路由器是网络层的核心设备,它的作用就是将各种异构网络彼此连接起来,并实现不同网络之间的数据包传送。它负责接收来自源节点的数据包并将其逐跳转发至目的节点。由于分组从源节点到达目的节点很可能要经过多跳路由器,并且有多条不同的可选路径,如何选择一条好的路径进行转发也是网络层必须解决的问题。

因特网的网络层分组使用 IP 进行封装,通常将其称为 IP 数据报。在本章中将使用这一名词。

4.1 网络层的基本功能

4.1.1 包交换

在因特网的网络层中,源节点负责将来自上层(传输层)的有效载荷封装为 IP 数据报,并将其交付目的节点,目的节点收到后将其进行解封装处理,并递交上层协议进行后续处理。

网络层协议首部中包含了 IP 地址及其他一些相关信息。作为网络层的核心设备，路由器根据收到的 IP 数据报首部信息决定将其进一步转发至某个下一跳路由器并最终交付目的节点，除非需要对过长的数据报进行分片等特殊情况，路由器一般不对数据报首部信息进行修改。

4.1.2 无连接的数据报服务

因特网的网络层主要采用了一种简单而灵活的无连接的数据报服务。源节点发送分组时不需要与目的节点建立连接，每一分组可以随时、独立发送。这就意味着源自同一节点的多个分组可能选择不同的路径到达目的节点，同一路径上相邻分组之间可能没有任何关联，分组可能丢失、出错，属于同一信息流的分组可能重复、乱序到达，并且不保证交付时限。总之，网络层不保证通信的可靠性。这样一种设计思想可以极大地提高分组交换的效率，而可靠性保证交由位于终端节点中的上层协议来负责。图 4-1 给出了无连接的数据报服务示意图。

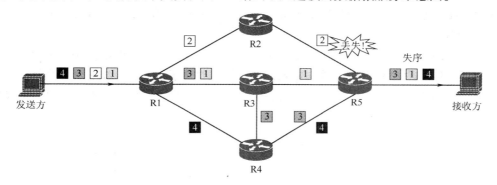

图 4-1 无连接的数据报服务

4.1.3 编址

编址是网络层的又一个关键功能，可使位于同一网络或不同网络中的主机之间实现数据通信。网际协议第 4 版（IPv4）为传送数据的数据包提供了分层编址，所有的网络层分组都具有统一的地址格式，即 IP 地址。良好的 IP 编址规划可以确保网络的高效运行。

4.1.4 路由

网络层的另一项重要任务即是对 IP 数据报进行路由。所谓路由是指路由器从一个接口上收到数据报，查看所收到的 IP 数据报首部的目的地址字段，并根据自身所生成的路由表决定转发策略的过程。由于网络层采用了无连接的数据报服务，各个分组可以独立选择不同的路径到达目的节点，路由器必须具备从众多不同的可达路径中选择一条或多条"最佳"路径的能力，这是通过在路由器上运行动态路由协议实现的。关于动态路由协议的工作原理，将在本章 4.3 节、4.4 节进行详细讨论。

4.2 IPv4

网际协议 IPv4 是网络层最主要的协议，它也是 TCP/IP 体系结构中两个核心协议之一。

IPv4 定义了网络层 IP 数据报的封装格式。除此之外还有 3 个辅助协议与之配合工作，它们是地址解析协议（ARP），因特网报文控制协议（ICMPv4）以及因特网组管理协议（IGMP）。ARP 用于以太网环境中实现 IP 地址到硬件 MAC 地址的解析，ICMPv4 用于辅助 IP 的工作，在网络层中提供简单的错误处理，而 IGMP 用于 IP 多播。本章后续部分将对这些协议进行详细阐述。

4.2.1 IPv4 地址

1. IP 地址的表示方法

从网络层的角度出发，因特网被视为一个抽象的、单一的网络，可以屏蔽底层链路的差异性来分析问题。相应的，网络层的主机地址不再像链路层一样具有各种不同的格式，而是一个全局性的、逻辑性的、抽象的地址，即 IP 地址。目前常用的是 IPv4 地址，它的分配机构是 **Internet 名称与号码分配公司（Internet Corporation for Assigned Names and Numbers，ICANN）**。

IP 地址是一个 4 个字节组成的二进制串，在路由器这样的网络设备中使用数字逻辑对其进行解释。但对用户来讲，二进制格式的地址可读性太差，因此，如图 4-2 所示；IP 地址用点分十进制的方式进行表示。具体来讲，将 IP 地址每个字节转换为对应的十进制数，并用点号分隔。例如：

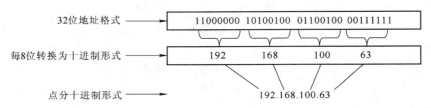

图 4-2　IP 地址点分十进制表示形式

2. 有类 IP 地址

早期的 IP 地址划分基于有类地址，即把 IP 地址划分为 5 个固定的主类网络，从而使 IP 地址都具有两级地址的含义，其中第一级是网络号，表示主机所在的主类网络；第二级是主机号，表示主机在其所属主类网络中的主机编号。表 4-1 给出了有类 IP 地址的划分方案。

表 4-1　有类 IP 地址的划分方案

主　类	第一字节表示范围（二进制）	第一字节表示范围（十进制）	网络号（N）和主机号部分（H）	可能的网络数量	主 机 数 量
A 类	00000000 ~ 01111111	0 ~ 127	N. H. H. H	2^7	$2^{24}-2$
B 类	10000000 ~ 10111111	128 ~ 191	N. N. H. H	2^{14}	$2^{16}-2$
C 类	11000000 ~ 11011111	192 ~ 223	N. N. N. H	2^{21}	2^8-2
D 类	11100000 ~ 11101111	224 ~ 239	不适用（多播）		
E 类	11110000 ~ 11111111	240 ~ 255	不适用（实验）		

从表 4-1 可以看出，可以通过 IP 地址的前 8 位对其所在主类进行区分。在以上 5 个主类网络中，最常用的是 A、B、C 三种主类地址，它们可用于标识因特网中的单个主机。

A 类地址的最高二进制位固定为 0，网络号部分占 1 个字节，因此原则上可以划分 $2^7 =$ 128 个 A 类网络。但网络号为 0 用于表示本网络，网络号为 127 用于表示本地环回地址，因此在因特网中可以使用的 A 类网络实际为 127 个（1~127）。

A 类地址主机号部分占 3 字节，因此每一个 A 类网络具有最多的主机 IP。可以划分的主机 IP 地址实际为 $2^{24} - 2$ 个，减去 2 的原因在于主机号为全 0 的 IP 地址表示网络地址，而主机号为全 1 表示广播地址。

B 类地址的最高两位固定为 10，网络号部分占 2 字节，合法的 B 类地址从 128.1 开始划分，因此可以指派的 B 类网络数为 $2^{14} - 1$ 个（128.1~191.255）。

B 类地址的主机号部分占 2 字节，可以划分的主机 IP 地址为 $2^{16} - 2 = 65534$ 个。

C 类地址的最高 3 位固定为 110，网络号部分占 3 字节，合法的 C 类地址从 192.0.1 开始划分，因此可以指派的 C 类网络数位 $2^{21} - 1$ 个。

C 类地址的主机号部分占 1 字节，可以划分的主机 IP 地址为 $2^8 - 2 = 254$ 个。

D 类地址表示多播 IP 地址，每一个 D 类地址表示一组特定的主机，因此没有前三类地址中网络号和主机号的两级区分。D 类地址范围是 224.0.0.0~239.255.255.255。

E 类地址用于科学研究或实验，在 RFC 3330 中列为"供以后使用"，不能用于标识 IPv4 网络中的主机。

3. 私有地址和网络地址转换（NAT）

大多数的 IP 地址都是公有地址，所谓公有地址是指因特网上的全局地址，具备公有地址的主机可以自由地访问因特网。

与之相对，具备私有地址的主机的访问范围被限制在本地网络，不能访问因特网。在 A、B、C 三个主类网络地址空间中，各取出其中一个子集作为私有地址空间：

- A 类私有地址空间：10.0.0.0~10.255.255.255。
- B 类私有地址空间：172.16.0.0~172.31.255.255。
- C 类私有地址空间：192.168.0.0~192.168.255.255。

私有地址的一大优点在于可以节省紧缺的 IPv4 地址资源。由于具有私有地址的 IP 数据报不会被路由到 Internet 中，位于 Internet 边缘众多的组织内部网络可以同时使用相同的私有 IP 地址而不会相互干扰。在迁移到 IPv6 以便彻底解决地址短缺问题之前，私有地址不失为一个理想的方案。

然而问题在于，如果组织内部网络中的主机要访问 Internet，仍然必须使用公有 IP 地址，这也就意味着如果要访问外网，则必须将私有地址转换为公有地址。**网络地址转换**（**Network Address Translation，NAT**）用于解决这一问题。NAT 于 1994 年提出，其基本思想是为每个家庭或组织分配一个（或少量）共享的公有 IP 地址，用于传输 Internet 流量，而家庭或组织内部的每台主机各自拥有一个私有 IP 地址，该地址用于处理内部 IP 数据报转发。当某台主机需要访问 Internet 时，必须执行一次地址转换，将其私有 IP 地址映射为共享的公有 IP 地址。NAT 软件安装在作为本地网关的路由器上，它至少应拥有一个公有 IP 地址。

如图 4-3 所示，私有网络 172.16.0.1 内的主机 IP 都是私有地址 172.16.x.x，当其中一台主机 Local 要访问 Internet 上的远程主机 Remote 时，其发送的 IP 数据报中源 IP 地址为 172.16.0.3，目的 IP 地址为 209.165.120.33。NAT 路由器执行地址转换，将私有源 IP 地址转换为公有源 IP 地址，该公有地址是路由器对外接口的 IP，即 202.195.168.1，然后重新封装后发送出去。当 Remote 收到数据报后向 Local 返回应答时，将认为 Local 的地址为 202.195.168.1，于是以该 IP 为目的地址发送数据报给 Local，NAT 路由器将收到来自 Remote 的数据报。现在的问题是，Local 是 Remote 的通信终点，NAT 路由器如何将数据报返回给 Local 呢？

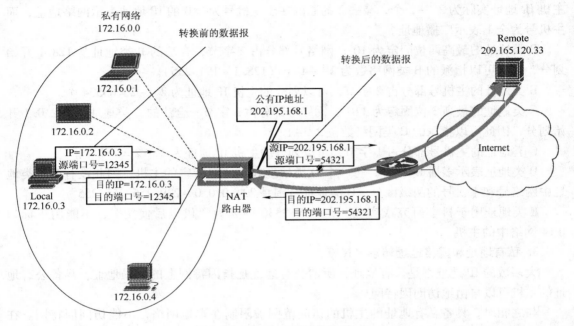

图 4-3　NAT 的工作过程

在 NAT 路由器的内存中，维护着一张 NAT 的地址转换表，当 Local 访问 Internet，路由器完成地址转换时，将把 Local 的私有 IP 与分配给它的公有 IP 之间的映射关系写入 NAT 地址表。当发送给 Local 的数据报到达 NAT 路由器时，路由器将根据映射关系再次进行地址转换，即把公有 IP 202.195.168.1 转换为 172.16.0.3，并重新封装 IP 数据报，最终发送给 Local。表 4-2 给出了上述过程对应的 NAT 地址表结构。

表 4-2　NAT 地址表结构

方　　向	字　　段	旧 IP 和端口号	新 IP 和端口号
出境方向	源 IP：源端口号	172.16.0.3：12345	202.195.168.1：54321
入境方向	目的 IP：目的端口号	202.195.168.1：54321	172.16.0.3：12345

注意到图中和地址表中除了有 IP 地址外，还有**端口号（Port Number）**（端口号用于区分节点中不同的应用进程，其概念和意义将在第 5 章进行详述）。在 NAT 中，如果仅仅用 IP 地址来进行映射，还不能完全达到节省 IP 地址的目的。试想如果私有网络中的多台主机同时需要访问 Internet，则路由器必须将其映射为多个公有 IP 方可加以区分。而在地址转换过程将 IP 地址与端口一起使用，则可以用同一个 IP 地址，不同的端口号来对应多台主机。Local 发送给 Remote 的数据报中包含了源端口号 12345，NAT 路由器收到后将 IP 地址与源端口号一起进行转换，生成新的公有 IP 与源端口号（图中为 202.195.168.1：54321），并将 IP

地址 + 端口号的映射关系写入 NAT 地址表,随后完成封装将数据报发送给 Remote。Remote 以 202.195.168.1 为目的 IP,54321 为目的端口号返回数据报,NAT 路由器根据映射关系还 原私有 IP 和旧的端口号(172.16.0.3:12345),重新封装后将数据报交付给 Local。在 NAT 中同时使用 IP 地址和端口号的转换方式称为 **NAPT(网络端口地址转换)** 或 **PAT(端口地址转换)**。

实际上,对于 NAPT 的使用,一直以来都存在着争议,主要原因在于:

1)NAT 违反了 IP 的结构模型,即世界上任何一台主机都应具有唯一一个不同于其他主机的 IP 地址。但私有地址使得众多主机可以使用相同的 IP。

2)NAT 打破了 Internet 端到端的连接模型,即任何主机可以随时向任何其他主机发送数据报。而在 NAT 方式下,除非进行特殊配置,否则通信连接只能从私有网络发起。

3)NAT 违反了计算机网络体系结构中的分层次原则,即层次之间应具有独立性,而在 NAPT 中同时应用了网络层 IP 地址和传输层端口号。假如有一天 IP 协议或端口号所依赖的传输层协议发生改变,则 NAT 将无法运行。

但无论如何,作为解决 IPv4 地址短缺的权宜之计,NAT 得到了广泛的使用,它是 Internet 中一个事实上的重要构件。

4. 特殊的 IP 地址

● 网络地址和广播地址:如前所述,主机号部分为全 0 的 IP 地址表示网络地址,而主机部分为全 1 的 IP 地址表示广播地址。

● 环回地址:首字节为 127 的 A 类网络地址空间作为主机环回地址使用,通常都被指向 127.0.0.1。环回地址用于测试本机 TCP/IP 栈是否安装正确。

● 链路本地地址:地址块 169.254.0.0 ~ 169.254.255.255(169.254.0.0/16)中的 IPv4 地址被指定为链路本地地址。在没有可用 IP 配置的环境中,操作系统可以自动将此类地址分配给本地主机。链路本地地址只能本网络内使用。

● TEST-NET 地址:地址块 192.0.2.0 ~ 192.0.2.255(192.0.2.0/24)保留供教学使用。这些地址可用在文档和网络示例中。

4.2.2 子网划分与子网掩码

1. 子网划分

早期因特网上主机和网络数量都较为有限,在当时看来,采用有类 IP 地址能够满足需要,因为 A、B、C 三种主类网络考虑到了不同大小的地址空间使用需求。随着因特网的迅猛发展,对 IP 地址的需求也随之迅速增长,两级有类 IP 地址的划分已经非常不合理。原因在于:

1)利用率低。A 类网络可以提供超过 1 000 万个主机 IP 地址,B 类网络可以提供 65534 个主机 IP 地址,而 C 类网络可以提供 254 个主机 IP 地址,具有几何数量级别的个数差异,若某个组织对 IP 地址的需求介于期间,则会造成极大的 IP 地址浪费,例如某个组织需要 2 000 个主机 IP,若为其分配一个 B 类网络,则利用率约占 3%。

2)严重降低路由性能。后面将会了解到,路由器根据 IP 数据报的目的网络地址决定转发策略,如果让每个路由器都必须了解所有的主类网络,无疑使得路由表过于庞大,查表效率过于低下,从而使得网络通信也非常低效,整个因特网性能也大大降低。

3）结构僵化，不灵活。将一个主类地址空间分配给某一组织后，对该组织内部来讲，IP 地址划分是一种平坦结构。如果该组织内部结构发生变动，需要重新划分数个网络时，原来的平坦结构显然不能适应组织内部的变化；如果要改变这样的状况，需要向 ICANN 重新申请更多的主类地址空间，而这需要一些时间，不能立即满足组网的需求。

在有类 IP 地址划分的范围内，为了尽可能充分而灵活地利用 IP 地址，从 1985 年起，在原来两级 IP 地址中新增了一个子网号字段，从而变两级为三级地址结构，即主机 IP 地址由主类网络号、子网号以及主机号构成。

增加子网号字段不会导致 IP 地址位数增加，它只是借用了原来的主机号字段中的部分二进制位。

【例 4-1】 已知 B 类网络地址 130.24.0.0，将其分成 4 个子网。

解 因为要将已知网络地址分成 4 个子网，则需要借用两位主机号字段：

第一个子网：130.24.**00**000000.0 →130.24.0.0；

第二个子网：130.24.**01**000000.0 →130.24.64.0；

第三个子网：130.24.**10**000000.0 →130.24.128.0；

第四个子网：130.24.**11**000000.0 →130.24.192.0。

对上例须作四点说明：

1）从主机号最高位开始借用主机位作为子网号。

2）需要对 IP 地址的哪个/些字节作处理时，应将其转换成二进制形式。

3）划分子网后，由于主机号字段的一部分用于表示子网，每一子网中可以分配的主机 IP 地址将成比例缩减。上例中，每个子网中可以分配给主机的 IP 地址为 $2^6 - 2 = 62$ 个。

4）即便是多个相同的 IP 地址表示形式，如果划分子网时借用的主机号位数不同，它们也具有不同的性质。

【例 4-2】 已知 B 类网络地址 130.24.0.0，将其分成 8 个子网。

第一个子网：130.24.**000**00000.0 →130.24.0.0；

第二个子网：130.24.**001**00000.0 →130.24.32.0；

第三个子网：130.24.**010**00000.0 →130.24.64.0；

第四个子网：130.24.**011**00000.0 →130.24.96.0；

……

只列出前 4 个子网的划分情况，将例 4-1 中第二个子网与例 4-2 中第三个子网对比，IP 地址均为 130.24.64.0，但其在例 4-1 中表示编号为 1 的子网，该子网中可分配 62 个主机 IP，而在例 4-2 中相同形式的地址则表示编号为 2 的子网，该子网中可分配 30 个主机 IP，显然二者性质不同。

2. 子网掩码

在划分子网环境下，路由器必须了解子网的具体划分情况以决定将 IP 数据报精确转发到目的子网。而仅仅根据 IP 地址本身无法推断出它所在的子网，这就需要借助于子网掩码并通过简单的逻辑与运算来判断。

子网掩码是由连续的 1 和 0 所组成的 32 位二进制串，它和 IP 地址的各二进制位一一对应。其中连续的 1 对应 IP 地址的网络号及子网号字段，连续的 0 对应主机号字段。在表示时也使用点分十进制的方法。使用子网掩码属性，可以确定唯一 IP 地址的子网性质。

以例4-1 中其中一个子网地址130.24.64.0 为例，其地址与掩码对应关系如图4-4 所示。

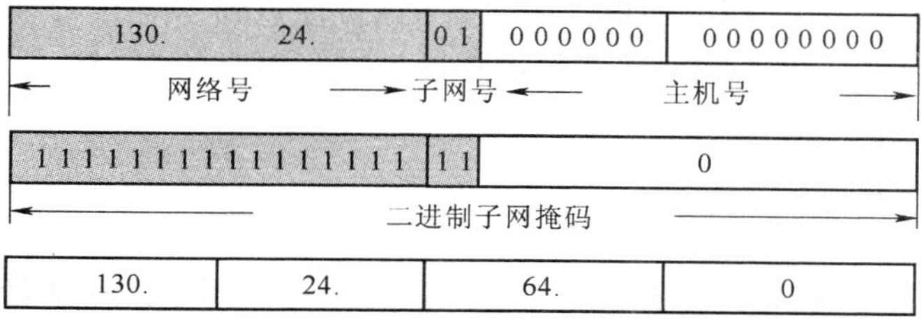

130.	24.	01	000000	00000000

网络号	→ 子网号 ←	主机号

11111111 11111111	11	0

二进制子网掩码

130.	24.	64.	0

图 4-4　IP 地址与子网掩码的关系

不难看出，只要将 IP 地址与对应子网掩码作与运算，则可以得到其网络地址。

【**例4-3**】　　已知 IP 地址 180.114.240.39，子网掩码为 255.255.224.0，试求网络地址。

解　观察子网掩码，表示地址网络号、子网号字段的连续的 1 和表示主机号字段的连续的 0 的边界位于第三字节，因此应将 IP 地址的第三字节转为二进制进行计算。如图4-5 所示：

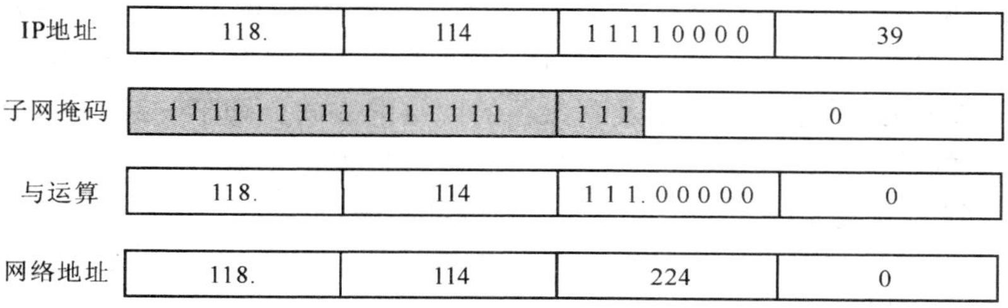

IP地址	118.	114	11110000	39

子网掩码	11111111 11111111	111	0

与运算	118.	114	111.00000	0

网络地址	118.	114	224	0

图 4-5　利用子网掩码求网络地址

对于经过子网划分的层次化 IP 地址结构所带来的好处，下面通过图4-6 给出的实例进行阐述。

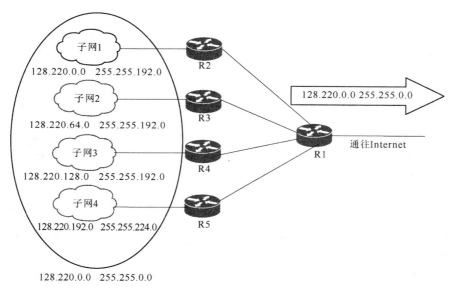

图 4-6　子网划分应用实例

如图 4-6 所示，假定路由器 R1 左侧是一个组织内部网络，该组织拥有一个 B 类网络地址空间：128. 220. 0. 0，该组织内部划分了 4 个子网。注意到子网 1、2 和 3 分别占用了 25% 的地址空间，而分配个子网 4 的地址空间占总地址空间大小的 12.5%，可见还剩余 12.5% 的地址暂时没有使用。

引入子网划分所带来的好处是：

1）节省 IP 地址。

2）组织内部可以根据自身需要灵活自主地进行组网，不论是增加新的子网、修改原有的子网划分方案，还是删除某些子网划分，都是其内部的事务，不需要通知上级 IP 地址管理机构，这样大大提高了网络部署的效率。

3）不论组织内部子划分如何变动，对外部均不可见，始终都表现为一个网络（在图 4-6 中即 128. 220. 0. 0，子网掩码 255. 255. 0. 0），外部路由器不会因此而增加路由条目，这有利于保持网络的稳定性、提高路由效率。

4.2.3　路由器对 IP 数据报的处理

路由器作为网络层的核心设备，主要负责对收到的 IP 数据报进行路由转发，它依赖其内存中的路由表作出转发策略。路由表中包含各种类型的路由条目，各路由条目指出了路由器当前已知的**目的网络地址和掩码以及到该目的网络的去向，即下一跳路由器的地址**。

在划分子网的情况下，路由器按如下算法决定数据报转发策略：

1）查看收到的 IP 数据报首部中的目的 IP 地址字段。

2）将目的 IP 地址与路由表中的路由条目按顺序进行比较，具体来讲就是将目的 IP 与每一个路由条目中的子网掩码进行与运算。

3）如果运算结果与该路由条目所指出的目的网络地址相等，则找到匹配（请读者考虑原因），路由器将 IP 数据报转发给该路由条目中所指出的下一跳路由器。

4）如果没有找到匹配，但存在**默认路由**，则将 IP 数据报转发到默认路由所指出的下一跳路由器，否则，转至第 5）步。

5）丢弃分组并报告错误。

【例 4-4】　如图 4-6 所示，已知路由器 R1 的路由表中包含左侧所有 4 个子网的路由条目，见表 4-3。

表 4-3　图 4-6 中 R1 的路由表中的部分条目

目的网络地址	掩　　码	下　一　跳
128. 220. 0. 0	255. 255. 192. 0	R2
128. 220. 64. 0	255. 255. 192. 0	R3
128. 220. 128. 0	255. 255. 192. 0	R4
128. 220. 192. 0	255. 255. 224. 0	R5

如果它收到一个来自外部的 IP 数据报，其首部中目的 IP 字段为 128. 220. 140. 28，试分析其转发策略。

解　路由器将该目的 IP 地址与每一路由条目中的掩码字段作与运算以判断是否与该条目匹配：

第一次比对：   128.220.10001100.00011100
　　AND　　　255.255.11000000.00000000

128.220.10000000.00000000　=　128.220.128.0 ≠ 128.220.0.0：不匹配！

第二次比对：   128.220.10001100.00011100
　　AND　　　255.255.11000000.00000000

128.220.10000000.00000000　=　128.220.128.0 ≠ 128.220.64.0：不匹配！

第三次比对：   128.220.10001100.00011100
　　AND　　　255.255.11000000.00000000

128.220.10000000.00000000　=　128.220.128.0 = 128.220.128.0：匹配！

可见路由表中第三个表项与目的 IP 地址匹配，说明目的节点在第三个表项所指的子网 128.220.128.0 中，于是路由器 R1 将 IP 数据报转发给该路由表项所指的下一跳路由器，即 R4。路由器 R4 按照相同方法查找匹配，它最终将 IP 数据报直接交付给子网 3 中的目的主机。

在本小节开始时对路由器处理 IP 数据报的流程进行描述时，提到了默认路由的概念。默认路由经常应用于对路由器的路由配置中，原因在于它能够精简路由表的结构，用一条路由代替指向多个目的网络的多条路由，尤其是在一些与外界只有很少连接的网络中。

如图 4-7 所示，左侧网络是一个位于 Internet 边缘的末节网络（Stub Network），IP 数据报要么从该网络发出，要么以此网络为终点。该网络只有一条连接通向外网，所有发往外网某处的 IP 数据报都具有相同的下一跳地址，即 ISP 路由器的接口地址（图中所示为 200.122.20.2）。因此只需要在本地路由器 Local 上配置一条默认路由指向外网即可。

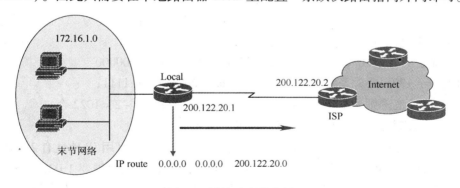

图 4-7　默认路由的应用

4.2.4　无分类编址 CIDR

子网划分使得有类 IP 地址空间得以更有效的利用，但是仍然存在一个十分严重的问题：路由表规模仍可能过于庞大。

如果组织内部进行了子网划分，属于该组织的本地路由器必须为每个子网建立路由表项以便告知如何到达各子网，然后本地路由器可以通过一条简单的默认路由将数据报送往

ISP。然而 ISP 和骨干路由器之间却不能这样处理，因为这些骨干路由器位于 Internet 核心，它们必须知道通过哪些方式可以到达哪个网络。连接在 Internet 的网络数量有几十万或上百万个，这样大的规模将会导致骨干路由器产生一个巨大的路由表。路由器转发每个 IP 数据报都必须查询这张表，而骨干路由器每秒可能会处理数百万个 IP 数据报的转发；此外，路由器之间需要彼此交换可达地址信息（即路由信息），路由表越大，需要通信和处理的信息量也越大。可以想象，骨干路由器将要耗费巨大的处理器和内存资源才能满足处理要求，而且这会导致处理速度下降，这对于 Internet 核心部分要求以极高的数据率转发大量数据是不相适应的。

在 IPv4 地址空间中，只能考虑如何尽可能地采取一定的措施来减小路由表的长度。位于不同地点的路由器可以知道一个不同大小的 IP 地址块，然而这些地址块不是经过子网分割后的小地址空间，相反，它们是由多个地址空间合并而成的更大地址空间，甚至是由多个原来的主类网络合并而成，这一合并过程称为**路由聚合（Route Aggregation）**，而经过合并而成的更大地址块称为**超网（Supernet）**。

路由聚合摒弃了传统有类 IP 的概念，所有的 IP 地址都没有类别之分，统一看待；同时，路由聚合使用了与子网划分相同的方法来区分 IP 地址的网络号和主机号部分，区别在于：IP 地址回到两级结构，即**网络前缀（NetworkPrefix）**与**主机号**两部分，其中网络前缀对应于原来子网划分下 IP 地址的网络号和子网号部分，它指出了超网的地址空间大小，后面部分仍然用于指明主机。

路由聚合与子网划分协同工作，统称为**无类别域间路由（Classless Inter-Domain Routing，CIDR）**。该名称突出了与有类 IP 地址下层次编址的区别。

CIDR 通常采用斜线记法来表示一个 CIDR 地址块，斜线后面的数字指出了网络前缀的长度，即地址块的大小。

【例 4-5】 172.16.0.0/22 表示该 CIDR 地址块的网络前缀长度为 22 位，而主机号部分则为 $32 - 22 = 10$ 位。由此可以推出该地址块的地址范围为

最小地址：172.16.0.0   **172.16.000000**00.00000000

最大地址：172.16.3.255   **172.16.000000**11.11111111

主机 IP 地址范围则为 172.16.0.1 ~ 172.16.3.254，共 $2^{10} - 2 = 1022$ 个。

为了更好地理解 CIDR 的工作原理，考虑以下例子。

【例 4-6】 假定有一个 CIDR 地址块 128.40.96.0/19，其可用 IP 地址有 $2^{13} = 8\,192$ 个。假定 A 大学需要 4 094 个地址，B 大学需要 2046 个地址，C 大学需要 1 022 个地址，对该 CIDR 地址块进行划分以满足组网需求，并说明 CIDR 是如何减小路由表大小的。

解 由上可知该 CIDR 地址块中可用 IP 地址比 3 所大学所需的地址总和还要多出 1 024 个，将哪些地址分给哪个大学具有多种划分方案，所有方案中均应保证划分后的小 CIDR 地址块中 IP 地址没有重复，并且尽量避免浪费。一种理想的划分方案是按照地址空间从大到小进行划分。

A 大学需要 4 094 个 IP 地址，则应为其划分一个/20 的地址块。

B 大学需要 2 046 个 IP 地址，则应为其划分一个/21 的地址块。

C 大学需要 1 022 个 IP 地址，则应为其划分一个/22 的地址块。具体划分方案如下：

A 大学：　**128.40.0110**0 000.00000000：　　128.40.96.0/20

B 大学：　**128.40.0111 0** 000.00000000：　　128.40.112.0/21

C 大学：　**128.40.0111 1 0**00.00000000：　　128.40.120.0/22

如图 4-8 所示，靠近大学的路由器 EDU 应该为每所大学的地址块建立了路由表项，然而站在左侧远程路由器 Remote 的角度出发，所有 3 个前缀的 IP 数据报都应从 EDU 发送过来，EDU 路由器的路由进程将把 3 个前缀合成一个聚合表项：128.40.96.0/19，然后传递给远程路由器。通过聚合，3 个前缀减少为 1 个，从而缩减了远程路由器的路由表大小。对比有类 IP 中的 B 类地址，该聚合表项包含了 $2^5 = 32$ 个 C 类地址空间。

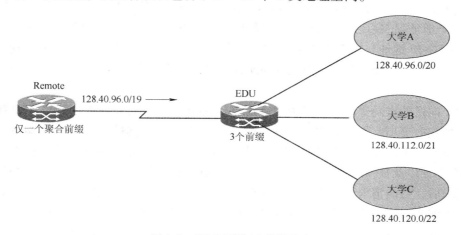

图 4-8　CIDR 下的 IP 前缀聚合

聚合功能在路由器中自动启用，显著减小了路由表的规模，它在 Internet 中得到了广泛应用。

最长前缀匹配。CIDR 下的网络前缀是允许重叠的，因此路由表查找过程中可能得到不止一个匹配结果，这就加大了路由查找的难度。从多个匹配结果中，究竟应该选择哪一条路由呢？规则是数据报按最具体的路由方向进行发送，即具有最少 IP 地址的**最长前缀匹配**（Longest Matching Prefix）。仍以图 4-8 为例，假定一个 IP 数据报，其目的地址为 128.40.113.1。该地址与 128.40.96.0/19 和 128.40.112.0/21 均匹配。根据最长匹配原则，该数据报应被转发给大学 B 而不是只转发给路由器 EDU，因为大学 B 的前缀长度更长，其路由更具体。

4.2.5　地址解析协议

站在网络层的角度看待分组交换的过程，可以认为 IP 数据报是从源节点网络层经过路由器的逐跳转发最终到达目的节点的网络层。然而在这一过程中，分组要被各跳路由器接收、转发，并且最终交付目的节点，并不依赖于设备的 IP 地址而是其物理地址。IP 地址位于网络层，而物理地址位于链路层。在分组逐跳转发的过程中，IP 地址通常保持不变，而链路层上可能由于链路类型的不同而有不同的物理地址形式；即使具有相同的链路类型，物理地址也会因为分组所在链路的不同而改变，因为路由器在把分组从一个网络转发给另一网络时，会对其重新进行链路层的封装。图 4-9 显示出分组转发过程中 IP 地址和物理地址之间的关系，其中物理地址用 HA 表示。

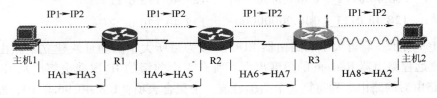

图 4-9　IP 地址与物理地址

地址解析协议（**Address Resolution Protocol，ARP**）用于在以太网环境下，同一局域网中实现 IP 地址到 MAC 地址的转换。它利用了以太网的广播性质设计而成。

ARP 解决 IP 地址与物理地址映射的方法是在节点的内存中维护一个 ARP 高速缓存，其中存放一张映射表，表中列出了节点目前所知的局域网中各主机 IP 地址和 MAC 地址的映射条目。

源站要向目的点发送数据，必须知道其 MAC 地址。源站首先查询自己的 ARP 缓存中是否有匹配的映射表项，如果有则直接查找到目的 MAC 地址，然后封装为 MAC 帧转发给目的站；如果没有，则向局域网中广播 ARP 请求，在 ARP 请求消息中包含发送请求站点的 IP 地址和 MAC 地址以及被请求站点的 IP 地址，该请求以以太网帧的形式广播发送。当被请求站点收到请求后，将向请求站单播 ARP 响应，告知其 MAC 地址，发送请求站点收到响应后，在映射表中建立对应表项，然后完成链路层封装，将数据单播发送给目的站点。可见，ARP 缓存的意义在于避免每次发送数据帧之前都要在局域网中广播发送 ARP 请求，从而降低了网络通信量。图 4-10 详细说明了 ARP 请求和响应过程。

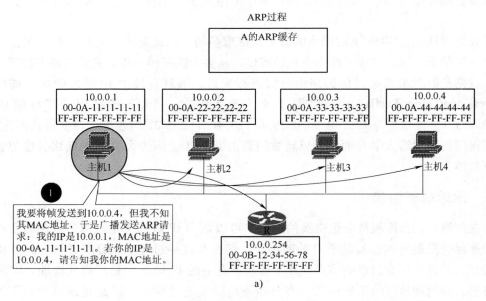

图 4-10　ARP 请求与响应过程
a）PC1 发送 ARP 广播请求

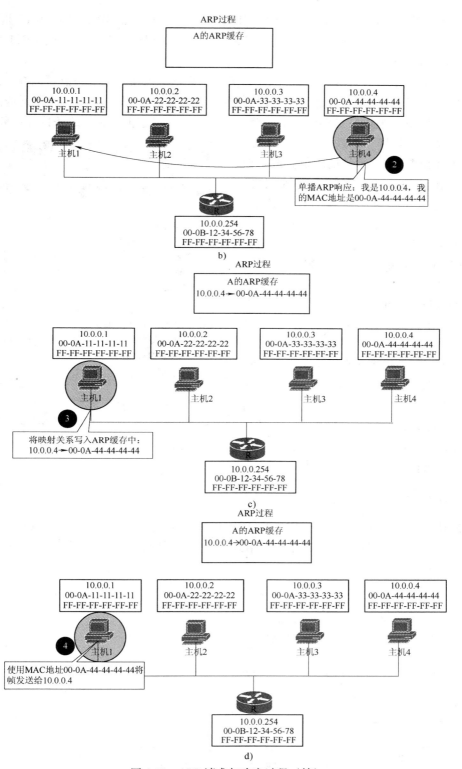

图 4-10　ARP 请求与响应过程（续）

b）PC4 向 PC1 单播 ARP 响应　　c）PC1 将映射条目添加到 ARP 缓存中　　d）PC1 向 PC4 发送数据帧

需要说明的是，PC1 向 PC4 发送的 ARP 请求中包含自己的 IP 地址和 MAC 地址，PC4 在收到请求后，会顺便把该映射关系写入 ARP 缓存中，这样做省去了下次向 PC1 发送数据前首先发送 ARP 广播请求，降低了网络通信量。

ARP 缓存中 IP 地址和 MAC 地址的映射关系不会永久保持。因为节点可以在不同时间使用不同的 IP 地址，而其 MAC 地址也会因为更换网络适配器而发生改变。为了适应这一动态变化，每一个 ARP 映射条目都设置了一个生存时间，凡超过生存时间的条目都会被删除。

请注意：ARP 用于解决同一个局域网中节点 IP 地址与 MAC 地址的映射关系。如果源节点和目的节点不在同一局域网中，则源节点无法获知目的节点的物理地址。那么此时如何发送数据给目的节点呢？

如图 4-11 所示，在主机的 Internet 协议（TCP/IP）属性配置中，除了配置 IP 地址与掩码，还会配置**默认网关（Default Gateway）**，默认网关地址即与局域网中用于访问外网的路由器或三层交换机的接口 IP（图 4-11 中即 10.0.0.254）。当目的节点不在同一网络中，则主机将向默认网关发送 ARP 广播请求，获取默认网关直连接口的 MAC 地址，网关给出响应后，则主机可以完成链路层封装将帧发送给网关，然后由网关负责将分组进行进一步转发，要么转发给下一跳路由器，要么直接交付个目的节点。

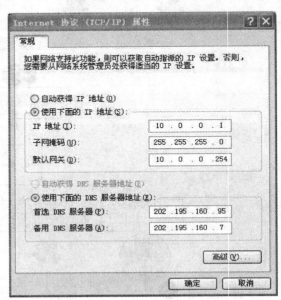

图 4-11　主机的 Internet 协议属性配置

4.2.6　IPv4 数据报格式

网际协议（Internet Protocol，IP）是 TCP/IP 栈中的两个核心协议之一，以 IP 进行封装的网络层分组即 IP 数据报，IP 数据报的格式体现了 IP 协议的功能。图 4-12 给出了 IP 数据报的首部格式。

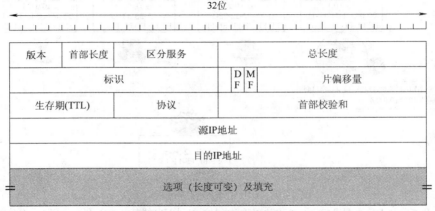

图 4-12　IP 数据报的首部格式

从图 4-12 可以看出，IP 数据报包含 20 个字节的固定首部，选项部分长度可变。下面分别介绍首部各字段的含义。

版本：占 4 位。代表 IP 版本号，对于 IPv4，其值为 4。

首部长度：占 4 位。指出了 IP 数据报首部的总长度（固定首部 + 选项部分）。该字段以 4 字节为单位，最大值为 1111，因此首部最长为 60 字节，选项部分最长为 40 字节。对于某些选项，比如记录一个数据报路径的选项，40 字节往往较小，这使得选项部分用处不大，一旦使用，则应通过全 0 填充保证数据报首部为 4 字节的整数倍。

区分服务：占 8 位。该字段最初名为服务类型（Type Of Service），最初用于区分不同的服务种类，比如可靠性和速度等。1998 年 IETF 将其改名为**区分服务（Differentiated Service，DS）**。除非使用区分服务，否则一般情况下不使用这一字段。

总长度：占 16 位。指 IP 数据报首部连同数据部分的字节数之和，最大长度为 $2^{16} - 1 = 65\ 535$ 字节。该字段用于帮助接收站点确知 IP 数据报何时被完整收到。由于以太网的广泛使用，实际总长度很少超过 1 500 字节。若 IP 数据报过长，则会被路由器作分片处理，此时首部格式中的后续 4 个字段：标识、DF、MF 和片偏移字段将用于处理与分片有关的信息。

标识：占 16 位。用于让目的节点确定属于同一个 IP 数据报的数据分片。同一数据报的所有分片具有相同的标识值。

标志：紧接标识字段后的 3 位合称为标志字段。最高位未使用。

●**DF**：表示不允许分片（Don't Fragment）。这一标志位针对路由器，当 DF = 1 时，不允许路由器对数据报进行分片。

●**MF**：表示后面还有分片（More Fragment）。MF = 1 时，表示该片后面还有属于同一 IP 数据报的分片；MF = 0，表示该片已是最后一个分片。

片偏移量：占 13 位。指明了分片在整个 IP 数据报中的相对位置，以 8B 为单位。也就是说，除了数据报的最后一个分片以外，所有其他分片必须是 8B 的整数倍。

生存期 TTL（Time To Live）：占 8 位。该字段是一个用于限制 IP 数据报在网络中的生存期的计数器，单位是 IP 数据报所经过的路由器跳数，路由器收到 IP 数据报后将 TTL 值减 1，当 TTL 减为 0 时，路由器丢弃数据报。由于路由环路或路由表损坏等原因，IP 数据报可能在网络中一直逗留，这会浪费网络带宽。使用该字段可以强制将一个长时间无法到达目的地的数据报丢弃从而降低带宽消耗。

协议：占 8 位。指出了 IP 数据报所封装的 PDU 类型，以便使目的主机的 IP 层知道应将数据部分上交给哪个处理过程。常用的协议类型及协议字段值见表 4-4。

表 4-4 常用协议类型值

协议名	ICMP	IGMP	TCP	EGP	IGP	UDP	IPv6	EIGRP	OSPF
协议值	1	2	6	8	9	17	41	88	89

首部校验和：占 16 位。用于检验 IP 数据报首部，不含数据部分。校验算法的执行过程是，在发送方，先将数据报首部划分为多个 16 位字为单位的二进制序列，并把校验和字段置 0；利用反码算术运算把所有 16 位字相加，结果的反码写入校验和字段。接收方收到数据报后，将首部所有的 16 位字再使用反码加法计算一次，并将结果取反码，即得校验结果。若首部无变化，结果应为 0，此时收下数据报；否则出错，丢弃该数据报。

4.2.7 网际控制报文协议

网际控制报文协议（Internet Control Message Protocol，ICMPv4）是 IPv4 协议的一个辅助协议，用于在不可靠的 Internet 网络层尽可能地提高 IP 数据报成功交付的机会。路由器会对 Internet 的操作进行严密监控，一旦在处理 IP 数据报的过程中出现意外，则可通过 IC-MP 消息向发送站点报告有关事件；另外还可以利用 ICMP 对 Internet 连通性进行测试。

ICMP 报文分为两大类，即 ICMP 差错报告报文和 ICMP 询问报文。通过报文格式中的类型值区分不同种类的 ICMP 报文。常用的 ICMP 报文类型见表 4-5。

表 4-5　常用的 ICMP 报文类型

ICMP 报文种类	类　型　值	报　文　类　型	描　　　　　　述
差错报告报文	3	终点不可达	数据报无法传递
	4	源站抑制	抑制包
	11	超时	TTL 减为 0
	12	参数问题	无效包头
	5	路由重定向	告知路由器有关地理信息
询问报文	8，0	回送请求/应答	测试目的主机可达性
	13，14	时间戳请求/应答	与回送相同，但要求时间戳

下面对表中报文类型作进一步说明：

终点不可达（Destination Unreachable）：当路由器无法定位目标站点，或者设置了 DF 位的 IP 数据报在转发途中经过的某个网络其 MTU 值小于数据报长度而无法通过，路由器将使用类型值为 3 的终点不可达报文向源站报告。

源站抑制（Source Quench）：由于网络拥塞而导致路由器或主机丢弃数据报时，向源站发送类型值为 4 的源站抑制报文，使其降低发送速率。

超时（Time Exceeded）：当 IP 数据报的 TTL 被减为 0 而被丢弃时，路由器发送类型值为 11 的超时消息报告这一情况。超时报文非常巧妙地应用于 **Traceroute** 工具，该工具可以发现源节点到目的节点通信路径上的设备 IP 地址。方法是向目标地址发送一系列数据报，将各数据报的 TTL 值设置为 1、2、3、……。随着路径延伸，这些数据报的 TTL 值将按顺序被逐跳路由器递减为 0，而同时路由器会依次向源站发送超时报文，而报文中包含了逐跳路由器的 IP 地址和用时等统计数据。据此源站可获知路径信息。图 4-13 显示了从一台 PC 追踪到新浪网 Web 服务器的路径信息所获得的结果。注意在 Windows 操作系统中命令拼写形式是 **tracert**。图中每一行有 3 个时间，因为对于每一个 TTL 值，源站要发送 3 次相同的 IP 数据报。

参数问题（Parameter Problem）：该消息表示在首部检测到非法值，出现此问题的原因很可能是发送主机或中途路由器的 IP 软件出错。

路由重定向（Redirect）：当路由器发现一个数据报看似被错误路由、或者当其发现源站发往某个目标地址的数据报具有更优路由时，将使用类型值为 5 的重定向消息向源站报告，使源站知道下次应将数据报发送给其他路由器。

回送请求/应答（Echo Request/Reply）：该消息用于判断指定 IP 的目的节点是否可

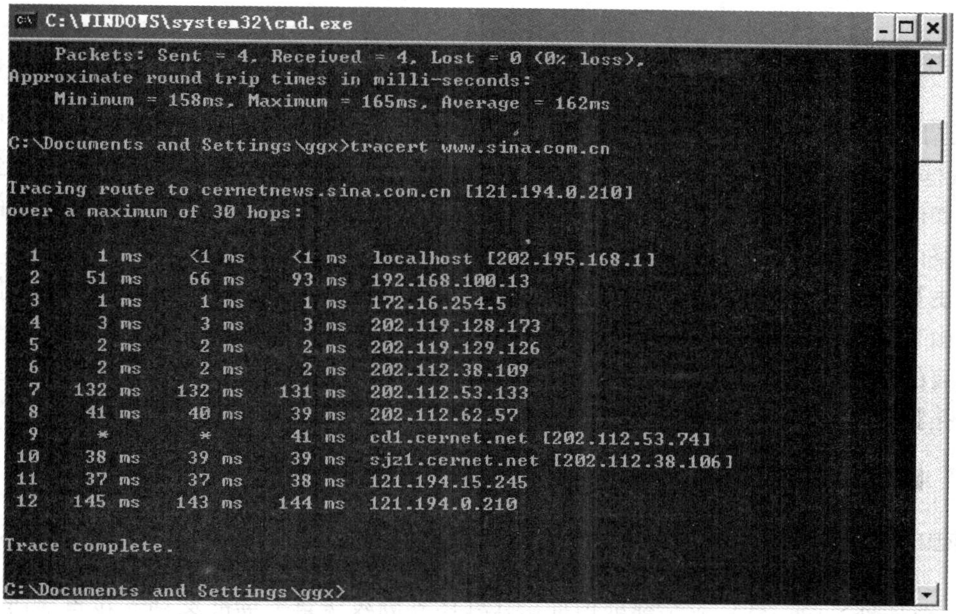

图 4-13　使用 tracert 命令追踪网络路径

达。在 Windows 操作系统中通过使用 **PING**（**Packet InterNet Groper**）命令向目标 IP 发送类型值为 8 的回送请求报文，目的节点收到后将发回类型值为 0 的回送应答报文。源站收到后，则说明与目的节点双向连通。PING 命令的使用及回送请求/应答过程如图 4-14 所示。主机连续发出 4 个回送请求报文，目的站针对每个回送请求都会发回回送应答报文。本机命令行界面显示出了相关的数据统计，包括目标 IP、发送和接收的分组数，丢包率、最小、最大和平均往返时延。

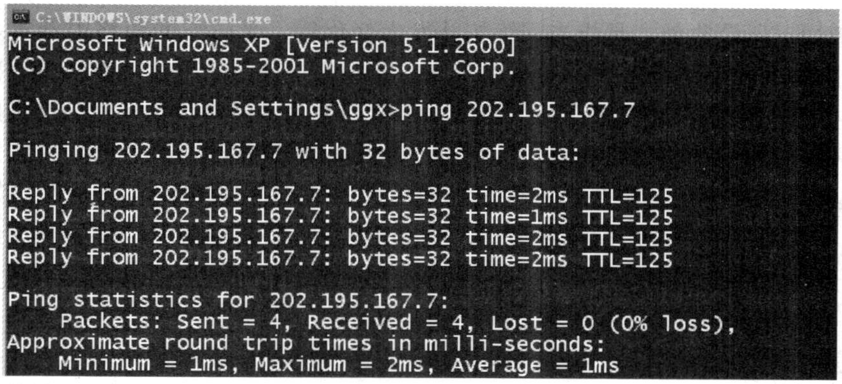

图 4-14　使用 PING 命令测试连通性

时间戳请求/应答（**Timestamp Request/Reply**）：与回送请求/应答报文作用类似，只是在时间戳应答消息中还包含了请求消息的达到时间和应答消息的发送时间，利用这些时间值可以进行时钟同步和往返时间测量。

4.3 路由算法

所谓**路由**是指通过相互连接的网络把信息从源节点移动到目标节点的过程。路由器是实现 IP 数据报路由转发的核心设备。在大多数情况下，分组需要经过多跳路由器才能到达目的地。如何为 IP 数据报选择最佳或尽可能好的路由，并将其沿着最佳路径发送到目的网络是各种路由算法要解决的核心内容，同时也是网络层设计最主要的内容。

路由算法（Routing Algorithm）：作为网络层软件的一部分，用于生成路由表。路由器基于路由表对每一个入境的 IP 数据报作出相应的转发决策；由于网络总是处于动态变化过程中，有的网络离开了，有的网络新加入进来，有的网络移动到了别处，路由算法还必须针对网络拓扑的变化更新路由表，以使得路由表始终反映当前最新的真实网络结构。

4.3.1 路由算法的评价

理想的路由算法应该满足以下要求：

1）算法必须正确而完整。

2）鲁棒性。路由算法必须能够根据拓扑结构和网络流量方面的各种变化自适应地调整和改变路由以均衡各链路的负载，而不能要求网络中相关的主机停止工作，重新配置。

3）稳定性。在网络拓扑相对稳定的情况下，路由算法应保持相对稳定和平衡，而不能长时间运行下去。

4）公平性。路由算法应对所有网络都是平等的，如果仅仅是个别用户之间的路径最优，而不考虑其他用户，则不符合公平性的要求。

5）计算简单，开销小。路由算法开销小，意味着计算效率高，路由器能很快针对网络拓扑的变化更新路由表。然而在复杂的网络环境中，实际使用的路由算法仍可能造成较大的开销。

6）收敛快。所谓收敛，是指当网络拓扑发生变化后，受影响的各路由器重新运行路由算法以更新路由表，最终重新达到对网络认知的统一的过程，这一过程越快越好。后面将会看到相关的实例，在收敛过程中，路由表由于不能反映真实的网络拓扑而会造成路由环路。

7）无环路。路由环路是路由算法运行过程中影响数据报转发最为重要的因素。它会使 IP 数据报在回环路径中反复游荡而始终无法到达目的地，直到 TTL 值减为 0，最终被丢弃。而在丢弃之前，网络资源被白白浪费掉了。许多 IP 数据报在环路中转发的叠加效应会造成网络性能的严重下降。环路多是由一些错误的配置造成的，而对于某些路由算法，在其缓慢收敛的过程中会导致环路。

8）算法应找出最佳路径。通常所理解的最佳路径也就是最短路径。到底什么样的路径才是最佳路径，不同的路由算法中，衡量的标准是不一样的。有的路由算法以分组所经过的路由器跳数最少为最佳路径，有的路由算法以带宽最高的路径作为最佳路径，有的路由算法则是带宽、时延、负载、可靠性等多个标准的函数，该值越小，则路径越好。但不论是何标准，都可以用**度量**或者**花费**来表示。

与具体算法无关的是，最佳路径必须遵循一个称为**最优化原则**的论述，即若路由器 J 在路由器 I 到 K 的最优路径上，那么 J 到 K 的最优路径必定遵循相同的路径。证明这一论述很简单，将从 I 到 J 的路径记为 r1，余下路径记为 r2。若从 J 到 K 还存在一条更优路径比 r2 还好，则它可以与 r1 连接起来构成从 I 到 K 的开销更小的路径，而这与 I 到 K 的最优路径相矛盾。

根据最优化原则，所有路由算法的目标是要找出以目的节点为根的**汇集树（Sink Tree）**，并以汇集树所给出的路径转发分组，而树形结构是无环的。网络及汇集树如图 4-15 所示。

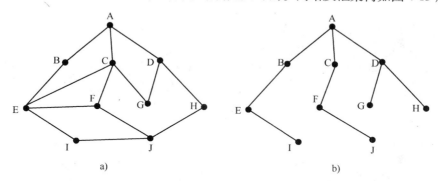

图 4-15　网络及汇集树
a）一个网络　b）路由器 A 的汇集树

在下面的章节中，将对不同的路由算法进行讨论。

4.3.2　最短路径算法

如前所述，不同的路由算法衡量路径最短的标准不一样，但其基本思想都是构造一张网络图，图中每一节点代表一个路由器，每条边表示一条通信链路，边上的数字标明路径开销，该开销值可指路由器跳数，也可能指带宽、时延等。为了选择一对给定路由器之间的路由，路由算法需要找出它们之间的最短路径。

图 4-16 描述了找出**最短路径（Shortest Path）**的过程，其思想来源于荷兰计算机科学家 Edsger Wybe Dijkstra 所设计的算法。该算法能够找出网络中某一个源节点到所有目的节点的最短路径。每一节点标出了从源节点沿着目前已知的最短路径到达本节点的距离以及最短路径上相对于本节点的上一次搜索节点。距离必须是非负值。在初始情况下，所有节点都被标记为无限远（图中用 X 表示），并且被设置为暂时性节点（图中用空心圆表示）。随着算法的不断运行，最短路径逐渐被发现，位于最短路径上的节点陆续由暂时性被修改为永久性节点（图中用实心圆表示），该节点一旦被设置为永久，将不再改变，因为它一定位于从源节点到某个目的节点的最短路径上，这是与最优化原则相符的。当所有节点被设置为永久以后，就确定了从某一个源节点出发到所有目的节点的最短路径。

下面对图 4-16 所示的最短路径算法进行描述。

假定要找出 A 到所有其他节点的最短路径，则首先将 A 作为工作节点，并将其标记为永久，然后检查 A 的所有相邻节点，并将节点与 A 的距离标记出来，为了能够同时标记路径，每当一个节点被重新标记时，需要将上一次搜索的节点也一并标记，例如（2）中，B 对应的括号中标记了到 A 的距离以及上一次搜索节点。

完成对 A 的所有相邻节点标记后，搜索图中所有的暂时节点，找出距离值最小的节点，将其标记为永久性节点，并将其作为下一次搜索开始的工作节点，例如（2）中的 B 距离值

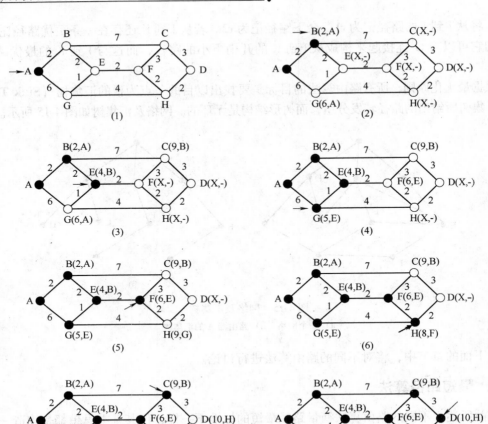

图 4-16　最短路径算法

最小，于是下一次将搜索 B 的所有相邻节点。

对于已经作过标记的暂时节点，如果后面的搜索中发现它有比之前找到的路径更短的路径，则需要更新标记。例如节点 G，在第一次搜索时，发现到 A 的距离为 6，于是进行了标记 G（6，A），而在图 4-16（4）中发现 G 经节点 E 到 A 的距离为 5，小于之前的 6，于是重新标记为 G（5，E）。

当所有节点均被标记为永久性节点后，也就确定了 A 到各节点的最短距离和路径。

在最短路径算法中，找到的是从某一源节点到所有目的节点的最短距离；反过来，从各源节点到某个目的节点的最短距离也是成立的。

4.3.3　洪泛算法

所谓**洪泛（Flooding）**是指路由器将来自其他邻居路由器的路由更新分组向除了接收接口以外的所有接口转发出去，当所有路由器被更新分组的"洪水"所"淹没"时，它们也学习到了到达各目的网络的最佳路径，据此，路由器可以生成路由表；当网络拓扑发生变化时，再次触发洪泛过程，路由器能够学习到最新的网络变化，从而更新路由表。

显然，所有路由器执行洪泛算法的叠加效应会产生大量的数据包，而且很多是重复的，因此，必须采取一定的措施对洪泛过程进行有效管理和限制。特别是当各路由器已经收到了所有的更新后，应该停止洪泛以避免网络资源的无谓消耗。

也许希望通过 TTL 被逐步减为 0 而终止过期的更新包，但在这之前几乎不可能对过度的洪泛进行有效的控制。抑制过度洪泛的常用方法是发送更新的源路由器对每一个路由更新分组填上序号，每发送一个更新，序号加 1。其他路由器专门为源路由器建立一张表，在表中记录更新分组中标注的源路由器和更新分组的序号，当某一路由器收到一个洪泛更新，则将其中的源路由器和序号与之前看到的记录在表中的所有表项进行比对，如果发现有匹配，则说明该更新分组之前已经收到过，不应再对其进行洪泛；如果没有匹配，则说明该更新是因为网络拓扑又发生变化而发出的，应该对其进行洪泛。

需要注意的是，记录更新分组源路由器和序列号的表格不可能无限制增长。为此，每张表中可以使用一个计数器 K，它表示直到 K 的所有序号都已经追踪到了。当一个新的更新分组到达时，很容易检查该更新之前是否已经收到（只需比较 K 和该更新分组中序号的大小），如果之前收到过，则应丢弃之。而且，序号 K 可以表示已经收到了 K 之前的所有序号的更新，从而不需要为每个序号建立表项。

然而，序号总是有一定上限的，因而会出现循环使用序号从而导致前后发出的更新分组具有相同序号，甚至后发出的更新因为序号空间循环而具有更小的序列号，这样本来应该洪泛的更新因为序号的原因而不能洪泛。为此，需要设置专门的机制处理序列号的问题。对序列号的处理超出了本书讨论的范围，在此不做阐述。

4.3.4 距离矢量算法

距离矢量（Distance Vector）算法是一种简单有效找出到达目的网络最短路径的方法，其算法基础是 Bellman_Ford 算法（或称为 Ford-Fulkerson 算法）。

在距离矢量算法中，路由是以矢量（距离、方向）的形式被通告出去的，其中距离根据度量来定义，典型的度量值是所经过的路由器跳数；而方向则根据下一跳路由器进行定义。例如，从某一路由器 Local 出发，到达目的网络 N 的距离是 3 跳，下一跳路由器是 X。

图 4-17 描述了距离矢量的基本含义。在距离矢量算法中，每一台路由器维护一张路由表，记录了它目前已知的到达各目的网络的距离以及下一跳路由器的地址，如图 4-17 中路由器 Local 的路由表中关于目的网络 N 的表项，在这里简记为（N，3，X），箭头更明确地标识了按照此路由转发 IP 数据报到目的网络 N 的方向。

图 4-17　距离矢量的基本含义

距离矢量路由器**定期**与所有邻居路由器交换它们所知的路由信息，例如在 4.4.2 节中将要讲述的 RIP 中，定期更新的周期为 30s，而交换的路由信息是彼此目前所知的全部内容，即整张路由表。**注意**，距离矢量路由器仅仅是根据来自邻居的路由更新来计算到达目的网络的最短路径，即它们是以一种"依照传闻，人云亦云"的方式来工作，各路由器无法了解整个网络拓扑。这就好比在高速公路上行车，驾驶员仅仅根据前方的路牌指示了解下一站是哪里（假定驾驶员是新手，没有携带导航，并且第一次驾车到某个目的地）。

下面对距离矢量算法进行详细描述。

假设一台名为 Local 的路由器通过运行距离矢量算法与邻居交换路由信息，它其中一台邻居路由器 X 发送过来的路由表，进行以下步骤处理：

1）首先修改该路由表中的所有表项，将它们的下一跳字段全部改为 X，然后将距离字段加 1（请注意每一个路由表项都有 3 个关键字段：目的网络、距离、下一跳）。修改原因在于，来自 X 的路由表项表明了从 X 出发，到达某一目的网络（假定为 N）的距离是多少，现在从 Local 出发，要到达 N，应首先经过 X，那么下一跳就是 X；另外，从 Local 出发要多经过 X 这一跳，所以距离也要加 1。

2）对修改后的每一个来自 X 的路由表项，进行以下步骤处理：

① 若原来路由表中没有关于目的网络 N 的表项，那么显然这是 Local 之前所不知道的路由信息，因此应将其添加到 Local 的路由表中。

② 若原来路由表中已经存在关于 N 的表项，那么应继续比较下一跳字段。

a. 若下一跳都是 X，则用收到的表项替换已有表项。因为下一跳相同意味着之前的表项也是由 X 告知的，这一次又收到来自 X 的关于同一目的网络 N 的路由信息，显然应该用新的替换旧的。

b. 若下一跳不是 X，则应继续比较距离字段。因为下一跳不同意味着 Local 目前已经知道到达网络 N 有两条路径可走，那么需要从两条路径中选择一条距离更短的路径。显然，如果收到的来自 X 的表项距离小于原来路由表中的距离，则用新的表项替换原有表项；如果大于则什么也不做。需要注意的是如果碰巧两个表项距离相等的情况，在运行距离矢量算法的路由协议中会同时将两个表项填入路由表中，这意味着到达网络 N 有两条等价路径，指向网络 N 的数据可以在两条路径上进行流量均分，以减少每条路径上的负担，这一措施称为负载均衡（Load Balancing）。

距离矢量算法非常简单，但也正因如此，它不可避免地存在严重的缺陷。如果路由器从邻居接收到一条关于已知目的网络的更短路由（称之为好消息），它能够迅速收敛；但如果它收到的是一个坏消息，特别是当网络发生故障时，则与邻居之间很可能都需要经过很长的时间才能发现故障，并最终收敛；而在收敛的过程中，将形成路由环路，从而严重降低网络性能。这一特征称为"好消息传得快，坏消息传得慢"。下面通过图 4-18 所示的例子进行说明。

如图 4-18 所示，路由器 R1 和 R2 定期向对方发送路由信息，由于 R1 与网络 N1 直连，因此 R1 的路由表中，关于 N1 的表项可记为（N1，0，直连），表示 R1 到 N1 跳数为 0，是直连路由；R2 是 R1 的邻居，它收到来自 R1 的路由表，根据距离矢量算法获知到达网络 N1 跳数为 1，而下一跳是 R1，记为（N1，1，R1）。在网络正常，拓扑没有发生变化的情况下，尽管存在定期更新，但两个路由器一直保持收敛，来自其他网络（Nothers）发送给 N1 的数据包能够经过 R2、R1 交付给 N1。

但如果 N1 出现故障，与 R1 的连接失效（出现故障的原因可能是 N1 中与 R1 直连的路由器故障，也可能是 N1 与 R1 的直连链路故障，也可能是 R1 连接 N1 的接口出现故障），

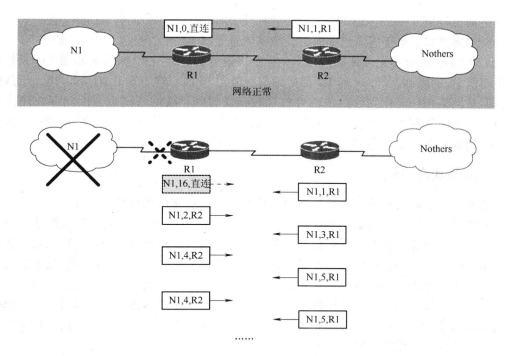

图 4-18　坏消息传得慢

则 R1 会迅速从路由表中删除关于 N1 的路由表项，然而 R2 会通过定期更新把自己的路由表发送给 R1，其中就包含关于 N1 的路由表项。显然，从目前来看，R2 中关于 N1 的消息已经不再真实，但由于距离矢量路由器除了直连路由之外，仅仅根据邻居的路由表更新自己的路由表，并且按照距离矢量算法，R1 将会误以为经过 R2 可以到达 N1，并且将跳数加 1，记为（N1，2，R2）；R1 在下次定期更新中会把该表项转发给 R2，同样按照距离矢量算法，R2 从相同的下一跳收到了关于相同目的网络的路由表项，则 R2 也会更新关于 N1 的路由表项，下一跳不变，还是 R1，但跳数由 2 增加为 3……这样的过程一直持续下去，R1 和 R2 都会认为 N1 是可达的（虽然与 N1 早已失去连接），并且彼此都会认为对方是到达 N1 的下一跳，而距离会一直增加。这一问题称为**无穷计数（Count-to-Infinity）**。无穷计数导致路由器始终无法收敛，并且出现了路由环路：R1 和 R2 彼此认为对方是到达 N1 的下一跳，假设来自 Nothers 的数据包要发送给 N1，则 R2 将其转发给 R1，R1 又会转发给 R2，分组在 R1 和 R2 之间来回转发，始终无法到达 N1，直到很长时间以后，作为 IP 数据报中的 TTL 被减为 0 最终被路由器丢弃。

　　若要解决无穷计数问题，可以在距离矢量算法的基础上增加一个设置最大跳数的措施，即当到达某个目的网络的跳数超过某一门限值时，即视为网络不可达，例如在 RIP 中，最大跳数为 15，达到 16 即视为不可达。例如在图 4-18 中，当 N1 断开时，R1 通过定期更新告知 R2 到达 N1 的距离为 16，如虚线框中（N1，16，直连），R2 收到关于 N1 距离为 16 的路由后，它迅速获悉 N1 不可达。把距离为 16 的路由称为**路由中毒（Route Poisoning）**。

　　然而路由中毒并不能从根本上解决收敛缓慢的问题（实际上由于距离矢量算法的固有特征，收敛缓慢是不可能完全避免的），在 R1 告知 R2 关于 N1 的不可达路由后，R2 可能通过定期更新已经把 N1 断开前从 R1 学习到的 1 跳路由发送给 R2，当 N1 断开后，这一消息显然已经不再真实，由于假消息插入，而且该消息使得 R1 相信经过 R2 可以到达 N1，跳数为 2，因此 R1 会进行和无穷计数情况下一样的错误更新；对于 R2 来说同样如此。只是因为有了距离值 16 的限制，当 R1 和 R2 都把距离增加到 16 时，终于知道 N1 不可达，于是完成收敛。但从网络拓扑变化到收敛依然经过了较长的时间，路由环路也会因此存在较长的时间。另一方面，限制了跳数，也就限制了网络的规模，这使得诸如 RIP 这样运行距离矢量算法的路由协议只适用于小型网络。

4.3.5 链路状态算法

如前所述，距离矢量算法好比在高速公路上行车，只能根据路牌指示决定下一步该如何走；而**链路状态（Link State）**算法与之完全不同，运行链路状态算法的路由器掌握着一张完整的网络图，因此不容易受到假消息的欺骗而做出错误的路由决策，并且可以很快收敛。

在链路状态算法中，路由器不再仅仅依靠邻居的传闻生成和更新路由表，而是从所有运行该算法的对等路由器中获取第一手资料。每台路由器都会产生与自己相关的链路状态，并通过洪泛的方式发送给所有其他链路状态路由器，经过一定时间的洪泛，每台路由器都会学习到其他路由器的链路状态，并据此构建一张完整的网络拓扑图，然后根据该网络图计算出到达每个目的网络的最短路径。

这里需要解释一下究竟什么是链路状态。所谓链路状态是指路由器所知的关于自己直连的各链路的相关信息，这些信息包括网络地址、路由器接口 IP、链路类型（比如以太网、广域网链路等）、链路开销、该直连链路另一端的邻居路由器等。图 4-19 描述了链路状态的含义。

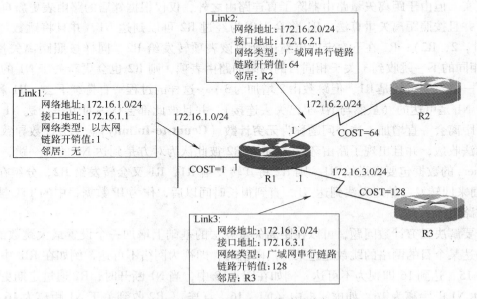

图 4-19 路由器 R1 的链路状态

链路状态算法的设计思想非常简单，但实现起来非常复杂，可以将算法运行过程划分为以下 6 个步骤：

1）每台路由器发现邻居，了解其地址，并与其建立邻接关系。

2）设置到每个邻居节点的距离或开销，链路状态算法中的开销不再是跳数，常用的选择是以链路带宽作为衡量路径优劣的标准，开销值被设置为带宽的反比，带宽越高，开销越小。使用带宽衡量开销比跳数更为合理，因为跳数少的链路很可能带宽很低，在转发数据报时，很可能它会比跳数多但带宽很高的链路消耗更多的时间。

3）构建一个包含所有目前已知的链路状态更新包。

4）将更新包洪泛发送给所有其他的链路状态路由器，同时接收来自其他路由器的更新包。

5）根据收到的所有链路状态更新建立全网拓扑图。

6）计算到每个目的网络的最短路径，生成路由表。

在以上6个步骤中有一些需要进一步深入研究的内容，比如如何发现邻居，开销值如何计算，链路状态更新的交互过程，全网拓扑图以什么形式存储在路由器中，如何计算最短路径以生成路由表等，将在本章4.4.3节讲述 OSPF 协议时进行阐述。

4.3.6　分级路由算法

随着网络规模的不断增长，路由表的规模也成比例地增长。路由表规模过大不仅消耗路由器 CPU 和内存资源，而且降低了查找效率。分级路由（也称为层次路由）适用于因特网的分级结构，将路由器逻辑上分级处理，分而治之，能够显著降低路由表的大小和洪泛更新的开销。

首先需要了解与层次路由相关的几个概念。

自治系统（Autonomous System，AS）：自治系统指一个逻辑上划分的路由器组，它对外表现为一个统一的路由策略，而在自治系统内部则可以使用不同的路由协议和度量实现分组在内部的路由。在自治系统内部，所有路由器都必须连通，分配同一个自治系统编号（AS Number）。

区域（Area）：区域是指在自治系统内部的一种逻辑划分，每个路由器都知道在自己所属的区域内如何实现对分组的路由，但对于其他区域的内部结构一无所知。

主干区域（Backbone Area）：主干区域是自治系统中分组转发的枢纽，不同区域中的路由器之间要转发分组，必须首先发送到主干区域，再由主干区域分发到目的网络所在区域。

主干路由器和非主干路由器：即分别位于主干区域和非主干区域的路由器。

区域边界路由器（Area Border Router，ABR）：ABR 负责本区域与主干区域之间的连接，因此该种路由器同时逻辑上也属于主干路由器。

自治系统边界路由器（Autonomous System Border Router，ASBR）：ASBR 实现本自治系统与其他自治系统之间的连通性。ASBR 可以是主干路由器，也可以不是主干路由器。

图 4-20 描述了分级路由中相关的概念。分级路由使路由器不再需要获取到达所有目的网络的路径信息，非主干区域的路由器只需学习本区域的网络信息，一旦需要发送分组给其他区域甚至其他自治系统，路由器只需要找到通向 ABR 的路径，将分组发送给 ABR，由它负责后续转发。ABR 负责对所连接区域的路由信息进行总结，区域内部路由器不需要为区域外部的网络建立路由表项；同理，自治系统内部的网络信息由 ASBR 进行总结，内部的路由器不需要为自治系统外部的网络建立路由表项，若要向自治系统外发送分组，只需要将其

交给 ASBR，由它负责转发到自治系统外。显然，这种分层次的方式可以大大降低路由表的大小。另一方面，当网络拓扑发生变化时，可能发生的洪泛更新过程只会局限于拓扑变化的区域，ABR 只需要发送一个总结通告向主干区域告知拓扑变化，从而降低了整个网络的通信量。当然，作为 ABR 和 ASBR，由于它们负责不同区域和自治系统之间的流量转发，因此通常由一些高性能的路由器担此重任。

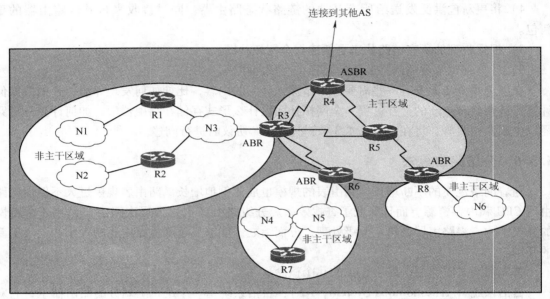

图 4-20　分级路由

4.3.7　广播与多播路由算法

在有些应用中，主机需要向其他多个甚至全部主机发送数据。同时给全部目标地址发送分组的行为称为广播，可以利用洪泛实现广播路由。如前所述，通过源路由器对数据编号，可以有效控制洪泛过程；然而事实证明，如果能够计算出分组到达各目的节点的最短路径，可以进一步提高广播效率。

逆向路径转发（Reverse Path Forwarding，RPF）：是一种非常实用的广播技术。当广播分组到达路由器时，路由器将检查接收该分组的接口是否位于通常给广播源发送分组的最短路径上，如果是，则将它向除接收接口外的所有其他接口转发，否则丢弃。关于逆向路径转发，将在 4.5.3 节中做进一步讲解。

有些应用，比如多媒体会议、流媒体、网络游戏等，需要将数据发送给多个而不是全部接收者，如果使用广播路由发送显然会造成较大的浪费。为此，应该为需要接收数据的多个接收者定义逻辑组，并向该组发送数据，这种通信方式称为多播或组播。在这种情况下，将使用多播路由算法而不是广播路由算法，只是多播路由算法通常建立在广播路由算法基础之上。在 4.5.3 节中，将会对多播路由协议中常用的多播路由算法进行详细讨论。

4.4 路由选择协议

动态路由协议自 20 世纪 80 年代初期开始应用于网络。1982 年第一版 RIP 问世，不过，其中的一些基本算法（比如距离矢量算法）早在 1969 年就已应用到 ARPANET 中。

随着网络技术的不断发展，网络的日趋复杂，新的路由协议不断涌现。

作为最早的路由协议之一，**路由信息协议（Routing Information Protocol，RIP）**目前已经演变到 RIPv2 版。但新版的 RIP 仍旧不具有扩展性，无法用于较大型的网络。为了满足大型网络的需要，两种高级路由协议——**开放最短路径优先（Open Shortest Path First，OSPF）**协议和**中间系统到中间系统（Intermediate System-to-Intermediate System，IS-IS）**协议应运而生。

以上所提到的路由协议都运行在一个自治系统内部，称为**内部网关协议（Interior Gateway Protocols，IGP）**。此外，不同自治系统之间的互联将使用另一类，即**外部网关协议（Exterior Gateway Protocols，EGP）**。例如，各 ISP 之间以及 ISP 与其大型专有客户之间采用**边界网关路由协议（Border Gateway Routing Protocol，BGP）**来交换路由信息。

目前越来越多的用户设备使用 IP 地址，IPv4 寻址空间已近乎耗尽，IPv6 随之出现。为支持基于 IPv6 的通信，新的路由协议诞生，RIP、OSPF 以及 BGP 都使用 IPv6 的版本。

4.4.1 路由选择协议概述

路由选择协议是用于路由器之间交换路由信息的协议。通过运行动态路由选择协议，路由器可以动态共享有关远程网络的信息，并利用 4.3 节中所述的各种路由算法，确定到达各个网络的最佳路径，然后将路径添加到路由表中。

使用动态路由协议的一个主要的好处是，只要网络拓扑结构发生了变化，路由器就会相互交换路由信息。通过这种信息交换，路由器不仅能够自动获知新增加的网络，还可以在当前网络连接失败时找出备用路径。

不过，运行动态路由协议需要占用一部分路由器资源，包括 CPU 时间和网络链路带宽。

本节中将对 IPv4 环境下所使用的两种内部网关路由协议 RIP 和 OSPF 以及外部网关协议 BGP 的工作原理进行讲述。

4.4.2 RIP

RIP 是内部网关协议（IGP）中最早得到广泛应用的协议，它是一种分布式的使用距离矢量算法的简单路由协议。在 IPv4 环境中，RIP 经过了两个版本的发展，即 RIPv1［RFC 1058］和 RIPv2［RFC 2453］。两个版本所使用的算法都是一样的，只是 RIPv1 适用于早期的有类 IP 网络，而 RIPv2 适用于 CIDR 环境。

1. RIP 要点

RIP 使用距离矢量算法计算到达各个目的网络的最短路径，它以所经过的路由器**跳数（Hop Count）**作为度量，跳数越少则路径越优。具体来说，RIP 路由器将直连网络的跳数设置为 0，距离非直连目的网络的距离即为所经过的路由器跳数。

为了避免无穷计数，RIP 设置最大的合法跳数为 15，当距离为 16 时，RIP 路由器认为目的网络不可达。

2. RIP 的基本工作方式

1）RIP 路由器仅和所有邻居路由器交换信息，不相邻的路由器不交换信息。

2）RIP 邻居路由器之间交换的是自己所知道的全部信息，即整张路由表。

3）RIP 邻居路由器之间以大约 30s 为周期相互发送自己的路由表，把这一特征称为定期更新。根据来自邻居的路由表运行距离矢量路由算法计算到达各目的网络的最短路径，并生成和更新自己的路由表。

需要注意的是定期更新的时间大约为 30s。如果所有路由器都以精确的 30s 为周期向邻居发送路由表，将会导致网络中每隔 30s 出现一次流量的陡增，从而降低网络性能。为避免这种情况出现，各 RIP 路由器会选择略小于或略大于 30s 的时间发送定期更新，错开一定的时间发送更新，以平稳网络流量。

4）如果超过 6 个定期更新的周期，即 180s，RIP 路由器仍然没有从邻居路由器收到关于某个目的网络的定期更新，则认为该邻居不可达（将到该网络的跳数设置为 16）。

3. RIP 的工作过程——从网络发现到收敛

（1）网络发现

RIP 路由器刚启动时，只了解直连网络。只要路由器的接口配置了 IP 地址和掩码，并且开启，路由器能自动获取到直连网络地址，并将其加入路由表。这是构建路由表的第一步，与是否运行路由协议、运行的是何种路由器没有关系。如图 4-21 所示，路由器 R1、R2和 R3 最初的路由表中只有各自的直连网络。

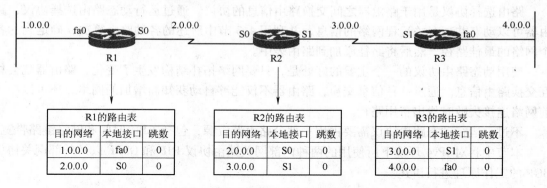

图 4-21　路由器启动——网络发现

（2）初次路由信息交换

启动 RIP 后，路由器开始交换路由更新（路由表）。最初的这些更新仅包含有关其直连网络的信息。收到更新后，路由器会进行检查，从中找出新的信息。任何当前路由表中没有的路由都将被添加到路由表中。图 4-22 描述了首次定期更新的过程。R1 学习到了 R2 右侧直连网络 3.0.0.0 的路由，根据距离矢量算法，将跳数修改为 1；R2 从 R1 和 R3 学习到了网络 1.0.0.0 和 4.0.0.0 的路由并修改跳数为 1；R3 学习到了 R2 左侧直连网络 2.0.0.0 的路由并将跳数修改为 1。

（3）下一轮更新

第二次更新过程中，路由器之间再次交换路由表，R1 收到 R2 的路由表后，将网络4.0.0.0 的路由添加到路由表中，同时根据距离矢量算法计算出跳数为 2；R3 收到 R2 的路

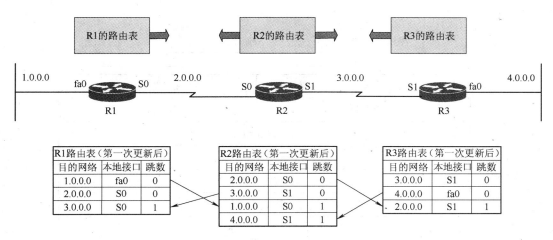

图 4-22　首次定期更新

由表后，将网络 1.0.0.0 的路由添加到路由表中，并将跳数修改为 2；R2 收到 R1 和 R3 的路由表后，发现没有新的网络路由，于是保持稳定。图 4-23 描述了第二次更新的过程。

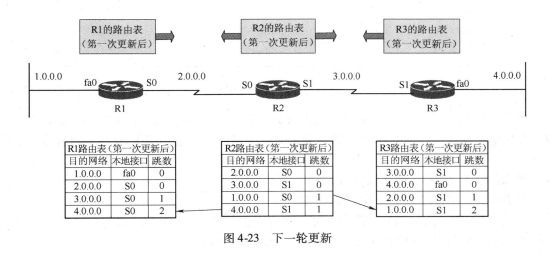

图 4-23　下一轮更新

（4）收敛

接下来进行第三次定期更新，路由器之间再次交换路由表后，发现已经没有新的网络路由，于是路由表中的条目不再新增，此时，所有路由器对网络的认识达到统一，于是完成收敛。

4. RIPv2 报文格式

RIPv2 是 RIP 的较新版本，与 RIPv1 相比，RIPv2 变化不大，但最主要的特征是提供了对 CIDR 的支持，因此 RIPv2 适用于无类 IP 的环境。此外，RIPv2 还提供了简单的鉴别过程，并且支持多播更新。

图 4-24 给出了 RIPv2 报文格式。RIP 使用运输层的 UDP 数据报进行传送（端口号 520）。

RIPv2 首部长度为 4 个字节，包含以下字段：

图 4-24　RIPv2 报文格式

命令：取值为 1 和 2。1 表示 RIP 请求报文，2 表示 RIP 响应报文。RIP 路由器在启动时都会发送请求消息，要求所有 RIP 邻居发送完整的路由表。启用 RIP 的邻居随后传回响应消息。

版本：对于 RIPv2，此字段值为 2。

未使用：此字段填入全 0 以实现 4B 对齐。

4 个字节的首部之后为路由部分，每个路由信息占 20B，一个 RIP 报文允许最多包含 25 个路由。更多的路由条目则需要再使用新 RIP 报文进行传送。

路由部分各字段含义如下：

地址族标识：用于标识所使用的地址协议。对于 IP 地址，该项值为 2。

路由标记：该字段填入自治系统号，这是考虑 RIP 有可能收到本自治系统以外的路由选择消息。

网络地址：即目的网络的 IP 地址。

掩码：目的网络掩码。该字段为 RIPv2 特有，表明 RIPv2 支持 CIDR。

下一跳路由器地址：该字段为 RIPv2 特有，用于标识比发送方路由器的地址更佳的下一跳地址（如果存在）。如果此字段被设为全零（0.0.0.0），则发送该 RIP 报文的路由器地址就是最佳的下一跳地址。

度量：即跳数，取值为 1 ~ 16。

5. RIP 总结

RIP 使用距离矢量路由算法计算到达目的网络的最短路径，因此距离矢量路由协议的优缺点同时体现在 RIP 上。RIP 最大的优点就是简单，易于配置、管理和实现。

RIP 的缺点在于：

1）RIP 路由器之间交换整张路由表，随着网络规模增大，开销也随之增加。

2）RIP 路由器只能根据传闻进行路由选择，无法了解全网拓扑。

3）收敛缓慢。

4）RIP 定义了最大的合法跳数是 15，因此它只适用于小型自治系统。在大型自治系统中，通常会部署下一小节将要讲述的 OSPF 协议。

4.4.3 OSPF 协议

开放最短路径优先（Open Shortest Path First，OSPF）协议是由 IETF 开发的基于链路状态算法的路由选择协议，旨在替代 RIP。OSPF 协议的发展经过了几个 RFC，RFC1131 详细说明了 OSPF 版本 1（OSPFv1），目前在 IPv4 中使用的是版本 2（OSPFv2），最初在 RFC1247 中说明，最新是在 RFC2328 中说明的。

1. OSPF 协议特性

OSPF 协议是一种分布式链路状态协议，与 RIP 基于距离矢量的工作方式完全不同。OS-PF 协议的主要特性如下：

1）OSPF 路由器掌握全网拓扑，收敛速度快。

2）OSPF 路由器采用分级路由，将自治系统分为若干个区域，其中主干区域为区域 0，它提供到各非主干区域的连通性；各区域之间的通信必须经过主干区域中转。

3）OSPF 路由器使用洪泛法向区域中的所有路由器（不止是邻居）发送路由更新，而更新信息不再是整个路由表，而是自己已知的链路状态。

4）通过洪泛更新获得全网拓扑后，OSPF 路由器分别运行**最短路径优先（SPF）**算法计算到达各个目的网络的最短路径，生成路由表。

5）OSPF 路由器不再进行定期更新，只要拓扑不发生变化，网络保持稳定；只有拓扑发生变化，才向所有区域内的路由器发送链路状态更新。

6）OSPF 协议以带宽作为衡量路径优劣的标准，在本节后续部分将简述 OSPF 度量的计算方法。

7）OSPF 没有跳数限制，因此它适用于大型自治系统。

8）OSPF 直接使用 IP 进行封装，协议类型值为 89。

2. OSPFv2 分组格式

所有 OSPF 分组都是由一个 24B 的固定长度首部进行封装，数据部分可以是 5 种类型的 OSPF 分组中的一种。OSPFv2 的分组格式如图 4-25 所示。

下面对首部各字段的含义进行说明：

版本：对于 OSPFv2，该字段值为 2。

类型：指出首部所封装的 OSPF 分组类型，每种类型的作用将在后面进行说明。表 4-6 列出了 5 种 OSPF 分组的类型值：

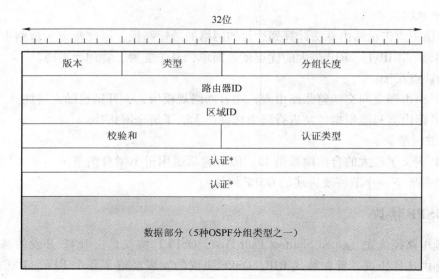

图 4-25　OSPFv2 的分组格式

表 4-6　OSPF 分组的类型值

类型代码	描　　述	类型代码	描　　述
1	Hello	4	链路状态更新
2	数据库描述	5	链路状态确认
3	链路状态请求		

分组长度：指整个 OSPF 分组长度，包括首部和数据部分。

路由器 ID：始发该分组的路由器的标识符。路由器 ID 可以是 OSPF 路由器接口的 IP 地址，用于标志该路由器在 OSPF 中的身份。

区域 ID：始发该分组的路由器所属的区域号。区域号可以用一个十进制整数进行表示，也可以用与 IP 地址相同的点分十进制表示形式。例如主干区域可表示为区域 0，也可以表示为区域 0.0.0.0。

校验和：指对整个 OSPF 分组的标准 IP 校验和。

认证类型：指正在使用的认证模式。若该字段值为 0，表示不进行认证；若值为 1 或 2，则需要使用认证。

认证：包含数据包认证的必要信息。

3. OSPF 的分组类型

OSPF 一共包含 5 种分组类型，每种分组的作用如下：

类型 1，问候（Hello）：数据包用于与其他 OSPF 路由器建立和维持相邻关系。Hello 分组每隔 10s 或 30s（视具体链路类型而定）发送一次以维持相邻关系，若超过 4 倍 Hello 分组发送间隔还没有收到邻居的问候，则删除与它的邻居关系并洪泛更新。

类型 2，数据库描述（Datebase Description，DBD）：包含发送方路由器的链路状态数据库的简略列表，接收方路由器使用本数据包与其本地链路状态数据库对比。

类型 3，链路状态请求（Link State Request，LSR）：用于请求 DBD 分组中项目的详细信息。

类型 4，链路状态更新（Link State Update，LSU）：该种分组是 OSPF 中最为复杂的部分，也是 OSPF 协议的核心。路由器使用该种分组将链路状态更新信息通知给邻居。OSPF 协议定义了一共 11 种链路状态更新分组类型，并称之为**链路状态通告（Link State Advertisement，LSA）**。关于各种 LSA 的作用这里从略。

类型 5，链路状态确认（Link State Acknowledgement，LSAck）：路由器收到 LSU 后，会发送一个链路状态确认（LSAck）数据包来确认接收到了 LSU。

4. OSPF 协议的工作过程

通过上述的 5 种 OSPF 分组类型，恰好可以简单说明 OSPF 协议的工作工程。

OSPF 路由器在刚刚开始工作时，只了解自己直连的链路状态，它们之间必须相互告知已知的链路状态才能建立对远程网络的路由表项。转发链路状态的前提是，必须建立毗邻（Full Adjacency）关系，成为彼此的邻居。建立毗邻关系需要发送 Hello 分组"问候"对方，在得到对方回应后，即可成为邻居。

接下来每一台路由器使用数据库描述（DBD）分组与相邻路由器交换本地数据库中已有的链路状态的摘要信息。之所以一开始不直接交换完整的链路状态是为了降低开销。

路由器收到来自邻居的 DBD 分组后，将摘要信息与自己已有的链路状态进行对比，如果发现有一些链路状态信息是自己还不知道的，则使用链路状态请求 LSR 分组向对方请求这些链路状态的详细信息。

路由器在收到 LSR 分组后，将根据对方请求向其发送链路状态更新 LSU 分组（各种链路状态通告 LSA）。对于收到的 LSU，需要向邻居发送链路状态确认分组 LSAck。

经过数次交换，每一台路由器都学习到了网络中所有路由器的链路状态，也即是获知了到达区域中每个目的网络的详细路径信息（路由器 ID、连接的网络、邻居路由器以及度量）。于是，每台路由器都拥有了一张全网拓扑图，并保存在内存中，这一数据结构称为**链路状态数据库（Link State DataBase，LSDB）**。当 OSPF 协议收敛时，所有路由器都全网一致的 LSDB。

基于链路状态数据库，各路由器运行 SPF 算法计算到达各目的网络的最短路径，并将计算结果填入路由表。

在网络运行过程中，只要有一个路由器的链路状态发生变化，它就必须向全网洪泛发送链路状态更新，以便将拓扑变化告知其他 OSPF 路由器，各路由器相应做出调整，重新运行 SPF 算法计算最新的最短路径，并更新路由表。

5. SPF 算法简介

SPF 算法即最短路径优先算法。在 4.3 节中讨论了 Dijkstra 的最短路径算法，它和 SPF 算法很接近，毕竟每个内部网关路由选择协议的目标都是计算最短路径。但 OSPF 协议是基于链路状态的，因此 SPF 算法可以视为最短路径算法和链路状态算法的融合。

SPF 算法的核心思想是要每台路由器根据 LSDB，构造一棵以自己为根的**最短路径树**。将 IP 数据报沿着最短路径树所指示的路径进行转发代价最小，而且没有环路。图 4-26 描述了路由器 R1 运行 SPF 算法后得到的结果，它计算出了到达拓扑中每个局域网的最短路径。图中实线勾画出了以 R1 为根的最短路径树，路径上的数字表示度量（开销）。通过累积到目的网络的每段链路开销，得到总的路径开销。注意图中从 R1 到 R4 局域网和 R5 局域网的最短路径，不再是跳数最少路径，这是与距离矢量算法最明显的区别。

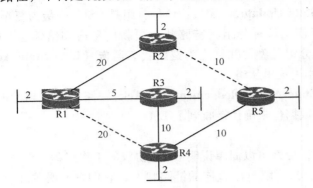

目的网络	最短路径	开销
R2 LAN	R1→R2	22
R3 LAN	R1→R3	7
R4 LAN	R1→R3→R4	17
R5 LAN	R1→R3→R4→R5	27

图 4-26　SPF 最短路径树

SPF 算法描述起来很简单，但实现起来非常复杂，计算过程中对路由器资源的消耗比较大。

6. OSPF 度量计算

OSPF 协议以带宽作为衡量路径优劣的唯一标准，带宽越高，路径越优。计算方法是：

$$度量（开销）＝100 \text{Mbit/s} / 链路带宽$$

公式中作为分子的 100Mbit/s 称为参考带宽。对于一些常用的链路类型，很容易计算出其度量值。例如传统以太网链路的度量值为 10，快速以太网链路的度量值为 1，T1 速率（1.544Mbit/s）的度量值为 64 等。以始发路由器为根，累加到达目的网络所经过的所有链路度量值，即得到总路径开销。

7. 多路访问网络中的 OSPF

在像以太网这样的多路访问网络中，路由器之间会创建多边相邻关系。如果网络中有 N 个路由器，则每个路由器都会与其他 N－1 个路由器建立相邻关系，相邻关系的总数为 N（N－1）/2，显然随着路由器数量的增加，相邻关系会增加得更多。这将导致链路状态更新的过度洪泛从而严重降低网络性能。

为此，OSPF 在多路访问网络中将会按照一定原则选举出**指定路由器（Designated Router，DR）**和**备份指定路由器（Backup Designated Router，BDR）**，其他的 OSPF 路由器被称为 DRothers。由 DR 负责分发和收集链路状态更新分组，而 BDR 作为 DR 的备份，当 DR 出现故障时迅速成为新的 DR。所有的 DRothers 只和 DR 及 BDR 建立相邻关系，从而将相邻关系从 N^2 数量级降为 N。

当拓扑发生变化时，始发链路状态更新的路由器只将更新分组发送给 DR 和 BDR，BDR 只负责监听，而由 DR 将更新分发给 DRothers。采用这种方式，大大降低了洪泛更新的信息量。

8. OSPF 协议总结

OSPF 协议是一种链路状态路由协议，它具有如下优点：

1）通过向所有路由器发送链路状态信息掌握全网拓扑。

2）以带宽衡量路径优劣比跳数更为合理。

3）分级路由适应于多数组织结构。

4）无跳数限制，适合于大型自治系统。

5）收敛快。

6）基本保证无环路。

OSPF 协议的缺点主要体现在执行洪泛更新和 SPF 算法时，对于网络和路由器处理资源要求较高。

最后需要指出的是，为了保证 LSDB 与全网最新拓扑保持一致，每隔 30min，OSPF 需要进行一次洪泛更新以刷新数据库。

4.4.4   BGP

1. AS 之间的路由策略问题

边界网关协议（BGP）是用于实现不同自治系统连通性的外部网关协议，现在所使用的是版本 4。

诸如 RIP 和 OSPF 等内部网关协议都是力图找出 AS 内部到达任一目的网络的最短路径。但对于 AS 之间的路由，由于网络环境与 AS 内部有着天壤之别，所以 BGP 的设计思想也与内部网关协议有着明显的不同。这种差异性主要体现在两方面：

1）在不同的 AS 中，很可能运行着不同的路由协议，每种路由协议衡量路径优劣的标准不尽相同，RIP 计算跳数，OSPF 以带宽为标准，其他路由协议又会考虑链路时延、负载和可靠性等因素。对于一条穿越多个自治系统的路径，要想基于这些完全不同的衡量标准计算出所谓最短路径是不可能的。

2）AS 之间的路由选择必须考虑大量技术以外的因素，例如政治因素、经济因素、军事因素等。即便是能够基于同一度量标准计算出位于不同 AS 中的源站到目的站的最短路径，在很多情况下也不会选择最短路径，可以举出很多这样的例子：

① 如果通过最短路径，用户需要支付的费用很高，则不应选择这条路径。

② 路径上存在威胁通信安全的他国 AS。例如我国国防部发出和接收的流量不能经过日本和美国。

③ 路径上存在属于商业竞争对手的 AS。例如苹果公司的流量不应经过微软公司中转。

④ 不同行业的流量不应相互承载和中转，例如教育网络不应承载商业流量。

从以上例子可以看出，AS 之间的路由策略因人而异，因利益而异，这就决定了 AS 之间路由的复杂性。路由策略的实施，决定了哪些流量可以通过哪些 AS 之间的哪些链路。一种常见的策略是由客户给 ISP 付费，向 ISP 购买流量中转服务，与此同时，客户应该向 ISP 通告它所关心的自己想要去往的那些目的地的路由（策略），这样，ISP 只给客户中转那些目的地址的流量，客户不想也不能处理其他无关目的地的相关流量。图 4-27 描述了 AS 之间路由的策略问题。

如图 4-27 所示，AS1 ~ AS4 四个自治系统相互连接，A、B、C 抽象描述了连接到这三个 AS 的节点，可以是一台 PC，也可以是一个网络。假定 AS2、AS3、AS4 都是 AS1 的客户，并且它们都从 AS1 那里购买了中转服务，这样，三个客户之间的流量就可以通过 AS1 进行中转。但正如之前所描述的，客户应该向 ISP 通告它所关心的自己想要去往的那些目的地的路由，例如，连接在 AS2 上的 A 想要发送数据给连接在 AS4 上的 C，则 AS4 应该向它的 ISP，即 AS1 通告：C 是一个可达的目的地，并且经过 AS4 可以到达 C；随后 AS1 向其他想

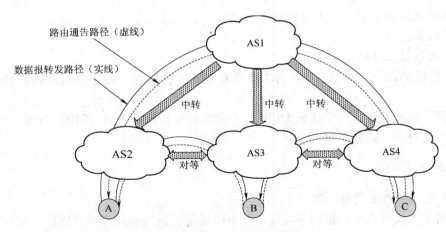

路由通告路径（虚线）

数据报转发路径（实线）

图 4-27　AS 之间路由的策略

要去往 C 的客户通告到达 C 的路由：到达 C 可以经过 AS1，再经过 AS4。客户中就包括了 AS2。注意图 4-27 中虚线所示为路由通告的方向，而实线表示了 IP 数据报转发的方向，容易理解这两个方向是相反的。

作为 AS1 客户的 AS2、AS3 和 AS4，它们可以使用 AS1 所提供的中转服务连接到 Internet 上，但是它们必须为此付出代价，即支付一定的费用，费用高低很可能与流量、所需带宽有关。但是这里也存在另一种选项，假如 AS2 和 AS3 以及 AS3 和 AS4 之间的网络是连接在一起的，并且它们之间总是有大量数据相互转发，那么它们完全可以绕开 AS1 而达成协议，即它们之间的流量可以直接进行转发，并且由于双方均获得同等利益，那么这样的数据转发是免费的。于是在 AS2 和 AS3 之间以及在 AS3 和 AS4 之间，可以彼此建立对等连接，并相互通告对方所要去往的与自己所连接的网络。显然，对于几个客户来说，这种选择大大节省了费用。

很容易考虑到这样一个问题，既然 AS2 和 AS3 以及 AS3 和 AS4 之间建立了对等连接免费转发数据，那么 AS2 和 AS4 之间是否可以经过 AS2→AS3→AS4 的路径进行转发呢？由于 AS1 是一个大型自治系统，如果 AS2 和 AS4 之间的流量经过 AS1 中转的话，一是要支付费用，二是要经过更长的路径；若 AS2→AS3→AS4 转发，路径很可能更短，而且看起来是免费的，何乐而不为呢？

除非一些额外的条件，否则这是不太可能实现的。注意到图 4-27 中 AS2 和 AS3 以及 AS3 和 AS4 之间的对等连接中，AS3 仅仅向 AS2 和 AS4 通告了一条通往 B 的路由，因此 AS2 和 AS4 只能够通过 AS3 发送数据给 B，至于 A 和 C 之间的数据转发，无法经过 AS3 实现。其实这正是 AS3 所希望的结果，因为 A 和 C 之间的数据转发和 AS3 是没有关系的，因此 AS3 没有必要承载和中转与自己无关的流量，除非 AS2 和 AS4 又向 AS3 支付了费用，并且都向 AS3 通告通向 A 和 C 的路由。在 AS1 已经可以提供中转服务的情况下，AS2 和 AS4 应该不会为相同目的的数据转发再多付出费用。

2. BGP 的基本特点

通过以上的例子说明，AS 之间的路由选择中，人为策略的限制作用。作为 BGP 来说，它只能力求找到一条能够到达目的地的**无环路由**，而不可能像内部网关协议一样找出一条最短路径。

BGP 是距离矢量协议的一种形式，但它与内部网关协议中的距离矢量协议（比如 RIP）有很大区别，因为在 BGP 中，"跳数"不再是路由器级别的，而是自治系统量级的，并且由于策略的作用，不可能使用距离矢量算法简单地计算"跳数"。BGP 需要追踪到达各目的网络的路径信息，在 BGP 的每个路由条目中，除了目的网络和下一跳之外，还维护了一个所经过的**自治系统路径列表（AS-Path List）**，每个路由器在发送路由通告时，将自己所在的 AS 号反向插入到列表的最前面，以此构成路径信息。比如在图 4-27 中，AS4 向 AS1 告知到达 C 可以经过 AS1，则 AS4 的 AS 列表中将会添加 AS4；AS1 向 AS2 通告到达 C 的 BGP 路由时将自己的 AS 号插入到路径列表最前面，即（AS1，AS4）；同理，AS2 中关于 C 的 BGP 路由条目中，AS 路径列表将显示为（AS2，AS1，AS4）。采用这种方法的协议称为**路径矢量协议（Path Vector Protocol）**。

有了 AS 路径列表，BGP 路由器很容易发现并打破路由环路，路由器在收到某个 BGP 路由通告消息，它会检查通告中的 AS 路径列表中是否出现自己所在的 AS 号，如果是，则说明检测到了环路，路由器将丢弃该通告。

管理员在路由器上配置 BGP 时，至少要选择一个路由器作为该 AS 的 BGP 发言人，AS 之间通过各自的 BGP 发言人交换路由信息，但首先发言人之间应建立 TCP 连接，然后在此连接上交换 BGP 报文以建立 BGP 会话，利用 BGP 会话交换路由信息。使用 TCP 连接能提供可靠服务，也简化了路由协议。使用 TCP 连接交换 BGP 路由通告的两个 BGP 发言人彼此成为**邻站（Neighbor）**或**对等站（Peer）**。作为 BGP 发言人的路由器，既要运行 BGP，也要运行它所在 AS 中的内部网关路由协议，如 RIP、OSPF 等。

4.5　IP 多播

IP 多播是由 20 世纪 80 年代美国斯坦福大学的一名博士生 Steve Deering 设计实现的。当时他正为自己的导师 David Cheriton 从事分布式操作系统的工作。该操作系统名叫 VSystem，它是由几台连接在同一个以太网段的计算机构成的松散多处理器操作系统，这些计算机协同工作，通过发送到共用以太网段的特殊信息以实现操作系统级的通信。操作系统允许使用 MAC 层的多播实现同一以太网段中一组计算机之间的信息交换。

随着该项目的进展，要求更多的计算机之间实现协同工作，然而可用的计算机通过路由器连接在不同的 IP 网络中，Steve Deering 不得不将 VSystem 中不同处理器之间的通信扩展到网络层以弥补 MAC 层多播的不足。于是 IP 多播应运而生。

在 RIP 和 OSPF 协议得到广泛应用之后，Steve Deering 总结出 RIP 的距离矢量特点可用于设计基于同样技术的多播路由协议，这最终成为距离矢量多播路由协议（DVMRP）的基础。另外，在其博士论文中，Steve Deering 还描述了本地多播局域网中主机成员资格的协议，这最终成为当今因特网组管理协议（IGMP）的基础。这两种协议开创了网络层 IP 多播的先河。从此，关于 IP 多播的技术探索一直在延续。

4.5.1　IP 多播概念

在单播中，源节点和目的节点只有一个，即一对一的关系；而在多播中，目的节点有多个，即一对多的关系。所谓 IP 多播，就是把 IP 数据报发送给位于不同网络中的属于同一个多播组的各目的节点。

IP 多播最大的优点就是节省带宽，因此特别适合于高带宽应用，诸如多媒体会议、远程教育、分布式软件、股票信息、新闻、流媒体以及网络游戏等。为了帮助读者理解 IP 多播是如何节省网络带宽资源并且降低服务器开销，设想如图 4-28 所示的多媒体应用场景：有 6 个终端主机需要接收远程网络中视频服务器的视频节目。图 4-28a 描述了服务器以单播方式向各主机发送视频流的情况，服务器必须向每一主机分别发送单播分组，目的地址分别指向各个终端主机。显然，随着终端用户数的增加，服务器需要发送更多的单播分组备份，这会造成很大的服务器资源和带宽资源的消耗。图 4-28b 则描述了采用多播方式所对应的情况，不论终端用户有多少，服务器只需要发送一份多播分组，只是在由各路由器（如图 4-28b 中的 R）转发时需要进行数量有限的复制（图 4-28 中 D1～D6 表示单播方式下的 6 个目的站，G1 表示多播方式下的一个多播组）。显然，多播方式可以明显地降低网络中各种资源的消耗。可以说，IP 多播是因特网中高带宽应用的不二选择。

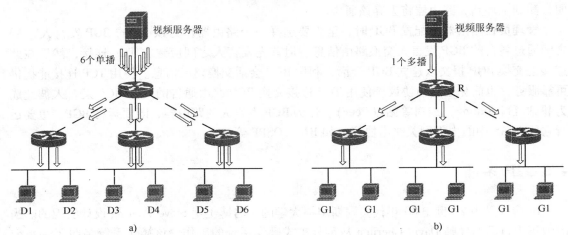

图 4-28 单播与多播的比较

a）单播 b）多播

4.5.2 多播 IP 地址

1. 多播 IP 地址概述

通过图 4-28b 不难理解，多播方式下源节点只需要一份多播 IP 数据报。该 IP 数据报中的源 IP 地址一定是源节点的 IP，那么目的 IP 字段应该填入什么内容呢？由于多播 IP 数据报要发送给属于同一组的多个成员，要把每个目的节点的 IP 地址都写入首部显然是不现实的。实际写入 IP 数据报首部目的 IP 字段的其实是标识某个多播组的组地址，即 D 类 IP 地址。

因特网号码指派管理局（Internet Assigned Numbers Authority，IANA） 早已把旧的 D 类 IP 地址空间分配给多播 IP 地址。在表 4-7 中，D 类 IP 地址的前 4 位是 1110，因此多播 IP 地址的范围从 224.0.0.0～239.255.255.255。每一个 D 类地址标识了一个 IP 多播组，也即是标识了多播方式下属于同一多播组的所有成员。显然多播 IP 地址只能用于目的地址而不能用于源地址。

IANA 把一部分地址预留给特定的网络协议来使用，因此不能随意使用，例如 224.0.0.0 ~ 224.0.0.255 地址段分配给使用局域网段的网络协议，这一部分地址称为**局部链接的多播 IP 地址**，具有该范围地址的多数据报只能在局部链路传递而不会被路由器转发。表 4-7 列出了部分常用的局部链路地址。

表 4-7　局部链接多播 IP 地址

地　　址	应　　用	地　　址	应　　用
224.0.0.1	所有主机	224.0.0.6	OSPF DR 和 BDR
224.0.0.2	所有路由器	224.0.0.9	RIPv2 路由器
224.0.0.4	DVMRP 路由器	224.0.0.10	EIGRP 路由器
224.0.0.5	OSPF DRothers		

从 224.0.1.0 ~ 238.255.255.255 地址空间中的绝大部分作为**全球范围可用的多播 IP 地址**。

除上述地址之外，从 239.0.0.0 ~ 239.255.255.255 的地址段保留作为私人多播领域的**管理权限地址**，这与单播 IP 中私有地址的地位及含义等同。不同的私人多播网络使用相同的管理权限地址用于多播而互不干扰，这有利于节省地址空间。当然，这需要管理员对路由器进行相应的配置。

2. 多播 MAC 地址

请读者不要误认为多播技术是从网络层多播 IP 开始的，最初的以太网规范就提供了对 MAC 层多播的支持。在链路层一章中介绍了以太网 MAC 地址的格式，MAC 地址首字节最低位称为 I/G 比特位，当该位为 0 时，表示单播 MAC 地址；该位为 1 时，则表示多播或广播（当 MAC 地址为全 1 时）MAC 地址。就 MAC 帧而言，多播 MAC 地址的范围是 01-00-5E-00-00-00 ~ 01-00-5E-7F-FF-FF。这一地址范围中，高 25 位固定不变，只有低 23 位可以用于标识不同的链路层多播组。

请注意，多播 MAC 地址是逻辑地址而非物理地址，它用于标识以太网上的多播组成员，当以太网中的主机加入某一多播组时，网卡将开始监听多播 MAC 从而接收到多播数据帧。

3. 以太网多播 IP 地址与多播 MAC 地址的映射

与单播方式一样，分组要交付给主机必须依赖于链路层地址。在以太网中，须将多播 IP 地址映射到多播 MAC 地址，与单播方式下使用 ARP 实现映射不同，多播方式下 IP 地址与 MAC 地址是一种直接对应的方式，如图 4-29 所示。

从图 4-29 可以看出，48 位 MAC 地址的前 25 位是固定不变的，只有 EUI 部分的 23 位（即一半）可以用于多播，这样，D 类 IP 地址的低 23 位直接映射到多播 MAC 地址可用的低 23 位。注意到 D 类 IP 地址除去固定的高 4 位之外有 28 位可用于多播，但只有 23 位映射到多播 MAC 地址，剩余的 5 位在映射过程中实际上被忽略了，于是将有 $2^5 = 32$ 个 IP 多播组被映射到同一个多播 MAC 地址从而导致地址不明确。为了解决这一问题，接收到多播 MAC 帧的主机必须检查帧的 IP 部分以确定该帧是否是发送给本主机所在的 IP 多播组的。32 个 IP 多播组映射到同一个多播 MAC 地址的其中一个例子如图 4-30 所示。

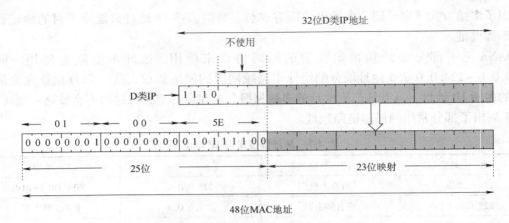

图 4-29 多播 IP 到以太网 MAC 地址的映射

造成这一地址不明确问题的原因涉及多播 IP 设计过程中的背景故事。20 世纪 90 年代初，Steve Deering 取得了多播 IP 地址研究的一些成果。他希望 IEEE 分配 16 个 OUI 作为多播 MAC 地址。如果真是这样，16 个 OUI 将有 2^{28} 个多播 MAC 地址可供使用，那么与多播 IP 地址之间正好能实现一对一映射。当时一个 OUI 的价格是 1000 美元，Steve 的上司不愿意花费 16000

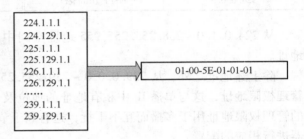

图 4-30 32 个多播 IP 地址映射为同一个多播 MAC 地址

美元购买 16 个 OUI，他只肯支付 1000 美元购买一个 OUI，并且保留其中的一半供其他研究之用，于是可用多播 MAC 地址最终只有 2^{23} 个，从而最终导致 D 类 IP 地址与多播 MAC 地址之间是 32：1 的关系。

4.5.3 网际组管理协议（IGMP）与多播路由选择协议

1. IP 多播必须实现两类协议

第一类协议用于收集局域网中多播组成员关系的信息，这是构成多播路由转发表的第一步。在单播中，路由器的接口只要开启，并且配置了相应的 IP 地址和掩码，它能自动识别直连路由，从而在路由表中添加直连路由条目；但在多播中，路由器却无法自动收集到所谓"多播直连路由"信息，原因在于：第一，路由器不知道在其直连局域网中哪一台主机属于哪一个特定的多播组，因为主机的多播 IP 地址与标识其所属网络的单播 IP 地址没有任何关联；第二，组成员关系属性始终是动态变化的，即使很短的一段时间，主机也可以随时加入某些新的多播组，或者退出某些原所属多播组。所以，对于多播路由器来说，需要了解的是在它的各个直接网络中，有哪些多播组是活跃的，即是否存在至少一个属于某个多播组的成员，这个多播组的身份是什么（即多播 IP 地址）。完成以上任务，需要使用**网际组管理协议**（**Internet Group Management Protocol，IGMP**）。

当路由器获取了足够的局域网中关于多播组成员关系的信息后，还需要向其他路由器转发相应信息以实现多播 IP 数据报的跨网络转发，这就必须使用多播路由选择协议。由于多播方式与单播方式数据报转发的巨大差异，多播路由选择协议与 4.4 节中所阐述的单播路由协议有很大不同；并且多播转发涉及更多的情况，因此多播路由选择协议也更复杂。

2. 网际组管理协议（IGMP）

IGMP 目前已有 3 个版本：IGMPv1（RFC 1112，1989 年）、IGMPv2（RFC 2236，1997年）以及 IGMPv3（RFC 3376，2002 年）。

IGMP 使用 IP 数据报传递其报文（协议类型为 2），与 ICMP 类似，作为 IP 协议簇的一个组成部分，IGMP 也是网络层的一个辅助协议。

在最新的 IGMPv3 中，IGMP 报文有两种类型：组成员查询和报告报文。其中查询报文由路由器发出，用于获取直连的局域网中的多播组成员关系信息；而报告报文则由主机发出，作为对路由器查询的响应，用于向路由器报告其所属多播组信息以及主机期望从哪些源地址接收多播数据报。下面结合这两种报文对 IGMP 的基本工作过程进行描述。

多播路由器周期性的向与它直连的局域网中的所有主机发送 IGMP 查询报文，以获取主机所在的组成员关系。当某一主机想要加入某个多播组时，它会等待路由器发出的查询报文，并使用 IGMP 报告报文进行应答。路由器收到应答后，将利用多播路由协议把该组成员关系转发给因特网中的其他多播路由器。

路由器仍然通过周期性地查询报文来探询局域网中的多播组成员关系信息，对于任一多播组，只要至少有一个成员对查询进行响应，该组就是活跃的，路由器就应该把发送给该组的多播数据报转发到该局域网。但如果经过几个周期性的查询后仍然没有收到应答，则将该组信息从其数据库中去除，即不再往局域网转发指向该组的多播数据报。

图 4-31 简要描述了 IGMP 的基本工作过程。该图强调了 IGMP 的本地工作范围，即 IGMP 是为了让路由器了解与其直连的局域网中的各个多播组成员关系信息，它只在每一个局域网中起作用。另外，从图中可以看出，若局域网中存在多个属于同一多播组的成员，在它们同时收到来自路由器的查询报文时，只会有一个成员进行应答，而其余成员将抑制

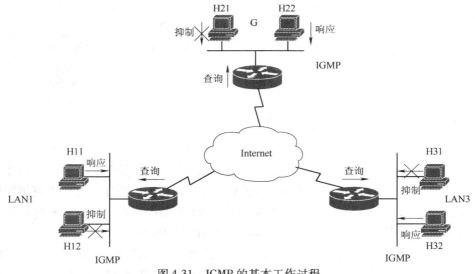

图 4-31　IGMP 的基本工作过程

IGMP 应答，例如在 LAN1 中，主机 H11 进行应答，而 H12 抑制。这样的设计方式可以降低多播通信量，同时也说明，路由器只可能知道是否存在某一多播组的活跃成员，而无法具体了解究竟有多少个成员，当然，它也不必知道。

IGMP 还采用了其他一些措施来降低通信量：

1）多播路由器在查询多播组成员关系信息时，不是针对每一个多播组各发送一个查询报文，而是只发送一个面向所有组的查询报文。

2）当存在多个多播路由器连接在同一局域网时，它们能够通过查询选择过程迅速选定其中一台路由器负责进行查询。

3）如果某一主机上有多个进程都加入某一多播组，则该主机对发送给该组的多播数据报只接收一个副本，然后进行本地复制，并发送给每个进程。

4）如果有多个源地址向多播组发送多播数据报，主机可以利用 IGMP 报告报文进行源地址选择，以通告它期望或不期望接收从某一源地址发送的数据报。据此，路由器可以对信息流进行过滤。

3. 多播路由选择协议

如前所述，当路由器通过 IGMP 获取了局域网中多播组成员关系信息后，需要使用多播路由选择协议将组成员关系转发给其他相关的多播路由器，以便通过这种动态的方式构建并更新多播路由表项。在本章 4.3 节和 4.4 节详述了单播路由协议的工作原理，与之相比，多播通信与单播有很大不同，也更复杂。

如图 4-32 所示，路由器 R1 直连的 3 个局域网（LAN1、LAN2 和 LAN3）中存在多播组 G1 和多播组 G2 的几个成员，在 LAN2 中还有一台名为 PC 的主机未加入任何多播组。路由器 R1 与 R2 被没有 G1 成员的网络分隔，而 R2 直连局域网中有另一台属于 G1 的成员 H3。多播数据报转发的复杂性主要表现在以下几个方面：

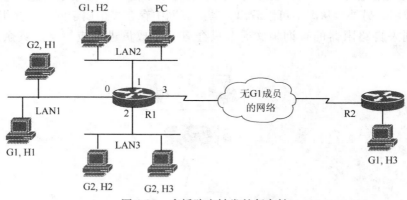

图 4-32　多播路由转发的复杂性

1）单播方式下，目的地址只有一个，每跳路由器只会将数据报从位于最短路径上的单个接口转发出去；而在多播方式下，多个组成员可能位于不同网络中，路由器将把数据报从连接这些网络的多个接口转发出去。在图 4-32 中，R1 必须同时经过接口 0 和接口 2 转发指向多播组 G2 的数据报，因为在 LAN1 和 LAN3 中存在 G2 的成员。

2）单播方式下，路由器仅仅根据目的网络地址作出相应的转发策略，而在多播方式下，除了目的地址外，路由器还必须检查分组的源地址。在图 4-32 中，如果 LAN1 中属于

G1 的主机（G1，H1）发送数据报给本组，则 R1 应将数据报通过接口 1 和接口 3 进行转发；而如果 LAN3 中属于多播组 G2 的成员向 G1 发送多播数据报，则 R1 应将数据报通过接口 0、接口 1 和接口 3 进行转发。

3）在多播通信中，不同多播组之间可以相互转发多播数据报，而即使一台主机未加入任何多播组，它也可以向各组转发多播 IP 数据报。例如图 4-32 的 LAN2 中 PC 未加入任何组，但它也可以向 G1 和 G2 发送多播数据报。

4）多播数据报在转发过程中，可以经过没有组成员接入的网络。如图 4-32 中，同属于 G1 的成员（G1，H3）连接在 R1 的远程网络（与 R2 直连）上，并且被若干没有任何 G1 成员的网络所分隔，若其直连的 3 个局域网中有主机要发送多播数据报给 G1，则 R1 在转发时，必须经过接口 3 发送，该多播数据报应穿越无 G1 成员的网络后，再由 R2 转交给（G1，H3）。

与单播路由协议一样，多播路由协议需要创建路径树以确定最佳路径。多播路由选择实际上就是要找出以"源"节点为根的多播转发树。此处的"源"被打上引号是因为在某些情况下，多播转发树的根可能不是真正的发送源节点，但真正的源节点往往会向树根发送数据报，然后由根开始，将多播数据报沿多播转发树规定的路径转发给各个组成员。

目前使用的多播路由协议在转发数据报时用到了以下 4 种方法：

（1）逆向路径转发（Reverse Path Fowarding，RPF）

所有的多播路由协议利用 RPF 和输入接口检查的某些形式，作为决定是否转发或丢弃接收到的多播数据报的主要机制以避免环路。当多播数据报到达路由器接口时，路由器对其进行 RPF 检查，如果路由器发现接收数据报的接口恰好就在多播转发树最短路径上，则转发，否则丢弃。

那么路由器如何才知道哪个接口位于最短路径上呢？实际上路由器并不知道从源节点到自己的最短路径，但它能够查询自己的单播路由表获知从自己到多播源地址最短路径上的下一跳路由器（逆向路径），而与下一跳路由器直连的本地接口就位于最短路径上。据此，路由器只会接收从该接口收到的多播数据报，并将其转发给多播转发树路径上的下游各路由器。

如果本路由器有好几个相邻路由器都在最短路径上，则选择 IP 地址最小的相邻路由器，并只转发由该路由器发送而来的多播数据报。图 4-33 描述了一种 RPF 过程，所用多播路由

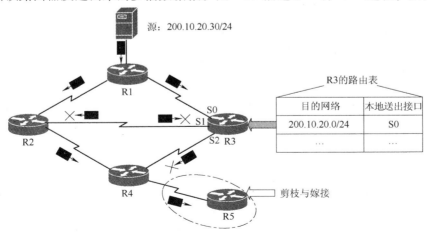

图 4-33　RPF 与剪枝和嫁接

协议不同，执行 RPF 逆向确定最短路径的方法不同。

假定图 4-33 中各路由器之间的距离均为 1，并且考虑路由器 R3 的 RPF 处理过程。最初路由器以广播方式转发多播数据报，当路由器 R1 收到来自源节点（IP：200.10.20.30/24）的多播数据报后，向 R2 和 R3 转发，R2 收到后会将数据报转发给 R3 和 R4（接收接口除外）。R3 收到来自 R1 和 R2 的相同的数据报后执行逆向路径检查，将数据报源地址与其单播路由表中的表项进行比对，发现对应接口是 S0 而不是 S1，于是 R3 接收来自 R1 的数据报而丢弃来自 R3 的数据报。

另外，对于路由器 R4，R2 和 R3 位于两条不同的最短路径上（逆向路径 R4→R2→R1→源，及 R4→R3→R1→源），如果 R2 的 IP 地址小于 R3，则 R4 转发来自 R2 的数据报而丢弃来自 R2 的数据报。

（2）剪枝与嫁接

将多播消息扩散到网络中的每个点上将会消耗网络资源，为了节约网络资源的无谓消耗，当多播转发树中的某一路由器发现其下游方向已经没有属于某个多播组的成员，则应把它和其下游一起进行剪枝处理，这是通过向其上游路由器发送剪枝消息实现的。以图 4-33 中的 R5 为例，当其下游方向没有某一多播组的成员时，将向其上游路由器 R4 发送剪枝消息，R4 收到该消息后，将其与 R5 直连的接口设置为剪枝状态，并停止经过该接口转发指向该多播组的多播数据报。

另一方面，若路由器 R5 下游方向上又有新的成员加入之前剪枝处理的多播组，则可以立即向 R4 发送嫁接消息，促使 R4 在剪枝超时之前就重新转发多播数据报，从而快速重启了多播信息流的转发。

以上两种方式适合于较小的多播组，所有组成员所在的局域网之间相互邻接。这种情况下可以构成连续的多播转发树而不会出现断枝（即相同多播组的成员不被其他没有该组成员的网络或不支持多播的网络所分隔）。

（3）隧道技术

隧道技术适用于同一多播组成员在地理位置上分散的情况，它们可能被不支持多播的网络分隔，如图 4-34 所示。

在图 4-34 中，网络 N1 和 N2 均支持多播。如果 N1 中的主机要向 N2 中的多播组成员发送多播数据报，由于路由器 R1 与 R2 之间的网络不支持多播，则 R1 不能按多播地址转发数据报。于是 R1 将多播数据报封装为单播数据报，通过不支持多播的网络，当 R2 收到数据报后，解开单播 IP 首

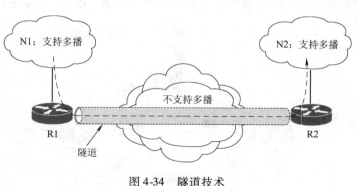

图 4-34　隧道技术

部封装，将其恢复为原来的多播数据报，继续在支持多播的网络中转发。

（4）基于核心的发现技术

该方法对多播组大小在较大范围内变化时均适合。该技术的基本过程是：对每一个多播

组 G，指定一个核心路由器 R，给出其单播 IP 地址。由 R 创建于组 G 对应的多播转发树。如果有一个路由器 R1 向核心路由器 R 发送数据报，则在它所经过的沿途路由器都要检查其内容。当数据报到达组 G 的转发树中的某个路由器 R2 时，由 R2 负责对其进行处理。如果 R1 发送的是指向 G 的多播数据报，则由 R2 向 G 的成员进行转发；如果 R1 发送的是请求加入 G 的数据报，则 R2 将该信息加入自己的路由表，并使用隧道技术向 R1 转发每一个多播数据报的副本。这样，不论 G 的成员在哪个位置，总能够在逻辑上连接到核心树中，从而扩大了多播转发树的范围。

目前还没有在整个因特网范围内使用的多播路由协议，此处列出一些常用的多播路由协议。

距离向量多播路由协议（Distance Vector Multicast Routing Protocol，DVMRP）：该协议是第一个真正得到普遍应用的多播路由协议，它是单播 RIP 的一个扩展。

基于核心的转发树（Core Based Tree，CBT）：该协议使用核心路由器作为多播转发树的根，其基本目标是降低组播的数量级。

开放式最短路径优先多播扩展（Multicast Extentions to OSPF，MOSPF）：顾名思义，该协议是对单播 OSPF 协议的多播扩展。OSPF 协议通过运行 SPF 算法创建到各个目的网络的最短路径树，这一特点使它很适合于扩展到多播领域。

协议无关多播-密集方式（Protocol Independent Multicast-Dence Mode，PIM-DM）：协议无关多播强调了这样一个事实，即不管任何一种单播路由协议过去如何占据单播路由表，PIM 都可以使用这些信息实现多播转发，即与协议无关。该协议适用于组成员分布十分集中的情况。

协议无关多播-稀疏方式（Protocol Independent Multicast-Sparse Mode，PIM-SM）：特点类似于 PIM-DM，但适用于组成员分布非常分散的情况。

4.6 移动 IP

随着诸如便携式计算机、平板、智能手机等各种个人移动设备的普及，人们对于移动通信的需求也在不断增长。用户希望在离开家乡甚至在旅途中也能够连接到因特网，并且不论**移动主机**位置如何变动，都能始终保持与因特网的连接；另一方面，无论它在哪里，其他主机都能保证有效地将数据发送给移动主机，就好像它的位置没有任何变化一样。移动 IP 作为 IP 的一个扩展，用于实现这一目的。

4.6.1 移动主机地址

使用 IP 提供移动通信需要解决的一个主要问题就是寻址。IP 寻址基于一个基本假设：主机是静态的，即它始终连接到一个具体的**家乡网络**。路由器使用目的 IP 地址提供对 IP 数据报的路由，将其转发到家乡网络并最终交付主机。在 4.2 节中，了解到 IP 地址包含网络前缀和主机号两个部分，前缀部分指出了主机所连接的网络。例如某一主机的 IP 地址为 130.44.28.99/16，显然其前缀为 130.44，对于因特网中的路由器来说，它们的路由表中都能明确指出到达该网络前缀应该经过哪个链路进行转发，并最终逐跳转发至家乡网络，当主机移动到其他外地网络，发送给它的数据报仍然会被路由到其家乡网络，即 130.44/16。

那么当主机移动至外地网络时，如何才能把分组转交给它呢？可以有以下两种考虑：

第一、改变主机 IP 地址。这种方法易于理解，当主机移动至外地网络，将其 IP 地址修改为与该外地网络相同的前缀是很自然的事情，而且利用应用层的 DHCP 可以很容易实现。但这样做需要修改主机配置，每一次主机从一个网络移动至另一个网络都需要重启以使配置生效；另一方面，由于 IP 地址改变了，向该移动主机发送数据的其他主机、路由器暂时还不了解这种变化，这势必导致在主机移动的过程中，数据传递会被中断，因为传输过程中源站和目的站的 IP 地址要保持不变。

第二、使用两个 IP 地址。这种方法可以满足移动 IP 通信的要求。移动主机保持原来的 IP 地址（**家乡地址：Home Address**），这一地址称为永久地址；同时必须获得一个目前所在外地网络的一个本地 IP 地址。随着主机的移动，所谓本地 IP 地址会不断变动，因此这类地址是临时的，在移动 IP 中称为**转交地址（Care of Address）**。图 4-35 描述了家乡地址和转交地址的关系，主机移动过程中，家乡地址保持不变而转交地址随着主机所连接网络的不同而变化。显然，转交地址标识了主机当前所在的位置。

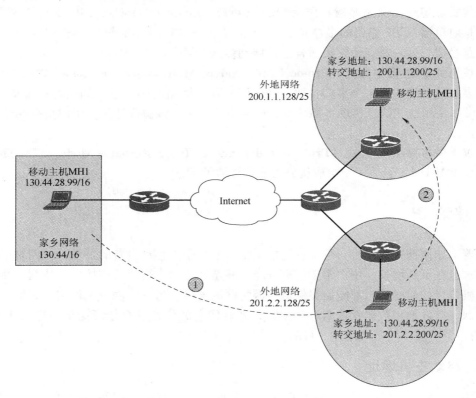

图 4-35　移动主机使用两种地址——家乡地址和转交地址

4.6.2　代理发现与注册

如前所述，转交地址标识了主机当前所在的位置。移动 IP 的一个基本设计思路就是让移动主机通过某种方式将自己当前的转交地址告知其家乡网络中的一台主机，该主机称为**家乡代理（Home Agent）**。它代表移动主机采取行动，一旦知道其所在位置，就可以转发数据报给它。移动主机获知家乡代理的过程称为代理发现；与家乡代理建立联系，向其注册地址的过程称为注册。

移动主机在离开家乡网络之前，必须获知家乡代理的地址；同时主机必须发现自己正在移动。

一台路由器会使用 ICMP 报文的**路由器通告消息（Router Advertisement）**宣示其在网络中的存在，而在代理发现过程中，家乡代理可以把一种称为代理通告（Agent Advertisement）的消息添加在路由器通告中，主机通过发送 ICMP 的**代理恳求报文（Agent Solicitation）**发现家乡代理；同时在离开家乡网络后，通过定期监听路由器通告并发送代理恳求报文，主机可以发现最近的路由器，如果该地址不同于家乡网络中常用的路由器地址，则主机就发现自己已经离开家乡网络，移动到某个外地网络中；同样的机制可以使得移动主机获知自己从外地网络返回到家乡网络。

另一方面，移动主机通过与代理之间交换注册请求与应答消息，完成向代理的注册。具体来讲，移动主机发送注册请求消息发起注册，在请求消息中包含了主机的转交地址和家乡地址。这样，当注册成功后，代理可以将发送给主机的数据报转发到其转交地址；家乡代理收到注册请求后，向其发送应答以同意或拒绝注册。与代理通告与恳求报文不同，注册请求与应答消息使用运输层的 UDP 数据报进行封装。

4.6.3 移动主机路由

图 4-36 描述了远程发送站点向移动主机发送数据的几个步骤：

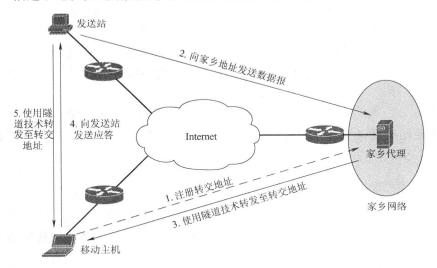

图 4-36　移动主机路由

第 1 步：移动主机向其家乡代理注册其转交地址，以便在移动过程中让家乡代理通过转交地址向其转发数据。

第 2 步：远程发送站点以自己的 IP 为源地址，移动主机的家乡地址作为目的地址向其家乡网络发送数据报。在发送方看来，移动主机好像没有移动，还在其家乡网络中。

第 3 步：家乡代理在收到数据报后，将使用隧道技术转发给移动主机。具体来讲，家乡代理对数据报再进行一层 IP 数据报的封装，源 IP 地址为家乡代理的地址，目的地址为转交地址。移动主机收到后解开隧道封装即获得发送站的原始数据报。

第 4 步：若移动主机向远程站点应答或发送其他数据，则其准备的 IP 数据报首部中将以自己的家乡地址作为源地址，远程站点地址为目的地址。路由器仅仅根据目的地址做出转发策略，将数据发送给远程站点。在远程站点看来，由于收到的来自移动主机的数据报中，源地址是其家乡地址，因此在它看来，移动主机没有移动，还在其家乡网络中；而且家乡代理对远程站点也是透明的，远程站点感觉是在和移动主机直接进行通信。

第 5 步：注意第 2 步和第 4 步中的发送过程，发送站先将数据报发送至家乡代理，再由家乡代理转交移动主机，最后移动主机向发送站发送应答，这一路由过程称为**三角路由**（**Triangle Routing**）。当移动主机距离家乡网络很远时，这一路由过程显得过于迂回。实际上远程发送站点可以学习到移动主机的转交地址，然后直接通过隧道技术向转交地址发送数据，从而绕开了家乡代理。若要让远程发送站点获取移动主机的转交地址，家乡代理在收到来自远程站点的数据后，可以向其发送更新绑定分组，在其中包含了移动主机的转交地址。

4.7　IPv6

IPv4 协议已经工作运行了数十年，它早已成为因特网最为著名且重要的协议之一。也正因为如此，IPv4 地址随着因特网的爆炸式增长而不断被大量使用。早在 20 世纪，人们就预见到了 IPv4 地址空间将在不久的将来最终耗尽。为此，采取了以下一些重要措施：

1）使用无类 IP（CIDR），尽可能合理而充分地利用 IPv4 地址空间。

2）通过网络地址转换（NAT），重用私有 IP 地址空间。

然而在 IPv4 有限的 32 位地址空间范围内，这些措施只能起到延缓地址耗尽的作用，治标而不治本。2011 年 2 月 4 日，ICANN 对外宣布，最后一批 IPv4 地址分配完毕，引起了一片哗然。

从 1992 年起，IETF 开始启动下一代 IP（IP Next Generation，IPng）的设计工作，基本思想就是使用比 IPv4 大得多的地址空间，使得在可以预见的将来，IP 地址都是使用不完的。IPng 现在正式称为 IPv6。

4.7.1　IPv6 概述

IPv6 很好地满足了 IETF 的设计目标。它在保持 IPv4 优点的基础上，丢弃或削弱了 IPv4 中不好的特性，并且在某些必要的地方增加了新的特性以利于更高效的转发数据报。IPv6 的主要特性如下：

1. 更大的地址空间

IPv6 地址长度为 128 位，2^{128} 个地址近似等于 3×10^{38}。如果整个地球，包括陆地和水面都被计算机覆盖，那么 IPv6 将保证每平方米有 7×10^{23} 个地址，该数值甚至超过了阿佛伽德罗常数。在这一地址空间中的地址数量几乎是无限量的，这就从根本上解决了 IP 地址耗尽的问题。

2. 简化了协议首部格式

IPv6 数据报的格式将在后面进行讨论。与 IPv4 首部格式中的 13 个字段相比，IPv6 协议只包含 8 个字段。并且 IPv6 的首部长度是固定不变的（如 4.2.6 节中所述，IPv4 的首部格式中包含变长的选项及填充字段）。这些特性可以加快路由器对数据报的处理速度。

3. 更好的支持选项

IPv6 的首部中不再包含选项部分，而对于选项部分，IPv6 以扩展首部的方式进行定义和支持，路由器对于大多数选项都不再进行处理，这无疑也加快了数据报的处理速度。

4. 与安全协议集成

对于认证和隐私等关键的安全特征以扩展首部的形式集成到了 IPv6 中，而在 IPv4 设计之初并没有考虑到这些。只是因为这些安全特性在后来逐步引入 IPv4，使得 IPv4 和 IPv6 在安全性方面差异趋于减少。

4.7.2　IPv6 地址

1. IPv6 地址的表示方法

IPv6 地址长度有 128 位，如果用点分十进制进行表示则显得不够方便。为了尽可能以简洁的风格表示如此之长的地址，IPv6 采用冒号十六进制的表示方法。在该方法中，将 16B 的 IPv6 地址分成 8 个 2B（4 位 16 进制）的组。每组之间用冒号分隔。例如：

$$fe80:0000:0000:0000:0223:aeff:fe73:0495$$

很多 IPv6 地址都包含很多的 0。为简化起见，可以采取 3 种优化措施。

1）在每个组内可以省略前导的 0。比如在上例中的下画线部分，最高位的十六进制 0 可以省略，于是得到

$$fe80:0:0:0:223:aeff:fe73:495$$

2）由 16 个二进制 0 所构成的一个或多个组可以用一对冒号代替，即零压缩法。例如上例中 IPv6 地址可以使用该方法进一步简化表示为

$$fe80::223:aeff:fe73:495$$

需要注意的是，在一个 IPv6 地址表示中，零压缩法只能使用一次，否则将导致歧义。

3）IPv4 地址可以用 IPv6 地址结合点分十进制形式进行表示。例如 IPv4 地址 202.195.168.61 可以表示为::202.195.168.61。这种表示形式通常用于 IPv4 向 IPv6 进行转换的过程中。

CIDR 中的斜线记法在 IPv6 地址表示中仍然适用。例如 60 位前缀的地址 200104A0B23F9D 可记为

$$2001:04A0:B23F:9D00::/60$$

2. IPv6 地址类型

IPv6 地址类型通过不同的类型前缀加以区分（请注意此处的类型前缀与子网划分无关）。下面介绍几种典型的 IPv6 地址类型。

（1）本地链路地址

本地链路地址的前缀为 FE80::/10。它是一种受限的 IPv6 单播地址，只能用于连接在同一本地物理链路的节点之间，当一台主机启动了 IPv6 协议栈时，该主机接口将被自动配置一个本地链路地址。

（2）全球单播地址

全球单播地址的前缀为 2000::/3。这一类型的地址可用于因特网上的单播通信，其地

位等同于 IPv4 地址中的公有 IP，是使用得最多的一类地址，它代表了 IPv6 寻址结构中最重要的部分。

全球单播 IPv6 地址是一个三级地址结构，如图 4-37 所示。

图 4-37　全球单播 IPv6 的三级地址结构

第一级结构为全球单播路由前缀，占 48 位，由 ISP 指定给组织机构。

第二级结构为子网标识符，占 16 位。组织内部可以划分多达 65536 个子网。容易理解，全球单播路由前缀和子网标识符相当于 CIDR 中的网络前缀部分。

第三级地址结构为接口标识符，占 64 位，相当于 CIDR 中的主机号部分。64 位的接口标识符足以满足将设备各接口的硬件地址直接进行编码。这样，IPv6 只需将接口标识符部分提取出来即可得到接口硬件地址，而不需要像 IPv4 中使用 ARP 解析硬件地址。

针对设备硬件地址，IEEE 定义了一种基于 64 位的扩展唯一标识符：EUI-64。与该地址格式中前 24 位作为组织唯一标识符 OUI，而剩余多达 40 位作为扩展标识符 EUI。当 EUI-64 硬件地址需要转换为 IPv6 地址时，只需将其置入 IPv6 地址中的接口标识符部分，但要把 OUI 中第一字节最低第二位（G/L 位）设置为 1，以表明该地址应为全球管理地址。

EUI-64 还说明了如何将以太网 MAC 地址从 48 位扩展为 64 位，方法是在 MAC 地址的第 24 位处（即 OUI 和 EUI 之间）插入 16 位，其对应十六进制值是 0xFFFE，从而创建唯一的 64 位接口标识符。当然，若要转换为 IPv6 地址，还需将 G/L 位置 1。图 4-38 说明了 MAC 地址转换为 IPv6 地址。

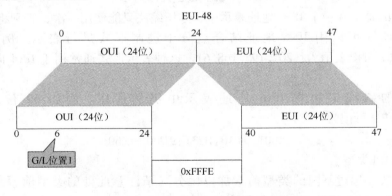

图 4-38　MAC 地址转换为 IPv6 地址

（3）多播地址

在 IPv6 中，没有专门划分广播的概念，广播被视为多播的一种特殊情况，而在多处都用到了多播。例如在 IPv6 中不使用 ARP，而是利用特殊形式的多播地址获取同一链路中各相邻节点和路由器的链路层地址。

IPv6 多播地址的首选格式为 FF00 ::/8，图 4-39 描述了多播地址的格式。第二字节高 4

位为标志部分，用于定义多播地址是永久地址还是临时地址，第二字节低 4 位用于定义多播
地址的范围从而起到限制多播流量的作用。

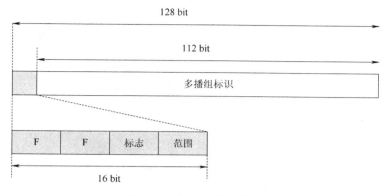

图 4-39　IPv6 多播的格式

（4）任播地址

任播定义了这样一种机制，即发送分组到属于同一任播组的多台主机中距离源站最近的
主机。在 IPv4 和 IPv6 中都存在任播。IPv6 任播地址可以使用全球单播地址，也可以使用本
地链路地址。

（5）环回地址

IPv6 中环回地址是∷1，作用同 IPv4 环回地址。

（6）未指定地址

未指定地址的所有位均为 0，可缩写为"∷"。未指定地址表明还没有为主机配置一个
标准的 IPv6 地址。

（7）基于 IPv4 的地址

IPv4 与 IPv6 本身是不兼容的，但在从 IPv4 向 IPv6 过渡的过程中，两者将长期并存。有
的节点支持 IPv6，而有的节点可能并不支持。在这两类节点之间转发数据报时，需要进行地
址转换。基于 IPv4 的地址用于 IPv4 和 IPv6 之间的转换。基本过程是将 IPv4 地址嵌入到
IPv6 地址中。

4.7.3　IPv6 数据报格式

IPv6 数据报具有 40B 的固定首部，且只包含 8 个字段，使得路由器处理起来更加快速，
从而提高了通信效率，其具体格式如图 4-40 所示。下面就每个字段的含义分别进行解释。

版本：占 4 位，与 IPv4 首部中同名字段作用相同。对 IPv6，该字段的值为 6。

区分服务：占 4 位，与 IPv4 首部中同名字段作用相同，用于区分数据报的服务类别，
这些数据报对于实时性具有不同的需求。

流标签：占 20 位。所谓"流"是指互联网络中从特定源点到特点终点的一系列数据
报，这些数据报具有同样的需求，并且希望网络对它们进行相同方式的处理。例如从源节点
的某一特定应用进程与目的节点某一特定应用进程之间所交换的数据报对带宽具有严格的要
求，需要在转发过程中的各路由器为它们预留带宽。此时可以设置一个特定的非 0 流标签
值。分组转发路径中所有路由器收到这些数据报后，将在自己的内部表格中查找该流标签

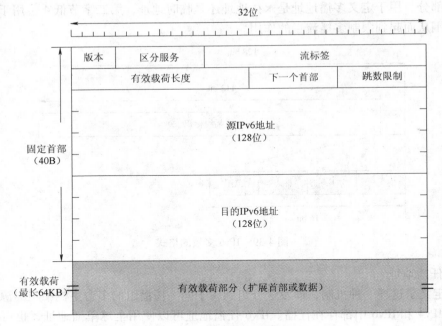

图 4-40　IPv6 数据报格式

值，以确定如何"特殊照顾"它们。

有效载荷长度：占 16 位，指明除了首部以外还有多少字节数。

下一个首部：占 8 位，对应于 IPv4 中的协议和选项字段。它指出了该首部所封装的有效载荷部分的数据类型。有效载荷部分可能是上层的 TCP 报文段或 UDP 分组，也可能是扩展首部。

跳数限制：占 8 位，作用与 IPv4 首部中的 TTL 字段相同。IPv6 修改了该字段的名称以明确其实际用法（即按跳数计数而非时间）。

源地址和目的地址：各占 128 位。

在解释了 IPv6 首部的各个字段含义之后，不妨将其与 IPv4 的首部再做一对比，看看有哪些不同以及意义在哪里。

1）IPv6 首部中去掉了首部长度字段，原因很简单，IPv6 首部定长 40B，而不像 IPv4 的首部变长，需要专门计算首部边界。

2）新增流标签字段，对不同性质的数据报需要进行怎样的处理做了更为精细的定义。

3）有效载荷长度并未像 IPv4 首部的总长度字段一样将首部计算在内，原因和 1）中所述相同。

4）去掉了 IPv4 中与分片有关的标识、标志和片偏移字段，因为 IPv6 数据报分片方法通过有效载荷中的分片扩展首部定义，并由终端主机完成，减轻了路由器的工作负担。

5）去掉了 IPv4 中的首部校验和字段。计算校验和会降低性能，现在的网络质量在相当程度上可以得到保证，而且数据链路层和运输层也会进行校验，因此再在网络层进行校验相比所付出的代价显得得不偿失。

6）IPv4 中的协议字段修改为下一个首部字段，既指出了 IPv6 数据报所封装的上层协议，也可用于选项处理。

7）与6）相呼应，IPv6 首部去掉了原 IPv4 的可变首部，即选项部分。选项部分成为 IPv6 所封装的有效载荷的一部分，并通过扩展首部进行定义和处理。

4.7.4 IPv6 的扩展首部

IPv4 数据报如果在首部中使用选项，那么在传输路径上的每跳路由器都必须对各选项一一进行检查，这就降低了处理性能。IPv6 引入了可选的扩展首部，作为固定首部所封装的有效载荷的一部分以支持选项，路由器对绝大多数扩展首部都不进行处理。目前定义了 6 种扩展首部。如果 IPv6 数据报包含多个扩展首部，那么它们必须紧跟固定首部后面，并且最好按照表 4-8 中列出的顺序。

表 4-8　IPv6 的扩展首部

扩 展 首 部	下一个首部值	描　　　述
逐跳选项	0	路由器的混杂信息
目的站选项	60	移动 IPv6 应用
路由选择	43	强制路径
分片	44	管理数据报分片
鉴别	51	验证发送方身份
封装安全有效载荷	50	有关加密内容的信息

下面就 6 种扩展首部的作用进行简单介绍：

逐跳选项：该字段由传输路径上的每跳路由器进行检查和处理，用于处理长度超过 65535B 的巨型数据报或设置路由器警报。

目的站选项：用于移动 IPv6 应用。确保移动节点在改变了连接点时仍然能够使用不变的 IP 地址。

路由选择：用于强制指定数据报经过特定的路由器。

分片：功能与 IPv4 相同。

鉴别：该扩展首部由 IPSec 使用，提供认证、数据完整性和重放保护。

封装安全有效载荷：与鉴别类似，该扩展首部由 IPSec 使用，提供认证、数据完整性、重放保护和数据报加密。

上述每一个扩展首部都由若干字段组成，长度不尽相同，但所有扩展首部第一个字段都是 8 位的"下一个首部"字段，用以指出在该扩展首部之后是什么什么类型的载荷。

除了逐跳选项之外，其他的扩展首部都由路径两端的源站和目的站进行处理，中间路由器不进行处理，这样大大提高了路由器处理数据报的效率。

4.7.5 由 IPv4 过渡到 IPv6

IPv6 协议在设计伊始就考虑到了过渡的问题，然而因特网从 IPv4 过渡到 IPv6 并没有一个确定的日期，原因在于现有因特网的网络层主要还是基于 IPv4 协议的，要在一朝一夕将所有 IPv4 路由器换成 IPv6 路由器，并且让所有终端节点马上提供对 IPv6 的支持也是不可能的。在很长的时间内，都会面临 IPv4 与 IPv6 共存的状况，IPv6 系统必须提供向后兼容，即必须能够处理 IPv4 分组，并为其提供路由。

为了处理 IPv4 与 IPv6 共存与整合的问题，IETF 提出了 3 种策略：双协议栈、隧道和协议转换。

1. 双协议栈

双协议栈是指在完全过渡到 IPv6 之前，主机和路由器同时安装 IPv4 和 IPv6 两种协议栈，以具备能同时处理两种 IP 的能力。

为了确定究竟应该使用哪个版本的 IP 向目的站发送数据，双协议栈主机使用了应用层的 DNS 协议进行查询，若 DNS 返回 IPv4 地址，则源站使用 IPv4 地址；若 DNS 返回 IPv6 地址，则源站使用 IPv6 地址。

2. 隧道

当两台 IPv6 主机被 IPv4 网络隔开，而它们想要实现通信时，可以使用隧道技术。图 4-41 描述了 IPv6 隧道的基本原理。

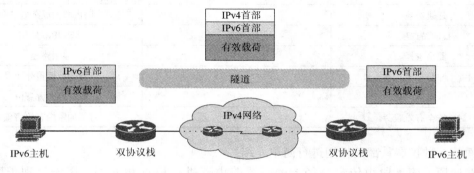

图 4-41　IPv6 隧道

隧道技术的要点是，当 IPv6 数据报穿越 IPv4 网络时，需要将其封装为 IPv4 数据报，从而成为 IPv4 数据报的数据，当离开 IPv4 网络时，需要将其解封装，然后以原来 IPv6 数据报的形式交付给目的主机。用于连接 IPv6 孤岛与 IPv4 网络的路由器必须安装双协议栈，由它负责对进入 IPv4 网络的 IPv6 数据报进行封装以及对离开 IPv4 网络的 IPv6 数据报进行解封装。

3. 协议转换

协议转换用于 IPv6 单协议网络与 IPv4 单协议网络的主机之间进行通信。图 4-42 描述了协议转换的基本过程。

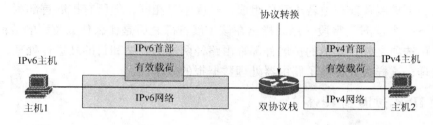

图 4-42　协议转换

图 4-42 中 IPv6 主机 PC1 要向 IPv4 主机 PC2 发送数据报，由于 PC2 不支持 IPv6 协议，所以在 IPv6 网络与 IPv4 网络连接处的路由器需要安装双协议栈以实现协议转换。当路由器

收到 IPv6 数据报后，将去掉原有的 IPv6 首部封装，并重新封装为 IPv4 数据报，再发送给 PC2。注意在这种情况下，源站和目的站分别为不同的单协议栈主机，故无法使用隧道技术实现两者之间的通信。

4.7.6 网际控制报文协议 ICMPv6

作为 IPv6 协议的辅助协议，网际控制报文协议的版本 6 用于提高 IPv6 数据报成功交付的机会。ICMPv6 比 ICMPv4 更加复杂，原来的一些独立于 IPv4 协议的协议并入了 ICMPv6 协议之中，例如 ARP 和 IGMP，相应地在 ICMPv6 中增加了一些新的消息类型。因此，与 IPv6 配套的协议也就只有 ICMPv6 一个协议。

ICMPv6 的报文格式类似于 ICMPv4，即前 4 个字节都是一样的（包含类型、代码、校验和 3 个字段），从第 5 个字节起的后面部分均作为报文主体。

ICMPv6 定义了 4 种不同的报文类型：差错报告报文、询问报文、邻站发现报文和组成员关系报文。

1. 差错报告报文

差错报告报文与 ICMPv4 中同名报文类型的作用相似。差错报告报文又分为 4 种：目的节点不可达、分组过长、超时及参数错误。ICMPv6 去掉了版本 4 中的源站抑制报文，因为此种报文已经鲜有使用。ICMPv6 新增分组过长差错报告报文，因为在 IPv6 中，路由器不负责分片，当报文过长时，路由器将其丢弃，并发送分组过长报文给源站。版本 4 中的路由重定向报文在 ICMPv6 中被纳入另一类报文，即邻站发现报文。

2. 询问报文

询问报文与版本 4 中的同名报文类型作用相同。但在 ICMPv6 中，去掉了时间戳请求与应答报文，因此只有回送请求和回送应答报文。

3. 邻站发现报文

该类报文为 ICMPv6 中的新增类型。邻站发现报文用于查找相邻路由器、查找邻站主机的链路层地址、IPv6 地址以及重定向。在此类报文中，包含了原来 IPv4 中的 ARP 和 RARP 功能，即在已知设备 IPv6 地址的情况下获取其链路层地址或者相反；同时包含了版本 4 中应用层 DHCP 的功能以帮助主机获取默认网关地址；另外，如前所述，原来在 ICMPv4 中属于差错报告报文的路由重定向报文被纳入邻站发现报文。

4. 组成员关系报文

该类报文起到了 IP 多播中 IGMP 的作用，用于管理局域网中的多播组成员关系。和 IGMP 一样，组成员关系报文包含组成员关系查询和报告报文。

4.8 网络层设备

网络层的核心设备是路由器，它从接口收到 IP 数据报后，基于路由表决定转发策略。

4.8.1 路由器

1. 路由器功能概述

网络层的核心设备是路由器，其主要作用就是将各个网络彼此连接起来。因此，路由器需要负责不同网络之间的数据报传送。IP 数据报的目的地可以是国外的 Web 服务器，也可以是局域网中的电子邮件服务器。这些数据报都是由路由器来负责及时传送的。在很大程度上，网际通信的效率取决于路由器的性能，即取决于路由器是否能以最有效的方式转发数据报。

路由器是一种专用计算机，它的组成结构类似于任何其他计算机（包括 PC）。第一台路由器称为接口报文处理机（IMP），出现在 ARPANET 中。IMP 是一台 Honeywell 316 小型计算机，1969 年 8 月 30 日，ARPANET 在它的支持下开始运作。

路由器可连接多个异构网络，这意味着它具有多种类型接口，如以太网接口、广域网接口、用于配置的控制台接口等。路由器经常会收到以某种类型的数据链路帧（如以太网帧）封装的数据报，当转发这种数据报时，路由器需要将其封装为另一种类型的数据链路帧，如点对点协议（PPP）帧。数据链路封装取决于路由器接口的类型及其连接的介质类型。路由器可连接多种不同的数据链路技术，包括 LAN 技术（如以太网）、WAN 串行连接（如使用 PPP 的 T1 连接）、帧中继以及异步传输模式（ATM）。

2. 路由器组件及功能

与 PC 一样，路由器硬件组件也包含中央处理器（CPU）、随机访问存储器（RAM）以及只读存储器（ROM）。各部分功能如下：

1）**CPU**：执行操作系统指令，如系统初始化、路由功能和交换功能。

2）**RAM**：存储 CPU 所需执行的指令和数据。RAM 中存放操作系统映像、路由器运行配置文件、路由表、ARP 缓存、数据报缓存等。

3）**ROM**：用于存放引导程序、诊断软件、用于故障恢复的精简版操作系统以及启动配置文件。

Cisco 路由器采用的操作系统软件称为**网间操作系统**（**Internetwork Operating System，IOS**）。与普通计算机上的操作系统一样，Cisco IOS 会管理路由器的硬件和软件资源，包括存储器分配、进程、安全性和文件系统，它属于多任务操作系统，集成了路由、交换、网际网络及电信等功能。

3. 路由器配置管理

基于 IOS 的命令行接口（Command Line Interface，CLI）可以完成对路由器的各项配置，比如配置接口 IP 地址、启动路由协议、设置口令等。在本书附录中列出了路由器的基本配置模式和基本配置方法。

4.8.2 三层交换机

1. 三层交换机的基本特点

传统上来说，交换机工作在数据链路层，它可以通过查看链路层物理地址决定链路层帧的转发策略；而路由器工作在第三层，它通过路由表决定 IP 数据报转发策略。

三层交换机将路由器转发 IP 数据报的功能也集成到了一台设备上，因此当源站和目的站位于不同 IP 网络时，三层交换机也能够完成对 IP 数据报的路由转发，也正是因为能够处理三层 IP 数据报，这样的交换机称为三层交换机。另外，基于三层交换机上的路由模块，可以对网络中的流量进行过滤，从而提高了链路层以上的安全性。

与路由器基于软件结构的路由表处理 IP 数据报不同的是，三层交换机把大量本应由软件处理的路由进程交给硬件进行处理，路由转发速度比路由器快得多，这是使用三层交换机处理 IP 数据报最大的优点。

2. 三层交换机的基本原理

当源站的第一个数据流进行第三层交换后，三层交换机中的路由系统将会产生一个 MAC 地址与 IP 地址的映射表，并将该表存储起来，当同一信源的后续数据流再次进入交换环境时，交换机将根据第一次产生并保存的地址映射表，**直接**从第二层由源地址传输到目的地址，不再经过第三层路由处理，从而消除了路由选择时造成的网络延迟，提高了数据报的转发效率，解决了网间传输信息时路由产生的速率瓶颈。因此，三层交换机既可完成第二层交换机的端口交换功能，又可完成部分路由器的路由功能，即第三层交换实际上是一个能够支持多层次动态集成的解决方案，虽然这种多层次动态集成功能在某些程度上也能由传统路由器和第二层交换机搭载完成，但这种搭载方案与采用三层交换机相比，不仅需要更多的设备配置、占用更大的空间、设计更多的布线和花费更高的成本，而且由于 IP 数据报仍然要经由路由器的软件结构进行处理，因此传输性能也要差得多。

3. 三层交换机与路由器

三层交换机适合于局域网组网环境，因此，其路由功能通常比较简单，它在局域网中的主要用途还是提供快速数据交换功能，满足局域网数据交换频繁的应用特点。

路由器用于不同类型的网络连接，虽然路由器也适用于局域网互联，但它的路由功能更多地体现在不同类型网络之间的连接上，如局域网与广域网之间的连接、不同协议的网络之间的连接等，所以路由器的路由功能非常强大；且为了与各种类型的网络连接，路由器的接口类型非常丰富。三层交换机则一般仅具有同类型的局域网接口。另外，路由器还具有强大的智能化网络管理功能和安全方面的特性，这些都是三层交换机所不具备的。因此，三层交换机并不等同于路由器，更不能替代路由器。

小结

1. 知识梳理

本章详细讲述了网络层的知识。网络层解决了不同类型网络之间的互联问题。在因特网中，所有的上层 PDU 都使用 IP 进行封装，即 IP 可以为不同的上层协议提供服务；而不论底层链路有多少差异，在网络层都能以 IP 数据报的形式进行处理，即 IP 可以使用各种链路层协议提供的服务。网络通信在网络层统一起来，这就是为什么网络层是整个 TCP/IP 体系的核心层次。

本章所讲述的内容中，最重要的部分可以归结为两点，即 IP 相关的内容以及对路由算法和路由协议（尤其是 IGP）的理解。

IP 地址是网络层 PDU 的地址表示形式，它是一个逻辑上的、全局性的地址。传统的有类 IP 地址仅仅根据第一个字节区分地址类型、网络部分和主机号部分；引入子网划分后，IP 地址还必须与子网掩码相结合才能唯一确定其属性；现今所使用的无类 IP 环境（CIDR），IP 地址重新回归两级地址结构，但已没有类别之分，所有 IP 地址统一看待，仅仅根据前缀区分 IP 地址的网络和主机部分。

路由器基于路由表决定对收到的 IP 数据报如何进行转发。对路由表完整结构的研究超出了本书所讨论的范围，但至少应明确在路由表中最关键的 3 个字段，即目的网络和掩码（到哪里去？）以及下一跳地址（下一站到哪里？）。每跳路由器各司其职，最终沿着规定的路径把 IP 数据报逐级发送到目的地。

IP 是被路由协议，IP 数据报被路由器转发。网络中的路由器往往需要运行动态路由协议生成并更新路由表，在自治系统中通常运行着某种 IGP。本章重点介绍了 RIP 和 OSPF，在这两种路由协议中涉及各种路由算法：最短路径算法、距离矢量算法、洪泛算法、链路状态算法、分级路由算法，另外还简要介绍了多播路由算法。这些算法不尽相同，但互有借鉴和重叠。

围绕 IPv4 协议，本章还讲述了辅助它工作的 ARP、ICMP，ARP 实现了以太网中 IP 地址到 MAC 地址的映射，ICMP 为无连接的 IP 提供了一定的可靠性保证。

此外，本章还介绍了近年来备受关注的 IP 多播、移动 IP 和 IPv6 的基本内容。

2. 学生疑惑

问题 1：网络层是核心，IP 是网络层的核心，它的作用到底是什么，能否用更形象的方式进行解释？

答：IP 是为了对各种货物统一打包，不论这些货物是什么（上层封装不同），也不论它们采用什么样的交通工具来运输（链路层协议不同），更不用关心它们走陆路、水路还是空运（物理层规程不同）。

问题 2：IP 地址的计算和划分到底应该如何来进行？

答：IP 地址用点分十进制来表示，每 8 位用一个点来分隔，它仅仅是一种表示形式，在学习有类 IP 时更容易造成一种误解，IP 地址的划分是否只能在整字节处进行。实际上，在进行 IP 地址计算和划分时，应该将其还原为没有任何点分隔的 32 位二进制串，要找的不是点，而是根据前缀或掩码找到网络部分和主机部分的边界，并用一根竖线将两个部分分离开来，这样才能明确地址的属性。当然，找到边界后，对于对计算没有影响的高位网络部分，可以用十进制表示，这样更简洁。但是一定记住，IP 地址是二进制的！另外，在进行变长掩码划分时，通常有很多种方案，但为了保证地址不重复、不浪费，应该从大到小进行处理，即先给较大的网络分配地址空间。

问题 3：如何理解分组在跨网传输过程中 IP 地址不变而链路层地址要变？

答：IP 地址是逻辑地址，而链路层地址是设备物理地址。使用 IP 地址，屏蔽了底层链路的差异，站在网络层上看问题，IP 数据报从源站所在网络逐级转发到目的站所在网络。然而要实现分组到设备的交付，不能依靠 IP 地址，必须依赖其物理地址，对于目的站如此，对于分组逐跳转发过程中的每跳路由器同样如此。路由器有多种类型接口用于互联异构网络，每种链路中的封装都是不同的，即使同一类型链路，地址也要改变，因为物理地址是局部的，只能标志连接局部链路所在的设备接口。因此，IP 数据报在逻辑 IP 网络中保持不变，但回归"现实"，在它所经过的每级链路中，都会由路由器在发送之前完成对应的链路层封装，赋予它对应的链路层地址。链路层不同就相当于为运输货物（IP 数据报）所选择的交通工具不同一样。所以，IP 地址不变，但链路层地址会不断改变。

问题 4：路由算法与路由协议的关系如何？

答：在本章所介绍的路由协议和路由算法中，有一些是有交集的，比如在 OSPF 协议中就使用了链路状态洪泛，并且 OSPF 协议是层次化路由协议，因此，它既涉及链路状态算法，也涉及洪泛算法，当然也使用了分级路由。本章组织结构中先讲述了路由算法，再阐述路由协议，应该把对路由算法的理解放在对路由协议的认识中。

3. 授课体会

网络层这一章在计算机网络课程中占据了核心的地位，学生经过老师的不断强调也了解了这一层的重要性，但在很多内容的理解上仍然会出现困难，主要原因还是由于网络层涉及的协议和算法很多，这些大量的概念、名词，有的显得非常枯燥，有的逻辑性又很强；作为网络基础课程，不可能将网络层的方方面面都进行非常详细的阐述，因此老师在上课时必须要有的放矢，第一要紧抓核心协议，比如对于 IP 和 IP 地址的理解，常用路由协议 RIP、OS-PF 以及所涉及的路由算法，再由这些核心进行扩展，让学生理解其他协议的作用，比如 IC-MP、ARP 的辅助作用；对于路由协议，可以通过课堂演示在路由器上的配置和调试过程，让学生真真切切地看到路由协议是如何工作的，这样会有更透彻的理解。

多播和 IPv6 也属于网络层讨论的范围，但它们相比于单播和 IPv4，所涉及的内容更新（相对而言），也更复杂，而且应用又很广泛。老师在教授这些内容时，往往会感觉很矛盾，很想给学生多讲，但受到课时的限制，同时又会担心学生理解起来更困难，讲多了反而没有好处。就笔者的愚见，关于这些内容，可以补充介绍一些相关的背景知识（比如在 4.5.2 节中简单介绍了多播 IP 与多播 MAC 地址映射相关的背景，如果没有这样的背景介绍，对于多播地址映射的设计会感到非常奇怪），并引导感兴趣的学生在课后自学更为深入的内容。

既然概念是如此枯燥，不如多用一些形象的例子来说明。比如前面学生对于 IP 的疑惑，就可以这样来解释：IP 就是为了对各种货物统一打包，不论它们是什么（上层封装），也不论它们采用什么样的交通工具来运输（链路层），更不用关心它们走陆路、水路还是空运（物理层）。RIP 和 OSPF 两种路由协议完全不一样，RIP 就像高速路上行车，司机只能根据路标指示明确自己下一步该如何走；OSPF 路由器就像一个拥有地图的旅行者，对于每一个目的地都能明确规划出每一步该怎么走，大局观更好。类似这样的说明还可以有很多。

习题与思考

1. 网络层的基本功能有哪些？
2. 如何理解网络层是 TCP/IP 栈的核心？
3. 试说明以下协议的作用？

IP、ARP、ICMP

4. 试说明 IP 地址与硬件地址的区别。为什么要使用这两种不同的地址？如果没有 IP 地址，异构网络之间如何才能进行通信？有什么缺点？

5. IP 地址的主要特点是什么？有哪几类分类 IP 地址？它们的特征是什么？

6. 子网掩码的作用是什么？划分子网下，为什么必须借助子网掩码才能唯一确定 IP 地址的属性？请举例说明。

7. 一个 IP 地址的十六进制表示形式为 C22F1582，请将它转成点分十进制表示形式。

8. 某一网络的子网掩码为 255.255.255.240，试问它最多能容纳多少台主机？

9. 在路由器之间的直连链路中，从节省 IP 地址的角度出发，应该采用的前缀长度是多少？

10. 请将 CIDR 地址块 172.16.100/24 分成 8 个相同大小的网络，并写出每个网络的网络地址、广播地址、第一个主机 IP 地址和最后一个 IP 地址。

11. CIDR 地址块 192.18/16 中包含多少个主机 IP 地址？假定有 4 个组织 A、B、C、D 各需要 4000、

2000、4000、8000 个地址。试写出每个划分后网络的前缀地址，并写出每个网络的网络地址、广播地址、第一个以及最后一个主机 IP 地址。

12. 一个路由器刚刚接收到以下新的 CIDR 地址：57.6.96.0/21、57.6.104.0/21、57.6.112.0/21、57.6.120.0/21。如果所有这些地址块都是用同一送出接口，试问它们是否可以聚合？如果可以，写出聚合后的 CIDR 地址？如果不可以，指出为什么？

13. 有 3 个 IP 地址：192.168.200.32、192.168.200.50、192.168.200.63，请指出哪个地址是网络地址，哪个地址是广播地址，哪个地址是主机 IP 地址。

14. 下列地址中，与 192.168.100.97/29 属于同一个网络的 IP 地址有哪个（些）？请说明理由。

A. 192.168.100.95/29   B. 192.168.100.98/29

C. 192.168.100.101/29   D. 192.168.100.105/29

除了选出的地址以外，请指出所有与 192.168.100.97/29 属于同一网络的主机 IP 地址。

15. 网络管理员要添加一个带有 50 台主机的新子网，要保证新子网可获得足够地址，同时尽量减少地址浪费，应为其分配哪个子网地址？

A. 192.168.1.0/24   B. 192.168.1.48/28

C. 192.168.1.32/27   D. 192.168.1.64/26

16. 路由器 R1 有一个快速以太网接口，其 IP 地址为 10.10.9.35/27，一台主机 H 通过该接口与 R1 直连，若 H 想通过 R1 连接到 Internet，它的 IP 地址和掩码应采用以下哪一个配置才是合理的？

A. IP 地址：10.10.9.37，子网掩码：255.255.255.240

B. IP 地址：10.10.9.37，子网掩码：255.255.255.224

C. IP 地址：10.10.9.29，子网掩码：255.255.255.248

D. IP 地址：10.10.9.32，子网掩码：255.255.255.224

17. 一个路由器中有如下表项：

地址/掩码	下一跳
135.46.56.0/22	接口 0
135.46.60.0/22	接口 1
192.53.40.0/23	R1
Default	R2

对于目的地址为下列 IP 地址的数据报，试问路由器应该如何处理？

A. 135.46.63.10

B. 135.46.57.14

C. 135.46.52.2

D. 192.53.40.7

E. 192.53.56.7

18. 已知路由器 R1 的路由表如表 4-9 所示。

表 4-9　路由器 R1 的路由表

掩　　码	目 的 网 络	下 一 跳	路由器接口
/26	140.5.12.64	180.15.2.5	m2
/24	130.5.8.0	190.16.6.2	m1
/16	110.71.0.0	—	m0
/16	180.15.0.0	—	m2
/16	190.16.0.0	—	m1
default	default	110.71.4.5	m0

试做出各网络和必要的路由器的连接拓扑，标注出必要的 IP 地址和接口。对不能明确的情况请指明。

19. 已知一个 IP 数据报的首部序列用十六进制表示为如下形式：

45 00 00 44 00 00 40 00 34 11 − − − − 3a fb 3f 7e ca c3 a8 3d

试分析首部各字段的含义，然后回答下列问题：

1）该 IP 数据报的首部长度为多少字节？数据部分长度为多少字节？

2）该 IP 数据报是否经过分片？为什么？

3）该 IP 数据报所封装的数据部分是什么类型的 PDU？

4）首部中用短横线代替的两个字节是什么字段？请通过计算确定该字段的值（用十六进制形式表示）。

5）该数据的发送方地址是多少？目的地址是多少？请用点分十进制形式表示。

20. IP 数据报中的首部校验和仅仅覆盖了首部而不包括数据部分，这样做的理由是什么？

21. 在局域网中的主机经常会碰到 IP 地址冲突的情况，这是通过运行 ARP 检测到的。请思考主机如何利用 ARP 检测到 IP 地址冲突？

22. 为 ARP 映射条目设置生存时间的作用是什么？这一时间设置得过长或过短各会造成什么问题？

23. 为什么数据在经过不同路由器跨网传输时，其 IP 地址不变，但链路层地址要变？

24. 路由算法的目的是什么？有哪些路由算法？它们的特点是什么？

25. 什么是收敛？为什么收敛越快越好？如果收敛缓慢，会出现什么问题？

26. 什么是路由环路？路由环路对网络的影响体现在哪里？

27. RIP、OSPF、BGP 各有什么主要特点？

28. RIP 使用 UDP，OSPF 使用 IP，而 BGP 使用 TCP。原因是什么？为什么 RIP 定期更新而 OSPF 和 BGP 不需要？

29. 假定网络中一台运行 RIP 的路由器 B 的路由表有如下项目（三列分别表示目的网络、跳数和下一跳路由器）：

N1	7	A
N2	2	C
N6	8	F
N8	4	E
N9	4	F

现在 B 收到 C 的路由表（两列表示目的网络和跳数）

N2	4
N3	8
N6	4
N8	3
N9	5

试做出 B 更新后的路由表（写出目的网络、跳数、下一跳路由器）。

30. 什么是 RIP 中的无穷计数问题？RIP 采用了什么措施解决无穷计数问题？

31. 什么是链路状态？OSPF 路由器所掌握的全网拓扑图叫什么？如何计算 OSPF 协议的度量？

32. 什么是自治系统？OSPF 协议中划分层次的好处有哪些？

33. BGP 的应用环境与 IGP 有何差别？如何理解 BGP 是路径矢量路由协议？BGP 如何检查路由环路？

34. 如何理解 IGMP 的本地意义？

35. 为什么多播路由器不需要知道多播组成员的个数，也不可能知道？

36 多播路由选择协议用到了哪些方法？

37. 什么是家乡地址？什么是转交地址？什么是家乡代理？

38. 如何理解移动 IP 中三角路由问题？

39. 与 IPv4 首部相比，IPv6 首部减少了哪些字段？原因在哪里？新增了哪些字段？这些字段的作用是什么？

40. 试把下列 IPv6 地址写成零压缩表示形式。

（1）0000：0000：0F53：6292：CD00：24BF：BB13：A0D6

（2）0000：0000：0000：0000：0000：04DC：0000：ABCD

（3）CD30：6648：0000：0000：1234：0000：0000：0001

41. 试把以下零压缩形式的 IPv6 地址还原为原来的形式：

（1）::

（2）0：1234::1

（3）123：1::2：0：CCCC

42. 从 IPv4 到 IPv6 过渡的技术有哪些？

第5章 传 输 层

【本章提要】

本章主要讨论 TCP/IP 体系中的传输协议 UDP 和 TCP、端口的概念、TCP 的各种机制（如面向连接的可靠服务、序号、确认、窗口、流量控制、拥塞控制等），以及 TCP 有关连接管理的概念。

【学习目标】

- 理解传输层在网络传输中所起的作用。
- 熟练掌握传输层的端口复用及分用功能。
- 掌握 UDP 的作用、特点和 UDP 用户数据报格式。
- 掌握 TCP 的作用、特点和 TCP 报文段格式。
- 理解掌握 TCP 的可靠传输原理及相关控制机制。

5.1 传输层的基本功能

5.1.1 传输层概述

网络层及以下的各层实现了网络中主机之间的数据通信，实现了 IP 数据报从一个网络终端到另一个网络终端的的传输功能，但人们最终的网络应用方式并不是主机到主机的 IP 分组传输，而是实现两端主机上两个应用进程之间端到端的远程通信，如图 5-1 所示。例

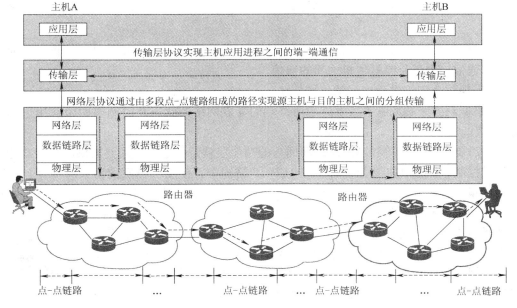

图 5-1 传输层的作用

183

如，用户用浏览器远程访问某一个 Web 服务器，因为浏览器和 Web 服务器都是在物理终端设备上运行的应用软件，所以用户用浏览器访问 Web 服务器的过程实际上就是两个应用进程（浏览器进程和 Web 服务进程）之间的远程交互过程。

通过 IP 分组端到端的传输功能并不能直接提供两个应用进程之间的通信，主要原因如下：

1）从 IP 数据报的格式可以知道，IP 数据报首部只包含源和目的终端的 IP 地址，而一个物理终端可以同时运行多个应用进程，因此，只能通过 IP 数据报的目的 IP 地址将其正确传输到某个物理终端，但无法通过目的 IP 地址将其正确地传送给对应的应用进程，就像家庭地址只能给出收信人所居住的房屋位置，但是房屋内同时居住若干人，光靠家庭地址是无法正确地将信件送达收信人的，除了家庭地址，还需要给出收信人的姓名。

2）在传输 IP 数据报的过程中，每一跳路由器只检验它的首部，并不检查其数据字段，因此，即使数据报中的数据在传输过程中出错，网络层既不知晓，也不作任何处理。对于类似文件传输这样的应用，传输可靠性是至关重要的，而网络层并不提供任何有关保证传输可靠性的功能，只是一种不可靠的、尽最大努力交付的数据报服务。

通过一个现实生活中的例子说明一下。如果将用户通过浏览器远程访问 Web 服务器的过程想象成用户坐着小车去银行进行存、取款操作。为了顺利完成存、取款操作，用户必须事先弄清楚两点：一是银行目前的状态，如是否有大量客户排队等待存、取款操作，以致银行用于客户排队的空间都没有了；二是通往银行道路的状态，如通往银行的道路是否十分拥挤，以致用户根本无法按时到达。考虑到用户用浏览器访问 Web 服务器的操作过程，可以将这两点对应为：一是 Web 服务是否有能力对用户的访问请求作出响应；二是网络能否顺利地将包含浏览器和 Web 服务器交互时需要相互传输的数据的 IP 数据报送达目的端。而网络层无论在传输 IP 数据报前，还是在传输的过程中均不会对互连双方终端及互联网络的状态进行监测。

鉴于上述原因，必须在应用进程和网络层之间插入另一个功能层，这一功能层能够实现以下功能。

1）提供类似收信人姓名这样用于鉴别应用进程的信息，使其和 IP 地址一道实现应用进程之间的通信，而不是终端主机之间的通信。

2）实现两个应用进程之间的可靠传输。

3）根据双方终端的状态及互连双方终端的互联网络的状态及时调整两个应用进程之间的通信过程。

这个需要在应用进程和网络层之间插入的功能层就是传输层，需要提供的主要功能有端口、差错控制、流量和拥塞控制等。在 TCP/IP 结构中，使用传输层的协议有两个，分别是用户数据报协议（User Datagram Protocol，UDP）和传输控制协议（Transmission Control Protocol，TCP），如图 5-2 所示。

需要强调指出，传输层是网络协议体系结构中最复杂一层，它提供应用进程之间端到端的交换数据的机制，它屏蔽了网络层及以下各层实现技术的差异性，弥补网络层所提供服务的不足，使得应用层在完成各种网络应用系统通信时只需要使用传输层提供的端-端进程通信服务，而不需要考虑互联网络数据传输的细节问题。

图 5-2　TCP/IP 结构

5.1.2 传输层与上下层的关系

传输层向高层的应用层屏蔽了通信子网的细节（如网络拓扑结构、所采用的协议等），它使应用进程"看见"的好像是在两个传输层实体之间有一条端到端的逻辑通信信道，当传输层采用 TCP 时，这种逻辑通信信道就相当于一条全双工的可靠信道；如果传输层采用 UDP，这种逻辑通信信道则是一条不可靠信道，这时如果要实现可靠传输，不得不由应用层完成，而这样会增加应用层的复杂性。

传输层与应用层、网络层的逻辑关系如图 5-3 所示。传输层的最高目标是向用户（一般指应用进程）提供有效、可靠且价格合理的服务。为了达到这一目标，传输层需要使用网络层所提供的服务。传输层完成这一工作的硬件和软件称为传输实体（Transport Entity）。传输实体可能在操作系统内核中，或在一个单独的进程内，也可能包含在网络应用的程序库中，或是位于网络接口卡上。

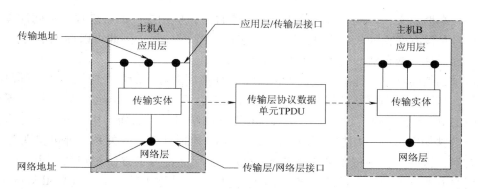

图 5-3　传输层与应用层、网络层之间的逻辑关系

5.1.3 端口的概念

IP 数据报携带的源和目的 IP 地址就像普通信件上的寄信人和收信人地址，而传输层携带的源和目的端口号就像普通信件上的寄信人和收信人姓名，因此，两个应用进程开始通信前，不但要知道双方的 IP 地址，还要知道双方的端口号。

端口在进程之间通信中所起的作用如图 5-4 所示：UDP 和 TCP 都使用了端口（Port）与上层的应用进程进行通信。应用层的各种进程是通过相应的端口与传输实体进行交互。当传输层收到 IP 层交上来的数据（即 TCP 报文段或 UDP 用户数据报）时，就要根据端口号来决定应当通过哪一个端口上交给对应接收此数据的应用进程。若没有端口，传输层就无法知道数据应当交付给哪一个应用进程。因此，端口的功能是用来标识应用层的不同进程。由于使用了复用和分用技术，在传输层与网络层的交互中已看不见各种应用进程，而只有 TCP 报文段或用户数据报。网络层也使用类似的复用和分用技术，因而在网络层和链路层的交互中也只有 IP 数据报。

在传输层与应用层的接口上用一个 16 位的地址来表示端口号。端口的基本概念就是：应用层的源进程将报文发送给传输层的某个端口，而应用层的目的进程从端口接收报文。端

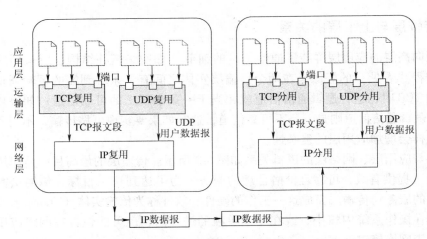

图 5-4　端口在进程之间的通信中所起的作用

口号只具有本地意义，即端口号只是为了标识本计算机应用层中的各进程。不同计算机中的相同端口号是没有联系的。16 位的端口号允许有 2^{16} 个端口号，因此可以标识本地 2^{16} 个不同的应用进程，这个数目对一个主机来说是足够用的。

端口号必须要具有本地唯一性，即同一个物理终端上运行的两个应用进程必须具有不同的端口号。当用户用浏览器访问某个 Web 服务器时，不但需要给出运行 Web 服务器进程的物理终端的 IP 地址，还需要给出 Web 服务器进程的端口号，然而，用户通常通过直接输入 IP 地址或合法域名（从应用层一章可知，域名与 IP 地址具有对应关系）即可实现对 Web 服务器的访问，这一过程中似乎并未给出端口号。实际上，为了方便用户访问 Internet 资源，一些常用服务器进程的端口号是固定不变的，这些端口被称为熟知端口（Well-known port），见表 5-1。当用户通过指定应用层协议来指定对应的服务器进程时，也就指定了服务器的进程号。如用 HTTP 访问 Web 服务器时，目的端口号为 80；用 FTP 访问文件服务器时，目的端口号为 21。

表 5-1　常见的熟知端口

协　议	端　口	说　明	协　议	端　口	说　明
FTP	21	文件传输协议	DHCP	67	动态主机配置协议
Telnet	23	远程登录协议	TFTP	69	快速文件传输协议
SMTP	25	简单邮件传输协议	HTTP	80	超文本传输协议
DNS	53	域名解析协议	SNMP	161	简单网络管理协议

除了熟知的端口号，还有注册端口号和临时端口号，它们都是由 ICANN 负责分配的，如图 5-5 所示。

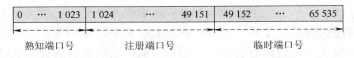

图 5-5　端口号范围划分

1）熟知端口。范围为 0 ~ 1 023，由 ICANN 分配控制，不能占用。TCP/UDP 给每种服务器程序分配确定的全局端口号，每个客户进程都知道相应的服务器进程的熟知端口号。

2）注册端口。范围为 1 024 ~ 49 151，ICANN 不分配也不控制，可在 ICANN 注册以防重复。

3）临时端口。范围为 49 152 ~ 65 535，这一范围内的端口号既不受控制又不需要注册，可以由任何进程使用。客户机程序使用的临时端口号，是由运行在客户机上的 TCP/UDP 软件随机选取的。

图 5-6 举例说明了端口的作用。设主机 A 使用简单邮件传送协议 SMTP 与主机通信。SMTP 使用面向连接的 TCP，首先找到目的主机 C 的 IP 地址，建立的连接要使用目的主机中 SMTP 的熟知端口，其端口号为 25。主机 A 也要给自己的进程分配一个端口号，设分配的源端口号为 1500。这就是主机 A 和主机 C 建立的第一个连接。图中的连接画成虚线，表示这种连接不是物理连接而只是个虚连接（即逻辑连接）。

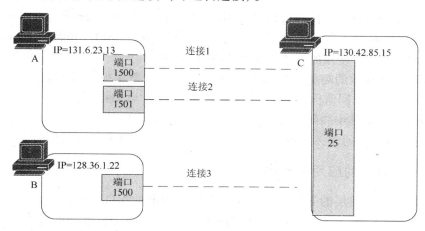

图 5-6 与主机 C 的 SMTP 建立 3 个连接

现在主机 A 中的另一个进程也要和主机 C 中的 SMTP 建立连接。目的端口号仍为 25，但其源端口号不能与上一个连接的重复。设主机 A 分配的这个源端口号为 1501。这是主机 A 和主机 C 建立的第二个连接。

设主机 B 现在也要和主机 C 的 SMTP 建立连接，端口号当然还是 25。主机 B 选择源端口号为 1500。这是和主机 C 建立的第三个连接。这里的源端口号与第一个连接的源端口号相同，但纯属巧合。各主机都独立地分配自己的端口号。

为了在通信时不致发生混乱，就必须把端口号和主机的 IP 地址结合在一起使用，在图 5-6 中，主机 A 和 B 虽然都使用了相同的源端口号 1500，但只要查一下 IP 地址就可知道是哪一个主机的数据。

因此，TCP 使用"连接"（而不仅仅是"端口"）作为最基本的抽象。一个连接由它的两个端点来标识。这样的端点叫做插口（Socket）或套接字。插口的概念并不复杂，但非常重要。插口包括 IP 地址（32bit）和端口号（16bit），共 48 位。插口和端口、IP 地址的关系如图 5-7 所示。

整个因特网中，在传输层通信的一对插口必须是唯一的。例如：对图 5-6 中连接 1 的一对插口是（131.6.23.13：1500）和（130.42.85.15：25），其含义为：IP 地址为 131.6.23.13 的主机用端口 1500 和 IP 地址为 130.42.85.15 的主机端口 25 建立了连接 1；连接 2 的一对插口是（131.6.23.13：1501）和（230.42.85.15：25），其含义为：IP 地址为 131.6.23.13 的主机用端口 1501 和 IP 地址为 130.42.85.15 的主机的端口 25 建立了连接 2。

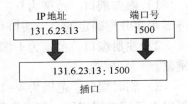

图 5-7　插口和端口、
IP 地址的关系

上面的例子是使用面向连接的 TCP。若使用无连接的 UDP，虽然在相互通信的两个进程之间没有一条虚连接，但发送方 UDP 一定有一个发送方口而在接收方 UDP 一定有一个接收方口，因而也同样可使用插口的概念。这样才能区分多个主机中同时通信的多个进程。

值得注意的是，插口这个名词很容易让人将一些概念混为一谈，因为同一个名词 socket 有多种不同的含义。例如：

1）允许应用程序访问联网协议的应用编程接口（Application Programming Interface，API），也就是在传输层和应用层之间的一种接口，称为 socket API，并简称为 socket。

2）在 socket API 中使用的一个函数名也叫做 socket。

3）调用 socket 函数的端点称为 socket，如"创建一个数据报 socket"。

4）socket 函数的返回值称为 socket 描述符，可简称为 socket。

5）在操作系统内核中联网协议的 Berkeley 实现称为 socket 实现。

上面的这些 socket 的含义都和本章中的 socket（指 IP 地址和端口号的组合）不同。

5.1.4　网络环境中的应用进程的标识

在 TCP/IP 中，传输层的寻址方式是通过 TCP 和 UDP 的端口来实现的。有很多类型的互联网应用程序，如 FTP、E-mail、Web、SNMP 及 DNS 等应用，这些互联网应用程序在传输层分别选择了 TCP 与 UDP，为了区别不同的网络应用程序，TCP 与 UDP 规定用不同的端口号来表示不同的应用程序，图 5-8 给出了应用进程的标识方法。

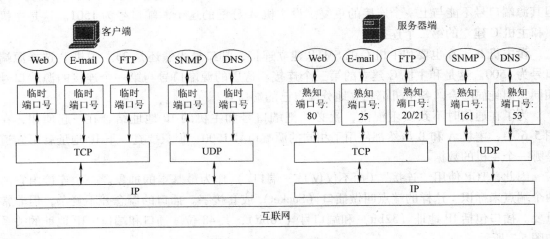

图 5-8　应用进程标识方法

5.2 用户数据报协议 UDP

5.2.1 UDP 概述

用户数据报协议（UDP）是一种无连接的传输层协议，提供面向事务的简单不可靠信息传送服务。UDP 的主要特征是简单、快捷，只能提供端口形式的传输层寻址与一种可选的检验和功能。

UDP 是一个无连接协议，当它想传送时就简单地去抓取来自应用程序的数据，并尽可能快地把它发送到网络上。在发送方，UDP 传送数据的速度仅仅是受应用程序生成数据的速度、计算机的能力和传输带宽的限制；在接收方，UDP 把每个消息段放在队列中，应用程序每次从队列中读一个消息段。因此，大大减少了协议开销与传输延时。

UDP 是一种面向报文的传输层协议，图 5-9 描述了 UDP 对应用程序提交数据的处理方式。UDP 对于应用程序提交的报文，仅在其上添加 UDP 首部，构成了一个传输协议数据单元（TPDU）之后就向下提交给 IP 层。UDP 对应用程序提交的报文既不合并也不拆分，而是保留原报文的长度和格式。接收方 UDP 会将报文原封不动地提交给接收方应用程序。因此，在使用 UDP 时，应用程序必须选择合适长度的报文。如果应用程序提交的报文太短，则协议开销相对较大；如果应用程序提交的报文太长，则 UDP 向 IP 层提交的 TPDU 可能在 IP 层中被分片，这样也会降低协议的效率。

UDP 不提供数据报分段、组装，也不提供排序功能，当数据报发送之后，是无法得知其是否安全、完整地到达的。UDP 用来支持那些需要在计算机之间传输大量数据的网络应用，在传输过程中允许丢包或是出错等不可靠的应用。包括网络视频会议系统在内的众多的客户/服务器模式的网络应用都需要使用 UDP。UDP 从问世至今已经被使用了很多年，虽然其最初的光彩已经被一些类似协议

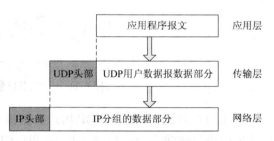

图 5-9 UDP 对应用程序提交的数据的处理方式

掩盖，但是即使是在今天，UDP 仍然不失为一项非常实用和可行的网络传输层协议。

5.2.2 UDP 数据报格式

UDP 用户数据报的首部字段很简单，只有 8 字节，由 4 个字段组成，每个字段都是 2 字节，如图 5-10 所示。

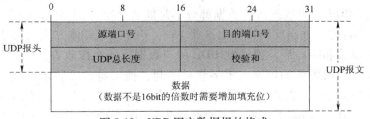

图 5-10 UDP 用户数据报的格式

各字段意义如下：

1）端口号：包括 16bit 的源端口号和目的端口号。

2）长度字段：指整个 UDP 用户数据报的长度。

3）检验和字段：防止 UDP 用户数据报在传输中出错。

UDP 校验和字段是可选项，用来检验整个用户数据报（包括报头）在传输中是否出现差错。这一点正反映出设计者效率优先的思想。计算校验和肯定是要花费时间的，如果应用进程对通信效率的要求高于可靠性，那么应用进程可以不选择校验和。

UDP 用户数据报首部中检验和的计算方法有些特殊，UDP 校验和包括 3 个部分：伪报头、UDP 报头和应用层数据。

计算检验和时，要在 UDP 用户数据报之前增加 12 字节的伪首部。伪首部并不是 UDP 用户数据报真正的首部，只是在计算检验和时，临时和 UDP 用户数据报连接在一起。伪首部既不向下传送，也不向上递交。图 5-11 的最上面给出了伪首部各字段的内容。

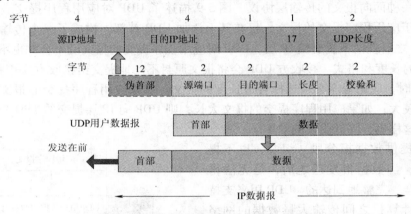

图 5-11　UDP 用户数据报的首部和伪首部

使用伪首部是为了验证 UDP 用户数据报是否传送到正确的目的进程。UDP 数据报的目标地址应该包括两部分：目的主机 IP 和目的端口号。UDP 数据报本身只包含目的端口号，由伪报头补充目的主机的 IP 地址部分。UDP 用户数据报发送方、接收方计算校验和时都加上伪报头信息。假如接收方检查校验和后正确，则在一定程度上说明 UDP 数据报到达了正确主机上的正确端口。UDP 伪报头来自于 IP 报头，因此在计算 UDP 校验和之前，UDP 首先必须从 IP 层获取有关信息。这说明 UDP 与 IP 之间存在一定程度的交互。在 UDP/IP 这个协议结构中，UDP 校验和是保证数据正确性的唯一手段。

UDP 计算检验和的方法和计算 IP 数据报首部检验和的方法相似。在发送方，首先是先将全零放入检验和字段，再将伪首部以及 UDP 用户数据报（现在要包括数据字段）分成若干 16 位的字。若 UDP 用户数据报的数据部分不是偶数个字节则要填入一个全零字节（但此字节不发送）。然后按二进制反码计算出这些 16 位字的和（具体方法在第 2 章）。将此和的二进制反码写入检验和字段后，发送此 UDP 用户数据报。在接收方，将收到的 UDP 用户数据报连同伪首部（以及可能的填充全零字节）一起，按二进制反码求这些 16bit 字的和，当无差错时其结果应为全 1，否则就表明有差错出现，接收方就应将此 UDP 用户数据报丢弃（也可以上交给应用层，但附上出现了差错的警告）。图 5-12 给出了一个计算 UDP 检验和的例子。这里假定用户数据报的长度是 15 字节，因此要添加一个全 0 的字节。这种检验方法的检错能力并不强，但它的好处是简单，处理起来较快。

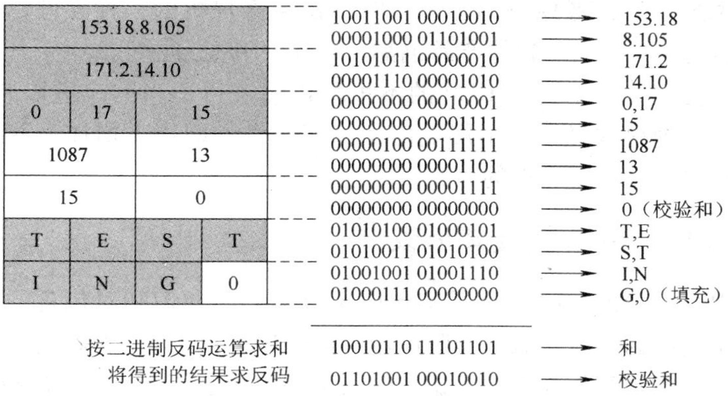

图 5-12　UDP 用户数据报的首部和伪首部

伪首部的第 3 字段是全 0，第 4 个字段是 IP 首部中的协议字段的值。第 4 章中提到，对于 UDP，此协议字段值为 17，第 5 字段是 UDP 数据报的长度。可以看出，UDP 检验和既检查了数据报中的源端口号、目的端口号及 UDP 用户数据报的数据部分，又检查了源 IP 地址和目的 IP 址址。

5.2.3　UDP 的主要特点

用户数据报协议（UDP）只在 IP 的数据报服务之上增加了很少的功能，这就是端口的功能（有了端口，传输层就能进行复用和分用）和无差错检测的功能。虽然 UDP 用户数据报只能提供不可靠的交付，但 UDP 在某些方面有其特殊的优点，例如：

1）发送数据之前不需要建立连接（当然发送数据结束时也没有连接需要释放），因而减少了开销和发送数据之前的时延。

2）UDP 提供面向无连接的服务，因此主机不需要维持具有许多参数的、复杂的连接状态表。

3）UDP 用户数据报只有 8 字节的首部开销，比 TCP 的 20 字节的首部要短。

4）由于 UDP 没有拥塞控制，因此网络出现的拥塞不会使源主机的发送速率降低。这对某些实时应用是很重要的。很多实时应用（如 IP 电话、实时视频会议等）要求源主机以恒定的速率发送数据，并且允许在网络发生拥塞时丢失一些数据，但不允许数据有太大的时延。UDP 正好满足这种要求。

5）吞吐量不受拥塞控制算法的调节，只受应用软件生成数据的速率、传输带宽、源端和终端主机性能的限制。

6）UDP 是面向报文的。发送方的 UDP 对应用程序交下来的报文，在添加首部后就向下交付给 IP 层，既不拆分，也不合并，而是保留这些报文的边界。因此，应用程序需要选择合适的报文大小。

虽然 UDP 是一个不可靠的协议，但它是一个分发信息的理想协议。例如，在屏幕上报告股票市场、在屏幕上显示航空信息等。UDP 也用于在路由信息协议（RIP）中封装路由数据包。在这些应用场合下，如果有一个消息丢失，在几秒之后另一个新的消息就会替换它。UDP 广泛用在多媒体应用中，例如，Progressive Networks 公司开发的 RealAudio 软件，它是在因特网上把预先录制的或者现场的音乐实时传送给客户机的一种软件，该软件就是用了 UDP。此外，大多数因特网电话软件产品也都运行在 UDP 之上。

另外还有一些实时应用需要对 UDP 的不可靠传输进行适当的改进以减少数据的丢失。在这种情况下，应用进程本身可在不影响应用的实时性的前提下增加一些提高可靠性的措施，如采用前向纠错或重传已丢失的报文。

5.2.4 UDP 的应用——实时传输协议

从上述分析中可以看出，UDP 除了实现应用进程之间通信和对包含的数据进行检错的功能外，和网络层提供的功能相似。实际应用中需要这种仅仅实现应用进程之间通信，对传输可靠性、网络拥塞控制不作要求的数据传输服务吗？答案是肯定的，最典型的应用例子是 VoIP（Voice over Internet Protocol）系统。

为了通过 IP 网络实现语音通信，必须在发送方按照 8kHz 采样射频对模拟语音信号进行采样，然后将采样值经过量化后变为用 8 位二进制数表示的 PCM 码，若干这样的 PCM 码构成 UDP 报文，然后再将 UDP 报文封装成 IP 分组传输到目的终端。假定每一个 UDP 报文包含 4ms 的 PCM 码，即 $8\,000B/s \times 0.004s = 32B$ 的数字语音数据，那么从某个时间点 t 开始，依次产生的 UDP 报文包含 $t \sim t+4$，$t+4 \sim t+8$，…，$t+(n-1) \times 4 \sim t+n \times 4$ 的数字语音数据。当接收方接收到包含 $t \sim t+4$ 数字语音数据的 UDP 报文后，延迟一段时间开始播放语音。为了能够真实还原语音信号，一旦开始播放后，就不允许停顿。但如果包含 $t+(K-1) \times 4 \sim t+K \times 4$ 数字语音数据的 UDP 报文传输出错或丢弃，接收方不可能在播放包含 $t+(K-2) \times 4 \sim t+(K-1) \times 4$ 数字语音数据的 UDP 报文后停下来，开始等待，直到接收到发送方重新发送的包含 $t+(K-1) \times 4 \sim t+K \times 4$ 数字语音数据的 UDP 报文后再继续播放。因此，接收方宁可空过这一段时间，也不会通过长时间停顿来等待重发的 UDP 报文，如图 5-13 所示。这种情况下，接收方只需检验 UDP 报文传输过程中是否出错，不会要求发送方重新发送传输出错的 UDP 报文。另一方面，由于语音通信的实时性，为了保证 VoIP 系统的通信质量，需要在网络中预留带宽。在网络中预留带宽就像城市交通中设置公交车专用车道一样，网络发生拥塞不会对已经在网络中预留带宽的语音通信造成很大影响。因此，对于 VoIP 系统这样的应用，网络拥塞控制也不是必不可少的功能。鉴于上述情况，采用 UDP 这样简洁的传输层协议来实现语音通信是比较恰当的。

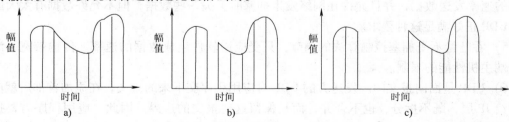

图 5-13 UDP 不要求发送方重发出错 UDP 报文的原因

a) 原始语音信号　b) 空置 4ms 语音信号情况　c) 等待发送方重发出错 UDP 报文的情况

5.3 可靠传输原理

在传输层，可靠传输包括 4 个方面的内容：差错控制、顺序控制、丢失控制和重复控制。

（1）差错控制

网络必须能将数据正确无误地从源端传送到目的端。但是，数据在传输过程中可能会发生错误，因此必须采取差错控制措施，保证数据的可靠传输。传输层的差错处理机制是差错检测和数据重传。

数据链路层已经有了差错控制机制，为什么在传输层还需要差错处理呢？其原因在于，数据链路层的功能只能保证每条链路中节点到节点的无差错传输，而不能保证整条链路端到端的无差错传输。图 5-14 显示了一种链路层无差错出现的情况，这种情况中的差错不能被数据链路层发现。

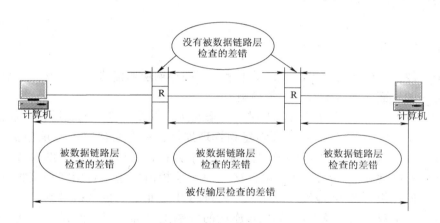

图 5-14 传输层和数据链路层差错处理

由图可以看出，数据链路层可以保证每个网络中传输的数据是无差错的。但是，当数据在路由器内部被处理时可能会引入差错，但是因为数据链路层功能仅仅检查链路起始和终止之间是否有差错引入，这种差错将不会被数据链路层功能发现。因此，传输层必须有端到端的差错检查，才能保证数据端到端的正确传输。

（2）顺序控制

在发送方，传输层将从上层接收的数据单元送入其下层。在接收方，传输层能将一次传输的不同数据段按时间的顺序送到其上层。

1）分段与重组：当传输层从其上层接收的数据单元对于网络层数据报文分组或数据链路层的帧处理太大时，传输层实体将会把数据单元分割成更小的块，这个过程称为分段。反之，如果一个会话的数据单元太小，且多个这样的数据单元可以放到单个数据报文分组或帧中时，传输层协议将会把它们组合到单个数据单元中。这个组合过程称为重组。

2）序号：大多传输层服务都在每个段的结尾处加一个序号。如果一个大的数据单元被分段，这个编号将指明重新组合的顺序。如果多个小的数据单元被链接，编号用来指明每个小的单元的结尾，以便在目的端它们能够被正确地拆分。此外，每个段有一个字段指明该段是一次传输的最后一段还是传输的中间段。

按照什么样的顺序传输数据段是无关紧要的，重要的是在目的端它们必须能够被正确地重组，否则，将会产生错误。

（3）丢失控制

传输层协议能够确保一次通信的所有段都会到达目的地。当数据被分段传输时，某段可能在传输的过程中被丢失。接收方传输层协议可以根据序号检测出丢失的段，并要求发送方重传。

（4）重复控制

传输层协议能够保证任何一个数据段都不会重复发送给接收方，根据序号能够检测重复的段并丢弃。

5.4 传输控制协议 TCP

5.4.1 TCP 概述

TCP 是一种面向连接的、可靠的、基于字节流的传输层通信协议，它在不可靠的网络服务上提供可靠的、面向连接的端到端传输服务。

使用 TCP 进行数据传输时必须首先建立一条连接，数据传输完成之后再把连接释放掉。上面已经提到 TCP 采用套接字机制来创建和管理连接，一个套接字的标识包括两个部分：主机的 IP 地址和端口号。为了使用 TCP 连接来传输数据，必须在发送方的套接字与接收方的套接字之间明确地建立一个 TCP 连接，这个 TCP 连接由发送方套接字和接收方套接字来唯一标识，即四元组 <源 IP 地址，源端口号，目的 IP 地址，目的端口号 >。

TCP 连接是全双工的，这意味着 TCP 连接的两端主机都可以同时发送和接收数据。由于 TCP 支持全双工的数据传输服务，这样确认可以在反方向的数据流中捎带。

TCP 连接是端对端的。端对端表示 TCP 连接只发生在两个进程之间，一个进程发送数据，同时另一个进程接收数据，因此 TCP 不支持广播和多播。

TCP 连接是面向字节流的。TCP 创建了一种环境，它使得两个进程好像被一个假想的"管道"连接，TCP 实体可以根据需要合并或分解应用进程数据。例如，发送进程在 TCP 连接上发送 4 个 512 字节的数据，在接收方用户接收到的不一定是 4 个 512 字节的数据，可能是 2 个 1024 字节或 1 个 2048 字节的数据，接收方并不知道发送方的边界。若要检测数据的边界，必须由发送方和接收方共同约定，并且在用户进程中按这些约定来实现。

由于发送进程和接收进程产生和消耗的速度并不一样，因此 TCP 需要缓存来存储数据。在每一个方向上都有缓存，即发送缓存和接收缓存。另外，除了用缓存技术来处理这种速度的差异，在发送数据前还采用了一种重要的方法，即将字节流分割成报文段。报文段的长度可以是不等的。TCP 发送与接收数据的过程如图 5-15 所示，为了介绍方便，只画出了一个方向的数据传输。

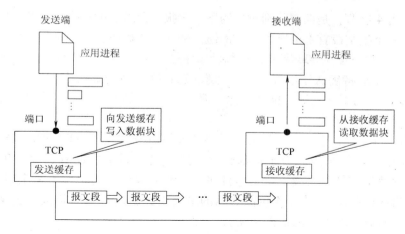

图 5-15　TCP 发送与接收数据过程

5.4.2　TCP 报文段格式

一个 TCP 报文段分为首部和数据两部分，但其首部要比 UDP 复杂的多，如图 5-16 所示。应当指出，TCP 的全部功能都体现在它的首部的各字段。

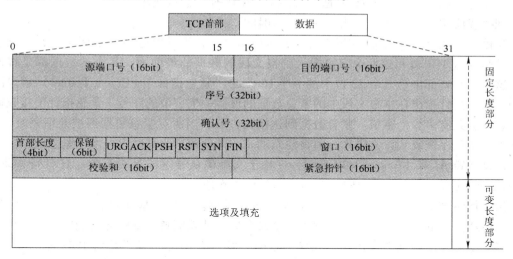

图 5-16　TCP 报文段格式

TCP 报文段首部的前 20 字节是固定的，后面有 4n 字节是根据需要而增加的选项（n 必须是整数）。因此 TCP 首部的最小长度是 20 字节。首部固定部分各字段的意义如下所述。

源端口和目的端口　各占 2 字节。

序号　占 4 字节。TCP 是面向数据流的，TCP 传送的报文可看成连续的数据流，其中每一个字节都对应于一个序号。首部中的"序号"则指的是本报文段所发送的数据中第一个字节的序号，例如，某报文段的序号字段的值是 301，而携带的数据共 100 字节，则本报文段的数据的第一个字节的序号是 301，而最后一个字节的序号是 400。这样，下一个报文段的数据序号应当从 401 开始，因而下一个报文段的序号字段的值应为 401。

确认号 占 4 字节，是期望收到对方的下一个报文段数据的第一个字节的序号，也就是期望收到的下一个报文段首部的字号字段的值。例如，正确收到了一个报文段，其序号字段的值是 501，而数据长度是 200 字节，这就表明序号为 501～700 的数据均已正确收到。因此在响应的报文段中应将确认序号置为 701。请注意：确认序号既不是 501 也不是 700。由于序号字段有 32 位，可对 4G 字节的数据进行编号，这样就可保证当序号重复使用时，旧序号的数据早已在网络中消失了。

数据偏移 占 4 位，它指出数据开始的地方离 TCP 报文段的起始处有多远。这实际上就是 TCP 报文段首部的长度。由于首部长度不固定（因首部中还有长度不确定的选项字段），因此数据偏移字段是必要的。但应注息，"数据偏移"的单位不是字节，而是 32 位（即以 4 字节为计算单位）。由于 4 位能表示的最大十进制数是 15，因此数据偏移的最大值是 60 字节，这也是 TCP 首部的最大长度。

保留 占 6 位，保留为今后使用，但目前应置为 0。

紧急比特 URG（Urgent） 当 URG = 1 时，表明紧急指针字段有效。它告诉系统此报文段中有紧急数据，应尽快传送（相当于高优先级的数据），而不要按原来的排队顺序传送。例如，已经发送了很长的一个程序要在远地的主机上运行，但后来发现了一些问题，需要取消该程序的运行。因此用户从键盘发出中断命令（Ctrl + C）。如果不使用紧急数据，那么这两个字符将存储在接收 TCP 缓存的末尾，只有在所有的数据被处理完毕后这两个字符才被交付到接收应用进程，这样做就浪费了许多时间。

当使用紧急比特并将 URG 置 1 时，发送应用进程就告诉发送 TCP 这两个字符是紧急数据。于是发送 TCP 就将这两个字符插入到报文段的数据的最前面，其余的数据都是普通数据。这时要与首部中第五个 32 位中的一半 16 位的"紧急指针"（Urgent Pointer）字段配合使用。紧急指针指出在本报文段中的紧急数据的最后一个字节的序号。紧急指针使接收方知道紧急数据共有多少个字节。紧急数据到达接收方后，当所有紧急数据都被处理完时，TCP 就告诉应用程序恢复到正常操作。值得注意的是，即使窗口为零时也可发送紧急数据。

确认比特 ACK（Acknowledgement） 用于实施确认号字段是否有效。只有当 ACK = 1 时确认序号字段才有效；当 ACK = 0 时，确认序号无效。

推送比特 PSH（Push） 用于马上要发送的数据。当两个应用进程进行交互式的通信时，有时在一端的应用进程希望在键入一个命令后立即就能够收到对方的响应。在这种情况下，TCP 就可以使用推送（Push）操作。这时，发送方 TCP 将推送比特 PSH 置 1，并立即创建一个报文段发送出去。接收 TCP 收到推送比特置 1 的报文段，就尽快（即"推送"向前）交付给接收应用进程，而不再等到整个缓存都填满了后再向上交付。

PSH 位的本意是让应用程序不要延迟传输。虽然应用程序可以选择推送操作，但并不能从字面上设置 PSH 标志。不同的操作系统演化出了不同的方案来加速传输。

复位比特 RST（Reset） 用于对本 TCP 连接进行复位，通常在 TCP 连接发生故障时设置本标识，以使通信双方重新实现同步，并初始化某些连接参数。当 RST = 1 时，表明 TCP 连接中出现严重差错（如由于主机崩溃或其他原因），必须释放连接，然后再重新建立传输连接。复位比特还用来拒绝一个非法的报文段或拒绝打开一个连接。复位比特也可称为重建比特或重置比特。

同步比特 SYN（Synchoronazition） 在 TCP 连接建立时用来同步序号。当 SYN = 1 而

ACK = 0 时，表明这是一个连接请求报文段。对方若同意建立连接，则应在响应的报文段中使 SYN = 1 和 ACK = 1。因此，同步比特 SYN 置为 1，就表示这是一个连接请求或连接接收报文。关于连接的建立和释放，后面还要进行讨论。

终止比特 FIN（Final）　用来释放一个连接，当 FIN = 1 时，表明此报文段的发送方的数据已发送完毕，并要求释放传输连接，但此时它仍然可以继续接收数据。SYN、FIN 和用户数据一样，也对其进行编号，这样可以保证 SYN 和 FIN 能够按正确的顺序得到处理。

窗口　占 16 位（2 字节）。窗口字段用来控制对方发送的数据量，单位为字节。大家知道，计算机网络经常是用接收方的接收能力的大小来控制发送方的数据发送量。TCP 也是这样。TCP 连接的一端根据自己缓存的空间大小确定自己的接收窗口大小，然后通知对方来确定对方的发送窗口。假定 TCP 连接的两端是 A 和 B。若 A 确定自己的接收窗口为 WIN，则将窗口 WIN 的数值写在 A 发送给 B 的 TCP 报文段的窗口字段中，这就是"告诉" B 的TCP："你（B）在未收到我（A）的确认时所能够发送的数据量就是从本首部中的确认序号开始的 WIN 个字节。"所以，A 所确定的 WIN 是 A 的接收窗口，同时也就是 B 的发送窗口。例如，A 发送的报文段首部中的窗口 WIN = 500，确认序号为 201，则表明 B 可以在未收到确认的情况下，向 A 发送序号为 201 ~ 700 的数据。B 在收到此报文段后，就以这个窗口数值 WIN 作为 B 的发送窗口。请注意，B 所发送的报文段中的窗口字段则是根据 B 的接收能力来确定 A 的发送窗口。

检验和　占 2 字节。检验和字段检验的范围包括首部和数据这两部分。和 UDP 用户数据报一样，在计算检验和时，要在 TCP 报文段的前面加上 12 字节的伪首部。伪首部的格式与图 5-12 中 UDP 用户数据报的伪首部一样，但应将伪首部第 4 个字段中的 17 设为 6（TCP的协议号是 6），将第五字段中的 UDP 长度改为 TCP 长度。接收方收到此报文段后，仍要加上这个伪首部来计算检验和。若使用 IPv6，则相应的伪首部也要改变。

包括一个 TCP 伪首部的意义在于检测传送的报文段是否被错误的递交。

选项　长度可变，提供了相应的扩展机制，用于实现除 TCP 首部指定功能外的扩展功能。TCP 只规定了一种选项，即最大报文段长度（Maximum Segment Size，MSS）。MSS "告诉"对方 TCP："我的缓存所能接收的报文段的数据字段的最大长度是 MSS。"没有选项时，TCP 的首部长度是 20 字节。

MSS 的选择并不简单。若选择的 MSS 较小，网络的利用率就降低。设想在极端的情况下，当 TCP 报文段只含有 1 字节的数据时，在 IP 层传输的数据报的开销至少有 40 字节（包括 TCP 报文段的首部和 IP 数据报的首部）。这样，对网络的利用率就不会超过 1/41，到了数据链路层还要加上一些开销。但反过来，若 TCP 报文段非常长，那么在 IP 层传输时就有可能要分解成多个短数据报片。在目的站要将收到的各个短数据报片装配成原来的 TCP 报文段，当传输出错时还要进行重传，这些也都会使开销增大。一般认为，MSS 应尽可能大些，只要在 IP 层传输时不需要再分片就行。在连接建立的过程中，双方都将自己能够支持的 MSS 写入这一字段。在以后的数据传送阶段，MSS 取双方提出的较小的那个数值：若主机未填写这项，则 MSS 的默认值是 536 字节。因此，所有因特网上的主机都能接受的报文段长度是 536 + 20B = 556 字节。

数据部分用于传送 TCP 用户所要求发送的数据。

5.4.3 TCP 的主要特点

TCP 的特点主要表现在以下几个方面：

（1）支持面向连接的传输服务

UDP 是一种可实现最低传输要求的传输层协议，而 TCP 则是一种功能完善的传输层协议。如果将 UDP 提供的服务比喻成发送一封平信的话，那么 TCP 所能提供的服务相当于人们打电话。

面向连接对提高系统数据传输的可靠性是很重要的。应用程序在使用 TCP 传输数据之前，必须在源进程端口与目的进程端口之间建立一条传输连接。每个 TCP 连接唯一地使用双方插口号来标识，因此每个 TCP 连接为通信双方的一次进程通信提供服务。

（2）支持字节流的传输

TCP 同样建立在不可靠的网络层 IP 之上，IP 不能提供任何可靠性机制，因此 TCP 的可靠性完全由自己来实现。图 5-17 给出了 TCP 支持字节流传输的过程示意图。流（Stream）相当于一个管道，从一端放入什么内容，从另一端可以照原样取出什么内容。它描述了一个不出现丢失、重复和乱序的数据传输过程。

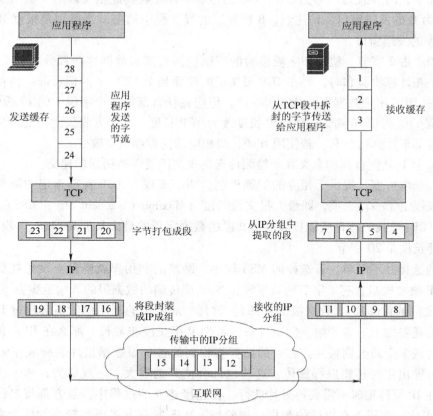

图 5-17　TCP 支持字节流传输的过程

如果用户是在键盘上输入数据，这些字符将逐个交付给发送方。如果数据是从文件得到的，则数据可能是逐行或逐块地交付给发送方。应用程序和 TCP 每次交互的数据长度可能都不相同，但是 TCP 将应用程序提交的数据看成是一连串的、无结构的字节流。为了能够提供字节流的传输，发送方和接收方都需要使用缓存。发送方使用发送缓存存储从应用程序发送来的数据。发送方不可能为发送的每个写操作创建一个报文段，而是选择将几个写操作组合成一个报文段，然后提交给 IP，由 IP 封装成 IP 分组之后传输到接收方。

接收方 IP 将接收的 IP 分组拆封之后，将数据字段提交给接收方 TCP。接收方 TCP 将接收的字节存储在接收缓存中，应用程序使用读操作将接收的数据从接收缓存中读出。

由于 TCP 在传输过程中将应用程序提交的数据看成是一连串的、无结构的字节流，因此接收方应用程序数据字节的起始与终结位置必须由应用程序自己确定。

（3）支持全双工服务

TCP 运行通信双方的应用程序在任何时候都可以发送数据。通信双方都设置有发送和接收缓冲区，应用程序将要发送的数据字节提交给发送缓冲区，数据字节的实际发送过程由 TCP 来控制，而接收方在接收到数据字节之后也将它存放到接收缓冲区，高层应用程序在它合适的时间从缓冲区中读取数据。

（4）支持同时建立多个并发的 TCP 连接

TCP 支持同时建立多个连接，这个特点在服务器端表现最突出。一个 Web 必须同时处理多个客户端的访问。根据应用程序的需要，TCP 支持一个服务器与多个客户端同时建立多个 TCP 连接，也支持一个客户端与多个服务器同时建立多个 TCP 连接。TCP 软件将分别管理多个 TCP 连接。在理论上，TCP 可以支持同时建立的上百个甚至上千个这样的连接，但是建立并发连续的数量越多，每条连接共享的资源就会越少。

（5）支持可靠传输服务

TCP 是一种可靠的传输服务协议，它使用确认机制检查数据是否安全、完整地到达，并且提供拥塞控制功能。TCP 支持可靠数据通信的关键是对发送和接收的数据字节进行追踪、确认与重传。需要注意的是：TCP 建立在不可靠的网络层 IP 之上，一旦 IP 及以下层出现传输错误，TCP 只能进行重传，试图弥补传输过程中出现的问题。因此，传输层传输的可靠性是建立在网络基础上的，同时也会受到它的限制。

5.5 TCP 可靠传输机制

我们知道，TCP 发送的报文段是交给 IP 层传送的，但 IP 层的网络是分组交换网，只能提供尽最大努力服务，是不可靠的传输。因此，TCP 必须采取适当的措施才能使得两个传输层之间的通信变得可靠。

从图 5-17 所示的传输过程可以知道，两个终端之间的 TCP 连接传输数据的基本单位称为段，在每段数据上加上 TCP 首部就构成了 TCP 报文，然后每一个报文都封装成 IP 分组进行传输，由于 IP 分组是在分组交换网上进行传输，因此多个 IP 分组经过网络传输后可能错序，即到达接收方 TCP 进程的 TCP 报文的顺序和发送方 TCP 进程发送 TCP 报文的顺序不同。除此之外，TCP 报文在传输过程中，有可能被损坏、丢失或复制。TCP 可靠传输的目的就是为了保证接收方能够正确、按序地向应用进程提交 TCP 报文，为了实现这一目标，TCP 采用分段、确认应答和重传这 3 种机制。

（1）分段

发送方 TCP 进程对传输给接收方 TCP 进程的一串字节流中的每一个字节都分配一个序号，接收方 TCP 进程根据序号对接收到错序的段重新进行排序。应用数据被 TCP 组织（分段或拼接）成最合适发送的数据块，添加上 TCP 首部形成报文段（Segment），每一个 TCP 首部携带一个用于标识该段数据的 32 位序号，该序号是发送方 TCP 进程分配给该段数据的第一个字节的序号，如图 5-18 所示。

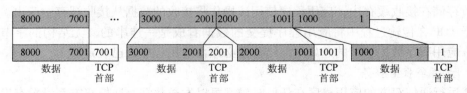

图 5-18　TCP 报文和序号

在图 5-18 中，发送方应用进程要求 TCP 进程传输一串由 8000B 构成的数据给接收方应用进程，发送方 TCP 进程接收到来自应用进程的数据后，将数据分成 8 段，每一段包含 1000B 数据，并为每一段数据加上一个 TCP 首部，构成一个 TCP 报文。TCP 首部中给出的序号即为每一数据段的第一个字节的序号。

（2）确认应答

TCP 可靠传输过程采用连续 ARQ 协议（第 3 章已详细介绍），即使用以字节为单位的滑动窗口协议（Sliding-Windows Protocol）来控制字节流的发送、接收、确认与重传过程。所以，下面重点介绍滑动窗口的概念。

一般来说，人们总希望数据传输得更快一些。如果发送方把数据发送得过快，接收方就可能来不及接收，这就会造成数据的丢失。流量控制定义了发送方在收到从接收方发来的确认之前可以发送的数据量。

一种极端的情况是，传输层协议可以只发送一个字节的数据，然后在发送下一个字节之前等待确认。这个过程非常慢，若数据要传输很长的距离，发送方就要等待确认时一直处在空闲状态。

另一种极端情况是，传输层协议能够发送它的全部数据，而不必担心确认信息，这就加速了发送的过程，但是这样又可能会使接收方来不及接收。此外，若有一部分数据丢失、重复、失序或受到损伤，发送方一直要等到目的端将全部数据都检查完毕后才能知道。

TCP 的流量控制采用一种称为窗口的方法（数据链路层已经详细介绍过）。所谓的窗口就是缓存的一个子集，它用来暂时存放从应用进程传递来并准备发送的数据。TCP 能够发送的数据量由窗口协议定义。在 TCP 报文段首部的窗口字段写入的数值，就是当前给对方设置的发送窗口的数值的上限。当一个连接建立时，连接的每一端分配一个缓存来保存输入的数据，并将缓存的大小发送给另一端，当数据到达时，接收方发送确认，其中包含接收方本身剩余的缓冲区大小。任何时刻，剩余的缓冲区空间的大小即为窗口的大小，其单位是字节（B）。规定这个尺寸的一种表示法叫做一个窗口的通告，接收方在发送的每一确认中都含有一个窗口通告。

如果接收方应用程序读取数据的速度能够与数据到达的速度一样快，接收方将在每一确认中发送一个非零窗口通告。如果发送方操作的速度快于接收方（由于 CPU 更快），接收到的数据最终将充满接收方的缓冲区，导致接收方通告一个零窗口。发送方收到一个零窗口通告时，必须停止发送，直到接收方重新通告一个非零窗口。这种由接收方控制发送方的做法，在计算机网络中经常采用。

为了完成流量控制，TCP 采用滑动窗口协议。这时，两个主机为每一个连接各使用一个滑动窗口，这个窗口覆盖了缓存的一部分，即主机可以发送而不必考虑从另一个主机发来的确认。

为了方便讲述 TCP 可靠传输原理，主要讨论发送方的流量控制，即讨论仅限于以字节（B）为单位的发送窗口，这有助于对原理的理解。

1）发送缓存。图 5-19 为发送缓存示意图。编号 200 以前的字节是已经发送和已经被确认的，发送方可以重用这部分位置。字节 200～202 已发送出去，但是没有被确认，发送方必须在缓存中保存这些字节，以便在它们丢失或受损伤时重传这些字节。字节 203～211 在缓存中（由进程产生的），但还没有发送出去。

图 5-19　发送缓存示意图

如果没有滑动窗口协议，发送方可以一直发送完其缓存中的所有字节（一直到 211），而不考虑接收方的情况。这样，接收方缓存可能会被填满，因为接收进程消耗数据的速率可能还不够快。过量的字节就会被接收方丢弃，这部分字节必须重传。发送方必须根据接收方可用的缓存空间大小来调整发送的速率。

2）接收缓存。图 5-20 为接收缓存示意图。应当注意，接收进程下一个要消耗的字节是字节 194。接收方期望从发送方接收字节 200（这个字节已经发送出去但还没有收到）。现在接收方还能够再存储多少字节？如果接收缓存的总容量是 N 而已经占用了 M 个位置，那么现在只能再接收 N−M 个字节。这个数值就叫做接收窗口。例如，如果 N=13，M=6，则表示接收窗口的值是 7。

图 5-20　接收缓存示意图

3）发送窗口。如果发送方创建的窗口（即发送窗口）小于或等于接收窗口，那么这时发送方就进行了流量控制。这个窗口包括已发送的字节和未被确认的字节，以及可以发送的字节。图 5-21 给出了具有发送窗口的发送缓存。

应当注意的是，现在发送窗口等于接收窗口（在本例中是 7）。但是，这并不表示现在

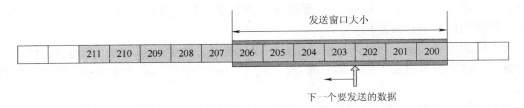

图 5-21　发送缓存和发送窗口

发送方可以再发送 7 个字节，而只能再发送 4 个字节，因为它已经发送了 3 个字节。另外，字节 207 ~ 211 位于发送缓存中，但是接收方有更多新的报文到达之前，它们是不能发出去的。

4）发送窗口的滑动。下面讨论从接收方来的报文是怎样改变发送窗口的位置的。假定发送方又发送了 2 个字节，然后收到接收方来的确认（期望接收字节 203），而接收窗口的大小不变（仍为 7）。发送方这时就可以滑动它的窗口，而原来字节 200 ~ 203 所占的位置可以再次使用。图 5-22 给出了在这个事件前后发送缓存和发送窗口的位置。在此期间，发送方又发送了 2 个字节，由图 5-22 可以看出，发送方可以发送字节 205 ~ 209（再发送 5 个字节）。

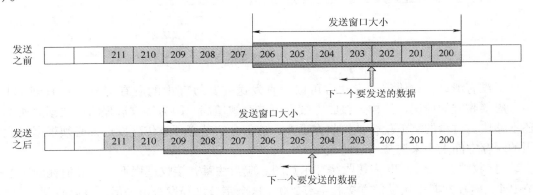

图 5-22　发送窗口的滑动

5）发送窗口的扩展。如果接收进程消耗数据的速度比它们接收的速度快，那么接收窗口就扩展（缓存有更多空出来的位置）。这种情况可以通知给发送方，使发送方增大（扩展）其窗口值。如图 5-23 所示，接收方确认又收到 2 个字节 ACK = 205（期望接收字节 205），同时通知发送方接收窗口的值增大到 9。与此同时，发送进程又产生 4 个字节（发送缓存增加了字节 211 ~ 215），发送方 TCP 又发送 5 个字节（发送窗口中的 205 ~ 209）。

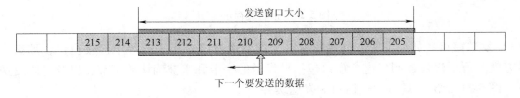

图 5-23　发送窗口的扩展

6）发送窗口的缩小。如果接收进程消耗数据的速度比它接收的速度慢（接收缓存中缓存的字节越来越多），那么接收窗口（接收缓存空余的字节）就缩小（收缩）。在这种情况下，接收方必须通知发送方，使发送方窗口值缩小。在图 5-24 中，接收方又收到 5 个字节（205~209）；但是，接收进程只消耗 1 个字节（接收缓存回收一个字节），即空位置数减小到 5（即 9－5＋1）。此时，接收方发送对字节 205~209 的确认 ACK＝210（期望接收字节210），同时通知发送方收缩其窗口值，而最多再发送 5 个字节。如果发送方收到这个消息后又发送 2 个字节（发送窗口中的字节 210~211），同时又从发送进程收到 3 个字节（发送缓存增加了字节 216~218），即图 5-24 所示的窗口和缓存。

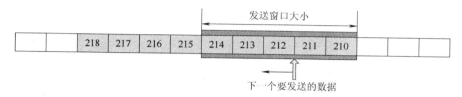

图 5-24 发送窗口的收缩

7）发送窗口的关闭。在接收缓存塞满时，接收窗口的值为零。把这个消息通知给发送方，发送方就关闭它的窗口（窗口的左边和右边重合了）。在接收方宣布非零接收窗口之前，在发送方不能再发送任何字节。

关于滑动窗口，需要强调以下几点。

- TCP 使用发送与接收缓冲区，以及滑动窗口机制控制 TCP 连接上的字节流传输。
- TCP 滑动窗口是面向字节的，它可以起到差错控制与流量控制的作用。
- 发送方并不一定必须发送整个窗口值的数据。
- 发送窗口的大小受到接收方的控制。
- 接收方可以在适当的时候发送确认。
- 发送窗口值不能够超过接收窗口值，发送方也可以根据自身的需要来决定。

（3）重传

以上的讨论中，没有考虑报文出错的情况。但是在互联网中，报文段的出错是不可避免的。可靠传输协议是这样设计的：发送方只要超过一段时间仍然没有收到确认，就认为刚才发送的分组丢失了，因而重传前面发送过的分组。这就叫**超时重传**。所以当 TCP 发出一个报文段后，同时启动一个重传计时器，等待接收方确认收到这个报文段。如果重传计时器超时还不能收到一个确认，将重发这个报文段。图 5-25 给出了重传计时器的工作过程。

需要注意的是，设定重传计时器的时间值是很重要的，如果设置的过低，有可能出现已被接收方正确接收的报文被重传从而出现接收报文重复的现象。如果值设定的过高，可能会造成一个报文已经丢失，而发送方长时间等待，从而降低协议的执行效率。由于在不同时间段因特网的用户数量、流量与传输延迟变化也很大，因此即使是相同的两个主机在不同时间建立的 TCP 连接，并且完成同样的 Web 访问操作，客户端与服务器端之间的报文传输延迟也不会相同。因此，在因特网环境中为 TCP 连接确定合适的重传计时器数值是很困难的，必然要选择使用一种动态的自适应重传方法。5.8 节较为详细地讨论了这个问题。

此外，图 5-26 所示的确认丢失和确认迟到的情况，也可能会造成分组重传，因此到达

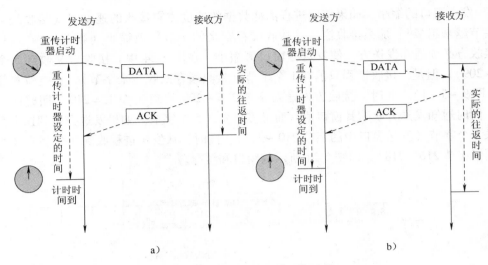

图 5-25　重传计时器的工作过程

a）在重传计时器规定的时间内接收到 ACK 报文　b）在重传计时器规定的时间内没有接收到 ACK 报文

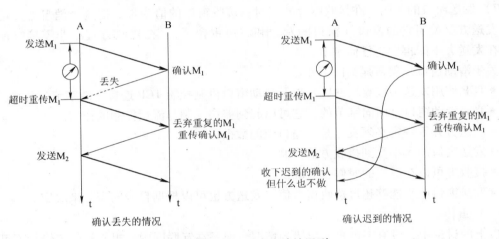

图 5-26　确认丢失和确认迟到

接收方的 TCP 报文段可能会有重复。TCP 检查接收到的报文段是否有重复，如有重复，TCP 协议必须丢弃重复的。

除了丢失和重复，报文段在传输过程中有可能会出现差错，这时主要通过检验机制来保证 TCP 连接端到端的无差错传输。所以 TCP 首部有校验和字段，校验和的计算覆盖 TCP 首部和数据。这是一个端到端的校验和，目的是校测数据在传输过程中是否出错。如果收到段的校验和有差错，TCP 将丢弃这个报文段并且不发送确认报文段，促使发送方重新发送报文段。

现在，还有一个问题没有讨论，就是若收到的报文段无差错，只是未按序号，中间缺少一些序号的数据，如图 5-27 给出了接收方接收的字节流序号不连续的例子。如果 5 个报文段在传输过程中丢失了 2 个，就会造成接收的字节流序号不连续的现象。

对接收的字节流序号不连续的处理方法有两种：回退 N 方式与选择重发。

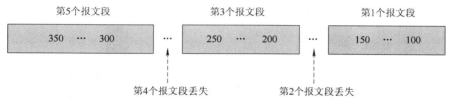

图 5-27 接收方接收的字节流序号不连续

1）回退 N 方式。如果采取拉回方式处理接收的字节流序号不连续，需要在丢失第 2 个报文段时，不管之后的报文段是否已经正确接收，从第 2 个报文段第一个字节序号为 151 开始，重发所有的 4 个报文段。这就叫做回退 N（Go-back-N），表示需要再退回来重传已发送过的 N 个分组。显然，这种方法是非常低效的。

2）选择重发方式。选择重发 SACK（Selective ACK）方式，允许当接收方在收到与前面接收的字节流序号不连续时，如果这些字节的序号都在接收窗口之内，则首先接收这些字节，然后将丢失的字节流序号通知发送方，发送方只需要重发丢失的报文段，而不需要重发已经接收的报文段。显然，这种方式的效率非常高。

5.6 TCP 流量控制机制

1. TCP 窗口与流量控制

所谓流量控制（Flow Control）就是让发送方的发送速率不要太快，要让接收方来得及接收。利用滑动窗口机制可以很方便地在 TCP 连接上实现对发送方的流量控制。窗口大小的单位是字节（B）。在 TCP 报文段首部的窗口字段写入的数值就是当前给对方设置的窗口数值。发送窗口在连接建立时由双方商定。但在通信的过程中，接收方可根据自己的资源情况，随时动态地调整对方的发送窗口（可增大或减小）。这种由接收方控制发送方的做法，在计算机网络中经常使用。

如果接收方应用进程从缓存中读取字节的速度大于或等于字节到达的速度，那么接收方将在每个确认中发送一个非零的窗口通知。如果发送方发送的速度比接收方要快，将造成缓冲区被全部占用，之后到达的字节将因缓冲区溢出而丢弃。这时，接收方必须发出一个零窗口的通告。当发送方接收到一个零窗口的通告时，停止发送，直到下一次接收到接收方新发出的一个非零窗口通告为止。接收方需要根据自己的接收能力给出一个合适的接收窗口，并将它写入到 TCP 的报头中，通知发送方。在流量控制过程中，接收窗口又称为通知窗口（Advertised Windows）。

图 5-28 给出了 TCP 利用滑动窗口机制进行流量控制的过程示意图。假设发送方每次最多可以发送 1 000 字节，并且接收方通告一个 2 200 字节的初始窗口。初始窗口为 2 200 字节表明接收方具有 2 200 字节的空闲缓冲区。如果要发送 2 200 字节的数据，需要分 3 个数据段来传输，其中两个数据段有 1 000 字节的数据，而另一个数据段有 200 字节的数据。在每个数据段到达时，接收方就产生一个确认。例如，当第 1 个数据段到达接收方时，接收方发送对第 1 个 1 000 字节的确认，同时指示"窗口 = 1200"。由于前 3 个数据段到达接收方时，接收方的应用程序还没有读完数据，接收缓冲区"满"，所以接收方通知发送方"确认

2 200，窗口 = 0"。这时，发送方不能再发送数据。

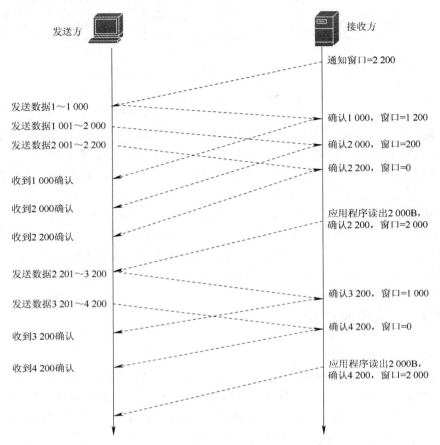

图 5-28　TCP 利用滑动窗口机制进行流量控制的过程

在接收方应用程序读完 2 000 字节数据之后，接收方 TCP 发送一个额外的确认，其中的窗口通告为 2 000 字节，通知发送方再传送 2 000 字节。这样，发送方又发送两个 1 000 字节的数据段，接收方的窗口再次变为零。利用通知窗口可以有效控制 TCP 的数据传输流量，使接收方的缓冲空间不会产生溢出现象。

2. 持续计时器

现在考虑一种情况，接收方发出了零窗口通告之后，发送方就停止传送，这个过程直到接收方的 TCP 再发出一个非零窗口通告为止。如果下一个非零窗口的通告丢失，那么发送方就将会一直等待接收方的通知，而接收方会一直等待发送方的数据，这就造成了死锁。为防止死锁现象，TCP 设置了一个持续计时器（Persistence Timer）。发送方接收到连接方的零窗口通告，就启动持续计时器。若持续计时器设置的时间到期，就发送一个零窗口探测报文段（仅携带 1 字节数据），而接收方就确认这个探测报文段时给出了现在的窗口值。如果窗口仍然是零，那么发送方就重新设置持续计时器，若窗口不为零，那么死锁的僵局就可以打破了。

3. 传输效率问题

应用进程将数据传送到 TCP 的发送缓存之后，控制整个传输过程的任务就由 TCP 来承担。考虑到传输效率的问题，TCP 必须注意解决好"什么时候"发送"多长报文段"。这个问题受到应用进程产生数据的速度、接收方要求的发送速度的影响，因此是个很复杂的问题。同时，存在一些极端的情况。

例如，如果一个用户使用 TELNET 协议进行通信，假设它只需要发出 1 字节的数据。第一步是将这 1 字节的应用数据封装在一个 TCP 报文段中，再通过网络层继续封装到一个 IP 分组中。在这 41 字节的 IP 分组中，TCP 报头占 20 字节，IP 分组首部占 20 字节，而真正有效的应用层数据只有 1 字节。第二步是接收方接收之后，即使自己没有数据需要发送，但也被要求立即回送一个 40 字节的确认分组（TCP 报头 20 字节，IP 分组首部 20 字节）。若用户要求远地主机回送这一字符，则远地主机又要发回 41 字节的 IP 数据报，而用户需要发送 40 字节的确认 IP 数据报。从上述过程可以看出，如果用户仅需发送 1 字节的数据，就可能在线路上传输总长度为 162 字节的 4 个报文段。这种方法显然效率过低。

针对如何提高传输效率的问题，人们提出采用 Nagle 算法：

当数据是以每次 1 字节的方式进入到发送缓存时，发送方第一次只发送 1 字节，把后面到达的字节存入缓存区。当发送方收到第一个数据字符的确认时，再把缓存中的所有数据组装成 1 个报文段发送出去，同时继续对随后到达的数据进行缓存。只有在收到前一个报文段的确认后才继续发送下一个报文段。这样按照一边发送、等待应答，一边缓存待发送数据的方法处理，在数据到达较快而网络速度较慢时，可明显地减少所用的网络带宽，有效提高传输效率。

Nagle 算法还规定：当缓存的数据字节达到发送窗口的 1/2 或接近最大报文段长度 MSS 时，立即将它们作为一个报文段发送。

还有一种情况，人们称为"糊涂窗口综合征"（Silly Window Syndrome）。假设 TCP 接收缓存已满，而应用进程每次只从接收缓存中读取 1 字节，那么接收缓存就腾空 1 字节，接收方向发送方发出确认报文，并将接收窗口设置为 1。发送方发送的确认报文长度为 40 字节。紧接着发送方以 41 字节的代价发送 1 字节的数据。在第 2 轮中，应用进程每次只从接收缓存中读取 1 字节，接收方向发送方发出 40 字节的确认报文，继续将接收窗口设置为 1。接着，发送方以 41 字节的代价发送 1 字节的数据。这样继续下去，一定会造成网络传输效率极低。

解决这个问题的方法是 Clark 算法：禁止接收方发送只有 1 字节的窗口更新报文，让接收方等待一段时间，使接收缓存有足够的空间接收一个较长的报文段，或者等到接收缓存已有一半空闲的空间，再发送窗口更新报文。接收方等待一段时间对发送方也是有好处的，发送方等待一段时间之后可以累积一定长度的数据字节，发送长报文也有利于提高传输效率。

综上所述，Nagle 算法是针对发送方不要发送太小的报文段，而 Clark 算法是针对接收方不要发送太小的窗口通知，二者相辅相成，配合使用，可使在发送方不发送很小的报文的同时，接收方也不要在缓存刚刚有了一点小空间就急忙把这个很小的窗口值通知给发送方。

5.7 TCP 拥塞控制机制

拥塞是指网络中存在许多的报文而导致网络性能下降的一种现象。拥塞控制就是对网络节点采取一定措施来避免拥塞的发生，或者对拥塞的发生做出反应。

因特网由许多网络和连接设备（路由器等）组合而成。从源站发出的分组要经过许多路由器后才能到达目的站。到来的分组由路由器中的缓存进行存储，对其处理后再转发。若分组到达路由器过快，超过了路由器处理能力，就可能出现拥塞，这时会使一些分组被丢弃。当分组不能到达目的站时，目的站不会为这些分组发送确认。源站于是重传这些丢失的分组，这会导致更严重的拥塞和更多的分组被丢弃，使重传和拥塞进入一种恶性循环，甚至会导致系统崩溃，这类似于高速公路上的交通瘫痪。因此 TCP 需要找出一种方法来避免这种情况的发生。

拥塞控制与流量控制关系密切，它们之间也存在着一些差别。所谓拥塞控制就是防止过多的输入注入到网络中，这样可以使网络中的路由器或链路不致过载，**所以它是一个全局性的过程，涉及所有的主机、所有的路由器，以及与降低网络传输性能有关的所有因素。相反，流量控制往往指点对点通信量的控制，是个端到端的问题（接收方控制发送方），是一个局部的问题，只涉及通信的两台主机。**

目前以有线为主的互联网中，网络拥塞造成数据包丢失的现象比硬件故障造成丢失的现象更普遍。因此现行 TCP 总是假定大部分数据包丢失来源于拥塞（必须注意，在无线环境下，这个假定是不正确的）。当发现数据包丢失时，TCP 降低它重发数据的速率。

TCP 的拥塞控制确保 TCP 不会重发大量的数据以致充满接收方的缓冲区。相反，TCP 开始时只发送少量的信息，如果确认没有丢失，TCP 就将增加发送的数据量，如果增加后确认仍然没有丢失，TCP 就再增加数据量，如此下去。这是一个探测网络带宽的过程。增加一直持续到 TCP 的拥塞窗口值达到一个门限值，这时，TCP 将降低增长率。

在拥塞控制算法中，其实包含了拥塞避免和拥塞控制这两种不同的机制。拥塞控制是"恢复"机制，它用于把网络从拥塞状态中恢复出来；而拥塞避免是"预防"机制，它的目标是避免网络进入拥塞状态，使网络运行在高吞吐量、低时延的状态下，具体作用如图 5-29 所示。

对互联网中增长的通信量，TCP 的拥塞控制方案反应良好。通信迅速后撤，TCP 能够缓和拥塞，更重要的是，由于它避免了向一个拥塞的互联网增加重发，因此 TCP 的拥塞控制方案有利于避免拥塞崩溃。

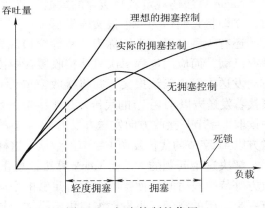

图 5-29　拥塞控制的作用

下面介绍 TCP 的拥塞控制机制。

1. 拥塞窗口

实现流量控制并非仅仅为了使接收方来得及接收。发送方发出的报文过多会使网络负荷过重，由此会引起报文段的时延增大。报文段时延的增大，将使主机不能及时地收到确认，因此会重传更多的报文段，而这又会进一步加剧网络的拥塞。为了避免发生拥塞，主机应当降低发送速率。

可见发送方的主机在发送数据时，既要考虑到接收方的接收能力，又要使网络不要发生拥塞。因而发送方的发送窗口应按以下方式确定：

发送窗口值 = Min(通知窗口值,拥塞窗口值)

通知窗口（Advertised Window）值是接收方根据其接收能力许诺的窗口值，是来自接收方的流量控制。接收方将通知窗口的值放在 TCP 报文的首部中，传送给发送方。

拥塞窗口（Congestion Window）是发送方根据网络拥塞情况得出的窗口值，是来自发送方的流量控制。

上式表明，发送方的发送窗口取"通知窗口"和"拥塞窗口"中的较小的一个。在未发生拥塞的稳定工作状态下，接收方通知的窗口和拥塞窗口是一致的。

2. 拥塞控制

发送方 TCP 采取以下 3 种拥塞控制策略。

（1）慢开始和加法增大

1）慢开始：在刚建立 TCP 连接时，发送方对网络的传输能力一无所知，为了尽快探测到网络能够承载的端到端的流量，发送方采用慢开始机制。发送方在慢开始过程中，一开始将拥塞窗口值设为 1 个最大报文长度，即只传输单个 TCP 报文，然后等待接收方的确认应答（ACK）。当发送方收到来自接收方的 1 个确认应答（ACK），就将拥塞窗口值增加 1 个最大报文长度，即窗口值增加到 2 个 TCP 报文长度，然后连续传输 2 个 TCP 报文，然后等待接收方的确认应答（ACK），当发送方收到来自接收方的 2 个确认应答（ACK），就将拥塞窗口值增加 2 个最大报文长度，即窗口值增加到 4 个 TCP 报文长度，然后连续传输 4 个 TCP 报文，然后等待接收方的确认应答（ACK）。依此类推，每收到 1 个确认，TCP 就把拥塞窗口值增加 1 个最大报文段，直到拥塞窗口值达到一个门限值（慢开始门限），这就是慢开始（其实这个过程一点也不慢）。拥塞窗口值按指数规则增长，如图 5-30 所示。

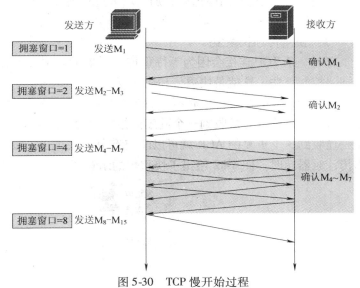

图 5-30　TCP 慢开始过程

2）加法增大：拥塞发生之前要避免拥塞，必须降低窗口增长速率。当窗口值达到慢开始门限时，窗口值每经过一个往返时延（RTT）就增加一个报文段，而不管这期间收到多少确认。只要在超时截止时间之前，或在拥塞窗口值达到接收窗口值之前能够接收到确认，这种加法增大的策略就一直继续下去。

（2）乘法减小

若发生了拥塞，则拥塞窗口值就必须减小，这通过计时器超时实现。若发送方在重传计时器截止时间之前没有收到对报文段的确认，它就认为出现了拥塞。具体地说，若重传计时超时，则门限值就设置为此时发送窗口值的一半，而拥塞窗口值重设为 1。换言之，发送方再回到慢开始阶段。注意，每发生一次超时，门限值就减半。这说明，门限值按照指数规则减小（乘法减小），如图 5-31 所示。

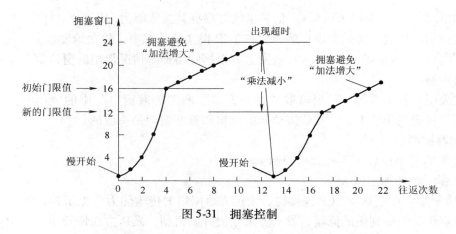

图 5-31　拥塞控制

在图 5-31 中，假定最大窗口值是 32 报文段。门限值设置为 16（最大窗口值的一半）。在慢开始过程中，窗口值从 1 开始按指数规律增长，直到它达到门限值为止（这里的条件不是发生超时）。在达到门限值后，加法增大过程使窗口值呈线性增长，直到发生超时或到达最大窗口值。

（3）快重传和快恢复

有时一条 TCP 连接会因为等待重传计时器的超时而空闲较长的时间，为此又增加了两个拥塞控制算法，这就是快重传和快恢复。

快重传并非取消重传计时器，而是在某些情况下更早地重传丢失的报文段。**快重传的前提是首先要求接收方每收到一个乱序的报文段后就立刻发出重复确认**。具体来说，发送方只要一连收到 3 个重复的 ACK 就可以断定有分组丢失了，就会重传报文段而不必等到相应的重传计时器超时。图 5-32 给出了快重传的示意图。

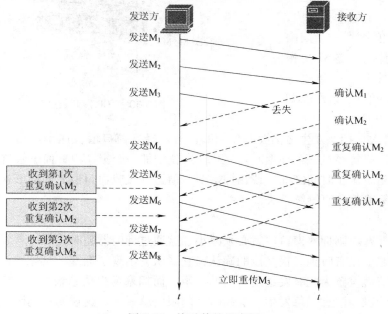

图 5-32　快重传的示意图

与快重传配合使用的还有快恢复算法，其具体步骤如下：

1）当发送方收到连续3个重复的ACK时，就按照前面讲过的"乘法减小"重新设置慢开始门限，即把慢开始门限值减半，这一点和慢开始算法是一样的。

2）与慢开始不同的是拥塞窗口不是设为1，而是设为减半后的慢开始门限值，然后开始执行拥塞避免算法（加法增大），使拥塞窗口缓慢地线性增大。这样做的理由是：发送方认为网络很有可能没有发生拥塞，如果真的发生了拥塞，就不会有一连好几个报文段到达接收方，就不会导致接收方连续发送多个重复确认。

这样的方法使得TCP的性能有明显的改进。图5-33给出了快重传和快恢复的示意图，并标明了"TCP Reno版本"，这是目前使用很广泛的版本。图中还画出了已经废弃不用的虚线部分（TCP Tahoe版本）。请注意它们的区别是：新的TCP Reno版本再快重传之后采用快恢复算法而不是采用慢开始算法。

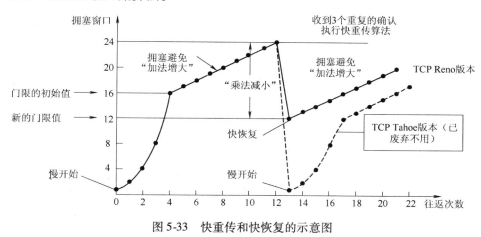

图 5-33　快重传和快恢复的示意图

网络中的拥塞来源于网络资源和网络流量分布的不均衡性。虽然在拥塞控制领域已经开展了大量的研究工作，但是拥塞问题还没有得到彻底解决。拥塞控制理论和算法目前还是网络研究中的一个热点问题，拥塞控制对保证Internet的稳定具有十分重要的作用。

5.8　TCP 计时器管理

为了更平稳地执行操作，TCP设置了4种计时器：重传计时器、持续计时器、保持计时器和时间等待计时器。

1. 重传计时器

为了重传丢失的报文，TCP使用一种重传计时器（在整个连接期间）处理重传超时（RTO），即对一个报文的确认等待时间。可以为重传计时器定义如下规则：

1）当TCP发送位于发送队列前端中的报文时，它开启计时器。

2）当计时器到时，TCP重传队列前端的第一个报文并且重启计时器。

3）当一个或多个报文被累积确认，那么一个或多个报文被从队列中清除。

4）如果队列是空的，TCP停止计时器。否则，TCP重启计时器。

为了计算重传超时（RTO），首先需要计算往返时间（Round-Trip Time，RTT）。然而，在 TCP 中计算 RTT 是一个复杂的过程，下面通过举例来逐步进行解释。

（1）测量 RTT

首先需要得到发送一个报文并接收它的确认所需的时间，这就是测量 RTT。需要记住，报文及它们的确认没有一一对应关系，几个报文可能被一起确认。一个报文的 RTT 是报文到达目的地并被确认所需的时间，尽管确认可能包含其他报文。注意，在 TCP 中，任何时候只有一个 RTT 测量可以进行。这就意味着，如果 RTT 测量开始，直到 RTT 数值完成，不能开始其他测量。用 RTT_M 表示测量 RTT。

（2）平滑 RTT

RTT_M 可能在每个往返中改变。如今的因特网中 RTT 的波动很大，以至于一次测量不能用于重传超时。绝大多数实现使用平滑 RTT，用 RTT_s 表示，这是 RTT_M 和前一个 RTT_s 的加权平均数，如下所示：

初始 –→无数值

在第一次测量后 – – – –→$RTT_s = RTT_M$

在每次测量后 – – – – – – –→$RTT_s = (1 - \alpha)RTT_s + \alpha RTT_M$

α 的值依赖于实现，但是它通常被设置为 1/8。换言之，新 RTT_s 被计算成 7/8 的旧 RTT_s 加 1/8 的当前 RTT_M。

（3）RTT 偏差

绝大多数实现不仅仅使用 RTT_s，它们也计算 RTT 偏差，用 RTT_D 表示，计算方法基于 RTT_s 和 RTT_M，使用如下方程（也是依赖实现的，但是通常设置为 1/4）：

初始 – – – – – – – – – – – – – – – – – –→无数值

在第一次测量后 – – – –→$RTT_D = RTT_M/2$

在每次测量后 – – – – – – –→$RTT_D = (1 - \beta)RTT_s + \beta | RTT_s - RTT_M |$

重传超时（RTO）的值基于 RTT_s 以及 RTT_D。绝大多数实现使用如下公式来计算 RTO：

最初 – – – – – – – – – – – – – – – – – –→初始数值

在每次测量后 – – – – – – – – – – – –→ $RTO = RTT_s + 4\ RTT_D$

换言之，将运行中 RTT_s 的平滑平均数与 4 倍运行中 RTT_D 的平滑平均数（通常是一个很小的值）相加。

1）Karn 算法。假设在重传超时期间报文没有被确认，那么它应该被重传。当发送方 TCP 接收到这个报文的确认时，它不知道这个确认针对的是原始报文还是重传报文。新 RTT 值基于报文的离开。然而，如果原始报文丢失且确认是针对重传报文的，当前 RTT 值必须在报文被重传时计算，这个数值被 Karn 解决。Karn 算法很简单，不用考虑 RTT 计算中重传报文的 RTT，直到用户发送一个报文并接收一个报文而不必重传时，才更新 RTT 数值。TCP 并不考虑新 RTO 计算中重传报文的 RTT。

2）指数后退。如果发生重传，RTO 的值是多少？绝大多数 TCP 实现使用指数退后策略。RTO 的数值在每次重传中翻倍。因此，如果报文被重传一次，数值是两倍 RTO，如果被重传两次，数值是 4 倍 RTO，依此类推。

2. 持续计时器

前面已经介绍过，为了解决死锁问题，TCP 需要另一个计时器。如果接收 TCP 声明了零窗口大小，那么发送 TCP 停止传输报文，直到接收 TCP 发送一个 ACK 报文声明非零的窗口大小。这个 ACK 报文可能丢失。如果这个确认丢失了，接收 TCP 就会认为它已经完成了工作并等待发送方 TCP 发送更多的报文。一个只包含确认的报文不存在重传计时器。发送方 TCP 没有接收到确认，并且等待另一个 TCP 发送确认通告窗口的大小，两端 TCP 可能继续相互等待直到永远（死锁）。

为了更正死锁，TCP 为每个连接使用持续计时器（Persistence Timer）。当发送方 TCP 接收一个窗口大小为 0 的确认时，开启持续计时器。当计时时间时，发送方 TCP 发送一个特殊的报文，称为探测（Probe）。这个段只包含 1B 的新数据；它有一个序号，但是序号从不被确认，在为剩余的数据计算序号时它甚至被忽略。探测报文的作用是提示接收方的 TCP：确认已经丢失，必须重传，从而引发接收方 TCP 重发确认。

持续计时器的值被设置为重传时间的数值。然而，如果一个探测报文没有收到接收方发来的应答，另一个探测报文就会被发送且持续计时器的数值会被加倍重置，即发送方继续发送探测报文并加倍重置持续计时器数值，直到这个数值到达阈值（通常为 60s）。这之后，发送方每 60s 发送一个探测报文，直到接收窗口重新打开。

3. 保持计时器

保持计时器（Keepalive Timer）通常在某些实现中使用，来防止两个 TCP 之间的长期空闲连接。假设有一个客户端与一个服务器建立了连接，传输了一些数据后进入沉默状态。这时或许客户端已经瘫痪。在这种情况下，连接会永远保持打开。

为了避免这种情况，绝大多数实现给服务器配备了保持计时器。每当服务器从客户端收到一次数据，就重置计时器。超时时间通常是 2h。如果服务器在 2h 内没有收到客户端数据，那么它发送一个探测报文。如果每 75s 发送一个探测报文，一共发送 10 个探测报文之后仍无客户响应，那么服务器就认为客户端出现了故障，并终止这个连接。

4. 时间等待计时器

如图 5-34 所示，TCP 在断开连接的时候，如果 A 发送完最后一个 ACK 后，就立即关闭连接，而此时，如果这个 ACK 数据段丢失了，B 无法判断是自己发出的 FIN 丢失还是 A 发出的 ACK 丢失，因此 B 会重传 FIN 数据段，而此时 A 已经关闭了连接，B 就永远也无法收到 A 的 ACK 字段了。因此 TCP 设置了一个时间等待计时器，A 在发送了最后一个 ACK 报文后，并不立即关闭连接，而是经过一个时间等待计时器的时间再关闭。这个时间可以保证 A 能收到重复的 FIN 数据段。

时间等待（Time-Wait）计时器在连接终止期间使用的。时间等待计时器的值通常设置为最大报文寿命（Maximum Segment Life-time，MSL）的两倍，所以又称为 2MSL 计时器。

最大报文寿命（MSL）是任意报文在被丢弃前在网络中的存在时间。具体实现需要为 MSL 选择数值。通常为 30s、1min 甚至 2min。当 TCP 执行主动关闭并发送最后一个 ACK 时，使用 2MSL 计时器。连接必须保持 2MSL 的时间，从而允许 TCP 重发最后一个 ACK，以防 ACK 丢失。这要求另一端的 RTO 计时器超时且新的 FIN 和 ACK 报文被重发。

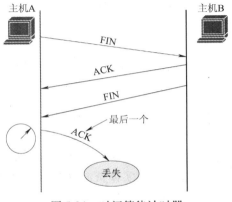

图 5-34　时间等待计时器

5.9 TCP 连接管理

TCP 是面向连接的协议。传输连接的建立和释放是每一次面向连接的通信中必不可少的过程。传输连接的管理就是使传输连接的建立和释放都能正常地进行。TCP 连接包括连接建立、报文传输与连接释放 3 个阶段，如图 5-35 所示。

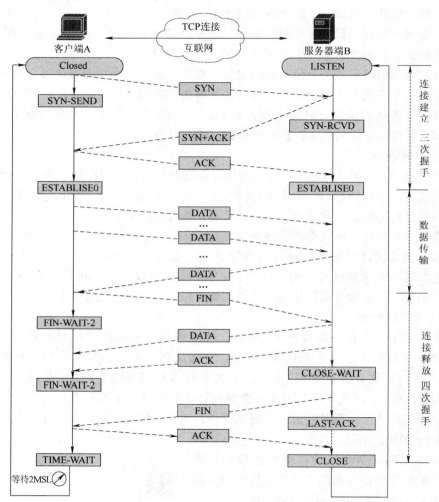

图 5-35 TCP 连接建立、报文传输与连接释放

（1）连接建立

在连接建立过程中要解决以下 3 个问题。

1）要使每一方都能够确知对方的存在。

2）要允许双方协商一些参数（如最大报文段长度、最大窗口大小、服务质量等）。

3）能够传输实体资源（如缓存大小、连接表中的项目等）进行分配。

TCP 的连接和建立都是采用客户服务端方式。主动发起连接建立的进程叫做客户端

（Client），而被动等待正在建立的进程叫服务器（Server）。

TCP 连接建立需要经过"三次握手"（Three-way Handshake）的过程，这个过程可以描述为：

1）最初的客户端 TCP 进程处于"CLOSE"（关闭）状态。当客户端准备发起一次 TCP 连接，进入"SYN – SEND"状态时，它首先向处于"LISTEN"（收听）状态的服务器 TCP 进程发送第一个"SYN"报文（控制 SYN = 1），"SYN"报文包括源端口号和目的端口号，目的端口号表示客户端打算连接的服务器进程号，以及一些连接参数。

2）服务器在接收到"SYN"报文之后，如果同意建立连接，则向客户端发起第二个"SYN + ACK"报文（控制 SYN = 1，ACK = 1），该报文表示对第一个"SYN"报文请求的确认，同时也给出了"窗口"大小，这时服务器进入"SYN – RCVD"状态。

3）在接收到"SYN – ACK"报文之后，客户端发送第三个"ACK"报文，表示对"SYN + ACK"报文的确认，这时客户端进入"ESTABLISHED"（已建立连接）状态。服务器在接收到"ACK"报文之后也进入"ESTABLISHED"（已建立连接）状态。

经过三次握手之后，客户端进程与服务器进程之间的 TCP 传输连接就建立了。

为什么要发送这第三个报文段呢？这主要是为了防止已失效连接请求报文段突然又传送到了服务器 B，因而产生错误。

所谓已失效的连接请求报文段是这样产生的。考虑这样一种情况：客户端 A 发出连接请求，但因连接请求报文丢失而未收到确认；客户端 A 于是再重传一次；后来收到了确认，建立了连接；数据传输完毕后，就释放了连接；客户端 A 共发送了两个连接请求报文段，其中的第二个到达了服务器 B。

现假定出现另一种情况：客户端 A 发出的第一个连接请求报文段并没有丢失，而是在某些网络节点滞留的时间太长，以致延误到在这次的连接释放以后才传送到服务器 B。本来这是一个已经失效的报文段，但服务器 B 收到此失效的连接请求报文段后，就误认为是客户端 A 又发出一次新的连接请求，于是就向客户端 A 发出确认报文段，同意建立连接。

客户端 A 由于并没有要求建立连接，因此不会"理睬"服务器 B 的确认，也不会向服务器 B 发送数据，但服务器 B 却以为传输连接就这样建立了，并一直等待客户端 A 发来数据。服务器 B 的许多资源就这样白白浪费了。

采用三次握手的办法可以防止上述现象的发生。例如在刚才的情况下，客户端 A 不会向服务器 B 的确认发出确认。服务器 B 收不到确认，连接就建立不起来。

（2）报文传输

当客户进程与服务器进程之间的 TCP 传输连接建立之后，客户端的应用进程与服务端的应用进程就可以使用这个连接，进行全双工的字节流传输。

（3）连接释放

在数据传输结束后，通信的双方都可以发出释放连接的请求。TCP 传输连接的释放过程很复杂，客户端与服务器端都可以主动提出释放连接的请求。下面客户端主动提出请求的连接释放的"四次握手"的过程：

1）当客户端准备结束一次数据传输，主动提出释放 TCP 连接时，进入"FIN – WAIT – 1"（释放等待 1）状态。它可以向服务器端发送第一个"FIN"（控制位 FIN = 1）报文。

2）服务器在接收到"FIN"报文之后，立即向客户端发回"ACK"报文，表示对接收第一个"FIN"请求报文的确认。TCP 服务器进程通知高层应用程序客户端请求释放 TCP 连接，这时客户端已经不会再向服务器发送数据，客户端到服务器的 TCP 连接断开。但是，服务器到客户端的 TCP 连接还没有断开，如果服务器有需要，它还可以继续发送直至完毕。这种状态称为"半关闭"（Half-close）状态。这个状态需要持续一段时间。客户端在接收到服务器发送的"ACK"报文之后进入"FIN-WAIT-2"状态，服务器进入"CLOSE-WAIT"状态。

3）当服务器的高层应用程序已经没有数据需要发送时，它会通知 TCP 可以释放连接，这时服务器向客户端发送"FIN"报文。服务器也需要在经过"LAST-ACK"状态之后转回到"LISTEN"（收听）状态。

4）客户端在接收到"FIN"报文之后，向服务器发送"ACK"报文，表示对服务器"FIN"报文的确认。这时，客户端进入"TIME-WAIT"状态，需要再等待 2 个最长报文寿命（Maximun Segment Lifetime，MSL）时间之后，才真正进入"CLOSE"（关闭）状态。

客户端与服务器经过"四次握手"之后，确认双方意见同意释放连接，客户端仍然需要延迟 2MSL 时间。设置等待延迟机制的原因是：确保服务器在最后阶段发送给客户端的数据，以及客户端发送给服务器的最后一个"ACK"报文都能被正确地接收，防止因个别报文传输错误导致连接释放失败。

小结

1. 知识梳理

计算机网络的本质是实现分布在不同地理位置的联网主机之间的进程通信，传输层的主要作用就是实现分布式进程通信。传输层协议屏蔽网络层及以下各层技术实现的差异性，弥补网络层所能提供服务的不足，应用层在完成各种网络应用时只需使用传输层提供的"端-端"进程通信服务。应用程序的开发者只能根据需要，在传输层选择 TCP 或 UDP，设定相应的参数后，传输层协议在本地主机的操作系统控制之下，为应用程序提供确定的服务。TCP/IP 的传输层寻址通过 TCP 与 UDP 的端口来实现。TCP 是一种面向连接、面向字节流传输、可靠的传输层协议，它提供有确认、业务流管理、拥塞控制与丢失重传等功能；UDP 是一种无连接的、不可靠的传输层协议，它适用于系统对性能的要求高于对数据完整性的要求、需要简短快捷的数据交换、需要多播和广播的应用环境。

2. 学生的疑惑

问题：TCP 是一种面向连接的，为不同主机进程间提供可靠数据传输的协议，而 TCP 所使用的网络层 IP 是非可靠的，那么 TCP 是如何保证数据的可靠传输的？

解答：TCP 规范和当前绝大多数 TCP 实现代码均采用数据重传和数据确认应答机制来完成 TCP 的可靠性数据传输。数据超时重传和数据应答机制的基本前提是对每个传输的字节进行编号，即通常所说的序号。数据超时重传是发送方在某个数据包发送出去，在一段固定时间后如果没有收到对该数据包的确认应答，则（假定该数据包在传输过程中丢失）重新发送该数据包。而数据确认应答是指接收方在成功接收到一个有效数据包后，发送一个确认应答数据包给发送方主机，该确认应答数据包中所包含的应答序号即指已接收到的数据中最后一个字节的序号加 1，加 1 的目的在于指出此时接收方期望接收的下一个数据包中第一个字节的序号。数据超时重传和数据确认应答及对每个传输的字节分配序号是 TCP 提供可靠性数据传输的核心机制。

3. 授课体会

一定要分析清楚传输层在五层网络体系结构中的地位和作用，让学生明白传输层存在的必要性。然后通过对传输层功能（实现主机应用进程之间的端到端的逻辑通信）的分析，引出无连接的 UDP 和面向连接的 TCP。由于 UDP 比较简单，仅仅实现了端口复用和检错的功能，所以本章的重点内容是围绕 TCP 的可靠传输原理和机制来展开，这样就抓住了本章的脉络和重点。

理论知识总是比较抽象枯燥，借助于动画展示，则可以让理论变得直观、形象，易于接受和记忆，所以在平时的授课时多用图片和动画来演示抽象的、难于理解的概念，如用动画演示滑动窗口的移动、TCP 的连接管理等。同时教师可以多用类比的例子来加深学生对概念的理解。例如讲端口的概念时，用信件上的收件人姓名作类比，学生就容易理解端口的作用；讲拥塞控制时，用城市的交通拥塞作类比，学生就容易理解网络中的数据包太多是导致拥塞的原因。最后，利用一些网络协议分析工具对协议进行分析，理论联系实际。通过多种手段联合使用，容易激发学生的学习兴趣，使学习过程变的轻松有趣。

习题与思考

1. 试说明传输层在协议栈中的地位和作用，传输层的通信和网络层的通信有什么重要区别？为什么传输层是必不可少的？

2. 端口的作用是什么？为什么端口要划分为 3 种？

3. 试举例说明哪些应用程序愿意采用不可靠的 UDP，而不用采用可靠的 TCP。

4. 试说明传输层中伪首部的作用。

5. 某个应用进程使用传输层的 UDP 用户数据报，然而继续向下交给 IP 层后，又封装成 IP 数据报。既然都是数据报，可否跳过 UDP 而直接交给 IP 层？哪些功能 UDP 提供了但 IP 没提供？

6. 一个应用程序用 UDP，到 IP 层把数据报再划分为 4 个数据报片发送出去，结果前两个数据报片丢失，后两个到达目的站。过了一段时间应用程序重传 UDP，而 IP 层仍然划分为 4 个数据报片来传送。结果这次前两个到达目的站而后两个丢失。试问：在目的站能否将这两次传输的 4 个数据报片组装成完整的数据报？假定目的站第一次收到的后两个数据报片仍然保存在目的站的缓存中。

7. 一个 UDP 用户数据报的数据字段为 8192 个字节，要使用以太网来传送。试问：应当划分为几个数据报片？说明每一个数据报片的数据字段长度和片偏移字段的值。

8. 一个 UDP 用户数据报的首部用十六进制表示是：06 32 00 45 00 1C E2 17。试求源端口、目的端口、用户数据报的总长度、数据部分长度。这个用户数据报是从客户发送给服务器，还是服务器发送给客户？使用 UDP 的这个服务器程序是什么？

9. 使用 TCP 对实时语音数据进行传输有没有什么问题？使用 UDP 在传送数据文件时会出现什么问题？

10. 主机 A 和 B 使用 TCP 通信。在 B 发送过的报文段中，有这样连续的两个：ACK = 120 和 ACK = 100。这可能吗（前一个报文段确认的序号还大于后一个的）？试说明理由。

11. 在使用 TCP 传送数据时，如果有一个确认报文段丢失了，也不一定会引起对方数据的重传，试说明理由（可结合上一题讨论）。

12. 主机 A 向主机 B 连续发送了两个 TCP 报文段，其序号分别为 70 和 100。试问：

（1）第一个报文段携带了多少个字节的数据？

（2）主机 B 收到第一个报文段后发回的确认中的确认号应当是多少？

（3）如果主机 B 收到第二个报文段后发回的确认中的确认号是 180，试问 A 发送的第二个报文段中的数据有多少字节？

（4）如果 A 发送的第一个报文段丢失了，但第二个报文段到达了 B。B 在第二个报文段到达后向 A 发送确认。试问这个确认号应为多少？

13. 为什么在 TCP 首部中要把 TCP 端口号放入最开始的 4 个字节？

14. 为什么在 TCP 首部中有一个首部长度字段，而 UDP 的首部中就没有这个字段？

15. 一个 TCP 报文段的数据部分最多为多少个字节？为什么？如果用户要传送的数据的字节长度超过 TCP 报文字段中的序号字段可能编出的最大序号，问还能否用 TCP 来传送？

16. 假定 TCP 在开始建立连接时，发送方设定超时重传时间是 RTO = 6s。

（1）当发送方接到对方的连接确认报文段时，测量出 RTT 样本值为 1.5s。试计算现在的 RTO 值。

（2）当发送方发送数据报文段并接收到确认时，测量出 RTT 样本值为 2.5s。试计算现在的 RTO 值。

17. 已知第一次测得 TCP 的往返时延的当前值是 30ms。现在收到了 3 个接连的确认报文段，它们比相应的数据报文段的发送时间分别滞后的时间是：26ms、32ms 和 24ms。设 $\alpha = 0.9$。试计算每一次的新的加权平均往返时间值 RTT_s。讨论所得出的结果。

18. 一个 TCP 连接下面使用 256kbit/s 的链路，其端到端时延为 128 ms。经测试，发现吞吐量只有 120kbit/s。试问发送窗口是多少？

19. 在 TCP 的拥塞控制中，什么是慢开始、拥塞避免、快重传和快恢复算法？这里每一种算法各起什么作用？"乘法减小"和"加法增大"各用在什么情况下？

20. 设 TCP 的门限的初始值是 8（单位为报文段）。当拥塞窗口上升到 12 时网络发生了超时，TCP 使用慢开始和拥塞避免。试分别求出第 1 次到第 15 次传输的各拥塞窗口大小。你能说明拥塞控制窗口每一次变化的原因吗？

21. TCP 在进行流量控制时是以分组的丢失作为产生拥塞的标志。有没有不是因拥塞而引起的分组丢失的情况？如有，请举出两种情况。

22. 什么是 Karn 算法？在 TCP 的重传机制中，若不采用 Karn 算法，而是在收列确认时都认为是对重传报文段的确认，那么由此得到的往返时延样本和重作时间都会偏小。试问：重传时间最后会减小到什么程度？

23. 试举例说明为什么在传输连接建立时要使用三次握手，并说明如不这样做可能会出现的情况。

24. 为什么突然释放传输连接就可能会丢失用户数据，而使用 TCP 的连接释放方法就可保证不丢失数据？

第6章 应 用 层

【本章提要】

应用层提供面向用户的网络服务。各种各样的网络应用是推动互联网发展的直接动力。区分网络应用和应用层协议是很重要的。本章以网络具体应用，包括 DNS、FTP、WWW、E-mail 等为例，介绍应用进程之间的工作模式以及各种应用层协议。

【学习目标】

- 掌握应用进程之间的工作模式。
- 了解应用层协议与 TCP/IP 之间的关系。
- 掌握 DNS 原理以及在因特网中的实现机制。
- 掌握 FTP 的功能及工作过程。
- 掌握 WWW 的工作原理以及 HTML、URL、HTTP 的概念。
- 了解邮件系统以及相关协议 SMTP、POP3/IMAP、MIME 的基本概念。
- 了解 DHCP 工作机制。
- 了解其他如 P2P 文件共享、播客、博客、网络即时通信与网络电视等新的网络服务。

6.1 应用层概述

6.1.1 网络应用进程间的工作模式

每个应用层协议都是为了解决某一类应用问题，如文件传输、电子邮件、网页浏览等。虽然这些应用问题各不相同，但问题的解决方式却有共同之处，即都是通过位于网络中不同主机上的多个应用进程之间的通信和协同工作来完成的。那么，网络应用进程之间以什么样的工作模式相互通信和协作呢？

1. C/S 模式

客户和服务器分别对应两个应用进程。客户进程向服务器进程主动发起连接建立或服务请求，服务器接受连接请求和服务请求，并给出应答。Internet 中的很多网络应用如 FTP、DNS、E-mail、WWW 和套接字 Socket 提供的网络通信机制等都采用 C/S 模式。在 C/S 模式中，服务器被动等待服务请求，每次通信均由客户端进程主动发起。例如，主机 A 首先发起一次进程通信，那么主机 A 的进程为客户（Client）进程，而响应主机 B 的进程为服务器（Server）进程。

网络应用进程之间采用 C/S 模式，主要原因如下：

（1）为了适应通信发起的随机性

网络上不同主机进程之间进行通信，很重要的一个特点是主机发起通信完全是随机的。一台主机上的进程不知道另一台主机上的进程什么时候会发起一次通信。C/S 模式能够很好地适应这种随机性。每次通信都由客户机随机主动发起，而服务器进程从开机就处于等待状态，随时准备对客户机的请求作出及时的响应。

（2）充分利用网络资源

C/S 模式的一个重要特点就是非对称性相互作用，客户机请求服务，服务器提供服务。一般提供服务的计算机比请求服务的计算机有更好更多的软/硬件资源和更强的处理能力，这就充分利用了网络资源。

（3）优化网络计算，提高传输效率

例如在进行数据库查询中，客户机收到用户的查询请求，就将查询请求形成查询报文传给数据库服务器，数据库服务器执行数据库的查询操作，之后将结果回传给客户机，客户机只需要将查询结果显示，提供友好的人机交互即可。因此，客户机和服务器分工合作，协同完成计算，而网络上传输的只是简短的查询请求和结果。

2. B/S 模式

随着 Web 应用的流行和普及，传统的 C/S 模式渐渐被 B/S 模式所替代。在这种模式中，客户进程是浏览器，万维网文档所驻留的计算机运行服务器程序，即 Web 服务器，B/S 模式可以提供多层次连接，通常是浏览器—Web 服务器—应用服务器三层连接；Web 服务器和应用服务器连接可读取数据库中不断更新的数据，这样浏览器就可以在网页中浏览到动态的数据了。

3. P2P 模式

P2P 模式与 C/S、B/S 模式最大的不同在于终端间需要共享的资源不是集中在单个服务器上，而是分散在网络中的各个节点上。当一组节点为了解决某个特定问题而协同工作时，这些节点的地位和作用是平等的，都可以以对等的方式直接通信。应用程序中没有一个需要一直打开的专门的服务器程序。

P2P 工作模式的最大好处是其信息共享的灵活性与系统的可扩展性。随着 P2P 规模的扩大，很多 P2P 应用实际上采用了 P2P 与 C/S 的混合模式。例如目前大量使用的即时通信程序就是采用了这种混合模式。尽管两个聊天的节点不是通过服务器直接通信，但是在开始聊天时，他们需要在一个中心服务器上注册，需要查找聊天对象，也需要通过服务器查询。

P2P 网络技术已广泛应用于文件共享、多媒体传输、即时通信、共享存储、协同工作及分布式计算等领域，是目前网络技术研究的热点问题之一。

6.1.2 网络应用与应用层协议

1. 基本概念

网络应用和应用层协议是两个重要的概念。FTP、WWW、E-mail 以及基于网络的电子政务、电子商务、远程教育、远程数据存储等都是不同类型的网络应用。而应用层协议是网络应用的重要组成部分。例如，WWW 系统包括 Web 服务器程序、浏览器程序、文档格式标准（HTML）以及应用层协议（HTTP）。HTTP 定义了 Web 服务器程序与浏览器程序之间传输的报文格式、会话过程以及交互顺序。所以，应用层协议规定应用程序的进程之间通信所要遵循的通信规则，包括报文的类型，各种报文应该包含哪些字段，每个字段表示什么含义，进程在什么时间、如何发送报文以及如何响应等基本内容。

应用层协议可以分为两种类型。一种是标准的网络应用所使用的协议。例如 FTP、WWW、E-mail 等，它们的协议以 RFC 文档的形式公布出来，提供给网络应用系统开发者使用。只要开发人员遵守此类协议，那么就可以与所有按照相同协议开发的应用系统互联或互操作。另一类协议则是专用的，目前有很多 P2P 文件共享的应用层协议都是专用协议。

2. 应用层协议与传输层协议的关系

应用程序的开发者在开发新的网络应用时，首先要决定的是选择 TCP 还是 UDP。这是两个不同的传输层协议。TCP 提供的是面向连接的，可靠的数据传输服务，但它不保证这些数据传输的速率以及期待的传输时延；UDP 提供的是无连接的、不可靠的数据传输服务，它没有拥塞控制机制，所以发送进程可以用任何速率向接收进程交付数据。因为实时应用通常可以容忍数据丢失，同时有最低速率的要求，所以开发者会选择使用 UDP。

表 6-1 指出了一些因特网应用所使用的应用层协议和传输层协议。

表 6-1 网络应用所使用的应用层协议和传输层协议

网 络 应 用	应用层协议	传输层协议
文件传输	FTP	TCP
远程终端访问	Telnet	TCP
WWW	HTTP	TCP
电子邮件	SMTP	TCP
域名系统	DNS	UDP 或 TCP
流媒体	RTSP	UDP 或 TCP
网络电话	通常专用	通常 UDP

6.2 域名系统 DNS

因特网中的主机利用 IP 地址来识别，这对主机和路由器来讲很方便，但是对用户来讲却很难记住这么多的数字地址。人们在上网浏览时更愿意使用便于记忆的域名，也叫做主机名。因此就需要一种能进行主机名到 IP 地址转换的服务。早期的 ARPANET 时代，网络规模小，那时使用的是一个名为 hosts 的文件，它列出所有主机名及其对应的 IP 地址。下载这个文件，根据主机名就能找到其对应的 IP 地址。但是随着因特网的规模越来越大，网络中的主机数迅速增加，hosts 的管理越来越困难。从 1983 年开始，因特网采用层次结构的名字空间给主机命名，并使用域名系统（Domain Name System，DNS）进行域名解析。

6.2.1 域名空间的层次结构

1. 域名的概念和结构

域在字典中一般定义为作用范围或控制/统治区域。一个作用范围可以包含较小的作用范围，而较小的作用范围还可以包含更小的作用范围。因此这些域非常自然地使用了层次结构来组织。

在因特网中域是指名字空间中一个可被管理的子空间，还可以进一步划分为子域。连接在因特网上的主机就有了一个唯一的层次结构的名字，叫做域名。域名是一个逻辑概念，与主机的物理位置没有必然联系。

域名的结构由若干等级组成，各等级域名之间用小数点分隔。各级域名均由英文字母和数字组成，不超过 63 个字符，不区分大小写。级别低的域名写在左边，越往右级别越高，完整的域名不超过 255 个字符。域名系统不规定一个域名必须包含多少个级别。这样，整个因特网的域名空间就构成了一棵层次结构的命名树。根节点没有名字，根节点下面就是顶级域名。用这种方法可以使每一个名字是唯一的，而且也容易查找域名。

各级域名由其上一级的域名管理机构管理，顶级域名则由 ICANN 管理。一个单位拥有了一个域名后，它可以自己决定是否要进一步划分子域。如果需要，如何分由单位自行决定，没有统一规则，也不需要将子域的划分情况报告给上一级有关机构。

2. 顶级域名（TLD）

现在顶级域名有 3 类。

（1）国家顶级域名（country code TLD，ccTLD）。

按照 ISO3166 的规定，如 . cn 表示中国，. us 表示美国，. uk 表示英国，. ca 表示加拿大等。现使用的国家顶级域名达到 200 多个。国家级域名下注册的二级域名结构由各国自己确定。我国的顶级域名管理由中国互联网信息中心负责，它将二级域名划分为两类：类别域名和行政区域域名。类别域名有 7 个，即 . ac 表示科研机构，. com 表示商业组织，. edu 表示教育机构，. gov 表示政府部门，. net 表示网络服务机构，. org 表示各种非盈利性组织，. mil 表示国防机构。行政区域域名有 34 个，适用于我国的各省、自治区、直辖市，如 . bj 表示北京市，. sh 表示上海市，. js 表示江苏省，. hk 代表香港等。

（2）通用顶级域名

最早的通用顶级域名有 7 个，即 . com（公司企业），. net（网络服务机构），. org（非盈利性组织），. edu（教育研究机构），. gov（政府部门），. mil（军事部门）和 . int（国际性组织）。随着因特网用户数量的剧增，现又提议新增 11 个通用顶级域名，如表 6-2 所示。

表 6-2　新增通用顶级域名

域 名 标 识	域 名 类 型	域 名 标 识	域 名 类 型
. aero	航空业	. museum	博物馆
. biz	商业	. mobi	移动产品与服务
. coop	合作性组织	. name	个人
. cat	加泰隆人的语言和文化团体	. pro	专业人员
. info	网络信息服务组织	. travel	旅游业
. jobs	人力资源管理	—	—

（3）基础结构域名

基础域名目前只有一个，即 . arpa，用于反向域名解析，又称为反向域名。

图 6-1 是因特网域名空间的结构，它实际上就是一棵倒过来的树。树根下面是顶级域名，顶级域名下面是二级域名，最下面的叶节点底下没有任何东西的域，例如一台计算机。

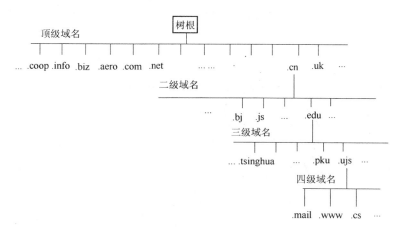

图 6-1 因特网域名空间的树状结构

6.2.2 域名服务器

从本质上来讲，整个域名系统是以一个大型的分布式数据库的方式工作。关于域的信息分布在很多负责管理特定域的不同权威机构中，其中很多权威机构仅仅对自己的本地域空间负责，协作参与 DNS 系统的运行。因此大多数具有因特网连接的组织都有专门设立的计算机运行域名服务程序，即域名服务器。每个服务器都存放着各自管辖的域名与 IP 地址的映射表，形成一个大的协同工作的域名数据库。

因特网上的域名服务器系统也是按照域名空间的层次来安排的。但它们的层次并不严格相同。因特网允许根据具体情况将某一域名空间划分为一个或多个域名服务器管辖区，多个管辖区是不重叠的。在每个管辖区设置相应的权限域名服务器。管辖区内的主机必须在权限域名服务器处登记注册，因此权限域名服务器知道本辖区内的所有主机域名的 IP 地址。按照域名的层次，DNS 中有以下几种特殊的域名服务器。

1. 本地域名服务器

每个 ISP，或一个大学，甚至大学里的一个系，都可以有一个本地域名服务器，也叫做默认域名服务器。该服务器的 IP 地址通常用手工方式在主机上配置。本地域名服务器通常离客户机较近，可能在一个局域网内，或相隔不超过几个路由器。如果要查询的主机也在本地 ISP 的管辖范围内，则本地域名服务器能立即提供所请求主机名的 IP 地址，否则就需要去询问其他域名服务器。

2. 顶级域名服务器

这些顶级域名服务器负责管理在该顶级域名服务旗下注册的所有二级域名。一个顶级域可以有多个顶级域名服务器。

3. 根域名服务器

每个根域名服务器都知道所有的顶级域名服务器的域名及其 IP 地址。现在有 13 个不同 IP 地址的根域名服务器（a ~ m），共一百多套域名服务器分布在世界各地。例如 f. rootserver. net 就在 40 个地点安装了镜像服务器，我国有 3 台分别在北京、香港等地。如图 6-2所示。当本地域名服务器想对域名服务器发出查询请求时，路由器会把这个报文转发给距离最近的一个根域名服务器。这就加快了 DNS 的查询过程，同时也更加合理地利用了因特网的资源。

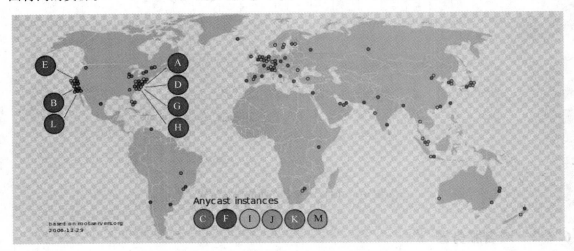

图 6-2　因特网 DNS 根域名服务器的分布

分散在世界各地的域名服务器形成了一个联合协作的系统，需要时域名服务器协作完成解析。为此，对域名服务器来讲，每个域名服务器都必须知道根域名服务器的 IP 地址，另外还必须知道其下一级域名服务器的域名和 IP 地址。

6.2.3　域名的解析过程

将域名转换为对应的 IP 地址的过程称为域名解析。完成域名解析功能的软件叫域名解析器。当客户向 DNS 服务器发送域名解析请求时，通常 DNS 服务器会返回一个 IP 地址，除非这个域名不存在。

域名解析方法有两种：递归解析和迭代解析。递归解析中，客户将请求发送给 DNS 服务器后，期望得到最终的转换结果。如果该服务器不能完成，它就请求它的上一级服务器，一直到最终解析出客户请求的域名。而迭代解析则是客户将请求发送给 DNS 服务器后，这台服务器要么直接给出需要的 IP 地址，要么返回下一个域名服务器的 IP 地址，客户再向这个被推荐的服务器发送一个新的请求，重复迭代上面的过程，直到找到正确的服务器为止。递归解析的任务主要由服务器软件来承担，迭代解析的任务则主要由解析器软件来承担。因此从本质上看，迭代好比是由客户亲自完成任务，而递归就好像把任务托付给别人来完成。图 6-3 给出了一个简单的域名解析流程。

当主机的某个应用需要域名解析时，主机的解析器首先访问本地域名服务器。主机一般要求本地域名服务器进行递归解析。本地域名服务器查找 DNS 数据库，如果能找到对应的 IP 地址，就放在应答报文中返回；否则转入下一步，本地域名服务器代替主机成为客户，继续解析过程。在这一步中，本地域名服务器首先访问根域名服务器，根域名服务器不能解析时，再请求顶级域名服务器；顶级域名服务器不能解析时，再请求其下一级域名服务器；如此下去，完成一次自顶向下的搜索，完成最终的域名解析。

本地域名服务器向根域名服务器的查询一般使用迭代查询，由于不希望因为执行递归查

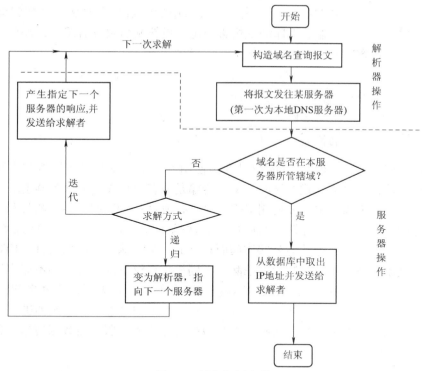

图 6-3 域名解析流程

询而让某些根域名服务器陷入停顿。部分根域名服务器只支持迭代解析，大部分域名服务器两种方法都支持。使用哪一种方法取决于解析请求报文中的设置。

6.2.4 域名服务器高速缓存

域名服务器大量的工作是响应域名解析请求，每个请求都需要花费时间和资源来进行解析，并且占用了本来可以用于数据传输的网络带宽。因此，DNS 服务器在实现上很有必要采用一些机制来优化它的性能，提高效率，同时减少不必要的域名解析。其中最主要的一个机制就是高速缓存。

高速缓存在计算机世界里通常是指一块内存区域，专门用来存储最近获得的信息以便再次使用。在 DNS 中，高速缓存用来存放近期解析过的域名和 IP 地址的映射，以及其他请求结果。这样，如果请求再次出现，就可以直接用缓存里的信息作出答复，而不必再执行一次完整的域名解析过程。通过消除对最近解析过的名字不必要的解析请求来减少 DNS 报文流量。无论何时，域名一经解析，所得到的 DNS 信息结果就会缓存起来，以便用于随后很快出现的同样请求。

例如，当用户访问某个网站，单击了指向某个页面的链接，这个新的页面很可能位于此网站的某个地方，这就导致另一个 DNS 请求被送往本地域名服务器。但是这一次，本地服务器不需要再次执行解析过程了。它在自己的高速缓存中找到了这个名字，所以立即把保存的域名 IP 地址返回给了请求者。这样，用户不仅以更快的速度得到答案，还避免了不必要的因特网流量。

当然，每个高速缓存系统都有一个重要的问题要解决，那就是缓存的新鲜度问题。假如服务器中的域名——IP 地址映射已经改变，而缓存中的映射没有改变，这样就会导致解析的错误。维护本地域名服务器数据库的主机必须定时更新域名服务器缓存，以获取最新的映射关系，提高工作效率。

6.3 文件传输协议

6.3.1 文件传输协议的概念

文件传输协议（FTP）是 Internet 很早开始使用的一个协议，目前仍然在广泛使用。它主要用于文件传输，提供交互式的访问。文件传输是指客户将文件从服务器上下载下来，或者是将文件上传到服务器上去。要使用 FTP，用户必须要有 FTP 服务器的账号和口令，或者 FTP 服务器支持匿名访问，这时默认的用户名通常是 anonymous，选择用户完整的电子邮件地址作为密码。匿名用户只能从为公共访问而建立的一个特殊目录读取文件。FTP 只支持文件传送的一些基本服务，主要是减少或消除在不同操作系统下处理文件的不兼容性。

FTP 采用是的 C/S 模式，但与一般 C/S 模式不同的是，它需要建立两条 TCP 连接，一条是控制连接，另一条是数据连接，如图 6-4 所示。在工作过程中涉及 5 种进程：主服务器进程、客户控制进程、服务器控制进程、客户数据传送进程和服务器数据传送进程。

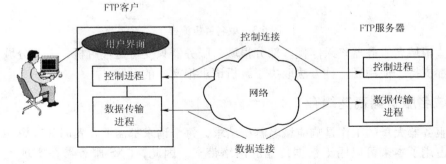

图 6-4　FTP 客户与服务器之间的两个 TCP 连接

服务器开机后，主服务器进程打开 FTP 端口 21，被动等待客户的连接请求。客户则以主动方式与服务器建立控制连接。通过控制连接，客户将命令传送给服务器，服务器将应答传送给客户。命令和应答都是以 NVT（网络虚拟终端）编码形式传送。NVT 编码定义了数据和命令通过因特网传输的规范形式，FTP 和远程登录协议（Telnet）都使用它。NVT 编码格式是在 ASCII 编码基础上扩展而来的。

在进行文件传输时，控制连接在整个会话期间一直保持打开，但是客户与服务器之间的文件传输是通过数据连接来进行的。服务器使用端口 20 与客户建立数据连接，完成文件传输。由于 FTP 使用两个不同的端口，所以控制连接和数据连接不会发生混乱。另外，使用两个独立的连接使得协议更加简单和更加容易实现。

6.3.2 文件传输协议的工作过程

前面介绍了 FTP 服务器打开后，主服务器进程在端口 21 处等待客户发出文件传输请求，客户则以主动方式与服务器建立控制连接。接下来要发送文件或其他数据时，必须要创建一个数据连接。这个数据连接连接着客户数据传送进程和服务器数据传送进程。FTP标准定义了两种创建数据连接的不同方法。这两种方法的主要区别在于是客户机和服务器中哪个设备发起了这个数据连接。

1. 主动数据连接

这种方法有时称为一个正常（Normal）数据连接，因为它是默认的方法。在这种数据连接中，服务器数据传送进程通过打开一个到用户数据传送进程的TCP连接来发起数据传送。服务器主动打开端口20，并在控制连接上得到客户机的临时端口号，这个端口号与控制连接的临时端口号既可以一样，也可以不一样，强烈建议客户选择不一样的临时端口号。

例如，用户的控制进程从它的临时端口1173与服务器的FTP端口21创建了一个控制连接，同时选择临时端口1174作为数据传送端口，并且被动打开端口1174，等待服务器的数据连接请求。服务器的数据传送进程将发起一个从服务器端口20到客户机端口1174的TCP连接。客户机确认后，数据传输就可以进行了。

FTP服务器主动打开数据连接，通常也主动关闭数据连接。

2. 被动数据连接

第二种方法称为被动（Passive）数据连接。客户机在控制连接上告诉服务器他处于被动状态，即接收由客户机发起的数据连接。服务器作出回答，将服务器的IP地址以及客户机应该使用的端口号传给客户机。然后服务器在这个端口上监听客户机的数据连接请求。例如，客户机同样从它的临时端口1173与服务器的端口21建立了控制连接，但是这次，客户机使用PASV命令告诉服务器它想使用被动数据传送。服务器的控制进程返回一个端口号例如2223作为回答，同时监听端口2223。客户数据传送进程创建一个从客户机端口1174到服务器端口2223的TCP连接，服务器确认后，数据传输也就可以开始了。

FTP支持两种不同的方法在客户机和服务器之间创建数据连接，主要是因为安全性的考虑。因为许多客户机设备不能够接收来自服务器的输入连接，例如有防火墙的设置。所以RFC1579"防火墙友好的FTP"讨论了这个问题，它建议客户机使用被动方式的数据连接，以避免端口阻塞问题。

6.3.3　简单文件传送协议

FTP作为计算机之间文件传输的一个协议是很理想的，但是对于某些类型的硬件而言，它太复杂，不太容易实现，而且有很多功能不实际。因此在只需要最基本的文件传输功能，简单和程序长度小极为重要时，可以使用简单文件传输协议（Trivial File Transfer Protocol，TFTP）。

TFTP与FTP在以下4个方面有很大的差别：

1）传输。FTP使用TCP传输，而TFTP使用UDP传输。

2）有限的命令集。FTP包括很丰富的命令集，它允许文件发送、接收、重命名和删除等，而TFTP只允许文件发送和接收。

3）有限的数据表示方式。TFTP不包括一些FTP特有的数据表示方式选项，它只允许简单的ASCII或者二进制文件传输。

4）缺乏鉴别。UDP不使用登录机制或其他鉴别方法，这也是一种简化。然而这意味着

TFTP 服务器的操作者必须严格限制可以用来访问的文件。

TFTP 每次传送的文件块中有 512B 的数据，只有最后一次可以不足 512B，这正好可以作为文件结束的标志。每个文件块按序编号，从 1 开始。在一开始工作时，TFTP 客户给服务器端口 69 发送一个读请求或写请求，TFTP 服务器选择一个新的端口与 TFTP 客户进行通信。每送完一个文件块后就等待对方的确认，确认时应指明所确认的块编号。如果在规定时间内没有收到确认就要重新发送该文件块。发送确认的一方若在规定时间内没有收到下一个文件块，也要重新发送确认，这样可以保证文件的传送不致因某一方的数据包丢失而告失败。

6.4 万维网

6.4.1 万维网的概念

WWW 称为万维网，又简称为 Web。它并非某种特殊的网络，而是一个大规模的、联机式的信息储藏所。它的出现使得用户可以很方便地访问因特网中数以百万计的计算机的信息。它是一个基于因特网的分布式信息查询系统。正是由于 WWW 的出现，使得 Internet 从最初的主要在实验室由专门人员使用，变为广泛使用的一种信息交互工具。WWW 的出现使网站和网络的通信量呈指数规律增长。WWW 服务已经成为 Internet 上最方便和最受用户欢迎的信息服务类型。

WWW 成功的关键之一是把 TCP/IP 协议栈和将世界上的计算机联起来的 Internet 基础设施结合在了一起。WWW 包含有很重要的 3 个特殊组件。

1. 超文本标记语言

超文本标记语言（HTML）是一种用于定义超文本文档的文本语言，它给常规的文本文档增加一些称为标记（Tag）的简单构造体，使得文档可以很方便地和另一个文档链接，同时也允许特殊的数据格式，结合不同的媒体类型。HTML 已经成为在超文本中实现链接的标准语言，并且成为很多其他相关语言创建的基础。本章对 HTML 不做详细介绍。

2. 统一资源标识符

统一资源标识符用于定义标识互联网上资源的标签，以便可以很容易地找到和引用这些资源。统一资源表示符分为两类，统一资源定位（Uniform Resource Locator，URL）和统一资源名字（Uniform Resource Name，URN），当前 Web 几乎都是使用 URL。

3. 超文本传送协议

超文本传送协议（HTTP）是应用层协议，它使超文本文档和其他文档能够在客户机和服务器之间传送。它开始比较简单，粗糙，现在已经演化成为支持多种不同类型文档的传送、在一个连接上传送多个文件等全面的、复杂的协议，具备了各种高级特征，例如高速缓存、代理和鉴别等。

下面主要介绍统一资源定位符（URL）和超文本传输协议（HTTP）。

6.4.2 统一资源定位符

Internet 上有许许多多的 Web 服务器，而每台服务器又包含许许多多的页面，如何才能找到想看的信息呢？这就需要 URL 来定位。URL 为 Internet 上的资源定位和访问方式提供了一种抽象的表示方法。RFC 文档 1738 和 1808 对 URL 做了详细描述。

URL 不仅用于用户访问 WWW，而且也能用于 FTP、Telnet 等，这样就将因特网的访问统一为一个程序，即浏览器。用户只需要在浏览器的地址栏中输入 URL，就能定位和找到所需要的信息。

标准的 URL 由 3 部分组成：协议类型、服务器域名（包括端口号）、路径以及文件名。其格式为

协议类型：//主机名（或服务器域名）［：端口号］/路径/文件名

协议类型可以是 HTTP、FTP、Telnet 等。例如，江苏大学计算机学院 Web 服务器的 URL 可以表示为：

http：//cs. ujs. edu. cn/

对于 Web 服务器的访问使用的协议类型是 HTTP，默认端口是 80 ，可以省略。如果在域名后面使用了非默认端口，端口号不可省略。路径/文件名用于直接指向服务器中的某一个文件；如果省略路径/文件名，那么 URL 就指向主页。

6.4.3 超文本传输协议

HTTP 是万维网上各种信息交换的基础。它开始时设计得非常简单，只做一件事，即允许客户机发送一个对超文本文件的简单请求，并从服务器接收返回的文件。现在的 HTTP 核心仍然是一个简单的请求/应答协议，但是包括了很多新的特色和能力，以支持 Web 规模的增长和人们使用 Web 的各种方式的增加。现在使用的版本为 HTTP 1.0（RFC1945）和 HT-TP 1.1（RFC2616）。HTTP 工作于 TCP/IP 的应用层，是一个面向客户机/服务器的请求/响应协议，它使用 TCP 连接来传送 HTTP 报文。

1. HTTP 操作过程

在 Web 服务器上运行服务器进程不停地监听 HTTP 端口 80，以便发现是否有客户进程，也就是浏览器进程向它发出连接建立请求。一旦监听到连接建立请求并建立了 TCP 连接之后，基本的通信中实际上就只有两个步骤：

（1）客户进程请求

客户进程发送一个根据 HTTP 标准定义的格式化的请求报文，即 HTTP 请求。这个请求报文指定客户机想获得的资源，或者包含一些要提供给服务器的信息。

（2）服务器响应

服务器读取并解释这个请求，并且采取与这个请求相关的行动，创建一个 HTTP 响应报文，然后把这个响应报文发回给客户进程。这个响应报文指示请求是否成功，也可以包含客户机请求资源的内容。

HTTP1.0 为每次请求都要建立一次 TCP 连接，服务器发回响应报文后 TCP 连接就被释放，这称为非持续连接。HTTP 1.1 做了改进，支持持续连接（Persistent Connection），并把它作为默认选项。使用持续连接，HTTP 的基本操作没有改变，只是在每组请求/响应之后，TCP 连接默认保持打开，以便下一个请求和响应能够立刻交换。只有客户机对它需要的所有文档完成请求时，TCP 连接才会被释放。这样客户机能够更快地获得文档，服务器负载减少了，由于消除了不必要的 TCP 连接握手部分，网络拥塞也减小了。IE 6.0 后的浏览器的默

认设置就是使用 HTTP 1.1，读者可以打开浏览器的 Internet 选项，在高级一栏中查看到。

2. HTTP 报文

HTTP 使用了两种报文结构。请求报文结构如图 6-5a 所示，响应报文格式如图 6-5b 所示。图中阴影部分为空格，CRLF 为按回车键换行。

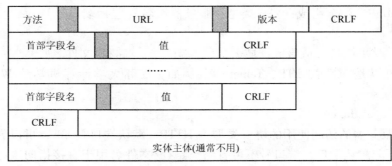

a)

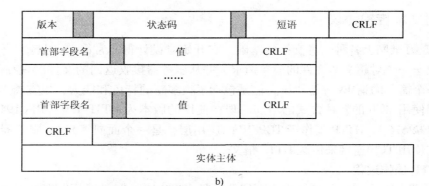

b)

图 6-5　HTTP 报文结构

a）请求报文　b）响应报文

从图 6-5 中可以看出，HTTP 的请求报文和响应报文都是由 3 部分组成，就起始行有所区别。请求报文起始行是请求行，响应报文起始行是状态行。最后一行都为实体主体，中间部分都为首部行。下面简单介绍一下各行内容。

（1）起始行

所有 HTTP 请求报文开始处的起始行叫做请求行。它包括 3 个内容：方法（Method）、请求资源的 URL 和 HTTP 版本。方法就是客户机希望服务器采取的行为类型，它总是以大写字母来表示。在 HTTP 1.1 中定义了 8 种标准方法，其中使用最广泛的有 3 种，即 GET、HEAD、POST。

1）GET：请求服务器读取请求行中 URL 所指定的资源，并把它在响应中发回给客户机。这是最基本的请求类型，占 HTTP 流量的大部分。

2）HEAD：与 GET 功能类似，但是它告诉服务器不要发送实际的报文体，只需要返回页面的首部。通常可以使用它来检测文件是否存在以及文件的状态或长度。

3）POST：POST 允许客户机给服务器发送包含数据的报文，可以用于客户机向服务器上的程序提交信息来处理，例如交互的 HTML 表单。

还有其他不常用的方法，如 OPTION、PUT、DELETE、TRACE 等。

所有 HTTP 响应报文中的起始行叫做状态行。状态行包括 3 项内容：HTTP 版本、状态码和解释状态码的简单短语。HTTP 版本告诉客户机，服务器使用的版本，状态码的长度是 3 个数字，分为 5 类，由第一个数字指定，但第二个和第三个数字组合在一起表示更具体的响应。例如：

1xx：提供通用信息，不指出请求成功还是失败，可能正在进行处理。

2xx：成功，服务器收到、理解并接受了方法。

3xx：重定向，请求没有彻底失败，但是成功前还需要采取进一步的行为。

4xx：客户机差错，请求是无效的，例如包含错误的语法或其他原因不能完成。

5xx：服务器差错，请求有效，但是服务器无法响应。

简单短语是一个文本字符串，它为记不住具有隐含意义的代码的人们提供更有意义的差错描述。HTTP 标准包含了简单短语的样例，但是服务器管理员可以根据需要自定义这些原因短语。例如：

HTTP 1.1 202 ACCEPTED   {接受}

HTTP 1.1 400 BAD REQUEST   {错误请求}

HTTP 1.1 404 NOT FOUND   {没找到}

（1）首部行

首部行用来提供浏览器、服务器或报文主体的一些信息。首部可以有好几行，但也可以使不用。在每个首部行中都有首部字段名和它的值。每一行结束都要按回车键换行，最后还有一个空行将首部行与后面的实体主体分开。HTTP 中定义了几十个首部行。

（2）实体主体

请求报文一般不包含实体主体，响应报文的实体主体可以包含任意长度的字节序列。HTTP 能够支持多种媒体类型的内容，这方面它借鉴了 MIME 中的概念，例如数据编码、标识数据的类型和特性等。但是 HTTP 报文与 MIME 不兼容。

3. HTTP 高速缓存

Web 的迅猛发展对用户来说是一个奇迹，但是对网络工程师来说却是面临更多的问题和挑战。其中最大的问题就是 Web 运行的网络过载。HTTP 1.1 增加了很多特征来提高协议的效率，并减少 HTTP 请求和响应消耗不必要的带宽。这些无疑是支持高速缓存的最重要的特征。

HTTP 中的高速缓存带来了两个主要的好处。

1）通过消除传送不需要的请求和响应，减少了带宽使用。

2）给访问资源的用户提供更快的响应时间。

HTTP 高速缓存可以在 3 类设备上实现。

（1）在 Web 客户机上

大多数用户熟悉的高速缓存是在本地客户机上的。通常高速缓存被嵌入浏览器软件中，因此也称为 Web 浏览器高速缓存。这个高速缓存存储用户最近访问的文档和文件，如果用户再次请求它们，很快就能得到。

（2）在 Web 客户机和 Web 服务器之间的设备上

例如代理服务器也经常配备高速缓存。代理服务器把最近的一些请求和响应暂时存放在本地磁盘中。为了使用代理，必须在浏览器软件中进行设置，告诉客户机软件它的 IP 地址或域名，然后客户机给代理发送所有的请求，而不是指定的实际服务器。当新请求到达时，若代理服务器发现这个请求与暂时存放的请求相同时，就直接返回暂时存放的响应，不需要按 URL 地址再去访问因特网上的 Web 服务器。这种缓存使得只要使用这个代理服务器的客户机都能从缓存中获益。下面用校园网代理服务器来说明它的作用。

图 6-6a 是校园网不使用代理服务器的情况。这时，校园网中的所有计算机都通过 2Mbit/s 专线链路（R1-R2）与因特网上的服务器建立 TCP 连接。因而校园网内的计算机访问因特网的通信量往往会使这条 2Mbit/s 的链路过载，使得时延大大增加。当然，这可以通过增加出口带宽来改进，例如将专线链路的带宽增加到 100Mbit/s，但是增加带宽的费用是很昂贵的。而图 6-6b 是校园网使用代理服务器的情况。这时，访问因特网的过程是这样的：

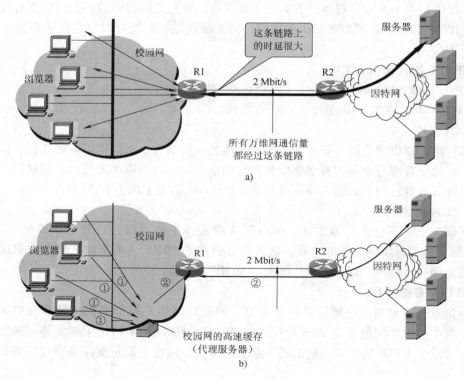

图 6-6　代理服务器的作用

a）不使用代理服务器　b）使用代理服务器

1）校园网内计算机的浏览器向因特网服务器请求服务时，首先和代理服务器建立 TCP 连接，并向代理服务器发送 HTTP 请求报文（图 6-6b 中的①）。

2）若代理服务器已经存放了所请求的对象，代理服务器就把这个对象放入 HTTP 响应报文中返回给浏览器。

3）否则，代理服务器就代表发出请求的用户浏览器，与因特网上的服务器建立 TCP 连接（图 6-6b 中的②），并发送 HTTP 请求报文。

4）因特网服务器将所请求对象放在 HTTP 响应报文中返回给校园网的代理服务器。

5）代理服务器收到这个报文后，先复制在自己的本地存储器（高速缓存）中，然后再将这个对象放入 HTTP 响应报文中，通过已建立的 TCP 连接（图 6-6b 中的①），返回给发出请求的浏览器。

应当注意，代理服务器有时是作为服务器（接收浏览器的 HTTP 请求时），但有时却作为客户机（当向因特网上的服务器发送 HTTP 请求时）。

在使用代理服务器的情况下，由于有相当大一部分通信量局限在校园网的内部。因此 2Mbit/s 专线链路上的通信量大大减少，因而减少了访问因特网的时延，而费用也大大低于增加带宽的费用。

（3）在 Web 服务器上

Web 服务器本身也可以设置高速缓存。一个被访问资源可能需要大量的服务器资源来创建，例如使用复杂数据库访问来产生页面。如果多个客户机经常要获取这个页面，那么定期创建并缓存，比每次请求都去动态产生效率要更高，响应速度也更快。

总的来看，高速缓存机制可以更好地提高 HTTP 操作效率。

6.4.4 WWW 基本工作过程和 Cookie

WWW 采用 C/S 模式，客户进程就是用户计算机上运行的浏览器程序，Web 服务器上运行服务器程序。Web 浏览器要访问 Web 服务器，首先要完成对 Web 服务器的域名解析。浏览器在获得了 Web 服务器的 IP 地址后，就进入浏览器和服务器建立 TCP 连接阶段。服务器进程通过端口 80 监听浏览器向它发出的连接请求。Web 服务器响应后，双方建立 TCP 连接。然后浏览器向服务器发送浏览某个页面的请求，服务器作出响应并返回所请求的页面，结束后 TCP 连接释放。

例如用户用鼠标单击了江苏大学主页上的一个可选部分，使用超链接指向江苏大学学校概况的页面，其 URL 为 http：//www. ujs. edu. cn/xxgk/index. htm，那么鼠标单击后的处理过程如下：

- 浏览器分析页面的 URL。
- 浏览器向 DNS 服务器请求解析服务器域名 www. ujs. edu. cn 的 IP 地址。
- DNS 解析出 www. ujs. edu. cn 的 IP 地址并作出应答。
- 浏览器用此 IP 地址和端口 80 与服务器建立 TCP 连接。
- 浏览器发出取文件命令 GET/xxgk/index. htm。
- 服务器响应，将文件 index. htm 发送给浏览器。
- 双方释放 TCP 连接。
- 浏览器显示文件"江苏大学学校概况"文件 index. htm 的所有文本。

HTTP 是无状态的，即同一个客户第二次访问同一个服务器上的页面时，服务器的响应与第一次的相同（假定该页面没有更新），因为服务器并不记得这个客户，也不记得为该客户服务过多少次。HTTP 的这种无状态特性简化了服务器的设计，使服务器更容易支持大量并发的 HTTP 请求。但在实际应用中，一些 Web 服务器希望能够识别用户，把内容和用户的身份联系起来，或者想限制某些用户的访问。要做到这点，可以在 HTTP 中使用 Cookie（RFC 2109）。

Cookie 的工作过程是这样的。当用户浏览使用 Cookie 的网站时，该服务器为该用户产生一个唯一的识别码，并以此为索引在服务器的后端数据库中产生一个项目。接着在给该用户的 HTTP 响应报文中添加一个叫做 Set-cookie 的首部行。例如：Set-cookie：16778。这里的16778 就是"识别码"。在该用户收到这个响应时，其浏览器就在它管理的特定 Cookie 文件中添加一行，包括这个服务器的主机名和识别码。

如果该用户继续浏览这个网站时，每次发送 HTTP 请求报文时，浏览器都会从其 Cookie 文件中取出这个网站的识别码，并放到 HTTP 请求报文的 Cookie 首部行中：Cookie：16778。这样，这个网站就能跟踪用户 16778 在该网站的活动。如果这个用户是在网上购物，那么这个服务器可以为他维护一个所购物品的列表，使得用户在结束这次购物时可以一起付费。

如果几天后，此用户再次访问该网站，那么他的浏览器仍然会在 HTTP 请求报文中继续使用首部行 Cookie：16778，而服务器根据用户过去的访问记录可以向他推荐商品。如果用户已经在该网站登记过，或者使用信用卡支付过，那么这个网站就已经保存了用户的姓名、电子邮件地址、信用卡号码等信息。以后当用户使用同一台计算机访问同一个网站时，就不需要重新在键盘输入姓名等一些信息。

尽管 Cookie 为用户带来了方便，但是它的使用一直有争议。有人认为 Cookie 会把病毒带入用户计算机。其实这是一种误解。Cookie 只是一个小小的文本文件，不是计算机的可执行文件。在网上进行过浏览的用户可以在 Cookie 文件夹中看到这些 Cookie 文件。例如 Windows XP 的用户可以在 C 盘的文件夹 "Documents and Settings" 中继续打开使用自己 "用户名" 的文件夹，然后就可以看到 Cookies 文件夹，里面就是存放 Cookie 文件的地方。用户不仅可以看到 Cookie 识别码，而且可以看到是哪个网站发送过来的 Cookie 文件。对于 Cookie 的另一个争议是关于用户的隐私保护问题。例如，网站服务器知道了用户的一些信息，就有可能把这些信息出卖给第三方。Cookie 还可以用来收集用户在网站上的行为。这些都属于用户个人的隐私。有些网站会公开声明保护顾客的隐私，绝对不会把顾客的识别码或个人信息出售或转移给其他商家。

为了让用户有拒绝接受 Cookie 的自由，在浏览器中用户可以自行设置接受 Cookie 的条件。单击浏览器中的 "工具" 按钮，找到 "Internet 选项"，再单击 "隐私"，就可以看到菜单中左边有一个可以上下滑动的标尺，它有 6 个位置。最高位置就是阻止所有 Cookie，而最低位置就是允许所有 Cookie。中间位置则是在不同条件下接受 Cookie。用户可以根据自己的情况对浏览器的 Cookie 管理进行适当的设置。

6.4.5 万维网上的信息检索

因特网中拥有数以百万计的 Web 服务器，Web 服务器提供的信息种类丰富，覆盖范围也非常广，而且其中的信息量在呈爆炸性增长。除了不断有新的网页出现以外，旧的网页也会不断更新。有研究指出：50% 的网页平均生命周期大约是 50 天。面对这样海量信息的查找预处理，不太可能用人工的方法完成，必须借助因特网中的搜索引擎技术。据中国互联网络信息中心第 31 次中国互联网络发展状况统计报告中提供的数据表明，截止 2012 年年底，中国因特网用户中经常使用搜需引擎的达 4.51 亿，使用率为 80%，稳居互联网应用第二位，手机搜索引擎使用也在稳步上升。

1993 年，Matthew Gray 开发了 Web Wanderer，这是世界上第一个利用 HTML 网页之间的

链接关系来检测 Web 发展规模的程序。开始只是用来统计因特网中 Web 服务器的数量，后来发展为能够通过它来检索网站的域名。现代搜索引擎的思路源于 Web Wanderer，也有人称之为 spider。1994 年，Yahoo 门户网站开始提供搜索引擎服务。1996 年，中国出现了类似的网站"搜狐"。1997 年出现的"天网搜索"是我国目前最大的公益性搜索引擎。2000 年出现了百度。目前我国在这方面的发展非常迅速。

由于因特网中的信息量不断增加，而且信息的种类也在不断增加，例如除网页和文件外，还有新闻组、论坛、专业数据库等。同时上网的人数也在不断增加，网民的成分也在发生变化。一个搜索引擎要覆盖所有的网上信息查询需求很困难。因此各种主题搜索引擎、个性化搜索引擎、问答式搜索引擎等纷纷兴起。搜索引擎的范围从目录搜索、网页搜索、新闻搜索，逐渐扩大到图片搜索、游戏搜索、影视节目搜索等。搜索引擎研究海量数据成为智能处理技术中的重要研究课题之一。

在因特网上搜索信息需要经验的积累，读者不妨在因特网上多多实践，从而掌握从因特网获取信息的技巧，熟悉各种搜索引擎的使用。

6.5 邮件系统

6.5.1 电子邮件的基本概念

电子邮件（E-mail）是因特网上使用最多和最受欢迎的一种应用。使用电子邮件与传统邮件相比传递迅速，可以实现一对多的邮件传递，且不受天气变化。

最初的电子邮件系统的功能很简单。邮件没有标准的内部结构格式，用户接口也不好，操作起来很不方便，计算机处理也比较难。但是经过研制者们的努力，1981 年随着简单邮件传输协议（Simple Mail Transfer Protocol，SMTP）的定义，TCP/IP 电子邮件时代到来了。SMTP 详细描述了如何直接或间接从一个 TCP/IP 主机移动邮件到另一个主机。由于 SMTP 只能传送可打印的 ASCII 码邮件，因此，1993 年，通用因特网邮件扩充（Multipurpose Internet Mail Eextensions，MIME）协议又被提出来，经修订后已经成为因特网的草案标准（RFC 2045—2049），在 MIME 邮件中可以同时传送多种类型的数据，这对于多媒体通信是非常有用的。

当然，TCP/IP 电子邮件不是一个简单的应用程序，而是一个包含了几种协议、软件元素和组件的完整系统。图 6-7 给出了一个电子邮件系统应具有的 3 个主要组成构件，即用户代理、邮件服务器和电子邮件的传送过程及涉及的相关协议。

1. 用户代理

用户代理（User Agent，UA）是用户与电子邮件系统的接口，也就是在客户机上运行的程序，用户可以通过这个程序提供的友好界面来发送和接收邮件。例如，微软的 Outlook 等。用户代理的主要功能如下：

- 邮件撰写，给用户提供方便编辑邮件的环境。
- 来件显示，在显示器上显示来件的内容，包括邮件附带的语音和图像等。
- 来件处理，用户可以根据情况按不同方式对邮件进行处理，例如删除、存盘、打印转发等。

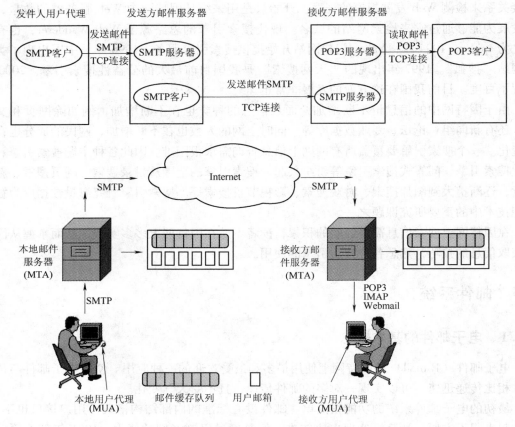

图 6-7　电子邮件的主要组成构件

● 交付和读取邮件，使用 SMTP 将邮件发送到邮件服务器，使用 POP 从邮件服务器中读取邮件到客户机。

2. 邮件服务器

几乎所有的 ISP 都有邮件服务器。它们就相当于邮局，邮件服务器设有邮件缓存区和用户邮箱，邮件服务器运行邮件传送代理（Mail Transfer Agent，MTA）。MTA 的主要功能如下：

1）邮件发送。接收本地用户发送的邮件，存于邮件缓存区待发，定期进行扫描并发送。

2）邮件接收。接收发给本地用户的邮件，存放在收件人的邮箱中，供用户随时读取。

3）邮件发送情况报告，将邮件传送的情况报告给发件人。如果在一定时间内邮件发送不出去，则将其从邮件缓存区中删除，并通知发件人。

3. 电子邮件的传送过程及涉及的相关协议

电子邮件的发送和接收过程有以下几个步骤：

1）发件人调用用户代理编辑邮件，并且作为 SMTP 客户机将邮件传送给发送方邮件服务器。

2）发送方邮件服务器将用户邮件放入邮件缓存，等待发送。

3）发送方邮件服务器每隔一段时间对邮件缓存进行一次扫描，如果发现有待发送的邮件，发送方的邮件服务器作为 SMTP 客户向接收方邮件服务器发起 TCP 连接建立的请求。

4）当 TCP 连接建立后，SMTP 客户开始向接收方的 SMTP 服务器发送邮件，如果有多个邮件，则一一发送完毕，然后 SMTP 关闭所建立的 TCP 连接。

5）接收方的邮件服务器收到邮件后，将邮件放入收件人的邮箱中，等待收件人的读取。

6）收件人调用用户代理，使用 POP3（或 IMAP）协议从自己的邮箱中接收邮件。

4. 电子邮件地址

TCP/IP 体系的电子邮件地址系统规定电子邮件地址的格式如下：

收件人邮箱名@ 邮箱所在主机的域名

其中，收件人邮箱名又可称为用户名，是收件人自己定义的字符串标识符。用户名必须在邮箱所在主机中是唯一的。用户名一般应选择容易记忆的字符串，@ 后面的主机域名在整个因特网中是唯一的，这样就保证了电子邮箱地址在整个因特网上的唯一性，从而保证了电子邮件能够在整个因特网范围内准确地投递。

6.5.2　简单邮件传输协议

简单邮件传输协议（SMTP）规定在两个相互通信的 SMTP 客户进程和 SMTP 服务器进程之间如何交换信息以及信息格式。SMTP 规定了 14 条命令和 21 种应答信息，每条命令使用 4 个字母代码标识，而应答信息则是由 3 个数字的代码开始，后面加上（或者不加）很简单的文字描述。SMTP 使用 C/S 模式，负责发送邮件的 SMTP 进程是 SMTP 客户机，负责接收邮件的 SMTP 进程就是 SMTP 服务器。

SMTP 通信是建立在 TCP 连接上的，所以，发送前先要建立 TCP 连接。SMTP 客户机每隔一定时间（例如 30min）对邮件缓存扫描一次。如果发现有邮件，使用端口 25 与目的主机的 SMTP 服务器建立 TCP 连接。注意，SMTP 不使用中间的邮件服务器，不管发送方和接收方的邮件服务器有多远，邮件的传送过程中要经历多少个路由器，TCP 连接总是在发送方和接收方的两个邮件服务器之间建立。

第一步，连接建立后，服务器发出就绪的信息。相关 SMTP 命令和应答信息如下：

server：220　xxx. edu. cn　SMTP Service ready

client：HELO　yyy. com

server：250　xxx. edu. cn　OK

HELO 是命令，220 和 250 是应答代码。应答代码后面附有简单说明。

第二步就是邮件传送。邮件传送过程中的相关命令和应答信息如下：

Client：MAIL FROM：yuan@ xxx. edu. cn（发件人地址）

server：250 OK

client：RCPT TO：fang@ yyy. com（收件人地址）

server：250 OK（或者 550　No Such User Here）

client：DATA　　（从这行命令开始，就要传送邮件的内容了）

server：354 Start mail input；end with ＜CR LF＞＜CR LF＞

client：merry Christmas and happy new year.

client：＜CR LF＞＜CR LF＞（邮件结束标志）

server：250 OK

第三步，邮件发送完毕后，TCP 连接被释放。

client：QUIT

server：221 xxx. edu. cn closing transmission channel

221 标识服务关闭，表示 SMTP 同意释放 TCP 连接。至此，邮件传送的全部过程结束。当然上述过程使用电子邮件的用户是看不到的，所有细节都被用户代理屏蔽了。

6.5.3 邮件读取协议

电子邮件读取协议有两个，即邮局协议（POP3）和因特网报文存取协议（Internet Message Access Protocol，IMAP）。邮局协议 POP 是一个非常简单，但功能有限的邮件读取协议，现在使用的是它的第 3 个版本 POP3（Postoffice Protocol 3，POP3）。大多数 ISP 都支持 POP3。

POP3 建立在 TCP 连接之上，使用 C/S 模式实现用户对邮箱的远程访问。收件人的计算机上运行 POP 客户程序，而在用户所连接的 ISP 邮件服务器重则运行 POP 服务器程序。POP 服务器在用户输入鉴别信息（用户名和口令）后，允许用户对邮箱进行读取。

POP3 协议的一个特点就是用户从 POP 服务器上读取了邮件，POP 服务器就会将该邮件删除。这对于某些情况不够方便。例如，某用户在办公室的计算机上收取了邮件，回家后想在自家计算机上再处理一些没有来得及回复的邮件，但是却无法再看到原先在办公室收取的那些邮件了（除非他复制一份带回家中）。为了解决这一问题，POP3 进行了一些功能扩充，其中包括用户可以事先设置邮件读取后仍然在 POP 服务器中存放的时间。

IMAP 协议比 POP3 协议复杂得多。IMAP 也是按照 C/S 模式工作。使用 IMAP 协议工作时，所有收到的邮件同样先送到 ISP 邮件服务器的 IMAP 服务器。用户的计算机上运行 IMAP 客户程序，它与邮件服务器的 IMAP 服务器建立 TCP 连接。用户在自己的计算机上就可以操作邮件服务器的 IMAP 邮箱，就像在本地使用一样。因此 IMAP 是一个联机协议。当用户的 IMAP 客户程序打开邮件服务器的邮箱时，用户可以看到邮件的首部。当用户需要打开某个邮件时，邮件才传到用户的计算机上。用户还可以根据需要为自己的邮箱创建分类管理的文件夹，还可以按照某些条件进行查找邮件。在用户没有发出删除邮件的命令之前，邮件会一直保存在 IMAP 服务器邮箱中。这样可以节约用户的大量磁盘空间，同时用户可以在不同的地方随时阅读和处理自己的邮件。IMAP 协议还允许用户收件人只读取邮件的某一部分。例如收到了一个带有附件的邮件，用户可以先下载邮件的正文部分，待以后再读取或下载附件部分的内容。

IMAP 协议的缺点就是如果用户没有将邮件复制到自己的计算机上，邮件就一直存放在 IMAP 服务器上。用户需要经常与 IMAP 服务器建立连接，因而许多用户要考虑到上网所需的花费。

6.5.4 电子邮件格式与通用因特网邮件扩充协议

1. 电子邮件文本报文格式

RFC 822 规定了电子邮件的文本报文格式。邮件信息由 ASCII 编码文本组成，包括两个部分，即首部行和主体行，中间用一个空行进行分隔。首部行包括发送方、接收方、发送日期和信息格式等，采用标准格式。每个首部行包含关键字，后接冒号，再接附加的信息。有些关键字是必须的，有一些则是可选的。每个首部必须包含以关键字 TO 开头的行，引出一个或多个电子邮件地址。关键字 FROM 后面是发送方的电子邮件地址，系统自动填入。Subject 也是一个很重要的关键字，它引出邮件的主题。

例如，一个很典型的电子邮件的报文首部行可能是：

From：yuan@ xxx. edu. cn

To：fang@ yyy. com

Subject：Congratulation！

在报文首部之后，紧跟着是一个空白行，然后是以 ASCII 编码格式表示的报文主体。内容是由用户自由撰写的。

2. MIME 标准

使用简单的 ASCII 编码文本，使得创建、处理和读取电子邮件很容易，但是它对于支持其他通信类型缺乏灵活性。为了允许电子邮件携带多媒体信息、任意文件和使用非 ASCII 字符集语言的报文，人们创建了 MIME 标准。MIME 并没有改动和取代 SMTP，MIME 仍然继续使用目前的 RFC 822 格式，但是扩充了邮件首部，增加了关键字。定义了邮件内容的多种数据类型，规定了它们的编码方式，即内容传送编码。经过内容传送编码后，非 ASCII 编码信息转换为 ASCII 编码格式，还是使用 SMTP 进行 MIME 邮件的传送。

MIME 的主要内容包括以下 3 个方面。

1）扩充了 RFC 822 邮件首部，增加了关于 MIME 的 5 个关键字。

● MIME-Version：MIME 版本。

● Content-Description：邮件内容描述。

● Content-ID：邮件标识符。

● Content-Type：邮件内容的数据类型。

● Content-Transfer-Encoding：内容传送编码，将邮件内容转换为 ASCII 编码方式。

2）邮件内容类型。

MIME 定义了邮件内容的数据类型及关键字 Content-Type 所包含的类型。MIME 标准规定 Content-Type 关键字必须含有两个标识符：内容类型（Content-Type）和子类型（Subtype），中间用"/"分开。MIME 标准定义了 7 种基本内容类型以及每种类型的子类型，如表 6-3 所示。

表 6-3 为 MIME Content-Type 类型。

表 6-3 MIME Content-Type 类型

内容类型	子类型	说明
Text（文本）	plain	无格式的文本
	richtext	包含少量格式命令的文本
Image（图像）	gif	gif 格式的静态图像
	jpeg	jpeg 格式的静态图像
Audio（音频）	basic	音频邮件
Video（视频）	mpeg	视频邮件，mpeg 格式的活动图像（如影片）
Application（应用程序）	octet-stream	不间断的字节序列
	postscript	postscript 可打印文档

（续）

内 容 类 型	子 类 型	说　　明
Message （文件）	RFC 822	RFC 822 邮件
	partial	为传送将邮件分隔开
	external-body	从网上获取的邮件
Multipart （多部分）	mixted	包含多个独立的部分，可有不同的类型和编码
	alternative	单个邮件含有同一内容的数据格式表示
	parallel	含有必须同时查看的多个部分
	digest	一个邮件含有一系列其他邮件，它们都是完整的邮件

3）内容传送编码。

7 位 ASCII 编码，且每行不超过 1 000 个字符，MIME 对这种由 ASCII 编码构成的邮件主题不进行任何转换。

引用可打印字符编码（quoted-qrintable），适用于数据中以 ASCII 编码为主，只有少量非 ASCII 编码，例如汉字。这种编码方法是对于所有可打印的 ASCII 编码，除"="外均不改变，符号"="和不可打印 ASCII 编码以及非 ASCII 编码的编码规则是：先将每个字节的二进制代码用两个十六进制数字表示，然后再在前面加上一个"="。

例如有 3 个字节：

十六进制：42　　　　　　C8　　　　　　　　　3D

打印形式："B"　　非 ASCII 编码　　　　"="

这 3 个字节的 quoted – qrintable 编码的形式为

十六进制：　　　42　　　3D　　43　　38　　　3D　　33　　44

打印字符编码："A"　　"="　　"C" "8"　　"="　　"3"　　"D"

这 3 个字节编码后转换成了可打印的 ASCII 编码，字符串是"A = C8 = 3D"。

Base64 编码就是 64 个基本字符编码，这种编码方法是将二进制数据分成一个个 3 字节的组，即 24bit 为一组，再将这 24bit 分成 4 个 6bit 的单位，每个单位编码为一个合法的 ASCII 编码发送。6bit 的二进制代码共有 64 个值，依次编码为 A ~ X，a ~ x，0 ~ 9，"+"和"/"共 64 个 ASCII 编码。若最后一组不足 24bit，只有 8 或者 16bit，就分别转换位 2 个或 3 个 ASCII 编码，在尾部分别填充两个"="或一个"="。下面是一个简单的例子。

例如，对以下 3 个字节进行 base64 编码。

二进制：00000100　　00000100　　10000100

6bit 单位：000001　000000　010010　000100

Base64 编码：B　　A　　S　　E

6.5.5　基于万维网的电子邮件

20 世纪 90 年代中期，Hotmail 开发了基于 Web 的电子邮件系统。目前几乎所有的门户网站、大学网站、公司网站都提供基于 Web 的电子邮件系统。越来越多的用户使用 Web 浏览器来收发邮件。它为用户提供了更多的方便，只要能联入网，用户能随时通过浏览器访问自己的邮箱发送或者收取邮件。在基于 Web 的电子邮件系统中，用户代理就是普通的 Web 浏览器，用户与远程邮箱之间的通信是通过 HTTP 实现的，而不是 POP3 或 IMAP。但是邮件服务器之间的通信仍然是使用 SMTP。

6.6 动态主机配置协议

为了能访问因特网中的资源，首先必须要在主机上安装相应的协议，例如 TCP/IPv4 或 TCP/IPv6 协议簇，并且要配置以下这些信息：

- IP 地址。
- 子网掩码。
- 默认网关（或默认路由器）地址。
- 本地域名服务器地址。

这些信息称为网络配置信息，可以手工配置。在 Windows 操作系统中，打开网络属性，选择 TCP/IP 的属性，就能看到上述信息的配置要求。这些信息可以通过网络管理员来分配，用户需要清楚地了解这台主机接入网络的情况。另外也可以通过动态主机配置协议（Dynamic Host Configuration Protocol，DHCP）自动获取。DHCP 采用 C/S 工作模式，需要 DHCP 服务器为用户主机提供网络配置信息。用户采用这种方式，不需要了解主机接入网络的情况，由自己的主机和 DHCP 服务器通过 DHCP 的操作过程完成上述网络配置信息的获取。用户只需在自己主机的网路配置页面上选择自动获取 IP 地址，自动获得 DNS 服务器地址即可。DHCP 提供了一种即插即用连网（Plug-and-Play Networking）机制，也就是一台计算机加入新的网络和获取 IP 地址不用手工参与。

DHCP 使用 IP 地址池（Pool）来动态分配地址。管理员设定可用的 IP 地址池（通常是一个范围或一组范围）。每一台被设定为使用 DHCP 的计算机成为 DHCP 客户，在它们需要 IP 地址的时候就联系服务器；服务器记录已经被分配的 IP 地址，然后从地址池中出租一个未被使用的 IP 地址给客户机。服务器决定租用时间的长短。

客户机在自动获取网路配置信息之前，本身没有 IP 地址，也不知道 DHCP 服务器的 IP 地址，因此只能通过广播的方式来寻找 DHCP 服务器。它广播发送一个 DHCPDISCOVER 报文，请求一个 IP 地址（DHCP 发现报文被封装成 UDP 报文，客户端口是 68，服务器端口为 67，这是两个著名的端口），然后 UDP 报文被封装成为 IP 分组。在 IP 分组中，源 IP 地址被设置成 0.0.0.0，目的 IP 地址被设置成 255.255.255.255，意味着这是一个广播分组。当 IP 分组被封装成 MAC 帧时，源 MAC 地址是客户机的 MAC 地址，目的 MAC 地址是广播地址 ff：ff：ff：ff：ff：ff。本地网络中的主机都能收到这个请求，但是只有 DHCP 作出响应，发回提供报文 DHCPOFFER，提供 IP 地址等信息。由于广播只能在同一个网络内进行，因此必须为每一个网络配置一个 DHCP 服务器。但这样做会使 DHCP 服务器的数量太多。尤其像校园网这样子网众多，而且子网内的主机配置也经常变化的网络结构，为每一个子网配置一个 DHCP 服务器是不太现实的。现在通常采用每一个子网至少有一个 DHCP 中继代理的方式，用单个 DHCP 服务器完成整个子网内所有主机的配置过程。当 DHCP 中继代理收到主机 A 以广播方式发送的 DHCP 发现报文后，就以单播方式向 DHCP 服务器转发此报文，并等待其回答。DHCP 中继代理功能可以由子网中的路由器来实现。

DHCP 服务器提供给 DHCP 客户的 IP 地址是临时的，因此 DHCP 客户只能在一段有限的时间内使用这个分配到的 IP 地址。这段时间称为租用期（Lease Period）。这个时间在 DHCP 中没有规定，具体有多长或至少为多长由 DHCP 服务器决定。DHCP 服务器提供报文选项中包含了租用的数值，用 4 字节的二进制数表示，单位为 s，因此租用期范围可达 1s ~ 136 年。租约生效后，客户会设置 3 个定时器 T1、T2 和 T3，它们的定时期限分别为 0.5T、0.875T 和 1T，根据租用期，客户可以提前终止租用，也可以更新租用期续租 IP 地址。如果客户在租用期到期之前想提前终止租约，只需向给它提供 IP 地址的 DHCP 服务器发送一个释放报文 DHCPRELEASE。

如果客户想续租 IP 地址，在 3 个定时器到达时，进行下面的动作。

1. 定时器 T1 到

租用期一半时间到，客户直接使用租用到的 IP 地址向原来的 DHCP 服务器发送请求报文 DHCPREQUEST 请求更新，如果 DHCP 服务器同意客户更新，发回确认报文 DHCPACK，客户得到新的租用期，并重新设置定时器。如果 DHCP 服务器不同意更新要求，会发回否定确认报文 DHCPNACK，使租约立即结束，该地址会返回 DHCP 服务器的 IP 地址池，客户回到初始状态，在使用 IP 地址前需要重新请求一个新的 IP 地址。但是如果 DHCP 服务器没有响应，客户会继续尝试直到定时器 T2 到时为止。

2. 定时器 T2 到

如果租用期的 87.5% 到了，DHCP 服务器仍然没有响应，客户向本网络广播一个请求报文 DHCPREQUEST。其他 DHCP 服务器可能会同意更新（DHCPACK），客户得到新的租用期；也可能得到否定（DHCPNACK），租用期立即结束。

3. 定时器 T3 到

租用时间到了，客户一直没有得到更新租用期的响应，客户就停止使用这个 IP 地址，回到初始状态，重新开始申请。

典型的 DHCP 服务器由运行在各种服务器硬件平台上的 DHCP 服务器软件组成，现在许多路由器都包括 DHCP 功能。当路由器通过编程充当 DHCP 服务器时，可以给连接到它的客户机自动分配 IP 地址。这在多台客户机共享有限的公用 IP 地址或使用 IP 地址转换（NAT）来动态共享少量地址的情况下提供了大量潜在的好处。因为 DHCP 需要数据库，充当 DHCP 服务器的路由器经常用闪存来存储相关的数据。

6.7　其他网络应用介绍

6.7.1　P2P 文件共享

P2P 文件共享是目前比较广泛的一种 P2P 网络应用。典型的文件共享类 P2P 软件，例如 Napster、BitTorrent、Gnutella、eDonkey/eMule 等，不仅可以共享音频（如 MP3）文件，而且可以共享视频，以及软件、文档和图片等信息。

1. Napster

Napster 是第一个应用型的 P2P 软件。1998 年，美国波士顿东北大学的 Shawn Fanning 为了方便自己与室友共享 MP3 音乐，开发出一个局域网音乐共享程序 Napster。与传统的音乐下载网站不同，服务器上不是存放 MP3 文件，而是 MP3 文件目录，为音乐爱好者提供了一个对 MP3 文件进行索引、查询的空间。Napster 用户可以查询他想要歌曲存放的节点 IP 地址，然后直接从相应节点下载歌曲。Napster 的工作模式打破了传统互联网的 C/S 模式，满足人们以更便捷、对等的方式共享资源的要求。在短短的半年时间内，Napster 吸引了 5 000 万用户注册。

在 P2P 文件共享系统中，通常存在大量在线的对等方。每个对等方都有共享的资源，例如 MP3 文件、视频、图片或者软件等。如果某个对等方想要获得某个 MP3 文件，他就要确定所需 MP3 文件的在线对等方的 IP 地址。由于对等方会时而连接时而中断，因此需要研究对内容进行定位的方法。目前研究的方法大致有集中式目录服务、洪泛查询方法等。

2. BitTorrent

BitTorrent 简称 BT。BT 的应用层协议是一种专门的 P2P 协议。从 BitTorrent. com 可以下载不同版本的 BT 软件。从用户的角度来看，BT 使用很简单。用户只要安装 BT 客户端软件后，在网络上查找能够提供"种子"（Torrent 文件）下载的 Web 网站，单击 Torrent 文件链接，就可以下载所需文件了。"种子"包含跟踪服务器 Tracker 的地址、设置信息与下载文件的索引信息。

BT 网络中的一群客户协作完成数据分发。用户可以直接将本地存储的 Torrent 文件加入客户端。BT 将一个文件分成 N 份，每份长度为 256KB。如果客户 1 读取其中的第 i 部分，客户 2 读取第 j 部分，那么客户 1 可以直接向客户 2 读取第 j 部分，而客户 2 可以直接向客户 1 读取第 i 部分。文件下载速度取决于客户端能连接的同时上传/下载该文件的用户与种子数量，同时也取决于用户的带宽。这样，接入 BT 的下载用户越多，提供种子文件的数量越多，下载的速度也就越快。很多用户通过 BT 软件获取最新的电影、游戏与动漫。据全球的几大电信运营商统计，BT 流量在高峰时段甚至能达到数据传输总量的70%。因此，对 BT 流量的识别与监控、合理利用带宽的问题引起了研究者的重视。

3. Gnutella

Gnutella 由 NullSoft 公司于 2003 年开发。2003 年 3 月 14 日，Gnutella 网站公布 Gnutella 软件后的一个半小时，Nullsoft 的母公司——美国在线 AOL 担心 Gnutella 软件可能像 Napster 一样，引起一些不可预测的后果，于是关闭了 Gnutella 网站。因此，人们将 Gnutella 理解为一种典型的无节点的 P2P 网络协议，而不是一种可供使用的应用软件。

4. eDonkey/eMule

eDonkey 出现于 2000 年，俗称"电驴"。它与 BitTorrent 的类似之处是：它们都采用文件分块下载，一个文件可以从多个节点并行下载，通过文件内容散列值验证数据的完整性。不同之处是：BitTorrent 提供服务器来查询、搜索与跟踪用户。而 eDonkey 采取基于用户的"超级节点"。通常最有权力的"超级节点"被指派为"组长"，它们具有高带宽和高连通性。一个组长下有多达数百个子对等节点。子对等节点将它准备共享的内容告诉组长，这就使得组长能够维护一个数据库，其中包括所有子对等节点共享的所有文件的标识符、有关文件的元数据和保存这些文件的子对等节点的 IP 地址。但是组长并不是一台专用服务器，它实际上也是一个普通的对等节点。

eMule 是一种源自 eDonkey 的开源软件。2002 年 3 月，Merkur 不满意 eDonkey 2000 客户端软件，开发出 eMule。不久，eMule 用户数超过 eDonkey。

6.7.2 新闻与公告类服务

网络新闻组（Usenet）与公告类服务（BBS）是 Internet 为用户提供新闻和公告两种基本服务。

Usenet 并不是一个网络系统，而是建立在 Internet 上的逻辑组织。Usenet 是一种利用网络进行专题讨论的论坛。Usenet 拥有数以千计的讨论组，每个讨论组都围绕某个专题展开讨论，例如哲学、数学、计算机、文学、艺术、游戏等。BBS 提供一块公共电子白板，每个用户都可以在上面书写、发布信息或提出看法。用户可以利用 BBS 服务与未谋面的网友聊天、组织沙龙、获得帮助、讨论问题及为别人提供信息。在 BBS 中，人们之间的交流打破了空间与时间的限制。

随着 Internet 应用技术的不断发展，博客、播客、网络即时通信与网络电视服务成为继 E-mail、Usenet 与 BBS 之后，人与人之间通过网络交流信息新的方式。

6.7.3 博客服务

博客是 Blog 的音译，Blog 是 Weblog（网络日志）的缩写。博客以文章的形式在 Internet 上发表和共享信息。这种方式其实相当于共享 Web 个人主页，在形式上属于个人 Internet 出版的一类应用。

如果将个人网站和博客比较，两者有相似的地方，但是建立个人网站需要在某个 Web 服务器上申请一个空间。然后使用编写网页，用图形软件处理图片，还要学会使用 Flash 等动画软件。个人网站主页的制作、维护需要的技术和成本都比较高。而博客用户只需向博客服务器提供商申请注册一个账户，具备输入文字的能力就可以方便地建立个人的博客网页了。

6.7.4 播客服务

播客（Podcast）是基于 Internet 的数字广播技术之一。初期它是将 iPodder 软件与一些便携播放器结合起来形成的一种新的服务。播客录制的是网络广播或类似的网络声讯节目，网络用户可以将网上的广播节目下载到自己的 iPod、MP3 播放器中随身收听。同时用户也可以自己制作节目，并传播到网上共享。

根据节目类型的不同，播客可以分成以下 3 类。

（1）传统广播节目的播客

NBC 和 ABC 是两家著名的广播公司，它们目前都开辟了新闻频道的播客节目。播客节目的内容是经过编辑的电视节目的播客版本，同时增加一些符合播客格式的特质内容。

（2）专业播客提供商提供的播客

作为信息服务业的新的业态，出现了专业播客提供商。例如，iTunes Music Store 作为专业的音乐下载的播客提供商，将 15 000 个包括业余作者制作的节目、著名节目主持人的节目片段集中起来，供用户免费下载。

（3）个人播客

个人播客使用传声器、视频摄像头、计算机将自己的生活感悟记录下来，作为个人音频版日记传输到播客共享空间与网友共享。

播客技术的发展给大众传媒带来了很大的影响，例如使得传统广播从单纯的语音向语音、视频结合的方式变化；改变了传统广播听众被动收听内容，使得听众可以成为主动的参与者；广播收听不再受时间的限制，播客听众可以在任何时间通过网络选定自己感兴趣的节目，播客技术也使得有兴趣的个人可以参与节目的制作。

6.7.5　网络即时通信服务

网络即时通信（Instant Messaging，IM）是在网络环境中以对用户实时在计算机屏幕上发送和接收文本或图片、音频、视频等信息的通信方式。典型的网络即时通信，如 QQ 服务。即时通信服务与电子邮件服务不同之处在于：即时通信服务是点对点之间的实时数据传输；电子邮件服务传输的邮件需要有中间邮件服务器转发，电子邮件的传输不是实时的。目前网络即时通信与电子邮件、播客、博客等一起成为网络环境中人与人交流的新方式。

6.7.6　网络电视服务

传统的电视节目是通过闭路的有线电视网传输的，只能提供广播方式服务，不能提供点播服务。网络电视（IPTV）是通过宽带 IP 网络传输的，可以实现与用户的互动点播，同时也可以方便地将传统电视服务与 WWW 浏览、E-mail 以及其他的 Internet 服务结合起来，因此有非常好的应用前景。

2003 年 9 月上海文广传媒集团东方宽频退出了网络电视服务，2004 年 6 月中央电视台开播了"央视网络电视"。2005 年 5 月国家广播电视局正式在国内发放了第一张 IPTV 业务许可证。2004 年中国电信与中国网通开始准备进入 IPTV 业务领域，并于 2005 年在全国大规模开展 IPTV 试验网的建设。国内两大移动通信运营商中国移动和中国联通相继开展手机电视业务。随着国内宽带业务用户的持续增长，像 IPTV 这样一个有百亿元产值的业务领域一定会吸引传统电视运营商与电信运营商的极大兴趣，也会产生激烈的竞争和相互融合。

小结

1. 知识梳理

本章介绍了在因特网中应用进程之间的工作模式，在这几种模式中，最常见的是 C/S 模式。了解了网络应用和应用层协议的概念和关系。在应用层协议中，重点介绍了常见的 DNS、FTP、HTTP、SMTP、POP3 以及 DHCP 等协议，这些协议在实现时有一个共同的特点，就是使用了 C/S 工作模式。随着因特网的发展，越来越多的网络应用被开发者开发出来。新的网络应用模式，例如 P2P 技术，成为当前网络技术研究的热点问题之一。其他的网络应用在文中没有详细介绍，读者可以通过因特网了解这些新的网络应用，如 P2P 文件共享、播客服务、博客服务、网络即时通信服务、网络电视服务等。

2. 学生的疑惑

应用层位于网络体系结构的最高层，它通过使用下面各层所提供的服务，直接向用户提供服务，是计算机网络和用户之间的界面和接口。但是应用层并不是单纯哪一种网络应用，主要是为实现各种应用服务提供支持的各种协议。学生在学习的过程中容易将应用层与具体应用混淆。另外对于应用层的很多协议在使用传输层协议时到底用的是 TCP 还是 UDP 不是特别清楚。这在网络应用开发过程中也是一个需要考虑的问题。会产生这些疑惑的读者主要还是对 TCP 和 UDP 本身的特点没有很好地理解。

3. 授课体会

应用层的协议和具体网络应用的关系要讲授清楚，让学生了解什么是网络应用程序。在编写网络应用程序之前，首先要确定你的网络应用采用什么样的工作模式，在这里将 C/S 模式、P2P 以及混合模式介绍给大家，重点是 C/S 模式，因为现在大部分网络应用仍然使用这种模式。另外在网络应用中，不同主机上的进程之间要相互通信，必定要涉及通信规程，即应用层协议，重点讲解这些协议是怎么工作的。这是本章的重点内容。网络的传输层提供两类服务，在网络应用中还要决定使用哪一种服务。这主要与应用程序是否允许数据丢失，带宽要求高不高以及对时间敏感性如何，讲解时可以将网络应用和传输层协议 TCP 和 UDP 联系起来。

习题与思考

1. 什么是 C/S 模式？什么是 B/S 模式？什么是 P2P 模式？为什么采用 C/S 模式作为互联网应用程序间相互作用的最主要模式？

2. 什么是域名？因特网的域名结构是什么样的？

3. 域名系统的主要功能是什么？

4. 简单叙述域名解析的方式和解析流程。

5. 举例说明域名转换的过程。域名服务器中的高速缓存的作用是什么？

6. FTP 为用户提供什么样的应用服务？什么是匿名 FTP？

7. FTP 采用什么样的工作模式？FTP 会话建立什么样的连接？数据传送在哪个连接上完成？简单叙述 FTP 的工作过程。

8. 什么是 WWW？WWW 的主要组件是什么？

9. 简述用户在浏览器的地址栏中输入 URL 地址后，所需要的应用层协议和传输层协议。

10. 如果用鼠标单击一个万维网文档，若该文档除了有一个文本外，还有 3 个 gif 文件，试问：若使用 HTTP 1.0，需要建立几次 TCP 连接？

11. 简述电子邮件系统最主要的组成部件。用户代理（UA）的作用是什么？

12. 简述 SMTP 工作的过程。

13. 简述邮局协议 POP3 的工作过程，IMAP 和 POP 有何区别？

14. MIME 与 SMTP 的关系怎样？什么是 quoted-printable 编码和 base64 编码？

15. 一个二进制编码的文件共有 3 072B，若使用 base64 编码，并且每发送完 80B 就插入一个回车符和一个换行符，试问一共发送了多少个字节？

16. 试将数据 11001100 10000001 00111000 进行 base64 编码，最后得到的 ASCII 编码是什么？

17. 基于 WWW 的电子邮件系统有什么特点？如果 Alice 通过 Hotmail 向 Bob 发送邮件，Bob 使用 POP3 访问邮件服务器获取自己的邮件，试分析邮件是怎样从 Alice 的主机到达 Bob 的主机的，列出所需要的应用层协议。

18. DHCP 在什么情况下使用？DHCP 工作时发送的是 UDP 报文还是 TCP 报文？当一台计算机没有 IP 地址，如何向 DHCP 服务器申请 IP 地址？

19. DHCP 中，如何续租 IP 地址？

20. 为什么有的应用层协议传输层采用 UDP，而有的应用层协议传输层采用 TCP？

第7章 网络安全与管理

【本章提要】

本章介绍网络安全与网络管理的基本概念、原理和技术，涵盖 SNMP 网络管理协议、密码技术、报文认证、数字签名、身份认证、防火墙、入侵检测、网络病毒、网络安全协议、虚拟专用网等理论和相关技术。

【学习目标】

- 掌握网络管理的功能域。
- 了解网络管理系统的体系结构和组成要素。
- 掌握 SNMP 的原语和基本工作过程。
- 了解网络攻击的类型。
- 掌握网络安全的 3 个基本需求、网络安全的服务和机制。
- 了解密码体制和 DES 算法。
- 掌握 RSA 算法的基本流程。
- 了解报文摘要和消息认证。
- 了解 MD5 和 SHA-1 算法。
- 了解数字签名技术的基本原理。
- 了解身份认证技术。
- 了解防火墙的原理和分类。
- 了解入侵检测技术。
- 了解网络病毒。
- 了解网络安全协议。
- 了解 VPN 技术和相关的隧道协议。

7.1 网络管理

7.1.1 网络管理概述

网络管理简称网管，是对硬件、软件和人力的使用，综合与协调，以便对网络资源进行监视、测试、配置、分析、评价和控制，以合理的价格满足网络的运行性能、服务质量（Quality of Service，QoS）需求。典型的网络管理体系结构如图 7-1 所示，包含以下 4 个要素。

1）管理站：管理站也常被称为网络运行中心（Network Operations Center，NOC），是网络管理系统的核心。管理程序在运行时就成为管理进程。管理站（硬件）或管理程序（软件）都可称为管理者（Manager）。

2）被管对象：网络的每一个被管设备中可能有多个被管对象。被管设备有时可称为网络元素或网元。

3）管理代理：在每一个被管设备中都要运行一个程序，以便和管理站中的管理程序进行通信，这些运行着的程序叫做网络管理代理程序，简称代理。代理程序在管理程序的命令和控制下在被管设备上执行管理操作。

4）网络管理协议，简称网管协议，是管理站的管理程序和被管理设备的代理程序之间进行通信的规则，网络管理员利用网管协议通过管理站对网络中的被管设备进行管理。

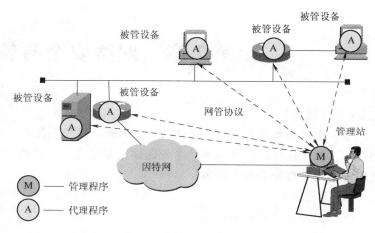

图 7-1　网络管理的体系结构

7.1.2　OSI 网络管理功能域

OSI 网络管理标准将网络管理分为系统管理、层管理和层操作。在系统管理中，提出了网络管理的 5 大功能域：配置管理、性能管理、故障管理、安全管理和计费管理。

1）配置管理（Configuration Management）：负责监测和控制网络的配置状态，在网络建立、扩充、改造和运行过程中，对网络的拓扑结构、资源配备、使用状态等配置信息进行定义、监测和修改。

2）性能管理（Performance Management）：负责网络通信信息的收集、加工和处理等一系列活动，保证有效运营网络和提供连续可靠的通信能力，在保证各种业务的服务质量的同时，尽量提高网络资源的利用率，并使网络资源的使用达到最优化的程度。

3）故障管理（Fault Management）：负责迅速发现、定位和排除网络故障，动态维护网络的有效性。其主要功能有故障警告、故障定位、故障测试和故障修复等。

4）安全管理（Security Management）：提供信息的保密、认证、完整性保护机制。

5）计费管理（Accounting Management）：正确地计算和收取用户使用网络服务的费用，进行网络资源利用率的统计，具体包括计费数据收集过程、计费处理过程、账单管理过程。

7.1.3　简单网络管理协议

1. SNMP 的历史

在 TCP/IP 的发展过程中，很少考虑到网络管理，一直到 20 世纪 70 年代后期都没有一个网络管理的协议，当时的网络管理主要使用一些基本的管理工具，最著名的当属广泛使用的 PING（Packet InterNet Groper）程序，它在 ICMP 和 IP 的支持下工作，可以实现许多功能，例如确定能否寻址物理网络设备、观测数据包往返的时间以及数据丢失率等。

但是，随着 Internet 的迅猛发展，网络上的主机呈现爆炸式的增长，网络的规模也从当初的 ARPANET 扩展到全球的广域网，不同的子网以及不同的管理域都呈现幂指数级的增长，网络管理已经不是个别几个工具能够解决的任务，人们迫切需要一个标准化的协议，而且要容易掌握，能被大多数网络管理人员所使用。

1987 年发行的 SGMP（Simple Gateway Monitoring Protocol）提供了监控网关的简单方法。随着更具一般用途网络管理工具需求的提出，人们设计了更多通用的网络管理协议，其中比较有名的，如 HEMS（High-level Entity Management System）、SNMP（Simple Network Management Protocol）和 CMOT（CMIP Over TCP/IP）。

1988 年，IAB 批准 SNMP 作为网络管理的短期解决方案，而 CMOT 作为远期的广泛解决方案。当时的理由是：尽快从 TCP/IP 过渡到 OSI 协议，不想在以 TCP/IP 为基础的协议上付出太多精力；同时，为了满足临时管理的需要，采用 SNMP 作为过渡方案。为了实现这种过渡，IAB 还规定 SNMP 和 CMOT 使用相同的管理对象数据库，在任何主机、路由器、网桥和其他被管理设备中都使用同样的监控变量和格式，因此，两种协议有相同的管理信息结构（Structure Of Management Information，SMI）和管理信息数据库（Management Information Base，MIB），为将来协议的过渡实现数据的一致性。

但是，人们很快就发现数据级别的兼容性也是不切实际的，因为在 OSI 网络管理中，被管理的对象被当做面向对象技术的复杂的实体，而 SNMP 中的被管理实体则被设计成简单的变量，它们只具备数据类型和读写属性，这是为了保证 SNMP 设计和实现的简单性，两种协议所设计的出发点不同，这就要求 IAB 放宽对于 SMI 和 MIB 公用性的要求，因此，IAB 最终允许了 SNMP 和 CMOT 的各自独立发展。

在 SNMP 从 OSI 的兼容性约束中解放出来后，随着 TCP/IP 的快速发展，SNMP 的进步也很快，在供应商的设备中被广泛使用，在 Internet 中的应用也非常活跃。随着 TCP/IP 成为 Internet 事实上的标准，SNMP 也基本成为网络管理的标准协议，而 OSI 网络管理协议 CMOT 的发展则日趋缓慢。

当然，在 SNMP 具体应用于更大型的复杂网络的时候，它也暴露出一些功能上的缺陷和安全性方面的问题，为了弥补这些不足，1993 年，发布了 SNMP 的第二个版本 SNMP v2，在管理信息结构和功能上对 SNMP 进行了扩充，并增加了安全性。但是经过试用之后，IETF（Internet Engineering Task Force）于 1996 年对 SNMP v2 进行了修订，把安全特性又取消了，重新采用 SNMP v1 的消息格式。

1998 年 IETF SNMP v3 工作组提出了 RFC 2271 ~ RFC 2275，形成了 SNMP v3 的建议。SNMP v3 提出了 SNMP 管理的统一体系结构。在这个体系结构中，采用 User-based 安全模型和 View-based 访问控制模型提供 SNMP 网络管理的安全性。这里只介绍 SNMP v1 协议。

2. SNMP 相关的标准

用来定义 SNMP 及其相关功能和数据库的规范非常多，并且还在继续发展中，其中 3 个主要标准是：

1）TCP/IP 网络管理信息结构（Structure of Management Information，SMI）（RFC 1155）：描述了应该怎样定义管理信息库（MIB）中的被管理对象，如数据类型、表示的方法以及命名方式等。

2）TCP/IP 管理信息库（Management Information Base，MIB）：MIB-2（RFC 1213），描述了包含在 MIB 中的被管理对象。

3）TCP/IP 网络管理协议 SNMP（RFC 1157）：描述了管理站和被管理设备间的通信协议。

3. 网络管理的协议结构

图 7-2 详细地描述了 SNMP 的体系结构,管理进程控制着对管理工作站内核心 MIB 的访问并为网络管理员提供接口,管理进程通过 SNMP 来进行网络管理,SNMP 在 UDP、IP 和相关网络协议的顶层实现。从管理工作站开始,发送 3 种类型的 SNMP 消息:GetRequest、GetNextRequest 和 SetRequest,其中前两种是读取功能,后一种是设置功能,这 3 种消息都由代理通过 GetResponse 消息来应答,另外,代理也可以通过发送 Trap 消息的形式来向管理进程汇报被管理资源的情况。

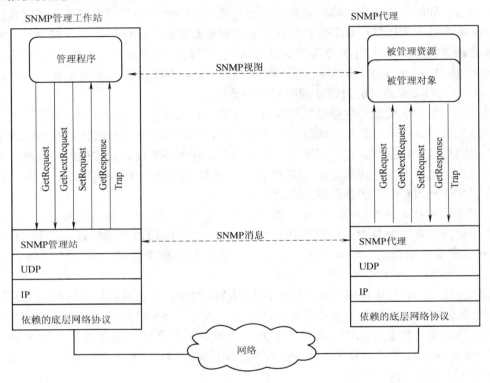

图 7-2 SNMP 基本体系结构

SNMP 被设计成与协议无关,所以它可以在 IP、IPX、AppleTalk、OSI 以及其他用到的传输协议上被使用。当前 SNMP 主要被应用在基于 TCP/IP 的网络中,作为应用层的协议,SNMP 工作在 UDP(User Datagram Protocol)之上。由于 UDP 是无连接的协议,所以 SNMP 也是无连接的协议,在管理站和代理之间不维持连接,每一次数据交换都是管理站和代理站之间独立的行为。

若网络设备不使用 SNMP,而是使用另外的一种网络管理协议,则管理工作站就无法和该设备进行 SNMP 网络管理过程,这时,可以使用委托代理(Proxy Agent)。委托代理能实现像协议转换和过滤操作等功能,对被管对象实施管理。图 7-3 描述了在这种情况下的 SNMP 代管体系结构。

4. 管理信息结构(SMI)

在 RFC 1155 中规定了管理信息结构的一个基本框架。它用来定义存储在 MIB 中的管理

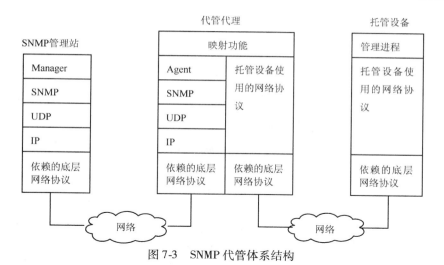

图 7-3　SNMP 代管体系结构

信息的语法和语义，具体有以下 3 个方面的功能：

- 规定被管对象命名的方法。
- 定义存储在对象中元素的数据类型。
- 规定在网络中进行传输的数据的编码方法。

SMI 的基本框架如图 7-4 所示，下面就这 3 个方面分别进行阐述。

（1）命名方法

SMI 规定每一个被管对象具有唯一的名字，为了在全局的范围内给对象命名，SMI 采用对象标识符（Object Identifier，OID），它是基于树形结构的一个分层次的标识符，它从未命名的根开

图 7-4　SMI 基本框架

始，每一个对象既可以用点分隔开的整数序列定义，也可以用点分隔的文本名字序列定义。例如，iso. org. internet. mgmt. mib 是采用文本方式标识的一个对象，对应的采用点分隔的整数序列的形式是 {1.3.6.1.2.1}。所有采用 SNMP 管理的对象都被组织在树形结构中，并且标识符从 {1.3.6.1.2.1} 开始，这棵子树就是管理信息库（MIB）。

（2）数据类型

SMI 使用 ASN. 1（Abstract Syntax Notation One）来定义被管对象的数据类型、访问权限以及状态等信息。SMI 使用两类数据类型：简单的数据类型和结构化的数据类型。有了简单类型和结构化类型就可以构成更加复杂的新的数据类型。

简单类型就是原子数据类型，这些类型中有的取自 ASN. 1，另一些是 SMI 增加的。表 7-1 给出了一些重要的简单数据类型。

表 7-1　简单数据类型列表

数 据 类 型	描　　述
Integer	整型数据，根据符号、长度的不同有多种变化
Octet String	长度可变但不超过 65 536B 的字符串

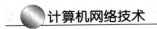

（续）

数 据 类 型	描 述
Object Identifier	对象标识符：整数序列，用于说明被管对象在 MIB 中的位置
Null	空值，占位符
IPAddress	4 个字节组成的点分隔的十进制 IP 地址
Counter	非负整数，达到最大值后返回 0
Gauge	非负整数，可增可减，到最大值后保持不变，直到复位
TimeTicks	非负整数，以 0.01s 为单位记录时间
Opaque	数据按照 OCTET STRING 编码的不解释的串

结构化类型：SMI 定义了两种结构化的数据类型，即 Sequence 和 Sequence of。

• Sequence 类型：简单数据类型的组合，和高级程序语言中的结构体或记录类似。

• Sequence of 类型：多个相同数据类型（可以是简单类型或 Sequence 类型）组成的表格或数组，类似于高级语言中的数组的概念。例如，MIB 中的 UdpEntry 就是这种类型的变量，它代表在代理进程中目前正被使用的 UDP。

（3）编码方法

SNMP 采用基本编码规则（Basic Encoding Rules，BER）来实现管理站和代理之间的传输信息的编码，编码传输的目的是将可读的各种数据转换为二进制的字节串。它指明每一块数据都要被编码成标记（Tag）或类型（Type）、长度（Length）和值（Value）的三元组形式，故有时又简称为 TLV 编码结构，如图 7-5 所示。

• 标记（Tag）或类型（Type）：定义数据类型，占用 1B，即 8bit 的宽度，它由 3 个字段构成，即类（class，2bit）、P/C（1bit）和编号（number，5bit），如图 7-6 所示。

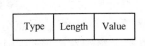

图 7-5　TLV 结构示意图

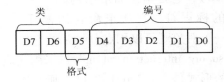

图 7-6　标记中的字段

类字段用来指明数据类型的种类，共定义了 4 类，如表 7-2 所示。

表 7-2　类字段的定义

Class	二进制代码
通用类（Universal）	00
应用类（Application）	01
特定上下文类（Context-specific）	10
私有类（Private）	11

P/C 格式字段指明数据是基本数据类型（Primative）还是结构化类型（Construct），如果 P/C = 0，则是基本数据类型，P/C = 1 则是结构化类型。编号字段对简单的或结构化类型进一步编码为具体的二进制代码。表 7-3 是上面介绍的数据类型的编码格式。

表7-3　数据类型的编码格式

数 据 类 型	类（二进制）	P/C	编号（二进制）	类型（二进制）	类型（十六进制）
Integer	00	0	00010	00000010	02
Octet String	00	0	00100	00000100	04
Object Identifier	00	0	00110	00000110	06
Null	00	0	00101	00000101	05
IPAddress	01	0	00000	01000000	40
Counter	01	0	00001	01000001	41
Gauge	01	0	00010	01000010	42
TimeTicks	01	0	00011	01000011	43
Opaque	01	0	00100	01000100	44
Sequence	00	1	10000	00110000	30
Sequence of	00	1	10000	00110000	30

● 长度（Length）：长度字段由一个或者若干个字节组成，如果是一个字节，则最高位是0，用这个字节的低7位表示数据长度；如果是多个字节，则第一个字节的最高位是1，用余下的7位说明长度字段的字节数。

● 值（Value）：按照BER编码规则进行编码的数据。

5. 管理信息库（MIB）

SNMP借助被管对象的概念对管理信息模型进行定义。但是，SNMP中的被管对象除了数据类型和访问控制特性之外，不再具备更多的特性，不是真正意义上的对象，可以把SNMP的被管对象等效为数据变量。这样它们的使用可以很简单，系统中所有的被管对象在逻辑上被组织成树形结构，称为被管对象的管理信息库MIB。

管理信息库MIB就是网络中所有被管理对象的集合（RFC1212），只有在MIB中的对象才是SNMP能够进行管理的。图7-7显示的就是管理信息库的一部分，被称为对象命名树，它的根在最上面，根没有名字。

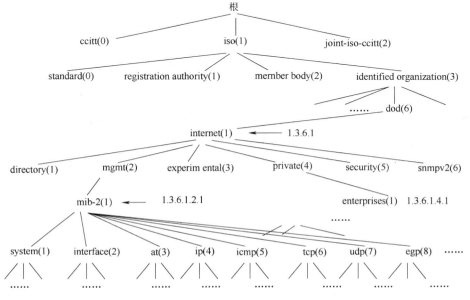

图7-7　管理信息库的对象命名树的部分示意图

对象命名树的顶级对象有 3 个，即 ISO、ITU-T 和这两个组织的联合体。在 ISO 的下面有 4 个节点，其中，标号为 3 的是被标识的组织。在其下面有一个国防部（Department of Defense，DoD）的子树（标号是 6），再下面就是 Internet（标号是 1）。在只讨论 Internet 中的对象时，可只画出 Internet 以下的子树（图中带阴影的虚线方框），并在 Internet 节点旁边标注上 {1.3.6.1}，表示该节点在对象命名树中的位置。

在 Internet 节点下面的第二个节点是 mgmt（管理），标号是 2。再下面是管理信息库，原先的节点名是 mib。1991 年 RFC1213 定义了管理信息库第二版 MIB-II，故节点名现改为 mib-2，其标识为 {1.3.6.1.2.1}，或 {Internet（1）.2.1}。它包含 11 个功能组（见表 7-4），175 个对象。它只包括那些被认为是必要的对象，不包括可选对象，对象的分组方便了管理实体的实现。一般，制造商如果认为某个功能组是有用的，则必须实现该组的所有对象。例如，一个设备实现 TCP，则它必须实现 tcp 组所有的对象，像网桥和路由器不需要实现 TCP，则就不必要实现 tcp 组。下面，就简要介绍其中 system 功能组的被管对象，其他组的被管对象由于篇幅所限就不在这里描述了，请参考相关文献。

表 7-4　最初的节点 mib 管理的信息类别

类　　别	对象标识符 OID	所包含的信息
system	mib-21	主机或路由器的操作系统
interfaces	mib-22	各种网络接口及它们的测定通信量
address translation	mib-23	地址转换（例如 ARP 映射）
ip	mib-24	Internet 软件（IP 分组统计）
icmp	mib-25	ICMP 软件（已收到 ICMP 消息的统计）
tcp	mib-26	TCP 软件（算法、参数和统计）
udp	mib-27	UDP 软件（UDP 通信量统计）
egp	mib-28	EGP 软件（外部网关协议通信量统计）
cmot	mib-29	为 CMOT 协议保留
transmission	mib-210	为传输信息保留
snmp	mib-211	SNMP 的实现和运行信息

system 组是标准 MIB 中最基本的一组，所有系统都必须实现这个组。该组提供了关于系统的一些最基本的信息。图 7-8 是 system 组的对象标识符子树，表 7-5 列出了该组中各个对象的名称、对象标识符 OID（Object IDentifier）、数据类型、访问方式和简要描述。

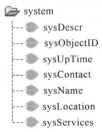

图 7-8　system 组的对象标识符子树

表 7-5　system 组的对象说明

对　　象	对象标识符	数 据 类 型	访 问 方 式	描　　述
sysDescr	system 1	DisplayString（SIZE（0..255））	只读	对系统的描述，如硬件、操作系统等
sysObjectID	system 2	OBJECT IDENTIFIER	只读	厂商标识
sysUpTime	system 3	TimeTicks	只读	网络管理自启动以来的运行时间
sysContact	system 4	DisplayString（SIZE（0..255））	读写	系统的联系人信息
sysName	system 5	DisplayString（SIZE（0..255））	读写	系统名称
sysLocation	system 6	DisplayString（SIZE（0..255））	读写	系统的位置
sysServices	system 7	INTEGER（0..127）	只读	提供的服务集合，采用 7 位二进制位表示 OSI 七层服务

6. SNMP 报文

SNMP 规定了 5 种协议数据单元 PDU（也就是 SNMP 报文），用来在管理站和被管设备之间交换信息。

（1）get-request 操作

从被管设备读取一个或多个参数值。

（2）get-next-request 操作

从被管设备读取紧跟当前参数值的下一个参数值。

（3）set-request 操作

设置被管设备的一个或多个参数值。

（4）get-response 操作

返回一个或多个参数值。这个操作是对前面 3 种操作的应答。

（5）trap 操作

代理进程主动发出的报文，通知管理站有某些事情发生。

前面的 3 种操作是由管理站向被管理设备发出的，后面的两个操作是被管理设备发送给管理站的。图 7-9 描述了 SNMP 的这 5 种报文操作。在被管理设备端的进程使用 UDP 熟知端口 161 接收 get 或 set 报文，而管理站的进程使用 UDP 熟知端口 162 来接收 trap 报文。

图 7-10 是封装成 UDP 数据报的 5 种操作的 SNMP 报文格式，SNMP 报文共由 3 个部分组成，即公共 SNMP 首部、get/set/trap 首部和变量绑定。

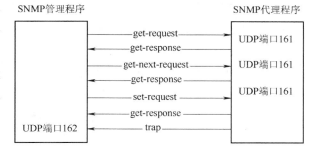

图 7-9　SNMP 的 5 种报文

SNMP 首部共有 3 个字段：

1）版本：版本字段的值是实际版本号减 1，对于 SNMP（即 SNMP v1）则应写入 0。

2）共同体（Community）：共同体就是一个字符串，作为管理站和被管理设备之间的明

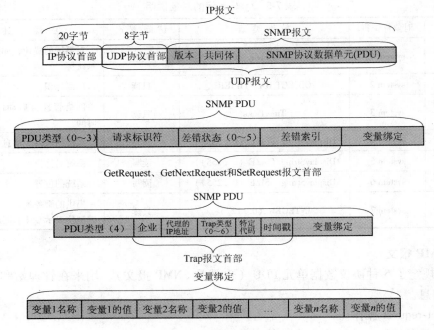

图 7-10 SNMP 报文格式

文密码，常用的是字符串"public"。

3）PDU 类型：根据 PDU 的类型，填入 0 ~ 4 中的一个数字，其对应关系如表7-6 所示。

表 7-6 PDU 类型对照表

PDU 类型	名　　称	PDU 类型	名　　称
0	get-request	3	set-request
1	get-next-request	4	trap
2	get-response		

get/set 首部由以下 3 类信息组成：

1）请求标识符（Request ID）：这是由管理站设置的一个整数值，用于区分管理站发送的多个请求，被管理设备在发送 get-response 报文进行应答时也要返回此请求标识符。

2）差错状态（Error status）：由代理进程回答时填入 0 ~ 5 中的一个数字，见表7-7 的描述。

表 7-7 差错状态说明

差 错 状 态	名　　字	说　　明
0	noError	正常
1	tooBig	被管理设备无法将应答放入一个 SNMP 报文中
2	noSuchName	访问一个不存在的变量
3	badValue	set 操作指明了一个无效值或语法无效
4	readOnly	管理站试图修改一个只读变量
5	genErr	其他的错误

3）差错索引（Error index）：当出现 noSuchName、badValue 或 readOnly 的差错时，由代理进程在回答时设置了一个整数，它指明有差错的变量在变量列表中的偏移。

Trap 报文首部包含以下 5 个方面的信息：

1）企业（Enterprise）：填入 trap 报文的网络设备的对象标识符。此对象标识符是在图 7-7 的对象命名树上的 enterprise 节点｛1.3.6.1.4.1｝下面的一棵子树上。

2）代理的 IP 地址：填写代理所在主机的 IP 地址。

3）trap 类型：共分为表 7-8 中的 7 种。当使用类型 2，3，5 时，在报文后面变量部分的第一个变量应标识响应的接口。

表 7-8 **trap 的类型说明**

trap 类型	名　字	说　　明
0	coldStart	代理进行了初始化
1	warmStart	代理进行了重新初始化
2	linkDown	接口从工作状态变为故障状态
3	linkup	接口从故障状态变为工作认证失败状态
4	authenticationFailure	认证失败
5	egpNeighborLoss	EGP 相邻路由器变为故障状态
6	enterpriseSpecific	厂商自定义事件，要用后面的"特定代码"来指明

4）特定代码（Specific-code）：若 trap 类型为 6，表示是厂商设备自定义的事件，否则为 0。

5）时间戳（Timestamp）：指明自代理进程初始化到 trap 报告的事件为止所经历的时间。

变量绑定（Variable-bindings）：指明一个或多个变量的名和对应的值。在 get 或 get-next 报文中，变量的值被忽略。

7.2 网络安全的基本概念

计算机网络已经成为信息社会的基础设施，无论是政府机构、企事业单位还是个人都越来越依赖网络来完成日常的工作、学习和生活。与此同时，各种网络威胁不断地侵蚀着网络的安全，计算机病毒、木马程序和黑客攻击等严重地影响了网络的安全运行，使得信息被窃听、阻断、篡改、重放甚至伪造，这些网络威胁降低了人们使用网络的信心。

7.2.1 网络安全的威胁

威胁网络安全的行为可以分为两大类：主动攻击和被动攻击。被动攻击是采用监听或者流量分析等手段刺探网络的通信信息流以获取有价值的数据和信息，如图 7-11 所示。主动攻击如图 7-12 所示，包括信息阻断、篡改、伪造和重放。

图 7-11 被动攻击（监听或者流量分析）

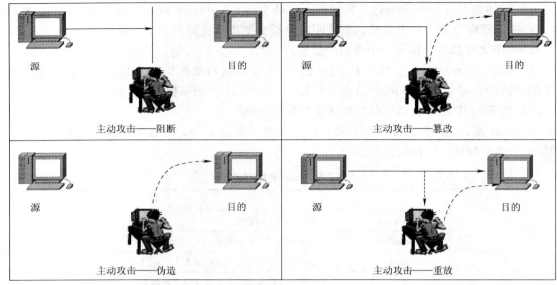

图 7-12　主动攻击

7.2.2　网络安全的目标

网络安全的 3 个主要目标：机密性、完整性和可用性。

1）机密性：即对信息资源开放范围的控制，使得信息只被授权的合法用户获取和使用。具体措施包括数据加密、访问控制、防计算机电磁泄漏等安全措施。

2）完整性：保证网络中的信息处于"保持完整或一种未受损的状态"。任何对系统信息应有特性或状态的中断、窃取、篡改、伪造都是破坏系统信息完整性的行为。

3）可用性：合法用户在需要的时候，可以正确使用所需的信息而不遭到服务拒绝。

7.2.3　网络的安全服务

针对网络的各种主动攻击和被动攻击，为了保护网络环境下的信息安全，从而实现网络安全的目标，国际电信联盟 ITU-T 定义了实现信息安全目标的 5 个安全服务。

1）数据机密性服务。为防止网络各系统之间交换的数据被截获或被非法存取而泄密，提供加密保护；对有可能通过观察信息流就能推导出信息的情况进行防范。

2）数据完整性服务。用于阻止非法实体对交换数据的修改、插入、删除以及在数据交换过程中的数据丢失。

3）认证服务：提供对通信中对等实体和数据来源的认证（鉴别）。

4）抗否认服务：用于防止发送方在发送数据后否认发送、接收方在收到数据后否认收到或伪造数据的行为。

5）访问控制服务：用于防止未授权用户非法使用系统资源，包括用户身份认证和用户权限确认。

7.2.4　网络安全机制

ITU-T 在 X800 标准中也推荐了实现网络安全服务的八大网络安全机制。

1）加密机制。是确保数据安全性的基本方法，应根据加密所在的层次及加密对象的不同，而采用不同的加密方法。

2）数字签名机制。利用数字签名技术可进行用户的身份认证和消息认证，它具有解决收、发双方纠纷的能力。

3）访问控制机制。从计算机系统的处理能力方面对信息提供保护。访问控制按照事先确定的规则决定主体对客体的访问是否合法，当一主体试图非法使用一个未经授权的资源时，访问控制将拒绝，并将这一事件报告给审计跟踪系统，审计跟踪系统将给出报警并记录到日志档案。

4）数据完整性机制。破坏数据完整性的主要因素有数据在信道中传输时受信道干扰影响而产生错误，数据在传输和存储过程中被非法入侵者篡改，计算机病毒对程序和数据的传染等。纠错编码和差错控制是对付信道干扰的有效方法。对付非法入侵者主动攻击的有效方法是报文认证，对付计算机病毒有各种病毒检测、杀毒和免疫方法。

5）认证机制。在计算机网络中认证主要有用户认证、消息认证、站点认证和进程认证等，可用于认证的方法有已知信息（如口令）、共享密钥、数字签名、生物特征（如指纹）等。

6）流量填充机制。攻击者通过分析网络中某一路径上的信息流量和流向来判断某些事件的发生，为了对付这种攻击，一些关键站点间在无正常信息传送时，持续传送一些随机数据，使攻击者不知道哪些数据是有用的，哪些数据是无用的，从而挫败攻击者的流量分析企图。

7）路由控制机制。在大型计算机网络中，从源点到目的地往往存在多条路径，其中有些路径是安全的，有些路径是不安全的，路由控制机制可根据信息发送方的申请选择安全路径，以确保数据安全。

8）公证机制。在大型计算机网络中，并不是所有的用户都是诚实可信的，同时也可能由于设备故障等技术原因造成信息丢失、延迟等，用户之间很可能引起责任纠纷，为了解决这个问题，就需要有一个各方都信任的第三方以提供公证仲裁。

网络的安全服务和安全机制之间的对应关系如表7-9所示。

表7-9 网络安全服务和安全机制之间的对应关系

安 全 服 务	安 全 机 制	安 全 服 务	安 全 机 制
数据机密性	加密，流量填充，路由控制	防止抵赖	数字签名，数据完整性，公证
数据完整性	加密，数字签名，数据完整性	访问控制	访问控制
认证	加密，数字签名，相互认证		

7.3 密码与信息加密

保证信息不被泄露的最重要的方式就是加密，密码技术在人类历史记载中具有较为悠久的历史，但只是到了近代，随着电子数字计算机的应用才使得密码技术进入到了广泛应用和快速发展的历史新阶段。

1949 年，信息论的奠基人克劳德·香农（C. Shannon）发表了《保密系统的通信理论》（The Communication Theory of Secret Systems），这篇重要的论文为密码学的发展奠定了理论基础，使得密码学成为真正意义上的科学，以此为起点至 1975 年，密码学主要研究对称密钥密码体制，发展较为缓慢。

1976 年，W. Diffie 和 M. Hellman 发表了重要的研究论文《密码学的新方向》（New Directions in Cryptography），提出了一种新的密码设计思想，开创了公钥密码学研究的新纪元。1977 年，Rivest、Shamir 和 Adleman 提出了 RSA 公钥密码算法，使得公钥密码算法的研究拉开了序幕，公钥密码算法使得发送方和接收方之间无密钥传输的秘密通信成为可能。同年，美国国家技术标准局（NIST）正式公布了数据加密标准（Data Encryption Standard，DES），随后 1983 年，国际化标准组织 ISO 批准 DES 作为国际标准。

进入 20 世纪 90 年代，更多的公钥密码算法被提了出来，比如椭圆曲线离散对数加密等；同时，DES 算法也随着密码破译分析新技术的出现和计算能力的提高被确定为不再安全，在 1994 年 1 月的评估中，决定 1998 年 12 月以后，DES 将不再作为联邦加密标准。美国于 1997 年 1 月开始征集新一代数据加密标准，以替代 DES 数据加密标准，该征集活动在密码界掀起了一次分组密码研究的高潮。经过激烈的角逐和甄选，比利时密码学家 Joan Daemen 和 Vincent Rijmen 所设计的 Rijndael 算法于 2001 年被确定为新一代数据加密标准，即高级数据加密标准（Advanced Encryption Standard，AES）。

本节下面的内容安排如下，7.3.1 节简要介绍密码学中的一些基本概念，7.3.2 节介绍对称密钥密码算法 DES 和 3DES，最后 7.3.3 节简要介绍公钥密码算法 RSA。

7.3.1　密码学的基本概念

密码学（Cryptology）是研究信息系统安全保密的科学，包括密码编码学（Cryptography）和密码分析学（Cryptanalytics）。密码编码学主要研究对信息进行编码，实现对信息的隐藏；密码分析学主要研究加密消息的破译或消息的伪造。下面列出密码学中的一些基本概念和术语。

1）明文（Plain text）：即消息，是被加密的数据。

2）密文（Cipher text）：加密后的消息称为密文。

3）加密（Encryption）：执行加密算法对消息进行转换以隐藏它原始内容的过程称为加密。

4）解密（Decryption）：执行解密算法把密文还原为明文的过程称为解密。

5）加密员或密码员（Cryptographer）：对明文进行加密操作的人员称作加密员或密码员。

6）密码算法（Cryptography Algorithm）：是用于加密和解密的数学函数。

7）加密算法（Encryption Algorithm）：密码员对明文进行加密操作时所采用的一组规则称作加密算法。

8）解密算法（Decryption Algorithm）：接收者对密文解密所采用的一组规则称为解密算法。

基于密钥的密码算法，加密和解密算法的操作通常都是在一组密钥的控制下进行的，分别称为加密密钥（Encryption Key）和解密密钥（Decryption Key）。按照密钥的特点密码算法可以分类如下。

1）对称密码算法：又称传统密码算法、秘密密钥算法、单密钥算法，就是加密密钥和解密密钥相同，或实质上等同，即从一个易于推导出另一个。

2）非对称密钥算法：也被称为公开密钥算法、公钥算法，加密密钥和解密密钥不相同，从一个不能直接推导出另一个。

7.3.2 DES 对称密钥算法

在对称密钥密码算法中，DES 数据加密算法是最早成为标准并被商业推广和使用的数据加密算法，下面以 DES 算法为例介绍对称密钥密码算法。

DES 算法是分组加密算法，将明文分成 64 位的二进制分组，分别进行加密，产生 64 位的密文输出，加密和解密使用相同的密钥和算法，过程如图 7-13 所示。

DES 算法的密钥是 64bit（8B），但每个字节的第 8 位是奇偶校验位，分布在第 8，16，24，32，40，48，56 和 64 位的位置上，目的

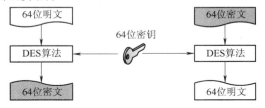

图 7-13　DES 算法的加密和解密

是用来检错，除去校验位后，有效的初始密钥长度是 56 位。

1. DES 算法的基本过程

DES 算法由初始置换 IP、16 轮的乘积变换 f 以及逆初始置换 IP^{-1} 构成。

（1）初始置换 IP

如表 7-10 所示，初始置换是将 64 位明文的位置顺序打乱，表中的数字代表 64 位明文的输入顺序号，表中的位置代表置换后的输出顺序，表中的位置顺序是先按行后按列进行排序。假设输入的 64 位明文为 $M = m_1 m_2 \cdots m_{64}$，初始置换后输出为 IP（M）$= m_{58} m_{50} \cdots m_7$。

表 7-10　初始置换 IP 表

58	50	42	34	26	18	10	2
60	52	44	36	28	20	12	4
62	54	46	38	30	22	14	6
64	56	48	40	32	24	16	8
57	49	41	33	25	17	9	1
59	51	43	35	27	19	11	3
61	53	45	37	29	21	13	5
63	55	47	39	31	23	15	7

（2）乘积变换（16 轮）

乘积变换包含 16 轮迭代，如图 7-14 所示。将初始置换得到的 64 位结果平分为左右两半，分别记为 L_0 和 R_0，各 32 位。初始密钥为 64 位，经密钥扩展算法产生 16 个 48 位的子密钥，记为 k_1，k_2，$\cdots$，k_{16}，每轮迭代的逻辑关系为 $L_i = R_{i-1}$，$R_i = L_{i-1} \oplus f（R_{i-1}，K_i）$，其中，$1 \leqslant i \leqslant 16$，函数 f 是每轮变换的核心变换。

（3）逆初始置换 IP^{-1}　逆初始置换 IP^{-1} 如表 7-11 所示，假如输入为 $M = m_1 m_2 \cdots m_{64}$，逆初始置换后为 IP^{-1}（M）$= m_{40} m_8 \cdots m_{25}$。

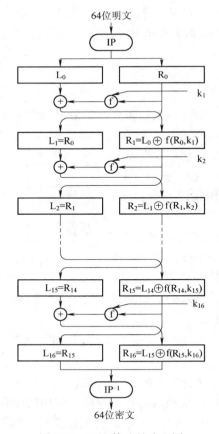

图 7-14　DES 算法的流程图

表 7-11　逆初始置换 IP^{-1}表

40	8	48	16	56	24	64	32
39	7	47	15	55	23	63	31
38	6	46	14	54	22	62	30
37	5	45	13	53	21	61	29
36	4	44	12	52	20	60	28
35	3	43	11	51	19	59	27
34	2	42	10	50	18	58	26
33	1	41	9	49	17	57	25

2. 转换函数 f

转换函数 f 是每轮打乱信息的最核心模块,输入 32 位的 R_{i-1},经过扩展置换 E 变成 48 位,与 48 位的子密钥 k_i 进行异或运算,将 48 位的异或输出结果分成 8 组,每组 6 位,选择 S 盒(实现 6 位到 4 位的压缩)替换,将 48 位压缩成 32 位,再进行 P 盒替换,输出 32 位。如图 7-15 所示,点画线部分为 f 变换,详细的变化过程如图 7-16 所示。

(1)扩展置换 E

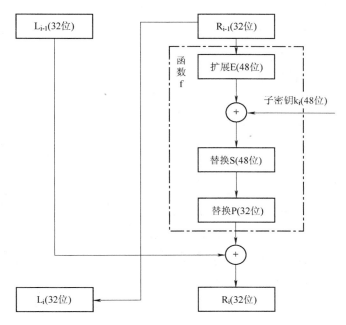

图 7-15　DES 算法其中的迭代过程

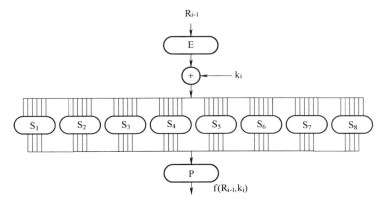

图 7-16　迭代过程中用到的非线性函数 f 的算法流程

扩展置换 E 将 32 位的 R_{i-1} 扩展成 48 位，扩展的方法如表 7-12 所示，假如 $R_{i-1} = r_1 r_2 \dots r_{32}$，则扩展后 $E(R_{i-1}) = r_{32} r_1 r_2 \dots r_{32} r_1$。

表 7-12　扩展置换 E 选位表

32	1	2	3	4	5
4	5	6	7	8	9
8	9	10	11	12	13
12	13	14	15	16	17
16	17	18	19	20	21
20	21	22	23	24	25
24	25	26	27	28	29
28	29	30	31	32	1

（2）压缩替换 S 盒

经过扩展置换 E 之后的 48 位输出按 6 位 1 组，共 8 组，分别输入到 8 个 S 盒 S1，S2，…，S8 中。每个 S 盒将 6 位的输入压缩为 4 位的输出，8 个 S 盒共产生 32 位的输出。8 个 S 盒 S1，S2，…，S8 的压缩替换表分别如表 7-13 到表 7-20 所示。

表 7-13　压缩替换盒 S1

		0	1	2	3	4	5	6	7	8	9	10	11	12	13	14	15
S1	0	14	4	13	1	2	15	11	8	3	10	6	12	5	9	0	7
	1	0	15	7	4	14	2	13	1	10	6	12	11	9	5	3	8
	2	4	1	14	8	13	6	2	11	15	12	9	7	3	10	5	0
	3	15	12	8	2	4	9	1	7	5	11	3	14	10	0	6	13

表 7-14　压缩替换盒 S2

		0	1	2	3	4	5	6	7	8	9	10	11	12	13	14	15
S2	0	15	1	8	14	6	11	3	4	9	7	2	13	12	0	5	10
	1	3	13	4	7	15	2	8	14	12	0	1	10	6	9	11	5
	2	0	14	7	11	10	4	13	1	5	8	12	6	9	3	2	15
	3	13	8	10	1	3	15	4	2	11	6	7	12	0	5	14	9

表 7-15　压缩替换盒 S3

		0	1	2	3	4	5	6	7	8	9	10	11	12	13	14	15
S3	0	10	0	9	14	6	3	15	5	1	13	12	7	11	4	2	8
	1	13	7	0	9	3	4	6	10	2	8	5	14	12	11	15	1
	2	13	6	4	9	8	15	3	0	11	1	2	12	5	10	14	7
	3	1	10	13	0	6	9	8	7	4	15	14	3	11	5	2	12

表 7-16　压缩替换盒 S4

		0	1	2	3	4	5	6	7	8	9	10	11	12	13	14	15
S4	0	7	13	14	3	0	6	9	10	1	2	8	5	11	12	4	15
	1	13	8	11	5	6	15	0	3	4	7	2	12	1	10	14	9
	2	10	E	9	0	12	11	7	13	15	1	3	14	5	2	8	4
	3	3	15	0	6	10	1	13	8	9	4	5	11	12	7	2	14

表 7-17　压缩替换盒 S5

		0	1	2	3	4	5	6	7	8	9	10	11	12	13	14	15
S5	0	2	12	4	1	7	10	11	6	8	5	3	15	13	0	14	9
	1	14	11	2	12	4	7	13	1	5	0	15	10	3	9	8	6
	2	4	2	1	11	10	13	7	8	15	9	12	5	6	3	0	14
	3	11	8	12	7	1	14	2	13	6	15	0	9	10	4	5	3

表7-18　压缩替换盒 S6

		0	1	2	3	4	5	6	7	8	9	10	11	12	13	14	15
S6	0	12	1	10	15	9	2	6	8	0	13	3	4	14	7	5	11
	1	10	15	4	2	7	12	9	5	6	1	13	14	0	11	3	8
	2	9	14	15	5	2	8	12	3	7	0	4	10	1	13	11	6
	3	4	3	2	12	9	5	15	10	11	14	1	7	6	0	8	13

表7-19　压缩替换盒 S7

		0	1	2	3	4	5	6	7	8	9	10	11	12	13	14	15
S7	0	4	11	2	14	15	0	8	13	3	12	9	7	5	10	6	1
	1	13	0	11	7	4	9	1	10	14	3	5	12	2	15	8	6
	2	1	4	11	13	12	3	7	14	10	15	6	8	0	5	9	2
	3	6	11	13	8	1	4	10	7	9	5	0	15	14	2	3	12

表7-20　压缩替换盒 S8

		0	1	2	3	4	5	6	7	8	9	10	11	12	13	14	15
S8	0	13	2	8	4	6	15	11	1	10	9	3	14	5	0	12	7
	1	1	15	13	8	10	3	7	4	12	5	6	11	0	14	9	2
	2	7	11	4	1	9	12	14	2	0	6	10	13	15	3	5	8
	3	2	1	14	7	4	10	8	13	15	12	9	0	3	5	6	11

　　S盒的6位二进制输入为 $a_1a_2a_3a_4a_5a_6$，则 a_1a_6 两个二进制位是行号，$a_2a_3a_4a_5$ 这4个二进制数组成了列号，行列交叉点的数据是S盒的4位输出。

　　为了理解S盒的替换方法，举个简单的例子：假设S1盒的输入为001011，则行号 a_1a_6 = $(01)_2$ = 1，列号 $(a_2a_3a_4a_5)$ = $(0101)_2$ = 5。S1盒第1行第5列的数据为2，二进制形式为0010，即S1盒的4位输出。

　　（3）P盒置换

　　将8个S盒的32位输出作为输入，按表7-21的顺序重新排列位序之后的32位结果即为函数 f 的输出 $f(R_{i-1}, k_i)$，假如输入 A = $a_1a_2...a_{32}$，则置换后的输出 $P(A) = a_{16}a_7...a_{25}$。

表7-21　P盒置换表

16	7	20	21
29	12	28	17
1	15	23	26
5	18	31	10
2	8	24	14
32	27	3	9
19	13	30	6
22	11	4	25

3. 子密钥的生成

DES 算法的初始密钥长度为 64bit（8B），但每个字节的第 8 位是奇偶校验位，实际有效的密钥长度是 56bit。DES 算法的每一次迭代需要使用一个子密钥，16 个子密钥 K_1，K_2，$\cdots$，K_{16} 的产生流程如图 7-17 所示。

子密钥的生成过程包括置换选择 1（PC-1）、循环左移 $LS_i (1 \leq i \leq 16)$、置换选择 2（PC-2）等变换，分别产生 16 个子密钥 $K_1 \sim K_{16}$。

（1）置换选择 1（PC-1）

对于 64 位初始密钥 K，去掉其中的 8 个校验位后按表 7-22 的置换选择 PC-1 进行重新排列，输出为 56 位，将前 28 位记为 C_0，后 28 位记为 D_0。假设 $K = K_1 K_2 \cdots K_{64}$，则 $C_0 = K_{57} K_{49} \cdots K_{36}$，$D_0 = K_{63} K_{55} \cdots K_4$。

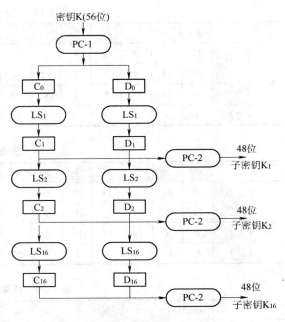

图 7-17　子密钥的生成过程

表 7-22　PC-1 置换表

57	49	41	33	25	17	9
1	58	50	42	34	26	18
10	2	59	51	43	35	27
19	11	3	60	52	44	36
63	55	47	39	31	23	15
7	62	54	46	38	30	22
14	6	61	53	45	37	29
21	13	5	28	20	12	4

（2）循环左移 LS_i

循环左移 $LS_i (1 \leq i \leq 16)$ 的位数如表 7-23 所示。假如 $C_0 = c_1 c_2 \cdots c_{27} c_{28}$，$D_0 = d_1 d_2 \cdots d_{27} d_{28}$，则 $C_1 = c_2 c_3 \cdots c_{28} c_1$，$D_1 = d_2 d_3 \cdots d_{28} d_1$，$C_2 = c_3 c_4 \cdots c_1 c_2$，$D_2 = d_3 d_4 \cdots d_1 d_2$。

表 7-23　每轮子密钥生成时循环左移的次数

LS_1	LS_2	LS_3	LS_4	LS_5	LS_6	LS_7	LS_8	LS_9	LS_{10}	LS_{11}	LS_{12}	LS_{13}	LS_{14}	LS_{15}	LS_{16}
1	1	2	2	2	2	2	2	1	2	2	2	2	2	2	1

（3）置换选择 2（PC-2）

置换选择表 PC-2 从输入的 56 位的密钥中选择输出 48 位的子密钥，选择的顺序见表 7-24。例如，假设第 i 轮 $C_i D_i = b_1 b_2 \cdots b_{56}$，则第 i 轮的 48 位子密钥 $K_i = b_{14} b_{17} \cdots b_{29} b_{32}$。

表 7-24 PC-2 置换表

14	17	11	24	1	5
3	28	15	6	21	10
23	19	12	4	26	8
16	7	27	20	13	2
41	52	31	37	47	55
30	40	51	45	33	48
44	49	39	56	34	53
46	42	50	36	29	32

4. 替代算法 3DES

虽然 DES 算法在设计该算法的年代被认为具有较高的安全性，明文与密文之间，以及密钥与密文之间不存在明显的统计相关性，具有很高的抗攻击性，并且密钥数量较多，但以目前的理论和技术来看，DES 算法具有以下 3 点安全隐患：

1）密钥太短。DES 的初始密钥只使用了 56bit，不足以抵抗穷举搜索攻击，穷举搜索攻击破解密钥最多尝试的次数为 2^{56} 次。

1997 年 1 月 28 日，美国的 RSA 数据安全公司在 RSA 安全年会上公布了一项"秘密密钥挑战"竞赛，其中包括悬赏 1 万美元破译密钥长度为 56bit 的 DES 密码。美国科罗拉多州的程序员 Verser 从 1997 年 2 月 18 日起，用了 96 天时间，在 Internet 上数万名志愿者的协同工作下，成功地找到了 DES 的密钥，赢得了 1 万美元奖金。

1998 年 7 月电子前沿基金会（EFF）使用一台 25 万美元的计算机在 56h 内破译了密钥长度为 56bit 的 DES。

1999 年 1 月 RSA 数据安全会议期间，电子前沿基金会（EFF）又用 22h 15min 就宣告破解了一个 DES 的密钥。

2）DES 算法的半公开性。DES 算法中的 8 个 S 盒替换表的设计标准（指详细准则）自 DES 公布以来仍未公开，批评者怀疑替换表中的数据是否存在某种依存关系。

3）DES 迭代次数偏少。DES 算法的 16 轮迭代次数以现今的技术水平来看偏少，在后续的 DES 改进算法中，都不同程度地进行了提高。

美国国家标准与技术研究院（National Institute of Standards and Technology，NIST）在 1999 年发布了一个新版本的 DES 标准（FIPS PUB46-3），提出 DES 只用于遗留系统。3DES 将取代 DES 成为新的标准，国际组织和国内的银行和组织都接受 3DES 算法，已经集成进 Internet 的 PGP 和 S/MIME 等网络应用中。

基于效率和安全性的考虑，常用的有二密钥的 3DES 算法（如图 7-18 所示）和三密钥的 3DES 算法（如图 7-19 所示）。二密钥的 3DES 密钥长度是 112 位，而三密钥的 3DES 密钥

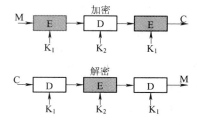

图 7-18 二密钥的 3DES 算法原理图

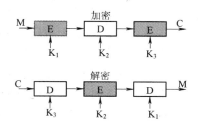

图 7-19 三密钥的 3DES 算法原理图

长度是 168 位，提供了更高的安全性，并且提供了与旧系统更好的兼容性，缺点就是由于执行较多次的加密和解密算法，速度较慢。

7.3.3 非对称加密算法

非对称加密算法也称为公钥加密算法，它使用两个密钥，一个公开，称为公钥，用于加密或者验证签名；另一个保密作为私钥，用于解密或者签名。非对称密钥密码算法是密码学发展史上的重要突破，它使得加密和数字签名都成为可能。

公钥密码算法多数都基于数论中的难题，比如 RSA 公钥算法基于数论中的大数分解难题，而椭圆曲线离散对数加密则基于椭圆曲线上的离散对数难解性问题。下面介绍目前广泛使用的 RSA 公钥密码算法。

RSA 非对称密钥算法是由麻省理工学院（Massachusetts Institute of Technology，MIT）的 R. Rivest，A. Shamir 和 L. M. Adleman 三名数学家共同提出，并用他们名字的首字母命名的一种加密算法，它基于数论构造，是迄今理论上最为完善的一种非对称密码算法。为了理解 RSA 公钥算法，首先给出该算法相关的一些最基本数论知识、定理和结论。有关公钥密码算法更详细的介绍请参考本书的参考文献。

1. 数学基础

（1）费马（Fermat）定理

定理：若 p 是素数，a 是正整数，且 a 和 p 的最大公约数 gcd（a，p）=1，则 $a^{p-1} \equiv 1$（mod p）。

例如：设 p=3，a=2，则 $2^{3-1}=4 \equiv 1$（mod 3）

引理：对于素数 p，若 a 是任意一个正整数，则 $a^p \equiv a$（mod p）。

例如：设 p=3，a=2，则 $2^3=8 \equiv 2$（mod 3）

（2）欧拉（Euler）函数 $\phi(n)$：已知 n 是一个正整数，则小于 n 并且与 n 互素的正整数的个数，称为 n 的欧拉函数，记为 $\phi(n)$。

欧拉函数有如下的性质：

1）$\phi(1)=0$。

2）如果 p 是素数，则 $\phi(p)=p-1$。

3）如果 m 和 n 互素，则 $\phi(m*n)=\phi(m)*\phi(n)$。

4）如果 p 是一个素数，则 $\phi(p^e)=p^e-p^{e-1}$。

例如：$\phi(1)=0$；

$\phi(2)=1$，小于 2 并且与 2 互素的数据集合 {1}；

$\phi(3)=2$，小于 3 并且与 3 互素的数据集合 {1，2}；

$\phi(4)=2$，小于 4 并且与 4 互素的数据集合 {1，3}；

$\phi(5)=4$，小于 5 并且与 5 互素的数据集合 {1，2，3，4}；

$\phi(6)=2$，小于 6 并且与 6 互素的数据集合 {1，5}；

$\phi(7)=6$，小于 7 并且与 7 互素的数据集合 {1，2，3，4，5，6}；

$\phi(8)=4$，小于 8 并且与 8 互素的数据集合 {1，3，5，7}；

$\phi(9)=6$，小于 9 并且与 9 互素的数据集合 {1，2，4，5，7，8}。

（3）欧拉（Euler）定理：若整数 a 和 n 互素，则 $a^{\phi(n)} \equiv 1$（mod n）。

例如：设 $a = 3$，$n = 7$，则有 $\phi(7) = 6$，$3^{\phi(7)} = 3^6 = 729 \equiv 1 \pmod 7$。

2. RSA 公钥密码算法

RSA 依赖于一个基本假设：分解因子在计算上是困难的，即很容易计算两个大素数的乘积，但是在不知道任何因子的情况下，将该乘积分解开却是很困难的。

（1）RSA 算法的基本过程

1）选择两个保密的大素数 p 和 q。

2）计算 p 和 q 的乘积 $n = p * q$。

3）计算 $\phi(n) = (p-1) * (q-1)$，结果保密。

4）随机选择一个整数 e，满足 $1 < e < \phi(n)$ 并且 $gcd(\phi(n), e) = 1$。

5）计算 d，d 是 e 模 $\phi(n)$ 的乘法逆，满足 $d * e \equiv 1 (mod \phi(n))$，并对 d 保密。

6）最终得到一对密钥：公开加密密钥 {e, n}；保密解密密钥 {d, n}。

注：因为 e 和 $\phi(n)$ 互素，所以 d 和 e 对模 $\phi(n)$ 的运算互为乘法逆元，所以，d 一定存在，并且是唯一的。

7）加密：将明文划分成块，使得每个明文 m 满足 $0 < m < n$。加密 P 时，计算 $c = m^e \pmod n$。

8）解密：解密 c 时计算 $m = c^d \pmod n$。

证明：
$$c^d(mod\ n) = (m^e\ mod\ n)^d\ (mod\ n)$$
$$= m^{ed}\ (mod\ n)$$
$$= m^{(k\phi(n)+1)}\ (mod\ n)$$
$$= \{(m\ mod\ n) * [\ m^{k\phi(n)}(mod\ n)]\}\ (mod\ n)$$
$$= (m * 1)\ (mod\ n)$$
$$= m$$

（2）应用举例

1）选择两个素数 $p = 7$，$q = 17$。

2）计算 $n = p * q = 7 * 17 = 119$。

3）计算 n 的欧拉函数 $\phi(n) = \phi(119) = \phi(7 * 17) = (p-1) * (q-1) = (7-1) * (17-1) = 6 * 16 = 96$。

4）在 2~95 的范围选择整数 e，满足 e 和 $\phi(n)$ 的最大公约数 $gcd(\phi(n), e) = gcd(96, e) = 1$，比如选择 $e = 5$。

5）根据 $d * e \equiv 1 (mod \phi(n))$，即 $d * 5 \equiv 1 (mod\ 96)$，解出 $d = 77$，因为 $e * d = 5 * 77 = 385 = 4 * 96 + 1 \equiv 1 (mod\ 96)$。

6）从而得到公钥 $PK = \{e, n\} = \{5, 119\}$，密钥 $SK = \{d, n\} = \{77, 119\}$。

7）加密：假设对明文 $m = 10$ 进行加密，密文为 $c = m^e (mod\ n) = 10^5 mod\ 119 = 40$。

8）解密：计算 $c^d\ mod\ n = 40^{77}\ mod\ 119 = 10$。

3. 欧几里得（Euclid）算法和扩展的欧几里得算法

在 RSA 算法中，为了验证选择的加密指数 e 是否与 n 的欧拉函数 $\phi(n)$ 互素，需要用到欧几里得算法；而在确认 e 与 $\phi(n)$ 互素后，需要计算解密的密钥 d，需要使用扩展的欧几里得算法，下面对这两个算法进行简要的介绍。

（1）欧几里得算法

欧几里得算法也被称为辗转相除法，用于计算两个正整数的最大公因子，从而可以确定两个整数是否互素，它基于下面的定理。

定理：对任何非负的整数 a 和非负的整数 b：gcd(a, b) = gcd(b, a mod b)。

例如，在 RSA 算法中，首先要验证 $\Phi(n)$ 与密钥 e 互素，则可利用欧几里得算法来验证，验证过程的手工演算如图 7-20 所示。

设 n=23*29，$\Phi(n)$=(23-1)*(29-1)=616，取 e=19，则依次进行如下过程：

616	÷	19	=	32	余	8
19	÷	8	=	2	余	3
8	÷	3	=	2	余	2
3	÷	2	=	1	余	1

当余数为 1 时，即可证明 $\Phi(n)$ 与 e 互素

图 7-20　欧几里得算法用于两个数互素的验证过程

（2）扩展的欧几里得算法

两个数互素时，用扩展的欧几里得算法可以计算它们各自的乘法逆元。

如果 gcd (e, f) = 1，那么对小于 f 的正整数 e，存在一个小于 f 的整数 e^{-1}，使得二者的乘积，$e \times e^{-1} = 1 (\bmod f)$。

在 RSA 算法中，要求 $e \times d = 1 (\bmod \Phi(n))$，即求密钥 e 的模 $\Phi(n)$ 乘法逆元 d。

例如，$n = 23 * 29$，$\Phi(n) = (23-1) * (29-1) = 616$，e = 19，求 e 的乘法逆元 d。验证过程的手工演算如图 7-21 所示。最终求得 d = 227。

参考欧几里得算法的演算过程，采用回推法
1=3- 1×2
1=3- 1×(8-2×3) 整理，即 1=3×3- 1×8
1=3×(19-2×8)- 1×8 整理，即 1=3×19- 7×8
1=3×19- 7×(616-32×19) 整理，即 1=227×19- 7×616
由此，得到结果：227×19=1 (mod 616)，故 d=227

图 7-21　扩展的欧几里得算法用于求解乘法逆元

7.4　报文鉴别

加密是对付被动攻击的重要措施，而对付篡改和伪造等主动攻击则主要靠报文鉴别（Message Authentication）。报文或者消息在网络传输的过程中，可能被攻击者篡改，从而破坏了它的完整性，消息的接受者要验证消息是否在网络传输的过程中被篡改，这个过程称为报文鉴别。

报文鉴别分为报文的完整性鉴别和报文的来源鉴别，其中报文的完整性鉴别一般通过消息摘要算法来验证，而报文的来源鉴别可以使用消息认证码。

7.4.1　报文的完整性鉴别

报文的完整性鉴别主要依靠消息摘要算法，也被称为消息摘要函数、散列函数或杂凑函数，记为 h = H(M)。如图 7-22 所示，Hash 函数的输出称为数据 M 的消息摘要，或者消息

检查码（Message Detection Code，MDC）。

图 7-22　消息摘要 Hash 函数

用于报文完整性鉴别的消息认证 Hash 函数具有如下一些性质：

1）单向性：给出散列值，反向计算消息 M 在计算上是不可行的，即 Hash 函数的运算过程是不可逆的。

2）抗弱碰撞性：给定消息 M 和其 Hash 函数值 H(M)，要找到另一个 M′，且 M′≠M，使得 H(M) = H(M′)在计算上是不可行的。该条性质用于抵制消息的伪造。

3）抗强碰撞性：找到任意具有相同散列值的两条消息在计算上是不可行的。

采用单向 Hash 函数的消息完整性检验的基本过程如图 7-23 所示。报文或者消息的发送方在发送报文之前，计算并通过安全的信道向接收者发送该文件的消息摘要（散列值）；接收方收到报文后，使用同样的消息摘要算法对报文生成一遍消息摘要，对比通过安全信道收到的消息摘要以进行验证。如果一致，则说明收到的报文是完整的，否则，是不完整的。

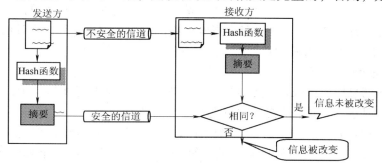

图 7-23　消息完整性检验

7.4.2　消息摘要算法 MD5 和 SHA-1

目前广泛使用的报文完整性认证算法是 MD5 和 SHA-1，这些算法可以验证消息的完整性，下面对 MD5 和 SHA-1 做简要的介绍。

1. MD5 消息摘要算法

MD 表示消息摘要（Message Digest，MD）。MD4 算法是 1990 年由 Ron Rivest 设计的一个消息摘要算法，该算法的设计不依赖于任何密码体制，采用分组方式进行各种运算而得到。1991 年 MD4 算法又得到了进一步的改进，改进后的算法就是 MD5 算法。MD5 算法以512bit 为一块的方式处理输入的消息文本，算法的输出是一个 128bit 的摘要值。

在 MD5 算法中，首先在信息的尾部填充 100…00 这样的位串，之后再跟上 64bit 的消息长度 K，从而使得整体长度是 512 的整数倍，如图 7-24 所示。然后，每个 512bit 的数据块从前到后依次分别执行 H_{MD5} 散列算法。H_{MD5} 散列算法有两个输入，一个是 512bit 的消息块，另一个是前一次 H_{MD5} 算法的输出的 128bit 摘要信息，第一次 H_{MD5} 算法的 IV = 0x 67452301 efcdab89 98badcfe 10325476，被称为 MD5 消息摘要算法的 128bit 的初始向量。每一个 H_{MD5} 算法产生 128bit 的摘要输出，级联作为后面 H_{MD5} 算法的输入，依此类推，直到所有的 512bit 的数据块都处理结束，产生整个 MD5 算法的 128bit 消息摘要。MD5 消息摘要算法的核心是散列算法 H_{MD5}，更多的实现细节请参考 RFC1321。

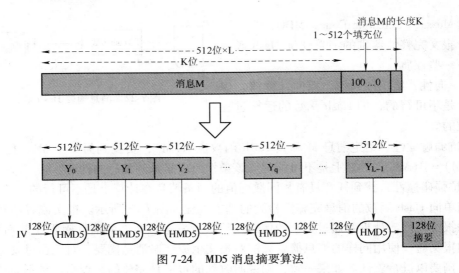

图 7-24   MD5 消息摘要算法

从算法的执行过程可以看出，算法本质上是一个不可逆的单向压缩算法，由于采用级联的形式，原始消息的任何一点改变，都会影响最终的输出，这也是算法设计的初衷，用于检测消息的篡改，保证消息的完整性。

2. SHA-1 安全散列算法

MD5 算法的消息摘要的长度只有 128bit，针对安全性要求更高的应用，摘要长度多于 160 位的 SHA 系列安全散列算法提供了更高安全性的选择。

SHA（Secure Hash Algorithm）是美国国家安全局（NSA）设计，美国国家标准与技术研究院（NIST）发布的一系列消息摘要散列算法。SHA 家族的第一个算法 SHA-0 发布于 1993 年，1995 年改进版 SHA-1 发布，两者输出的消息摘要的长度都是 160bit，另外还有 4 个变种：SHA-224、SHA-256、SHA-384 和 SHA-512（这些算法常被称为 SHA-2），它们生成的消息摘要的长度分别为 224bit、256bit、384bit 和 512bit。在 SHA 系列算法中，SHA-1 算法在安全性和效率方面提供了较好的折中，得到了较为广泛的应用。

SHA-1 算法的执行过程如图 7-25 所示，类似于 MD5 算法，它也将消息填充后再加上消

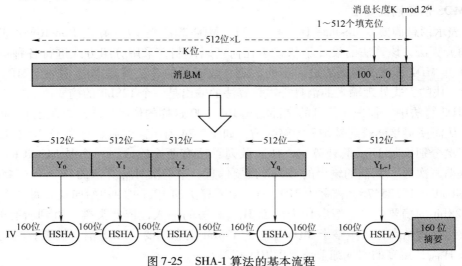

图 7-25   SHA-1 算法的基本流程

息的长度对 2^{64} 取模，使得整个算法的输入消息位长度是 512 的整数倍，然后针对每一个 512bit 的消息块分别执行 H_{SHA} 散列算法，生成 160bit 的输出，级联作为后面算法的输入，直到所有的数据块都处理完毕，最后输出 160bit 的消息摘要。SHA-1 的初始向量是 160bit 的 IV = 0x67452301 EFCDAB89 98BADCFE 10325476 C3D2E1F0。SHA-1 算法的核心在散列算法 H_{SHA}，更多的实现细节请参考 RFC3174。

MD5 和 SHA-1 算法都是典型的 Hash 函数，MD5 算法的输出长度是 128bit，SHA-1 算法的输出长度是 160bit。从抗碰撞性和抵御攻击的角度来讲，SHA-1 算法更安全。

7.4.3　报文的来源鉴别

消息的完整性检验只能检验消息的完整性，无法判别消息是否伪造。因为，一个伪造的消息与其对应的报文摘要也是匹配的。报文鉴别（或者消息认证）具有两层含义：一是检验消息的来源是真实的，即对消息的发送方的身份进行认证；二是检验消息是完整的，即验证消息在传送或存储过程中是否被篡改。

消息源认证通常采用消息认证码（Message Authentication Code，MAC），MAC 是消息和密钥的函数，可以表示为

$$MAC = C(M，K)$$

其中，M 是长度可变的消息，K 是收、发双方共享的密钥，函数值 MAC 是消息认证码，通常长度固定。MAC 可以做带密钥的消息摘要函数。

实际使用的消息认证码算法有基于密码散列算法的方案 HMAC；基于传统的分组密钥密码算法的方案，例如，基于 DES 算法的数据认证算法、OMAC、CBC-MAC、PMAC 等，也有执行速度更快的基于通用散列算法的方案，如 UMAC、VMAC 等。有关消息认证码的详细介绍，请参考相关的文献。

7.4.4　报文来源鉴别的方式

1. 消息认证

消息认证码被附加到消息后以 M ‖ MAC 方式一并发送，接收方通过重新计算 MAC 以实现对 M 的认证，如图 7-26 所示。

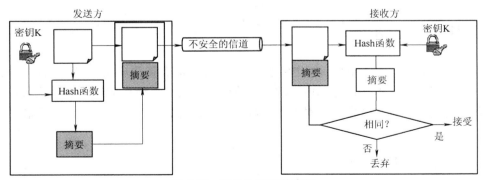

图 7-26　消息认证码的应用

2. 消息认证与保密

在图 7-26 所示的消息认证中，消息以明文方式传送，不具备保密性。如果同时需要保

证消息的机密性，则可以采用如图 7-27 所示的方案，该方案在保证报文机密性的同时还进行了消息源认证和消息完整性的认证。

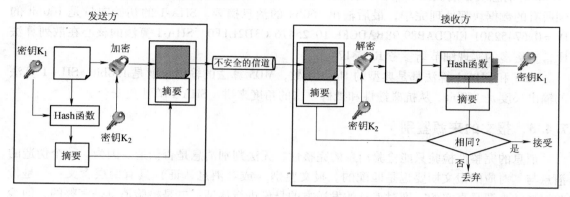

图 7-27　消息认证码的应用

3. 密文认证

改变图 7-27 中消息认证与保密中加密的位置，如图 7-28 所示，得到另外一种消息保密与认证方式，即密文认证。先对消息进行加密，然后再对密文计算 MAC。接收方先对收到的密文进行认证，认证成功后，再解密。

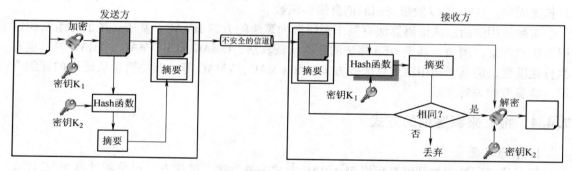

图 7-28　消息认证码的应用

7.5　数字签名技术

数字签名在身份认证、数字完整性、抗否认等方面都有重要应用，尤其是在密钥分配、电子银行、电子证券、电子商务和电子政务等许多领域有着广泛的应用。数字签名包括签名与认证两个过程。在签名时，可以对整个消息的内容进行签名，也可以对消息的摘要信息进行签名。

7.5.1　数字签名的主要作用

1）鉴别身份。数字签名的作用类似于传统的手工签字，用户的身份通过验证签名进行确认。

2）防冒充。数字签名使用的私钥只有签名者自己知道，攻击者无法伪造消息的签名，因而就起到了防冒充的功能。

3）防抵赖。数字签名可以鉴别身份，不可能被冒充和伪造，因此，签过名的信息就是通信双方的证据，签名者就无法抵赖。

4）防篡改。签名数据用原有文件和签名者的私钥通过运算得到，形成了一个紧密相关的数据，不可能被篡改，从而保证了数据的完整性。

5）防重放。重放攻击指为了获取利益而重复使用已签名的单据。在签名信息中可以添加流水号、时间戳等时效信息，防止了签名被攻击者用于其他用途。

7.5.2 数字签名

数字签名的实现依赖于公钥密码体制，在公钥密码体制中，用户 A 的公钥为 PK_A，私钥为 SK_A，其中，PK_A公开，用于接收方验证签名；私钥 SK_A 保密，用于签名。

签名和验证签名的基本过程如图 7-29 所示，用户 A 用自己的私钥 SK_A 对消息 X 执行签名 $D_{SK_A}(X)$，然后将消息 X 和签名 $D_{SK_A}(X)$ 一起发送给接收方用户 B，则因为用户 A 的公钥 PK_A 是公开的，用户 B 对收到的签名 $D_{SK_A}(X)$ 执行验证签名过程 $E_{PK_A}(D_{PK_A}(X)) = X$。

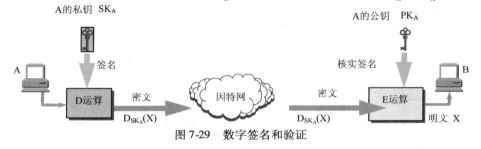

图 7-29　数字签名和验证

因为用户 A 的私钥是保密的，并且用户 A 的公钥是与私钥是成对的，从而接收方用户 B 可以确信消息 X 来自于用户 A，从而实现了签名和验证的过程。

基于这个过程，用户 A 可以将自己的公钥公开给需要验证的用户，从而实现这些接收者的验证。从而实现一个用户签名，多个用户验证的过程。

7.5.3 加密和签名

图 7-29 的过程消息 X 只完成了签名，但是没有实现保密的功能，公钥算法不但可以用于签名还可以用于保密，如图 7-30 所示的过程实现了用户 A 签名并通过用户 B 的公钥加密

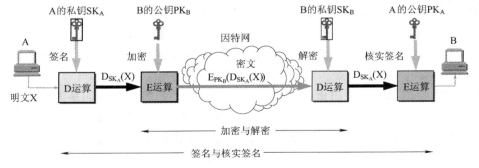

图 7-30　公钥加密私钥签名的综合使用

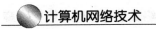

的效果。这样，最终的消息只有用户 B 可以解密并验证签名，对其他用户起到了保密的效果。

任何公钥密码体制，当用私钥签名时，接收方可认证签名人的身份；当用接收方的公钥加密时，只有接收方能够解密。这就是说，公钥密码体制既可用于数字签名，也可用于加密。

7.5.4 RSA 数字签名技术

设 A 为签名人，任意选取两个大素数 p 和 q，计算 $n = pq$，计算 n 的欧拉函数 $\phi(n) = (p-1)(q-1)$；随机选择整数 $e < \phi(n)$，满足 e 与 $\phi(n)$ 互素，即 $gcd(e, \phi(n)) = 1$；计算整数 d，满足 $ed \equiv 1(mod\ \phi(n))$。p、q 和 $\phi(n)$ 保密，A 的公钥为 (n, e)，私钥为 d。

签名过程：对于消息 $m(m < n)$，计算 $s = m^d(mod\ n)$，则签名为 s，并将消息 m 和签名 s 一起发送给接收人或验证人。

验证过程：接收人或验证人收到 m 和 s 后，利用 A 的公钥，计算 $m' = s^e(mod\ n)$，检查 $m' = m$ 是否成立。如果成立，则签名正确；否则，签名不正确。

签名正确性证明：若签名正是 A 所签，则有 $m' = s^e = (m^d)^e = m^{ed} = m(mod\ n)$。

7.6 身份认证技术

7.6.1 身份认证的含义

身份认证包含身份的识别和验证。身份识别就是确定某一实体的身份，知道这个实体的身份；身份验证就是对声称者的身份进行检验的过程。目前，验证用户身份的方法主要基于以下 3 种方法：

1）所知道的某种信息（What you know?），比如口令、账号和身份证号等。

2）所拥有的物品（What you own?），如图章、标志、钥匙、护照、IC 卡和 USB Key 等。

3）所具有的独一无二的个人特征（Who you are?），如指纹、声纹、手形、视网膜和基因等。

7.6.2 身份认证的方法

1. 基于用户已知信息的身份认证

（1）口令

口令（各种登录密码）是被广泛研究和应用的最简单的身份认证方法。口令由用户自己设定，只要能够正确输入口令，就认为操作者是合法用户。

口令的优点是简单方便；但也存在着许多安全隐患，如弱口令（如某人的生日、电话号码和电子邮件等，容易被人猜中或攻击）、不安全存储（如记录在纸质上或存放在计算机里）和易受到攻击（口令很难抵抗字典攻击，静态口令很容易被驻留在计算机内存中的木马程序或网络中的监听设备截获）。

（2）密钥

通信双方如果采用对称密码算法进行保密通信，双方需要约定对第三方保密的共享密钥 K，接收方收到密文后，如果能够使用共享密钥 K 解密，就相当于完成了发送方身份的认证。

如果通信双方采用非对称密码算法进行保密通信和数字签名，在通信前，发送方通过公钥目录查询接收方的公钥，采用接收方的公钥进行信息加密，然后用自己的私钥进行数字签名，这样接收方先用发送方的公钥验证签名是否正确，如果正确，那么相信发送方的身份，因为只有发送方才可能签名，同时，再用自己的私钥解密，获得明文。

基于密钥的认证方法源自复杂的密码运算，安全性较高；但是，不论是对称密钥方案或者是非对称密钥方案都涉及复杂的运算，效率不高，使用不方便，并且密钥的安全管理成为新的难题。

2. 基于用户所拥有的物品的身份认证

（1）记忆卡

普通的记忆卡如磁卡，表面贴有磁条，记录了个人信息。记忆卡相比口令安全，廉价而易于生产，如果将记忆卡和口令结合将使得身份认证更加安全可靠；但是记忆卡易于伪造。

（2）智能卡

智能卡是一种内置集成电路的芯片，包含微处理器、存储器和输入/输出接口设备等，存储容量大，具有信息处理能力。用户携带智能卡，需要验证用户的身份时将智能卡插入专用的读卡器读取其中的信息。

智能卡保存了用户的密钥和数字证书等信息，而且还能进行有关加密和数字签名运算，功能比较强大。这些运算都在卡内完成，不使用计算机内存，因而十分安全。智能卡结合了先进的集成电路芯片，具有运算快速、存储量大、安全性高以及破译困难等优点，是未来卡片的发展趋势。

3. 基于用户生物特征的身份认证

传统的身份认证技术，不论是基于所知信息的身份认证，还是基于所拥有物品的身份认证，甚至是二者相结合的身份认证，始终没有结合人的特征。生物识别技术通过可测量的身体或行为等生物特征进行身份认证。例如，身体特征包括指纹、掌形、视网膜、虹膜、人体气味、脸型、手的血管和甚至 DNA 等；行为特征包括签名、语音等。

7.7 防火墙技术

防火墙是指隔离本地网络与外界网络之间的一道防御系统，是一种非常有效的网络安全技术，通过它可以隔离风险区域（即 Internet 或有风险的外部网络）与安全区域（内部网络或者局域网）的连接，同时不会妨碍人们对风险区域的访问。防火墙可以监控和过滤进出网络的通信量，仅让安全、核准了的信息进出网络，抵制对企业内部网络形成威胁的数据。如图 7-31 所示，防火墙隔离了可信的内部网络 Intranet 和不可信的外部网络 Internet，同时通过防火墙的设置使得外部 Internet 用户访问内部网络的部分服务，这些服务在图中表示为非军事化管理区（Demilitarized Zone，DMZ）。从防火墙的实现技术分类，可分为包过滤（Packet filtering）型防火墙和应用代理（Application Proxy）型防火墙两大类，下面分别对这两种防火墙进行简要介绍。

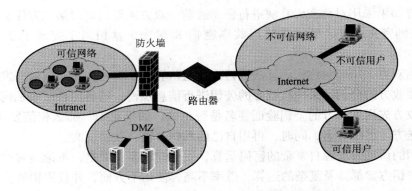

图 7-31   防火墙在 Internet 中的部署示意图

7.7.1   包过滤型防火墙

如图 7-32 所示，包过滤型防火墙工作在 OSI 网络参考模型的网络层，它根据数据包头源地址、目的地址、端口号和协议类型等标志确定是否允许通过。只有满足过滤条件的数据包才被转发到相应的目的地，其余数据包则从数据流中被丢弃。包过滤型防火墙的核心在于包过滤引擎，它的工作原理见图 7-33。

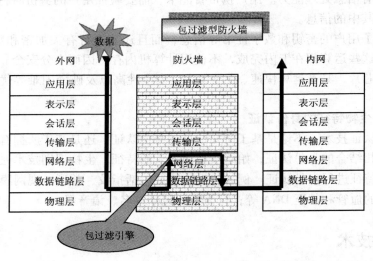

图 7-32   包过滤型防火墙的基本原理

包过滤方式是一种通用、廉价和有效的安全手段。通用是指它不是针对各个具体的网络服务所采取的特殊处理方式，而是适用于所有网络服务；廉价是因为大多数路由器都提供数据包过滤功能，所以这类防火墙多数是由路由器集成的；有效是指它能在很大程度上满足绝大多数企业安全要求。

某台服务器只对外提供 TCP 端口为 80 的 Web Server 服务，可以设置防火墙软件的规则集如表 7-25 所示，规则 1 和规则 2 分别保证该服务器的服务请求和应答数据包能够正常通过，而规则 3 则过滤掉了所有其他的数据包。实际的防火墙软件的规则设置远远比本示例复杂，要根据需要开放的服务以及端口进行详细的分析和设置。

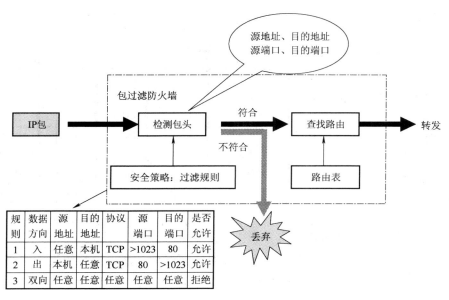

图 7-33　包过滤引擎的工作原理

表 7-25　防火墙的规则集

规 则 编 号	数据包的方向	源 地 址	目 的 地 址	协 议	源 端 口	目 的 端 口	是否允许
1	入	任意	本机	TCP	>1023	80	允许
2	出	本机	任意	TCP	80	>1023	允许
3	双向	任意	任意	任意	任意	任意	拒绝

总体而言，包过滤防火墙具有如下的特点：

1）实现容易。

2）数据吞吐率较高。

3）易配置。

4）对应用完全透明。

5）对会话内容无法监控，安全性能较低。

7.7.2　应用代理型防火墙

应用代理（Application Proxy）型防火墙工作在 OSI 参考模型的最高层，即应用层，如图 7-34 所示。其特点是完全"阻隔"了网络通信流，通过对每种应用服务编制专门的代理程序，实现监视和控制应用层通信流的目的。应用代理型防火墙最突出的优点就是安全。由于它工作于最高层，因此它可以对网络中任何一层数据通信进行筛选保护，而不是像包过滤那样，只是对网络层的数据进行过滤。

应用代理型防火墙采取的是一种代理机制，它可以为每一种应用服务建立一个专门的代理，所以内、外部网络之间的通信不是直接的，而都需先经过代理服务器审核，审核通过后再由代理服务器代为连接，根本没有给内、外部网络计算机任何直接会话的机会，从而避免了入侵者使用数据驱动类型的攻击方式入侵内部网。

应用代理防火墙具有如下的特点：

1）可以对应用层数据进行处理。

2）对数据包的检测能力比较强。

3）双向通信必须经过应用代理，禁止 IP 转发。

4）难于配置。

5）处理速度慢。

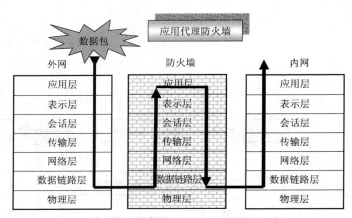

图 7-34 应用代理型防火墙

应用代理型防火墙需要为不同的网络服务建立专门的代理服务，在代理程序为内、外部网络用户建立连接时需要时间，所以给系统性能带来了负面影响，当用户对内、外部网络网关的吞吐量要求比较高时，应用代理型防火墙就会成为制约内、外部网络之间通信的瓶颈。

7.8 入侵检测

入侵检测（Intrusion Detection）就是通过从计算机网络或计算机系统中若干关键点收集信息并对其进行分析，从中发现网络或系统中是否有违反安全策略的行为和遭到攻击的迹象，并作出响应。入侵检测系统（Intrusion Detection System，IDS）是一种积极主动的安全防护技术，是对防火墙的合理补充，有助于系统对付网络攻击，扩展了系统管理员的安全管理能力，提高了信息安全基础结构的完整性，是安全防御体系的一个重要组成部分。

IDS 最早出现在 1980 年 4 月，James P. Anderson 为美国空军作了一份题为《计算机安全威胁监控与监测》（Computer Security Threat Monitoring and Surveillance）的技术报告，在其中他提出了 IDS 的概念。20 世纪 80 年代中期，IDS 逐渐发展成为入侵检测专家系统（Intrusion Detection Expert System，IDES）的技术报告。1990 年，IDS 分化为基于网络的 N-IDS 和基于主机的 H-IDS，后又出现分布式 D-IDS。IDS 系统按照所采用分析技术可以分为异常检测（Anomaly Detection）、误用检测（Misuse Detection）和采用两种技术混合的入侵检测。

如图 7-35 所示，入侵检测的工作过程是：信息收集、信息（数据）预处理、数据的检测分析以及根据安全策略做出响应。

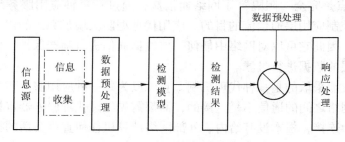

图 7-35 入侵检测系统（IDS）

7.8.1 CIDF 入侵检测模型

CIDF 模型是由 CIDF（Common Intrusion Detection Framework）工作组提出的。CIDF 工作组是由 Teresa Lunt 发起的，这是一个专门从事对入侵检测系统进行标准化的研究机构。它主要研究的是入侵检测系统的通用结构、入侵检测系统各组件间的通信接口问题、通用入侵描述语言以及不同入侵检测系统间通信问题之类的关于入侵检测的规范化问题。CIDF 提出了一个入侵检测系统的通用模型（如图7-36 所示），它将入侵检测系统分为以下几个单元：

1）事件生成器（Event Generators）：它从整个计算环境中获得事件，并向系统的其他部分提供此事件。

2）事件分析器（Event Analyzers）：分析得到的数据，并产生分析结果。

3）响应单元（Response Units）：对分析结果做出反应的功能单元，可以是切断连接、改变文件属性等反应，甚至发动对攻击者的反击，也可以只是简单的报警。

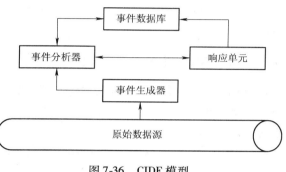

图 7-36　CIDF 模型

4）事件数据库（Event Databases）：存放各种中间和最终数据的场所，它可以是复杂的数据库，也可以是简单的文本文件。

CIDF 模型给出了入侵检测系统的一个基本框架。一般地，入侵检测系统由这些功能模块组成。在具体实现上，由于各种网络环境的差异以及安全需求的不同，因而在实际的结构上存在一定程度的差别。

7.8.2 Denning 的通用入侵检测系统模型

1987 年，Dorothy E. Denning 提出了一个通用的入侵检测模型（如图7-37 所示）。这个模型是个典型的异常检测的实现原型，对入侵检测的研究起着相当大的推动作用。该模型由以下6 个主要部分组成。

1）主体（Subjects）：在目标系统上活动的实体，如用户。

2）对象（Objects）：系统资源，如文件、设备、命令等。

3）审计记录（Audit records）：由如下的一个6 元组构成 < Subject, Action, Object, Exception-Condition, Resource-Usage, Time-Stamp >。活动（Action）是主体对目标的操作，对操作系统

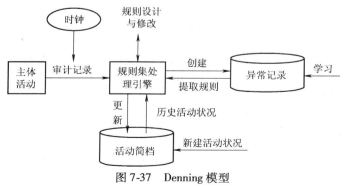

图 7-37　Denning 模型

而言，这些操作包括读、写、登录、退出等；异常条件（Exception-Condition）是指系统对主体活动的异常报告，如违反系统读写权限；资源使用状况（Resource-Usage）是系统的资源消

耗情况，如 CPU、内存使用率等；时间戳（Time-Stamp）是活动发生时间。

4）活动简档（Activity Profile）：用以保存主体正常活动的有关信息，具体实现依赖于检测方法，在统计方法中从事件数量、频度、资源消耗等方面度量，可以使用方差、马尔可夫模型等方法实现。

5）异常记录（Anomaly Record）：由 < Event，Time-Stamp，Profile > 组成。用以表示异常事件的发生情况。

6）活动规则：规则集是检查入侵是否发生的处理引擎，它可以结合活动简档用专家系统或统计方法等分析接收到的审计记录，调整内部规则或统计信息，在判断有入侵发生时采取相应的措施。

7.8.3 入侵检测技术的发展趋势

1）分布式入侵检测。传统的 IDS 系统一般局限于单一的主机或网络，不适用于大规模网络的监测，不同的入侵检测系统之间也不能协同工作。因此，发展分布式入侵检测技术势在必行。

2）实时入侵检测。高速网络的出现使得实时入侵检测成为一个必须解决的现实问题。

3）入侵检测的数据融合技术，目前的 IDS 还存在着很多不足之处。首先，目前的技术还不能对付训练有素的黑客的复杂的攻击；其次，系统的虚警率太高；另外，应对海量数据的处理和响应能力不足。数据融合技术是解决这一系列问题的可能方案。

4）集成防火墙、病毒防护等安全技术的综合网络安全保障体系。

7.9　网络病毒

7.9.1　计算机病毒

《中华人民共和国计算机信息系统安全保护条例》中明确定义了计算机病毒（Computer Virus）："编制者在计算机程序中插入的破坏计算机功能或者破坏数据，影响计算机使用并且能够自我复制的一组计算机指令或者程序代码。"通常认为计算机病毒具有如下的特点：

1）繁殖性。计算机病毒可以像生物病毒一样进行繁殖，当正常程序运行的时候，它也进行运行自身复制。

2）破坏性。计算机中毒后，可能会导致正常的程序无法运行，把计算机内的文件删除或受到不同程度的损坏。

3）传染性。计算机病毒不但本身具有破坏性，更有害的是具有传染性，一旦病毒被复制或产生变种，其速度之快令人难以预防。

4）潜伏性。有些病毒像定时炸弹一样，不到预定时间一点都觉察不出来，等到条件具备的时候一下子就发作起来，对系统进行破坏。

5）隐蔽性。计算机病毒具有很强的隐蔽性，有的可以通过病毒软件检查出来，有的根本就查不出来，有的时隐时现、变化无常，处理起来通常很困难。

6）可触发性。病毒因某个事件或数值的出现，诱使病毒实施感染或进行攻击的特性称为可触发性。

7.9.2 计算机病毒的分类

计算机病毒有很多种分类方法，其中按照病毒存在的媒体，病毒可以划分为网络病毒、文件病毒、引导型病毒。网络病毒通过计算机网络传播并感染网络中的可执行文件，文件病毒感染计算机中的文件（如：COM，EXE，DOC 等），引导型病毒感染启动扇区（Boot）和硬盘的系统引导扇区（MBR），还有这 3 种情况的混合型，例如：多型病毒（文件和引导型）感染文件和引导扇区两种目标，这样的病毒通常都具有复杂的算法，它们使用非常规的办法侵入系统，同时使用了加密和变形算法。

7.9.3 网络病毒的传播方式与特点

网络病毒是计算机病毒在互联网时代的新的表现形式，并且随着互联网的普及和应用的拓展，网络病毒已经成为当今病毒的主要形态，又可以分为木马病毒、蠕虫病毒、黑客病毒、脚本病毒、网页病毒、邮件病毒等。

1. 网络病毒的传播方式

网络病毒一般会试图通过以下 4 种不同的方式进行传播：

1）邮件附件。病毒经常会附在邮件的附件里，诱惑人们去打开附件，一旦打开，机器就会染上附件中所附的病毒。

2）E-mail。有些蠕虫病毒会利用操作系统的安全漏洞将自身藏在邮件中进行传播。只需打开邮件就会使机器感染上病毒。

3）Web 服务器。有些网络病毒攻击 IIS 4.0 和 5.0 Web 服务器。利用 Web 服务器的漏洞，病毒可以感染系统的文件。

4）文件共享。文件共享是病毒传播的另外一种手段。操作系统可以设置文件共享功能，如果病毒发现系统被配置为其他用户可以在系统中创建文件或者具有写操作权限，它就会在其中添加文件或者更改共享文件进行病毒传播。

2. 网络病毒的特点

1）感染速度快。在网络环境中，病毒可以通过网络实现迅速的传播。

2）扩散面广。由于病毒在网络中扩散非常快，扩散范围很大，不但能迅速传染局域网内所有计算机，还能通过远程工作站将病毒在一瞬间传播到千里之外。

3）传播的形式复杂多样。计算机病毒在网络上传播的形式复杂多样。

4）难于彻底清除。网络中只要有一台计算机未能消毒干净就可使整个网络重新被病毒感染，甚至刚刚完成清除工作的一台计算机就有可能被网上另一台带毒计算机重新感染。

5）破坏性大。网络上病毒将直接影响网络的工作，轻则降低速度，影响工作效率，重则使网络崩溃，破坏服务器信息，使多年工作毁于一旦。

7.10 网络安全协议

7.10.1 TCP/IP 协议簇的安全问题

随着 Internet 的发展，TCP/IP 得到了广泛的应用，几乎所有的网络均采用了 TCP/IP。

由于 TCP/IP 在最初设计时是基于一种可信环境的，没有考虑安全性问题，因此它自身存在许多固有的安全缺陷，例如：

1）IP 的 IP 地址可以通过软件进行设置，这样就埋下了地址假冒与欺骗的安全隐患。

2）IP 支持源路由方式，源发方可以指定信息包传送到目的节点的中间路由，为源路由攻击埋下了隐患。

3）在 TCP/IP 的实现中也存在着一些安全缺陷和漏洞，如序列号产生容易被猜测、参数不检查而导致的缓冲区溢出等。

4）在 TCP/IP 协议簇中的各种应用层协议（如 Telnet、FTP、SMTP 等）缺乏认证和保密措施，这就为欺骗、否认、拒绝、篡改、窃取等行为打开了方便之门。

7.10.2　网络安全协议

为了解决 TCP/IP 协议簇的安全性问题，弥补 TCP/IP 协议簇在设计之初对安全功能的考虑不足，IETF 等相关组织不断地改进现有协议并设计了新的安全通信协议，形成了由各层安全通信协议构成的 TCP/IP 协议簇的安全架构，具体如表 7-26 所示。

表 7-26　TCP/IP 协议簇的安全架构

应用层	S-HTTP, SSH, SSL-Telnet, SSL-SMTP, SSL-POP3, PET, PEM, S/MIME, PGP
传输层	SSL, TLS, SOCKS v5
网络层	IPSec
网络接口层	PPTP, L2TP, L2F

1. 应用层的安全协议

1）S-HTTP（Secure HTTP）。它是为保证 Web 的安全，由 IETF 开发的协议，该协议利用 MIME，基于文本进行加密、报文认证和密钥分发等。

2）SSH（Secure Shell）。对 BSD 系列的 UNIX 的 r 系列命令加密而采用的安全技术。

3）SSL-Telnet、SSL-SMTP、SSL-POP3。以 SSL 协议分别对 Telnet、SMTP、POP3 等应用进行的加密。

4）PET（Privacy Enhanced Telnet）。使 Telnet 具有加密功能，在远程登录时对连接本身进行加密的方式（由富士通和 WIDE 开发）。

5）PEM（Privacy Enhanced Mail）。由 IEEE 标准化的具有加密签名功能的邮件系统。

6）S/MIME（Secure/Multipurpose Internet Mail Extensions）。安全的多用途 Internet 邮件扩充协议。

7）PGP（Pretty Good Privacy）。具有加密及签名功能的电子邮件协议（RFC1991）。

2. 传输层的安全协议

1）SSL（Secure Socket Layer）。基于 WWW 服务器和浏览器之间的具有加密、报文认证、签名验证和密钥分配的加密协议。

2）TLS（Transport Layer Security，IEEE 标准）。将 SSL 通用化的协议（RFC2246）。

3）SOCKS v5。此协议是防火墙和 VPN 用的数据加密和认证协议，见 RFC1928。

3. 网络层的安全协议

IPSec（Internet Protocol Security，IEEE 标准）。为通信双方提供机密性和完整性服务。

4. 网络接口层的安全协议

网络接口层的安全协议主要用于虚拟专用网，主要有：

1）PPTP（Point to Point Tunneling Protocol）。点到点隧道协议。

2）L2F（Layer 2 Forwarding）。第二层转发协议。

3）L2TP（Layer 2 Tunneling Protocol）。综合了 PPTP 和 L2F 协议的优点，称为第二层隧道协议。

7.11　VPN 技术

7.11.1　VPN 概述

随着企业网应用的不断扩大，企业网的范围也在不断扩大，从一个本地网络发展到跨地区跨城市甚至是跨国家的网络，如果依旧采用传统的广域网建立企业专网，往往需要租用昂贵的跨地区数字专线。

Internet 已经遍布各地，并且企业都已经接入 Internet，如果企业的信息直接通过 Internet 进行传输，在安全性上存在着很多问题，并且不便于管理。如何能够利用现有的 Internet，来安全地建立企业的专有网络呢？为了解决上述问题，人们提出了虚拟专用网（Virtual Private Network，VPN）的概念。

虚拟专用网技术是指在公共网络中建立专用网络，数据通过安全的"加密管道"在公共网络中传播。如图 7-38 所示，企业的分支机构、合作伙伴、出差在外的员工等，只需要能够接入 Internet，然后通过 VPN 软件，各地的机构就可以连接进入企业网中，就好像彼此身处同一个局域网中，构成了逻辑上的企业虚拟专用网络，这种网络与传统的租用专线连接构成的企业专用网络功能相同，但是成本却很低。

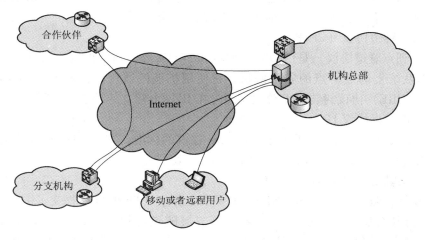

图 7-38　虚拟专用网（VPN）的基本结构

使用 VPN 可以为企业节省成本，提供远程访问的能力，并且 VPN 扩展性强、便于管理，能够实现企业网络的全面控制，是目前和今后企业网络发展的趋势。

7. 11. 2　VPN 协议

虚拟专用网的重点在于建立安全的数据通道，构建这条安全通道的协议必须具备以下条件：

1）保证数据的真实性。通信主机要经过授权，具有抵抗地址冒充（IP Spoofing）的能力。

2）保证数据的完整性。接收到的数据必须与发送时一致，具有抵抗数据篡改的能力。

3）保证通道的机密性。提供强大的加密手段，使偷听者无法破解拦截到的数据。

4）动态密钥交换功能。提供密钥中心管理服务器，抵御重放攻击。

5）安全防护措施和访问控制。抵抗黑客通过 VPN 通道攻击企业网络的能力，提供 VPN 通道的访问控制（Access Control）。

VPN 主要采用 4 项技术来保证安全，这 4 项技术分别为

1）隧道技术（Tunneling）。

2）加解密技术（Encryption & Decryption）。

3）密钥管理技术（Key Management）。

4）认证技术（Authentication）。

限于篇幅，这里简要介绍 VPN 的隧道技术和相关协议。隧道技术实质上是一种数据封装技术，它将一种协议封装在另一种协议中传输，从而实现被封装协议对封装协议的透明性，保持被封装协议的安全特性。根据 VPN 隧道协议在 TCP/IP 栈中的层次目前主要有两类隧道协议。

1. 第二层隧道协议

把各种网络层协议（如 IP、IPX 和 AppleTalk 等）封装到数据链路层的点到点协议（PPP）帧里，再把整个 PPP 帧装入隧道协议里。这种方法封装的是网络协议栈数据链路层的数据包，称为"第二层隧道"。目前主要使用的第二层隧道协议有：

（1）点对点隧道协议（PPTP）

PPTP（点到点隧道协议）是由微软、朗讯和 3COM 等公司推出的协议标准，是集成在 Windows 操作系统上的点对点的安全协议，它使用扩展的通用路由封装（Generic Routing Encapsulation，GRE）协议封装 PPP 分组，通过在 IP 网上建立的隧道来透明传送 PPP 帧。

（2）第二层转发协议 L2F

L2F 是第二层转发协议，它是 Cisco Systems 建议的标准。它在 RFC 2341 中定义，是基于 ISP 的、为远程接入服务器 RAS 提供 VPN 功能的协议。

（3）第二层隧道协议 L2TP

1996 年 6 月，微软和 Cisco 向 IETF PPP 扩展工作组（PPPEXT）提交了一个 MS – PPTP 和 Cisco L2F 的联合版本，该提议被命名为第二层隧道协议（Layer 2 Tunneling Protocol，L2TP）。L2TP 综合了 PPTP 和 L2F 等协议的优点，是一个基于数据链路层的隧道协议。

2. 第三层隧道协议

第三层隧道协议主要有 IP 层安全协议（IP Security，IPSec）、移动 IP 和虚拟隧道协议（Virtual Tunnel Protocol，VTP）。其中，IPSec 协议应用最为广泛，成为目前事实上的网络层安全标准，不但符合现有的 IPv4 环境，同时也是 IPv6 的安全标准，利用隧道技术，理论上

任何协议的数据都可以透过 IP 网络传输。

小结

1. 知识梳理

网络的安全和网络的管理是紧密联系的两个方面，网络管理的功能域中包含了网络的安全管理，而网络的安全也离不开有效的管理。

本章简要介绍了网络管理与网络安全中的基本概念、原理和相关技术，包括 SNMP 网络管理协议、密码技术、报文认证、数字签名、身份认证、防火墙、入侵检测、网络病毒、网络安全协议、虚拟专用网（VPN）等理论和技术。限于篇幅，每一部分内容都只是入门性的知识和概要介绍，每一小节的内容都包含了众多的理论和技术，本章的参考文献列出了相关理论和技术更深入的书籍、网络链接和技术资料。

2. 学生的疑惑

疑惑 1：怎么区分简单网络管理协议中 MIB 与 SMI？

解答 1：SMI 是规定了 MIB 中可以使用的数据类型是哪些，而 MIB 则使用 SMI 提供的数据类型定义了被管理设备的被管对象。当然 SMI 还提供了 MIB 中被管理对象的命名方法以及数据在网络上进行传输的编码方法。

疑惑 2：MIB 是否就是数据库？

解答 2：MIB 是管理信息库，但不是真正存储数据的数据库，相当于数据库中表的结构，不存储具体的信息；但与普通数据库的表又有较大的区别，因为 MIB 采用树形结构组织被管理对象的。

疑惑 3：怎么区分网络的安全服务和网络的安全机制？

解答 3：网络的安全服务是指为了保证网络安全应该提供哪些安全选项；而网络的安全机制是指为了实现这些安全服务可以采用哪些手段或者技术。

3. 授课体会

本章的内容是网络管理和网络安全两个领域知识的高度浓缩，这两个领域的研究都非常活跃、发展较快并且内容十分丰富，考虑到本门课程的基础定位，这里只是介绍了非常基本的概念、理论和技术，更深入的内容需要通过专门的课程进行学习。

在授课的过程中，要把重心放在网络安全和网络管理解决问题的方法上，使得学生了解网络安全和网络管理的基本概念和解决问题的思路。实际备课和授课的过程中，发现真正重要的是要引导学生去了解课程相关的研究领域知识，而不能局限于课堂所授知识和几本教材或者参考书，要关注网络不同研究领域知识的联系，从整体上把握网络的安全与管理。

另外，本章许多内容都是大家在平时使用网络的过程中不断接触和使用的，只是有时没有意识到自己正在使用本章提到的相应技术或者名词，因此，本章的教学应该结合平时使用网络时所碰到的各种问题，进行灵活讲解。例如：消息摘要本质上就是一种校验技术，可以以操作系统的文件校验或者网络文件下载作为例子进行介绍；另外关于散列函数的碰撞性，可以通过鸽巢原理或者抽屉原理进行介绍，这样就非常容易理解了。

习题与思考

1. 简要描述 SNMP 中的 5 个协议原语分别是什么？

2. SNMP 协议在 TCP/IP 协议簇的分层中，属于那一层？底层使用什么协议来传输数据？使用了哪些熟知端口？

3. SMI 的基本数据类型和结构化数据类型分别有哪些？

4. 密码技术的两大密码体制分别是什么，有什么特点，每种体制举例说明？

5. 什么是 3DES？二密钥的 3DES 和三密钥的 3DES 的密钥长度分别是多少？

6. 简述 RSA 算法的基本流程。

7. 欧几里得算法和扩展的欧几里得算法在 RSA 算法中各有什么用途？

8. 在 RSA 算法中，若欧拉函数 $\phi(n) = 288$，·请问加密密钥选择 $e = 11$ 合适吗？为什么？如果合适的话，请计算解密密钥 d，并写出计算的过程。

9. 公钥算法用于保密和签名的过程分别是怎样的？

10. 什么是消息摘要算法？什么是消息认证码？消息摘要和消息认证码的主要区别是什么？

11. 信息摘要算法 MD5 和安全散列函数 SHA-1 主要的用途是什么？它们生成的消息摘要分别为多少位？

12. 数据包过滤型防火墙和应用代理型防火墙各自的优缺点是什么？

13. 某台主机安装了网页服务器为外部提供主页访问，IP 地址是 200.185.175.122，端口是熟知端口 80，该主机在需要的时候要能够通过浏览器访问外部的主页，除此之外的网络端口出于安全考虑全部禁用，网络管理员在该主机上安装了防火墙软件，请问该计算机的防火墙访问规则应如何设置？

14. 简要描述入侵检测系统的基本原理。

15. 网络安全协议主要有哪些？

16. VPN 的隧道协议主要有哪些？

第 8 章　常用网络设备实例

8.1　CISCO 路由器和交换机常用命令模式

CISCO 路由器和交换机通常使用 IOS 操作系统下的 CLI 命令行模式进行配置，路由器和交换机的常见模式基本相同。以路由器为例，常用的命令模式及模式切换方法如表 8-1 所示。

表 8-1　CISCO 路由器常用工作模式及切换方法

CLI 命令语法	
＞ 提示符表示已处于用户执行模式	Router ＞
从用户模式进入特权模式	Router ＞ enable
#提示符表示已处于特权执行模式	Router#
从特权模式进入全局配置模式	Router#configure terminal
进入全局模式时的系统消息 Enter configuration commands, one per line. End with CNTL/Z.	
(config)#提示符表示交换机处于全局配置模式	Router （config）#
从全局模式进入接口模式	Router （config）#interface fastethernet 0/1
(config-if) 提示符表示交换机处于接口配置模式	Router （config-if）
从接口配置模式切换到全局配置模式	Router （config-if）#exit
(config)#提示符表示交换机处于全局配置模式	Router （config）#
从全局配置模式切换到特权执行模式	Router （config）#exit

为方便配置，CLI 提供了强大的帮助功能。例如，如果记不清楚配置命令全称，可以输入命令的前几个字符，然后输入"?"，则会显示以输入的几个字符开头的所有命令以供选择；又如，只要所输入的命令包含的字符足够多，CLI 即可识别。如表 8-1 中标注下画线的部分，只要输入这几个字符，则对应命令即可被识别；再如，可以输入某一命令的前几个字符，只要该特征字符串唯一，则可以通过按键盘上的 ＜Tab＞ 键自动补齐该命令的所有字符。

8.2　CISCO 交换机配置举例

除了上述基本配置模式之外，交换机和路由器也有各自特有的配置模式。就交换机而言，可以通过配置 VLAN，从而隔离广播域。下面举一个例子。

如图 8-1 所示，交换机 S1 通过两个快速以太网端口 FA0/1、FA0/2 连接两台主机 PC1、PC2，通过在交换机上配置两个 VLAN：VLAN100 和 VLAN200 将两台 PC 划分为两个 VLAN 的成员。具体配置如下：

```
Switch ＞ enable                          //从用户模式进入特权模式
Switch#conf t                            //从特权模式进入全局模式
Switch （config）#hostname S1             //修改主机名称为 S1
```

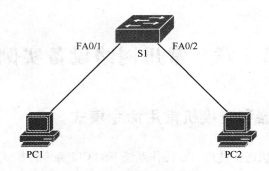

图 8-1　交换机实验拓扑

S1（config）#vlan 100	//创建 vlan，vlan 号为 100，并进入 vlan 配置模式
S1（config-vlan）#name vlan100	//将该 vlan 命名为 vlan100
S1（config-vlan）#vlan 200	//创建 vlan，vlan 号为 200
S1（config-vlan）#name vlan200	//将该 vlan 命名为 vlan200
S1（config-vlan）#interface FA0/1	//从 vlan 模式切换到接口模式，对 fa0/1 进行配置
S1（config-if）#switchport mode access	//将 FA0/1 口修改为静态接入模式，这是基于接口划分 vlan 的前提
S1（config-if）#switchport access vlan 100	//将 FA0/1 接口划分为 vlan 100 的成员端口
S1（config-if）#int FA0/2	//FA0/2 接口按照相同方法进行配置
S1（config-if）#switchport mode access	
S1（config-if）#switchport access vlan 200	
S1（config-if）#end	//使用 end 命令切换到特权模式
S1#	
S1#show vlan brief	//查看 vlan 配置的摘要信息

交换机输出的配置结果如下：

```
VLAN Name                        Status    Ports
---- ------------------ --------- ---------------
1    default            active    FA0/3，FA0/4，FA0/5，FA0/6
                                  FA0/7，FA0/8，FA0/9，FA0/10
                                  FA0/11，FA0/12，FA0/13，FA0/14
                                  FA0/15，FA0/16，FA0/17，FA0/18
                                  FA0/19，FA0/20，FA0/21，FA0/22
                                  FA0/23，FA0/24，Gig1/1，Gig1/2
100  vlan100            active    FA0/1
200  vlan200            active    FA0/2
1002 fddi-default       active
```

1003	token-ring-default	active
1004	fddinet-default	active
1005	trnet-default	active

从加粗显示的配置输出可以看出，接口 FA0/1 成为 vlan 号为 100 的 vlan 成员，接口 FA0/2 成为 vlan 号为 200 的 vlan 成员。

8.3 CISCO 路由器配置举例

就路由器而言，除了基本配置模式外，还存在多种特有的配置模式，与课程讲述内容关系比较紧密的是路由配置模式，下面举一个例子。

在图 8-2 的拓扑中，各路由器接口名称和 IP 地址均已列出，可以在路由器上启动路由信息协议（Routing Information Protocol，RIP）实现各个网络之间的互联。以 R1 上的配置为例，对于其他 3 个路由器 R2、R3 和 R4，按照相同的方式进行配置。配置命令如下：

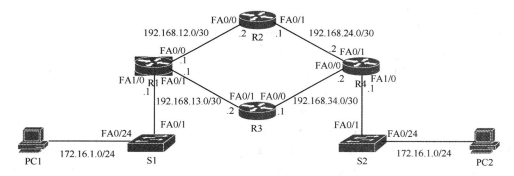

图 8-2 IP 配置实例

R1 > enable   //从用户模式进入特权模式

R1#conf t   //从特权模式进入全局模式

R1（config）#interface fa0/0   //从全局模式进入接口模式，对 FA0/0
                                                        进行配置

R1（config-if）#ip address 192. 168. 12. 1 255. 255. 255. 252   //配置 IP 地址和掩码

R1（config-if）#no shutdown   //开启接口

R1（config-if）#interface FastEthernet0/1   //配置接口 FA0/1

R1（config-if）#ip address 192. 168. 13. 1 255. 255. 255. 252

R1（config-if）#no shutdown

R1（config-if）#interface FastEthernet1/0   //配置接口 FA1/0

R1（config-if）#ip address 172. 16. 1. 1 255. 255. 255. 0

R1（config-if）#no shutdown

R1（config-if）#exit   //退回到全局模式

R1（config）#router rip   //从全局模式进入路由配置模式，启
                                                        动 RIP

R1（config-router）#version 2   //使用 RIP v2

R1（config-router）#network 172. 16. 0. 0　　　　　　　//通告网络

R1（config-router）#network 192. 168. 12. 0

R1（config-router）#network 192. 168. 13. 0

R1（config-router）#no auto-summary　　　　　　//禁用自动汇聚以精确发布子网

用 end 命令退回到特权模式后，使用 show ip route 命令查看路由表，可以看到 RIP 协议所生成的路由表项：

Router#show ip route

//路由器 CLI 输出

　　172. 16. 0. 0/24 is subnetted, 2 subnets

C　　　　172. 16. 1. 0 is directly connected, FastEthernet1/0

R　　　　172. 16. 2. 0 [120/2] via 192. 168. 12. 2, 00：00：14, FastEthernet0/0

**　　　　　　[120/2] via 192. 168. 13. 2, 00：00：28, FastEthernet0/1**

　　192. 168. 12. 0/30 is subnetted, 1 subnets

C　　　　192. 168. 12. 0 is directly connected, FastEthernet0/0

　　192. 168. 13. 0/30 is subnetted, 1 subnets

C　　　　192. 168. 13. 0 is directly connected, FastEthernet0/1

　　192. 168. 24. 0/30 is subnetted, 1 subnets

R　　　　192. 168. 24. 0 [120/1] via 192. 168. 12. 2, 00：00：14, FastEthernet0/0

**　　192. 168. 34. 0/30 is subnetted, 1 subnets**

R　　　　192. 168. 34. 0 [120/1] via 192. 168. 13. 2, 00：00：28, FastEthernet0/1

请注意加粗显示的路由条目即为 RIP 路由条目，以最后一个 RIP 条目为例进行说明。

路由条目：R　　　　192. 168. 34. 0 [120/1] via 192. 168. 13. 2, 00：00：28, FastEthernet0/1

其中，**R**：指明类型为 RIP 路由条目；

192. 168. 34. 0：目的网络地址；

[120/1]：右边数字为跳数显示；

via 192. 168. 13. 2：下一跳路由器地址；

FastEthernet0/1：本地出口。

附　录

专业术语

ABR（Area Border Router）区域边界路由器

ACK（Acknowledgement）确认比特

AP（Wireless Access Point）无线访问接入点

API（Application Programming Interface）应用程序编程接口

ARP（Address Resolution Protocol）地址解析协议

ARPA（Advanced Research Projects Agency）美国国防部高级研究计划署

ARQ（Automatic Repeat-reQuest）自动重传请求

AS（Autonomous System）自治系统

ASBR（Autonomous System Border Router）自治系统边界路由器

ASK（Amplitude-Shift Keying）移幅键控

ATM（Asynchronous Transfer Mode）异步传输模式

BDR（Backup Designated Router）备份指定路由器

BGP（Border Gateway Routing Protocol）边界网关路由协议

CBT（Core Based Tree）基于核心的转发树

CCITT（Consultative Committee，International Telegraph and Telephone）国际电报电话咨询委员会

CCP（Communication Control Processor）通信控制处理机

CDMA（Code Division Multiple Access）码分复用，也称为码分多址

CFI（Canonical Format Indicator）标准格式指示位

CHAP（Challenge Handshake Authentication Protocol）PPP（点对点协议）询问握手认证协议

CIDR（Classless Inter-Domain Routing）无类域间路由

CLI（Command Line Interface）命令行接口

CLNS（Connection Network Service）无连接网络服务

CONS（Connection Oriented Network Service）面向连接的网络服务

CRC（Cyclical Redundancy Check）循环冗余码

CSMA/CA（Carrier Sense Multiple Access with Collision Avoidance）带有冲突避免的载波侦听多路访问

CSMA/CD（Carrier Sense Multiple Access/Collision Detect）载波监听多路访问/冲突检测机制

DBD（DateBase Description）数据库描述

DCE（Date Circuit - terminating Equipment）数据通信设备

DES（Data Encryption Standard）数据加密标准

DF（Don't Fragment）不允许分片

DHCP（Dynamic Host Configuration Protocol）动态主机配置协议

DNS（Domain Name System）域名系统

DR（Designated Router）指定路由器

DS（Differentiated Service）区分服务

DSSS（Direct Sequence Spread Spectrum）直接序列展频技术

DTE（Data Terminal Equipment）数据终端设备

DVMRP（Distance Vector Multicast Routing Protocol）距离向量多播路由协议

EGP（Exterior Gateway Protocols）外部网关路由协议

FDDI（Fiber Distributed Data Interface）光纤分布式接口

FEP（Front-End Processor）前端处理机

FHSS（Frequency-Hopping Spread Spectrum）跳频技术

FSK（Frequency-Shift Keying）移频键控

FTP（File Transfer Protocol）文件传输协议

GSM（Global System for Mobile Communications）全球移动通信系统

HDLC（High-Level Data Link Control）高级数据链路控制

HSSI（High-Speed Serial Interface）高速串行接口

HTML（HyperText Markup Language）超文本标识语言

HTTP（Hyper Text Transfer Protocol）超文本链接协议

IAB（Internet Architecture Board）Internet 体系结构委员会

IANA（Internet Assigned Numbers Authority）因特网号码指派管理局

ICANN（Internet Corporation for Assigned Names and Numbers）Internet 名称与号码分配公司

ICMP（Internet Control Message Protocol）网际报文控制协议

IDS（Intrusion Detection System）入侵检测系统

IEEE（Institute of Electrical and Electronics Engineers）电气和电子工程师协会

IETF（Internet Engineering Task Force）Internet 工程任务组

IGMP（Internet Group Management Protocol）网际组管理协议

IGP（Interior Gateway Protocols）内部网关路由协议

IMAP（Internet Massage Access Protocol）因特网报文存取协议

InterNIC（Internet Network Information Center）Internet 网络信息中心

IOS（CiscoInternetwork Operating System）网间操作系统

IP（Internet Protocol）网络之间互连的协议

IPng（IP Next Generation）下一代 IP

IPSec（IP Security）IP 安全协议

IPX（Internetwork Packet Exchange protocol）互联网分组交换协议

IR（Infra-Red）红外线

IRTF（Internet Research Task Force）Internet 研究部

ISDN（Integrated Services Digital Network）综合业务数字网

IS-IS（Intermediate System-to-Intermediate System）中间系统到中间系统

ISO（International Organization for Standardization）国际标准化组织

ITU（International Telegraph Union）国际电报联盟

L2F（Layer 2 Forwarding）第二层转发协议

L2TP（Layer 2 Tunneling Protocol）第二层隧道协议

LAN（Local Area Network）局域网

LCP（Link Control Protocol）链路控制协议

LLC（Logical Link Control）逻辑链路控制

LSA（Link State Advertisement）链路状态通告

LSAck（Link State Acknowledgement）链路状态确认

LSDB（Link State DataBase）链路状态数据库

LSR（Link State Request）链路状态请求

LSU（Link State Update）链路状态更新

MAC（Medium Access Control）媒体介入控制层，属于 OSI 模型中数据链路层下层子层

MAC（Message Authentication Code）消息认证码

MAN（Metropolitan Area Network）城域网

MD5（Message Digest 5）消息摘要算法

MF（More Fragment）更多分片

MIB（Management Information Base）管理信息库

MIME（Multipurpose Internet Mail Eextensions）通用因特网邮件扩充

MMF（MultiMode Fibre）多模光纤

MOSPF（MulticastExtentions to OSPF）开放式最短路径优先多播扩展

MSL（Maximun Segment Lifetime）最长报文寿命

MSS（Maximum Segment Size）最大报文段长度

MTA（Mail Transfer Agent）邮件传送代理

NAPT（Network Address Port Translation）网络地址端口转换

NAT（Network Address Translation）网络地址转换

NCFC（The National Computing and Networking Facility of China）中国国家计算机与网络设施

NCP（Network Control Protocol）网络控制协议，PPP 协议的一个子协议

NDBS（Networ DataBase System）网络数据库系统

NII（National Information Infrastructure）美国国家信息基础设施

NOS（Network Operating System）网络操作系统

NRZ（Non-Return to Zero）不归零制

NSF（National Science Foundation）美国国家科学基金会

NVT（Network Virtual Terminal）网络虚拟终端

OSI（Open System Interconnect）开放系统互联

OSI/RM（Open System Interconnection/Reference Model）开放系统互联基本参考模型

OSPF（Open Shortest Path First）开放最短路径优先

PAP（Password Authentication Protocol）密码认证协议，PPP 的一个子协议

PAT（Port Address Translation）端口地址转换

PCM（Pulse Code Modulation）脉冲编码调制

PDA（Personal Digital Assistant）掌上计算机

PDH（Plesiochronous Digital Hierarchy）准同步数字系列

PIM-DM（Protocol Independent Multicast-Dence Mode）协议无关多播——密集方式

PIM-SM（Protocol Independent Multicast-Sparse Mode）协议无关多播——稀疏方式

PING（Packet InterNet Groper）分组网间探测

PMD（Physical Media Dependent）物理介质关联层接口

POP（Post Office Protocol）邮局协议

PPP（Point-to-Point Protocol）点对点协议

PPTP（Point to Point Tunneling Protocol）点对点隧道协议

PSK（Phase-Shift Keying）移相键控

RF（Radio Frequency）电磁频率

RFC（Request For Comments）请求评价

RFID（Radio Frequency Identification）利用射频自动识别

RIP（Routing Information Protocol）路由信息协议

RPF（Reverse Path Forwarding）逆向路径转发

RSA（Rivest，Shamir and Adleman）公钥密码算法，三个发明者的名字首字母缩略词

SACK（Selective ACK）选择重发

SDH（Synchronous Digital Hierarchy）同步数字系列

SHA-1（Secure Hash Algorithm-1）安全散列算法

SMDS（Switched Multimegabit Data Service）交换多兆位数据服务

SMF（Single Mode Fibre）单模光纤

SMI（Structure Management Information）管理信息结构

SMTP（Simple Mail Transfer Protocol）简单邮件传送协议

SNMP（Simple Network Management Protocol）简单网络管理协议

SONET（Synchronous Optical NETwork）同步光纤网络

SSL（Secure Socket Layer）安全套接字层

STP（Shielded Twisted-Pair）屏蔽双绞线

TCP（Transmission Control Protocol）传输控制协议

TCP/IP（Transmission Control Protocol/Internet Protocol）传输控制协议与网际协议

TDM（Time Division Multiple）时分复用

TFTP（Trivial File Transfer Protocol）简单文件传送协议

TLD（Top Level Domain）顶级域名

TLS（Transport Layer Security）传输层安全

TTL（Time to Live）生存期

UA（User Agent）用户代理

UDP （User Datagram Protocol） 用户数据报协议

URL （Uniform Resource Locator） 统一资源定位符

URN （Uniform Resource Name） 统一资源名字

UTP （Unshield Twisted-Pair） 非屏蔽双绞线

VC （Virtual Circuit） 虚电路

VoIP （Voice over Internet Protocol） 网络电话

VPN （Virtual Private Network） 虚拟专用网

WAN （Wide Area Network） 广域网

WLAN （Wireless Local Area Network） 无线局域网

WMAN （Wireless MAN） 无线城域网

WPAN （Wireless Personal Area Network Communication Technologies） 无线个人局域网通信技术

WWW （World Wide Web） 万维网

参 考 文 献

[1] Behrouz A Forouzan. 密码学与网络安全 [M]. 马振晗，贾军保，译. 北京：清华大学出版社，2009.

[2] Atul Kahate. 密码学与网络安全 [M]. 邱仲潘，等译. 北京：清华大学出版社，2005.

[3] RFC 1321：MD5 消息摘要算法. https：//tools. ietf. org/html/rfc1321.

[4] William Stallings. SNMP 网络管理 [M]. 胡成松，译. 北京：中国电力出版社，2001.

[5] 雷振甲. 计算机网络管理与系统开发 [M]. 北京：电子工业出版社，2002.

[6] Mani Subramanian. 网络管理 [M]. 王松，译. 北京：清华大学出版社，2003.

[7] 郭军. 网络管理 [M]. 北京：北京邮电大学出版社，2003.

[8] Andrew S Tanenbaum，David J Wetherall. 计算机网络 [M]. 5 版. 北京：清华大学出版社，2012.

[9] Beau Williamson. IP 组播网络设计开发 [M]. 北京：电子工业出版社，2001.

[10] Behrouz A Forouzan，Firouz Mosharraf. 计算机网络教程：自顶向下方法 [M]. 北京：机械工业出版社，2012.

[11] Behrouz A Forouzan. TCP/IP 协议族 [M]. 王海，等译. 4 版. 北京：清华大学出版社，2011.

[12] Charles M Kozierok. TCP/IP 指南（卷 2）应用层协议 [M]. 陈鸣，等译. 北京：人民邮电出版社，2008.

[13] Cisco System 公司，Cisco Networking Academy Program. 思科网络技术学院教程（第三、四学期）[M]. 3 版. 清华大学，等译. 北京：人民邮电出版社，2004.

[14] Cisco System 公司，Cisco Networking Academy Program. 思科网络技术学院教程（第一、二学期）[M]. 3 版. 清华大学，等译. 北京：人民邮电出版社，2004.

[15] James F Kurose，Keith W Ross. Computer Networking—A Top-Down Approach Featuring the Internet [M]. 3rd. Beijing：Higher Education Press，2006.

[16] James F Kurose，Keith W Ross. 计算机网络——自顶向下方法 [M]. 陈鸣，译. 北京：机械工业出版社，2009.

[17] Jeanna Matthews. 计算机网络实验教程 [M]. 李毅超，等译. 北京：人民邮电出版社，2006.

[18] Jeff Doyle，Jennifer Carroll. TCP/IP 路由技术（第一卷）[M]. 2 版. 北京：人民邮电出版社，2008.

[19] Larry L Peterson，Bruce S Davie. 计算机网络——系统方法 [M]. 4 版. 薛静锋，等译. 北京：机械工业出版社，2009.

[20] MD5 算法. http：//en. wikipedia. org/wiki/MD5.

[21] Régis Desmeules. CISCO IPv6 网络实现技术（修订版）[M]. 王玲芳，等译. 北京：人民邮电出版社，2004.

[22] RFC 3174：SHA-1 算法（内含 C 语言的实现代码）. https：//tools. ietf. org/html/rfc3174.

[23] Richard Froom，Balaji Sivasubramanian Erum Frahim. CCNP SWITCH [M]. 北京：人民邮电出版社，2011.

[24] SHA-1 算法. https：//en. wikipedia. org/wiki/SHA-1.

[25] 陈代武. 计算机网络技术 [M]. 北京：北京大学出版社，2009.

[26] 陈月波. 使用组网技术实训教程 [M]. 北京：科学出版社，2003.

[27] 程光，李代强，强士卿. 网络工程与组网技术 [M]. 北京：清华大学出版社，2008.

[28] 褚建立，等. 计算机网络技术实用教程 [M]. 2 版. 北京：电子工业出版社，2003.

[29] 韩希义. 计算机网络基础 [M]. 北京：高等教育出版社，2004.

[30] Andrew S Tanenbaum. 计算机网络 [M]. 3 版. 熊桂喜，王小虎，译. 北京：清华大学出版社，2002.

［31］ Behrouz A Forouzan，Firouz Mosharraf. 计算机网络技术教程：自顶向下方法［M］. 张建忠，等译．北京：机械工业出版社，2013.

［32］ 廉飞宇，等．数据通信与计算机网络［M］. 北京：清华大学出版社，2009.

［33］ 刘兵．计算机网络实验教程［M］. 北京：中国水利水电出版社，2005.

［34］ 刘化君，等．计算机网络与通信［M］. 北京：高等教育出版社，2011.

［35］ 刘习华，等．网络工程［M］. 重庆：重庆大学出版社，2004.

［36］ 刘永华．计算机网络——原理、技术及应用［M］. 北京：清华大学出版，2012.

［37］ 鲁士文．计算机网络习题与解析［M］.2 版．北京：清华大学出版社，2005.

［38］ 马晓雪，等．计算机网络原理与操作系统［M］. 北京：北京邮电大学出版社，2009.

［39］ 钱德沛，等．计算机网络实验教程［M］. 北京：高等教育出版社，2005.

［40］ 沈剑刿，等．计算机网络技术及应用［M］.2 版．北京：清华大学出版社，2010.

［41］ 李昭智．数据通信与计算机网络［M］.3 版．北京：电子工业出版社，2002.

［42］ 孙学军．计算机网络［M］. 北京：机械工业出版社，2009.

［43］ 王群．计算机网络教程［M］. 北京：清华大学出版社，2005.

［44］ J Scott HAUGDAHL. 网络分析与故障排除［M］. 张拥军，等译．北京：电子工业出版社，2002.

［45］ 吴功宜，吴英．计算机网络技术教程：自顶向下分析与设计方法［M］. 北京：机械工业出版社，2009.

［46］ 消息认证码 MAC. http：//en. wikipedia. org/wiki/Message_authentication_code.

［47］ 谢希仁．计算机网络［M］.5 版．北京：电子工业出版社，2009.

［48］ 杨心强，等．数据通信与计算机网络［M］. 北京：电子工业出版社，2007.

［49］ 于峰．计算机网络与数据通信［M］. 北京：中国水利水电出版社，2003.

［50］ 张建忠，等．计算机网络实验指导书［M］. 北京：清华大学出版社，2005.

［51］ 张曾科，吉吟东．计算机网络［M］. 北京：人民邮电出版社，2009.

［52］ 赵泽茂，吕秋云，朱芳．信息安全技术［M］. 西安：西安电子科技大学出版社，2009.

［53］ 朱恺，等．计算机网络与通信［M］. 北京：机械工业出版社，2010.